Psychology of Internet

互联网心理学

新心理与行为研究的兴起

雷雳/主编

北京师范大学出版集团
BEIJING NORMAL UNIVERSITY PUBLISHING GROUP
北京师范大学出版社

图书在版编目(CIP)数据

互联网心理学:新心理与行为研究的兴起 /雷雳主编 . —北京:
北京师范大学出版社,2016.7(2022.5 重印)
　ISBN 978-7-303-20533-2

　Ⅰ. ①互… 　Ⅱ. ①雷… 　Ⅲ. 互联网络－基本知识
Ⅳ. ①TP393

中国版本图书馆 CIP 数据核字(2016)第 104371 号

营　销　中　心　电　话　　010－58807651
北师大出版社高等教育分社微信公众号　　新外大街拾玖号

HULIANWANG XINLIXUE

出版发行:北京师范大学出版社　www.bnupg.com
　　　　　北京市西城区新街口外大街 12-3 号
　　　　　邮政编码:100088
印　　刷:保定市中画美凯印刷有限公司
经　　销:全国新华书店
开　　本:730 mm×980 mm　1/16
印　　张:33.75
字　　数:588 千字
版　　次:2016 年 7 月第 1 版
印　　次:2022 年 5 月第 4 次印刷
定　　价:99.00 元

策划编辑:沈英伦　　　　　　　责任编辑:齐　琳　乔　会
美术编辑:王齐云　　　　　　　装帧设计:王齐云
责任校对:陈　民　　　　　　　责任印制:马　洁

前　言

　　打开这本书的读者，或许是已经上网 20 来年的骨灰级网虫，或许是自小就沉浸于网络的数字土著，或许是近期刚刚触网的网络菜鸟，或许是只能望"网"兴叹的数字难民……无论如何，如果你对互联网里的心理世界好奇并且有兴趣，我们就一起来看看吧！

　　中国互联网络信息中心（CNNIC）2015 年 7 月发布的第 36 次《中国互联网络发展状况统计报告》显示，截至 2015 年 6 月，中国网民规模达到 6.68 亿，互联网普及率达到 48.8％，中国的互联网普及再次实现飞跃。互联网的时代已经到来，互联网的世界无所不在！

　　互联网改变了且仍然改变着我们外在的物理世界，互联网也改变了且仍然改变着我们内在的心理世界以及我们的行为！互联网建构的虚拟空间对于人们的影响，离不开其呈现的"心理特性"：视觉匿名、文本沟通、空间穿越、时序弹性、地位平等、身份可塑、多重社交、存档可查。这些特性使得互联网用户在网络上的心理与行为，或是通过网络表现出的心理与行为，有了很多似曾相识却又仿佛雾里看花的特征。它们表现在网络用户个人的心理与行为上，表现在网络用户的人际互动上，表现在网络用户的群体关系中，表现在网络用户的文化活动中……

　　本书试图通过六个部分来梳理展现这些特征，拨开披覆在互联网用户心理与行为上的这一层神秘面纱。第一部分"概述"，论及互联网的发展历程、发展状况，关于网络心理的理论观，以及和网络心理研究相关的研究方法。第二部分"网络与个体"，从认知、自我、人格及性别等方面论及网络与个体特征的关系。第三部分"网络与人际"，论及网络人际关系、网络亲社会行为和网络偏差行为等网络背景下人与人之间的关系。第四部分"网络与群体"，论及网络社会认同和网络群体性行为等网络背景下的群体关系。第五部分"网络与文化"，论及网络游戏与音乐、网络信息与学习、网络心理咨询、网络与消费等。第六部分"健康上网"，论及网络成瘾、网络与幸福、健康上网与网络安全。总之，本书的架构希望通过"个人—人际—群体—文化—健康上网"的线索来梳理当前关于互联网心理学的研究成果，向读者呈现网络对人们在不同层面的影响。

当然，正如我们熟悉或了解的那样，互联网的发展如火如荼，网络硬件、应用软件等日新月异，而关于互联网心理学的研究可能难以避免的一个尴尬就是，针对某个问题的研究在走完其繁杂的研究过程之后，发现的特点和规律或许已成了明日黄花。不过，在本书的架构设计和撰写过程中，我们特别注意了把握互联网心理学中那些相对稳定的特点和规律，而不是拘泥于依附具体网络应用的特点，以期呈现给读者的是具有普遍性和生命力的内容。

此外，由于互联网心理学是一个崭露头角且突飞猛进的领域，相关的概念体系仍处于探索建构过程中，研究者在使用一些主要概念时所采用的文字也不尽相同，甚至是同一个概念在不同的语境下也有不同的习惯性文字表达，比如，"互联网"就有"因特网""网络""在线""线上""网上"等表达方式。本书中的表述方式尽量尊重了研究者的原始用法，且顺应不同语境下的习惯用法。这些概念在文字上的统一问题，可能需要留给时间来沉淀梳理，未来或许经过大浪淘沙而分野清晰，或许历经风雨仍然百花齐放。

本书是集体智慧的结晶。书稿的整体架构由雷雳提出，具体各章的结构由撰稿作者先行提出，与主编协商确定，最后完成的书稿由雷雳审定。本书撰写过程得以顺利完成得益于多位专家学者的精诚合作——作者是来自多所高校的教授、副教授和讲师，除了两位是博士生外，其他人都具有博士学位，所有人都有多年关注、研究互联网心理学的经验积累，多数作者攻读学位的论文就是属于互联网心理学的范畴，本次撰写书稿的安排正是各尽所长。

具体作者单位及撰写章节依顺序如下：雷雳（中国人民大学，第一章、第二章、第三章、第十九章）；李宏利（苏州大学，第四章）；周浩（浙江财经大学，第五章）；柳铭心（北京教育学院朝阳分院，第六章）；苏文亮（福州大学，第七章）；孙晓军（华中师范大学，第八章）；马晓辉（河北大学，第九章）；李冬梅（东北师范大学，第十章）；刘东（中国人民大学，第十一章）；谢笑春（中国人民大学，第十二章）；张国华（温州医科大学，第十三章）；田媛（华中师范大学，第十四章）；崔丽霞（首都师范大学，第十五章）；王财玉（中国人民大学暨信阳师范学院，第十六章）；刘勤学（华中师范大学，第十七章）；王伟（山西大同大学，第十八章）。

最后，感谢为互联网心理学的研究做出贡献的国内外专家学者，感谢为本书出版付出努力的北京师范大学出版社编辑，感谢教育部人文社会科学重点研究基地（天津师范大学心理与行为研究院）重大项目（14JJD190005）的支持。同时，如果书中存在错谬之处，也恳请专家和读者给予批评指正。

雷雳

http：//www.leili.net

2015-08-15

CONTENTS

目　录

第一编　概　述

第二编　网络与个体

第三编　网络与人际

第六编　健康上网

PART 1

第一编

概　述

第一章

引　论

1. 我们今天生活的世界几乎已经是一个互联网无处不在的世界，如果把互联网仅仅看成是一项发明创造，你认为人类历史上的哪些发明创造可与之媲美？如果回溯过去，你认为没有互联网的生活更好呢，还是互联网日益渗透的生活更加令人向往？
2. 互联网的发展可谓是日新月异，哪一项网络技术的发布或者哪一项网络服务的启用最让你觉得心潮澎湃呢？你对互联网的发展有何预测？
3. 互联网形成的网络空间有何独特之处呢？人们在网上的心理行为表现是由其自身的人格特质决定的，还是由互联网的独特特性诱发的呢？

阿帕网，电子邮件，域名，万维网，浏览器，搜索引擎，博客，社交网站，移动互联网，手机病毒，视觉匿名，文本沟通，时序弹性，存档可查

在谈互联网用户的上网心理与行为特点之前，我们先简要了解互联网本身的诞生与发展历程。然后，我们再讨论互联网建构的网络空间所具有的独特特点对人们心理行为的意义和影响。

第一节　互联网的破茧与起飞

互联网的快速发展是最近20年的事，不过其起源却可以追溯到20世

纪60年代。在此，我们通过若干具有里程碑意义的历史时刻，来简要了解互联网的诞生与发展过程。这些时刻反映了互联网的诞生、电子邮件的发展、万维网的发展、网络社交的演变、在线多媒体的普及、网络资源、从Web1.0到Web2.0的演变等，同时也包括值得我们关注的几个"中国时刻"。

大体上，整个互联网的发展过程可以看成是4个阶段。

一、初步形成阶段

首先，1969年11月，阿帕网（ARPAnet）被创立，它一开始仅仅是美国军方为了远距离共享数据而开发的计算机网络，现在它成了当今互联网诞生的最主要标志。

1971年年末，与如今的电子邮件类似的技术出现，程序员雷·汤姆林森（Ray Tomlinson）用自己编写的软件成功发送了第一封网络电子邮件"email"。他同样也是电子邮件中那个标志性的"@"符号标准的确立人。

1974年，管理计算机和因特网之间连接的封包协议由温顿·瑟夫（Vinton Cerf）和罗伯特·卡恩（Robert Kahn）发表，这就是最后被称作TCP/IP的协议，它让我们可以在网络上传送各种数据。瑟夫也被誉为"互联网之父"。

1978年，第一个电子邮件广告（垃圾邮件）被发给400个用户，以推销产品，内容是邀请他们去参加某个产品的展示。

1979年，阿帕网的用户凯文·麦肯奇（Kevin Mackenzie）在网上使用了表情一）。

1982年，卡内基梅隆大学的计算机科学家斯科特·法尔曼（Scott Fahlman）添加了第一个表情图标：一）。

1984年，互联网先驱乔纳森·泼斯塔尔（Jonathan Postel）引入了所谓顶级域名的概念，并推出了.com、.org、.gov、.edu以及.mil等数个顶级域名。

二、渐进发展阶段

1986 年，美国国家科学基金会建立了一个网络，用以连接各大学校园网。

1987 年 9 月，这是中国互联网发展的一个特殊时刻，王运丰教授等人在北京建成一个电子邮件节点，并发出了中国第一封电子邮件，邮件内容为："Across the Great Wall we can reach every corner in the world.（越过长城，走向世界）"。

1988 年，第一个蠕虫病毒莫里斯（Morris）诞生。

1989 年，中国开始建设互联网，提出一个 5 年目标，以实现国家级四大骨干网络联网。

1990 年，因为蒂姆·伯纳斯－李（Tim Berners-Lee）的贡献，万维网（World Wide Web）在早期的超文本试验中逐步形成。此外，阿帕网于这一年退役。

1990 年 11 月 28 日，中国的顶级域名 .cn 完成注册，从此在国际互联网上中国有了自己的身份标识。

1991 年，在中美高能物理年会上，美方提出把中国纳入互联网络的合作计划。

1992 年 12 月底，清华大学校园网（TUNET）建成并投入使用，是中国第一个采用 TCP/IP 体系结构的校园网，在网络规模、技术水平以及网络应用等方面处于国内领先水平。

1993 年，第一款真正意义上的网络浏览器诞生，它被称为"Mosaic"，由马克·安德利森（Marc Andreessen）开发，它的出现极大地推动了万维网的普及。安德利森后来又开发了景网（Netscape）。

1993 年 4 月，中国科学院计算机网络信息中心召集在京部分网络专家调查了各国的域名体系，提出并确定了中国的域名体系。

1994 年，雅虎（Yahoo）诞生。

1994 年 4 月 20 日，中国被国际上正式承认为真正拥有全功能互联网的国家。

三、高速扩张阶段

1995 年 5 月，中国第一家互联网服务供应商"瀛海威"成立，中国的普通百姓开始进入互联网络。

1995 年 7 月，微软公司推出 IE 浏览器。亚马逊（Amazon）网站也于这一年开张。

1995 年 9 月，电子海湾（eBay）开拍，其最初的名字是"Auction Web"，拍卖的第一个东西是一支破旧的激光笔。

1996 年 1 月，中国公用计算机互联网（CHINANET）全国骨干网建成并正式开通，全国范围的公用计算机互联网络开始提供服务。

1996 年 11 月，ICQ 发布。这是全球第一款采用图形用户界面的即时消息软件，并且在 20 世纪 90 年代后期风靡一时。

1996 年 11 月 15 日，中国第一家网络咖啡屋开张，它是在北京首都体育馆旁边开设的实华开网络咖啡屋。

1997 年 11 月，CNNIC 发布了第 1 次《中国互联网络发展状况统计报告》，截至 1997 年 10 月 31 日，中国上网用户数为 62 万。

1997 年 12 月，乔恩·巴吉尔（Jorn Barger）第一次提出"weblog"这个理念，后来演变为一个词"blog"（博客）。

1998 年 8 月，谷歌（Google）得到资助，互联网搜索行业的巨人谷歌公司成立。同年，国际互联网用户突破了 100 万。

1999 年 8 月，第一个博客网站开通，它可以让用户方便地创建自己的博客。同年，第一个邮件病毒"Happy99"诞生。第一家网上商店"Zappos"上线开张。此外，值得一提的是，这一年人们都在担心电脑是否能够顶住 2000 年的"千年虫"。

1999 年 9 月，中国招商银行率先在国内全面启动"一网通"网上银行服务，成为国内首先实现全国联通"网上银行"的商业银行。

2000 年 4～7 月，中国三大门户网站搜狐、新浪、网易成功在美国纳斯达克挂牌上市。

2000 年 12 月 7 日，由中国文化部等单位共同发起的"网络文明工程"在京正式启动。其主题是："文明上网、文明建网、文明网络"。

2001 年 1 月 1 日，中国互联网"校校通"工程进入正式实施阶段。

2001 年 1 月，维基百科（Wikipedia）诞生，它是目前互联网上访问量比较大的网站之一。

2001 年 11 月 22 日，共青团中央、教育部、文化部、国务院新闻办公室、全国青联、全国学联、全国少工委、中国青少年网络协会向社会正式推出《全国青少年网络文明公约》。

2001 年 12 月 20 日，由信息产业部、全国妇联、共青团中央、科技部、文化部主办的"家庭上网工程"正式启动。

2002 年，社交网站"Friendster"成立。

四、媒体融合阶段

2003 年，"Myspace""Linkedin""Skype"等上线，苹果公司推出"iTunes"和"Safari"浏览器。

2004 年 2 月 4 日，社交网络服务网站脸谱网（Facebook）上线。

2005 年 2 月，"YouTube"开张。第一个手机病毒"Cabir"诞生。在这一年，国际互联网络用户突破 10 亿。

2005 年 7 月，CNNIC 发布了第 16 次《中国互联网络发展状况统计报告》，截至 2004 年 6 月 30 日，中国网民首次突破 1 亿，达到 1.03 亿。

2006 年 1 月 1 日，中华人民共和国中央人民政府门户网站（www.gov.cn）正式开通。

2006 年 6 月，社交网络及微博客服务的网站推特（Twitter）建立。

2008 年 1 月，CNNIC 发布了第 21 次《中国互联网络发展状况统计报告》，截至 2007 年 12 月，中国网民数突破 2 亿，达到 2.1 亿，为全球第二大规模。

2008 年，苹果公司推出 APP 商店。脸谱网登陆英国、爱尔兰、加拿大、澳大利亚和新西兰。谷歌推出"Chrome"浏览器。

2010 年 1 月，CNNIC 发布了第 25 次《中国互联网络发展状况统计报告》，截至 2009 年 12 月，中国网民数增至 3.84 亿，稳居全球第一。

2010 年，震网病毒把目标转向了工业生产——它的攻击目标是伊朗的核工业生产。同年，苹果公司推出平板电脑(iPad)。

2012 年 1 月，CNNIC 发布了第 29 次《中国互联网络发展状况统计报告》，截至 2011 年 12 月，中国网民数增至 5.13 亿，稳居全球第一。同年，国际互联网用户突破 24 亿。

2013 年 1 月，CNNIC 发布第 31 次《中国互联网络发展状况统计报告》显示，截至 2012 年 12 月底，中国网民规模达到 5.64 亿，互联网普及率达到 42.1%。手机网民规模为 4.2 亿，使用手机上网的网民规模超过了台式电脑。

2013 年 6 月，美国"棱镜门"事件中美国政府对美国公民以及海外公民数据信息隐私权侵犯的行为，引起多国对信息安全保障的重视。

2014 年 9 月，阿里巴巴正式在纽约股票交易所挂牌交易，成为第二大互联网公司，仅次于谷歌。

2014 年，根据互联网应用统计网站（http：//www.internetworld-stats.com/)的统计，截至 2014 年 6 月 30 日，国际互联网用户突破 30 亿，普及率为 42.3%，其中北美的普及率最高，为 87.7%，大洋洲和欧洲均超过 70%。

2015 年 2 月，CNNIC 发布第 35 次《中国互联网络发展状况统计报告》，截至 2014 年 12 月，中国网民规模达 6.49 亿，其中手机网民规模达 5.57 亿，互联网普及率为 47.9%。

第二节　中国互联网发展状况与趋势

一、中国互联网应用整体状况

1997 年，经国家主管部门研究，决定由 CNNIC 联合互联网络单位共同实施一项统计工作，调查中国网民人数与结构特征、互联网基础资源、上网条件和网络应用等方面情况的信息。为了使这项工作正规化、制度化，从 1998 年起，中国互联网络信息中心于每年 1 月和 7 月发布《中国互联网络发展状况统计报告》。最近的第 36 次调查于 2015 年 7 月发布。

中国网民人数的飞速变化，从中国互联网络信息中心进行第 1 次"中国互联网络发展状况调查"时的 62 万，激增到第 36 次调查时的 6.68 亿，增长巨大！普及率的上升趋势也相仿。

据 CNNIC 分析，中国网民规模的快速增长与如下因素密不可分。

第一，我国经济的快速发展是互联网用户规模快速增长的基础。中国经过 30 多年的改革开放，在年均 GDP（国内生产总值）增长 9.8% 的背景下，积累了相当的实力。随着全民整体收入的增加，人们在信息需求上的投入会越来越多。同时，良好的经济环境为互联网产业创新和发展创造了条件，促使产业内的并购和商业模式升级，最终使更多的人成为网民，并更好地服务于网民群体。

第二，为保证我国信息化健康发展，国家制定并发布了《2006—2020 年国家信息化发展战略》和《国民经济和社会发展信息化"十一五"规划》等一系列政策。这表明信息化正在成为促进科学发展的重要手段。城市化进程为更多大众接触互联网创造了条件。这里的城市化包括两个方面：一方面是乡村的城市化，另一方面是城市的集群化。前者的发展直接带来了生产生活等硬件设施的升级，后者进一步推动了城乡地域空间差距的缩小。

第三，通信和网络技术向宽带、移动、融合方向发展，数据通信正在逐步取代语音通信成为通信领域的主流。随着产业技术进步和网络运营商竞争程度的加剧，网络接入的软硬件环境在不断优化。网络接入和用户终端产品的价格不断下降，使用户的上网门槛不断降低。

第四，互联网具有高黏性和高传播性。根据 CNNIC 的调查，一旦用户接触互联网之后，流失率极低。互联网上的网络游戏、即时通信、博客、论坛、交友等应用具有极强的互动功能，这些功能会推动相关应用的传播，这种传播既包括向网民的传播，也包括向非网民的传播，而向非网民的传播将推动网民规模的扩张。

第五，网民规模的扩张推动网络价值的提升，而网络价值的提升又进一步增强其扩张力。根据梅特卡夫定律（Metcalfe's Law），网络的价值与网络规模的平方成正比。随着网民规模的快速增长，网络的价值不断膨胀。将目光瞄向互联网价值的机构和个人创造的内容，反过来进一步增强了网络的扩张力和吸引力。

值得注意的是，尽管中国的网民规模和普及率持续快速发展，但是由于中国的人口基数大，互联网普及率在全球各个国家和地区中排名并不乐观。中国互联网普及率与互联网最发达国家的差距仍然很大。可以认为，中国的互联网发展仍然有着巨大的空间。

二、个人互联网应用特点

2015 年 1 月 CNNIC 针对国内个人互联网用户的使用特点进行分析，指出：2014 年，在移动互联网的推动下，个人互联网应用发展整体呈现上升态势。即时通信作为网民第一大上网应用，在高使用率水平的基础上继续攀升；微博、电子邮件等其他交流沟通类应用使用率持续走低；博客社交性退化，媒体功能凸显，使用率呈现回升态势；电子商务类应用依然保持快速发展，手机旅行预订应用表现突出。

（一）即时通信的基础地位进一步稳固

即时通信作为第一大网络应用，在网民中的使用率继续上升，达到 90.6%。2014 年，手机端即时通信使用也一直保持着稳步增长的趋势。截至 2014 年 12 月，手机即时通信使用率为 91.2%，较 2013 年底提升了 5.1 个百分点。手机即时通信由于其随身、随时、拥有社交属性和可以提供用户位置的特点，自身定位逐渐从以前单一的通信工具演变成支付、游戏、O2O（Online To Offline，在线到离线）等高附加值业务的用户入口，以其庞大的用户基数为其他服务提供了巨大的潜在商业价值。

(二) 手机旅行预订进入爆发增长期

2014 年，中国网民手机商务应用发展大爆发，手机网购、手机支付、手机银行等手机商务应用用户年增长分别为 63.5％、73.2％、69.2％，远超其他手机应用增长幅度。而长期处于低位的手机旅行预订，2014 年用户年增长达到 194.6％，是增长最为快速的移动商务类应用。随着我国国民休闲体系的形成，手机旅行预订发展已经进入新阶段。

(三) 互联网理财热度削减、规模趋于稳定

截至 2014 年 12 月，购买过网络理财产品的网民达到 7849 万，较 2014 年 6 月增长 1465 万。在网民中使用率为 12.1％，较 2014 年 6 月使用率增长 2 个百分点。由于收益率下滑和中国股市回暖带来的分流作用，互联网理财已基本结束了其用户规模爆发式增长的态势，增速开始放缓，同时新产品扩容速度也有所放慢。

三、 企业互联网应用特点

2015 年 1 月 CNNIC 针对国内企业互联网用户的使用特点进行分析，指出企业互联网应用具有以下特点。

(一) 信息化基础设施普及水平高

近些年，我国企业在办公中使用计算机的比率基本保持在 90％左右，互联网的普及率也保持在 80％左右，在使用互联网办公的企业中，固定宽带的接入率也连续多年超过 95％。基础设施普及工作已基本完成，但根据企业开展互联网应用的实际情况来看，仍存在很大的提升空间。

一方面，采取提升内部运营效率措施的企业比例仍然较低，原因包括企业的互联网应用意识不足，内部信息化改造与传统业务流程的契合度较低，难以实现真正互联网化，软硬件和人力成本较高，多数小微企业难以承受。另一方面，营销推广、电子商务等外部运营方面开展互联网活动的企业比例较低，且在实际应用中容易受限于传统的经营理念，照搬传统方法。

对此，需要政府、传统企业和互联网服务企业三方合作，开展市场

教育、降低企业互联网应用的技术和成本门槛，以实现互联网与传统经营业务的深度融合。

(二)互联网 O2O 商业模式兴起

2014 年，互联网 O2O 商业模式发展迅速，作为线下商品与服务的直接供给方，传统企业在这一模式中起着至关重要的作用，一方面是传统企业主动利用互联网开展商业活动，另一方面是由大型互联网企业主导，为拓展其业务范围、增强 O2O 实力而连接传统企业的被动触网。

在这一发展趋势下，传统企业在内部运营、市场推广与服务和产品销售方面，将会越来越多地与互联网深度融合。目前，互联网 O2O 商业模式仍处在形成与摸索阶段，传统企业的 O2O 转型仍未出现实质上的成功案例，且涉及的行业集中度显著，批零住餐和生活服务企业占比较高，尚未广泛惠及各行业的中小微企业。随着互联网与经济活动的全面结合，对传统商业模式的影响和改革程度进一步扩大，传统企业与互联网企业的分界线将越来越模糊，互联网将成为企业日常经营中不可分割的部分。

四、中国互联网发展趋势

2015 年 1 月，CNNIC 针对国内互联网的发展特点进行分析，指出了目前国内互联网发展的一些趋势。

(一)用户规模及普及率

1. 中国网民规模增幅持续收窄，非网民转化难度进一步扩大

2014 年，我国新增网民 3117 万人，增幅明显收窄。非网民的上网意愿持续下降，表示未来会上网的比率从 2011 年的 16.3％下降到 2014 年的 11.1％，网民规模的增速将继续减缓。非网民不上网的原因主要是不懂电脑/网络，比例为 61.3％，互联网知识与应用技能的缺乏是造成网民与非网民之间互联网使用鸿沟的重要原因。

2. 互联网普及的地区差异大，农村地区亟须重视

我国在推进互联网全面普及的工作上取得显著成效，互联网普及率的省间差异从 1997 年的 3.37 下降到 2014 年的 0.24，但发达省份与欠发达省份间差异仍较明显。进一步推动欠发达省份的互联网建设工作将成为一项长期工程。与此同时，尽管农村地区网民规模、普及率不断增长，

但是城乡互联网普及率差异仍有扩大趋势，截至 2014 年 12 月城乡普及率差异达 34 个百分点，部分原因在于城镇化进程在一定程度上掩盖了农村互联网普及推进工作的成果，根本原因则是地区经济发展不平衡，妥善解决城乡数字鸿沟的方法仍然需要进一步探索创新。

(二)上网硬件设备

1. 平板电脑成为网民重要上网设备，网络电视开启家庭娱乐新模式

平板电脑的娱乐性和便捷性特点使其成为网民的重要娱乐设备，2014 年年底使用率已达 34.8%，并在高学历(本科及以上学历网民使用率 51.0%)、高收入人群(月收入 5000 元以上网民使用率 43.0%)中拥有更高使用率。随着网络技术和宽带技术的发展，网络电视融传统电视和网络为一身，其共享性、智能性和可控性迎合现代家庭娱乐需求，逐渐成为一种新兴的家庭娱乐模式，截至 2014 年 12 月，网络电视使用率已达 15.6%。

2. 手机超越 PC(个人计算机)，成为收看网络视频节目的第一终端

2014 年，网络视频用户整体规模仍在增长，但使用率略有下降，手机视频的用户规模和使用率仍然保持增长态势，但增速已明显放缓，网络视频行业步入平稳发展期。近两年，用户在 PC 端收看视频节目的比例在持续下降，而手机端的比例则在持续上升。截至 2014 年 12 月，71.9% 的视频用户选择用手机收看视频，其次是台式/笔记本电脑，使用率为 71.2%，手机成为收看网络视频节目的第一终端。平板电脑、电视的使用率都在 23% 左右，是网络视频节目的重要收看设备。

(三)网络服务应用偏好

网络服务应用偏好的变化趋势除了在前述"个人互联网应用特点"中提到的三个方面，即即时通信的基础地位进一步稳固，手机旅行预订进入爆发增长期，互联网理财热度消减、规模趋于稳定。还表现为 PC 网游仍是市场中坚，手机网游份额将进一步扩大。

具体而言，从用户规模、在线时长以及游戏收入等方面来看，PC 网游吸引了最具价值的深度用户，仍然是游戏市场的中坚。但网民增长的整体放缓，人口结构导致的低龄网民的比率下降，以及 PC 网游用户随着年龄增长的自然流失，都是导致 PC 网游增长放缓的原因。而另一方面，

PC 网游也在不断探索着适合自己的新商业模式。比如，将线上游戏与线下活动，甚至电视节目相结合，竞技游戏与竞技体育相融合，逐步形成成熟的商业化运作模式。

手机游戏的爆发式增长在 2014 年上半年达到最高峰，下半年开始逐渐进入洗牌期，并表现出稳中有降的趋势，而预计 2015 年在延续这一趋势的同时，手机网游的份额将进一步扩大。2014 年游戏主机的解禁政策使得电视游戏成为新的市场焦点。但从目前电视游戏市场的发展态势来看，未来将迅速占领市场的不是游戏主机，而是互联网电视/盒子。互联网电视/盒子在用户规模、用户增长率、市场推广都要快于游戏主机，而面临成本、渠道、政策等诸多因素，游戏主机厂商仍持谨慎的观望态度，并没有急于推进。因此，预计 2015 年电视游戏市场将先由互联网电视/盒子引爆，而游戏主机还有较长的路要走。

═══ 拓展阅读 ═══

在中国有哪些人不上网？

CNNIC 发布的第 35 次《中国互联网络发展状况统计报告》显示，截至 2014 年 12 月，中国网民规模达 6.49 亿，互联网普及率为47.9%；中国手机网民规模达 5.57 亿，网民中使用手机上网人群占比由 2013 年的 81.0% 提升至 85.8%。中国网民中农村网民占比27.5%，规模达 1.78 亿。总体上，中国的网络用户一直在增长，但是，普及率仍然未能过半。那么，未上网、不上网的是些什么人呢？

中国互联网络信息中心的调查显示，非网民不上网的原因，主要是不懂电脑/网络，比例为 61.3%，其次为年龄太大/太小，占比为 28.5%，相比 2013 年均有所上升（图 1）。互联网知识与应用技能的缺乏，仍然是造成网民与非网民之间数字鸿沟的重要原因之一。另外，没有电脑等上网设备的比例为 10.7%，互联网接入设备的获取能力差异造成的使用鸿沟也不能忽视。

从非网民未来上网的意向来看，近年来非网民的上网意愿持续降低，肯定上网或可能上网的比例，从 2011 年的 16.3% 逐渐下降至2014 年的 11.1%，未来非网民的转化难度将进一步加大，网民规模的增速将继续减缓（图 2）。

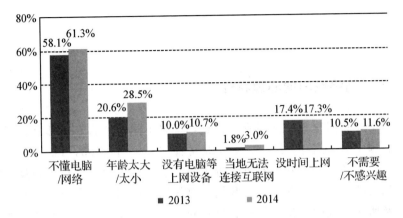

图 1 非网民不使用互联网的原因

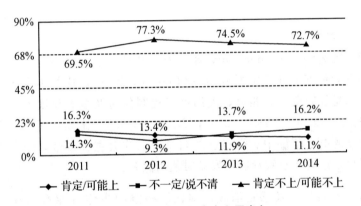

图 2 近年来非网民未来上网意向

对潜在网民(肯定上/可能上)与非潜在网民(肯定不上/可能不上/不一定/说不清)进行对比发现,非潜在网民中小学及以下学历、农民、60岁及以上的群体占比很高,分别达到59.2%、43.3%、36.7%,这些特征与该群体不上网的原因表现一致,即不懂电脑/网络(64.1%)、年龄太大/太小(30.6%);而30.2%的潜在网民不上网的主要原因是没有时间上网,这一群体具备互联网接入条件与使用技能,未来转化为网民的可能性更高。

在整体网民规模增幅逐年收窄、城市化率稳步提高的背景下,农村非网民的转化难度也随之加大,未来将需要进一步的政策和市场激励,推动农村网民规模增长。

第三节　网络空间的心理特性

关于互联网建构的空间有何特点，很多不同学科的专家都进行了分析，心理学家也不例外。心理学研究者（Joinson，2003；Piazza & Bering，2009；Suler，1998）着重分析了网络空间对人们心理与行为具有特殊寓意的特性。整合起来看，我们可以从网络空间中个人行为、人际互动以及团体过程的背景、手段、过程和结果等方面，梳理出 8 个方面来认识。

一、视觉匿名

视觉匿名（visual anonymity）指的是，相比离线状态时，人们在网上的互动很大程度上并不能看到对方（Joinson，2003）。这并不意味着在线时身份总是被隐藏的，相反，人们可以控制何时及多大程度上表露自己的人格信息（Qian & Scott，2007；Viégas，2005）。比如，同一个人可以在给朋友的电子邮件中表露自己的名字，在约会主页或微博中贴出编辑过的照片，或者在在线社区中发帖时使用假名。

视觉匿名也涉及感觉消减，即在网络空间中你可能看不到对方的表情和身体语言，听不到语音。即使是随着技术的发展，音频、视频技术变得更加有效和方便，身体和触觉方面的互动仍然是有限或不存在的。

相应地，视觉匿名会带来知觉转变，静静地坐着盯着屏幕可能成为一种已经转变的意识状态。有些人在使用电子邮件或即时通信时，会有一种自己的心智与他人混合的体验，一种超现实的、类似于梦境的体验。

二、文本沟通

文本沟通（texting）是指在网络空间中的互动主要通过打字来完成，情绪或非言语的内容在此过程中并不缺乏，因为人们可以使用表情符号来交流情绪信息，或者直接地通过文本描述自己的情绪状态(Derks, Fischer, & Bos, 2008)。尽管文本沟通过程中存在感觉消减，它仍然是一种有效的自我表现和人际联系的形式。电子邮件、聊天室、即时通信、社交网站和博客等都是常见的社交形式，使用方便、成本低廉。除了不能说和听，人们可以把自己的想法打字表达出来，并阅读对方打字表达出来的想法，这是一种表现自我认同的方式，向在线同伴呈现自我认同的方式，以及建立关系的方式。

三、空间穿越

空间穿越(transcended space)指的是在网络空间中的互动几乎不会受到地理距离的影响。互联网可以让地理上相隔万水千山的人相会和交换信息(如在聊天室)、分享媒体文件(如通过社交媒体)，甚至是进行交易(如在 eBay 上)。它可以让过去熟识的朋友和家人在居于不同地方的时候保持联系(如通过电子邮件)、提供支持，以及保持亲密感。可以说，世界变小了。

地理位置变得无关紧要对人们的一些独特兴趣或需要具有重要意义。在物理世界的生活中，人们可能在自己周围找不到可以分享自己独特兴趣或需要的人。但是，在网络空间中，各色人等(即使是那些极其个性的人)都很容易找到自己的同类。由于支持团体致力于帮助人们解决自己的问题，所以那可能是网络空间非常有用的一个特征。而对于具有反社会动机的人而言，这就是网络空间一种非常消极的特征。

四、时序弹性

时序弹性(temporal flexibility)指的是在网络空间中的互动过程中，人们对时间的感受与物理世界中的感受可能并不一致，在同步和非同步的交流中都存在着时间的延伸。当人们正在计算机前通过互联网实时地进行交流时，是一种同步交流，聊天室和即时通信就是如此。然而，另一方面，电子邮件等却包含了非同步交流，它并不要求彼此即刻回复对方。在聊天室和即时通信中，人们可以有几秒钟到一分钟的时间来回复对方，这明显比面对面的交流延迟更长。在电子邮件、博客等中，人们会有数小时、数天或甚至几个月的时间来回复对方。网络空间创造了独特的时序空间，让人们进行的持续互动时间得以延伸，这就提供了方便的"反省区"。相比面对面的交流，人们有更多的时间来深思熟虑和精心构思自己的回复。这种对自我呈现的更多编辑控制，可能会导致"超个人"的社交结果，如形成对每个人的理想化印象（Walther，2007）。

一些网络新手对于这种新颖的时序经验需要一段时间的适应。比如，他们可能期望自己的电子邮件立刻得到回复，热衷于电子邮件联系的人会认为对方的回复就像是面对面交谈一样。

在另一些情况下，网络空间的时间被浓缩了。如果你成为某个在线社区的成员几个月，你就会发现自己会被人认为是"老人"了。互联网环境变化非常快，相比砖块、木头和钢铁建构的世界，互联网的世界非常容易建立起来，以及解构重建。由于人们进出互联网空间很容易，可以相遇、结识，在线团体的成员变化也非常快。我们对时间的主观感受立刻与我们生活于其中的世界的变化速率联系在一起。在网络空间中你的所见、所闻和人们持续变化的背景下，时间体验似乎加速了。

五、地位平等

地位平等（equalized status）指的是在大多数情况下，在线的每个人都有相同的机会发出自己的声音。每个人，无论其地位、财富、种族、性别等，都在同一个平台上开始，一些人把它称为"网络民主"。尽管一个人在物理世界中的地位最终会对其网络空间中的生活产生一些影响，但是这种网络民主的理想也有其真实性。决定一个人对他人产生影响的因素是交流沟通中的技能（包括写作技能）、毅力、观念的质量，以及对技术的熟悉度。

六、身份可塑

身份可塑（identity flexibility）指的是在网络空间中缺乏面对面的线索会对人们如何呈现自己的身份（自我认同）产生好奇的影响。仅仅是通过打字的文本进行交流，人们就可以选择做什么样的人，是仅仅呈现自我认同的某些部分、建构假想的自我认同，还是保持完全的匿名——在某些情况下，几乎是完全隐身，成为"潜水者"。在很多环境中，人们可以给自己一个自己希望的名字。多媒体的世界提供了机会让人们通过化身（avatars）来视觉化地表现自己。

匿名可能会带来去抑制效应，它通过两种方式来表现。一是人们可能会利用它表现令人不快的举动或情绪，通常是辱骂他人；二是它可能让人们诚实而开放地面对某些个人问题，而这些问题在面对面的交流中是无法讨论的。

七、多重社交

多重社交(social multiplicity)指的是在网络空间中人们更容易与来自各方面的人进行接触，与数以百计、甚至是数以千计的人进行交流。在多任务并行时，一个人可以在短时间内穿梭于多个关系中，甚至是可以在同一时间与人聊天、使用即时通信，而其他人未必能够意识到这个人正在穿梭于多个关系。

此外，通过在博客、讨论版或社交网站上发帖子(这些地方有着不计其数的读者)，人们可以吸引与其最为诡异的兴趣相匹配的人。通过搜索引擎，人们可以搜索数以百万计的网页来找到特定的人和团体。互联网搜索、过滤和联系他人的功能越来越强大，也越来越有效。

但是，为什么我们只选择与某些人联系，而不与其他人联系呢？从相当多的发展在线关系的可能性中进行筛选的能力，会放大一种有趣的人际现象——移情。移情会指引我们趋向特定类型的人，来表达我们的情绪和需要。用户在选择朋友、爱人和敌人时，会基于无意识的动机，也会基于有意识的偏好和选择。这种无意识的过滤机制受到隐藏的期望、愿望和恐惧的压制，却可以最大限度地利用互联网带来的好处。一个有经验的网络用户会说："我在网上到处逛，总是遇到相同的人！"

八、存档可查

存档可查(archival and retrievable)指的是上载到互联网上的内容通常会永久存在，并且这些信息可以通过搜索引擎轻易地找到(Viégas，2005)。大多数的在线活动(包括电子邮件联系和聊天)都能够被记录下来并保存为一个电脑文件。与物理世界中的交流不同的是，网络空间中的用户会有永久记录——说过什么、和谁说的以及什么时候说的。由于这些交流是纯粹的文件，所以甚至可以说人们之间的关系就是文件，这些关系可以永久记录，也唾手可得。只要你愿意，你就可以重温其中的某一段，或对其进行重新评价。

　　尽管这种存档可查的特性有其好处，其弊端也不容忽视。因为人们知道在网络空间中说过的话、做过的事都可能被追查到并记录下来，所以他们可能会对在线状态感到焦虑、不信任，甚至是变得偏执妄想——我是不是应该对说什么、上哪儿去更加小心一点呢？它会一直缠着我吗？谁会看到这些记录呢？

第二章

网络心理的理论观

批判性思考

1. 传统心理学领域里，关于人们在物理世界中的心理与行为特点的理论观点，是否可以恰当解释数字世界中人们心理行为的特点呢？是统而摄之，还是鞭长莫及？
2. 从心理学理论上看，人们在数字世界中的心理行为与物理世界中的心理行为是统一的，还是"人格分裂"的？或是属于"多重人格"的表现？
3. 借以解释人们的网络心理与行为的理论观点形形色色，各自的主要观点也是千差万别，那么到底哪一个理论观点是正确的呢？或者说有没有"正确的"理论观点呢？

关键术语

　　网络社交，聊天室印象管理，网络游戏，在线自我认同，网络学习，网络排斥，网上偏差行为，网络成瘾，生态技术微系统，网络欺负

　　关于网络空间中心理行为的特点和规律如何从理论上进行阐释，已经引起众多研究者的重视。研究者为之付出了努力，并提出了很多理论观点和模型。这些理论观点和模型或从传统心理学领域中的著名理论观点汲取营养，迁移而来；或从关于网络心理和行为的种种研究中萃取提升，自成一家。我们在此整理了约40种理论观点，固然这些理论观点无法穷尽所有，不过这些理论观点涉及的主题几乎是无所不包，或论及个人的认知、自我、人格与性别，或论及人际关系与行为，或论及群体认同与互动，或论及网络空间的文化背景……对于这些理论观点的呈现，我们按照个体特征视角、网络情境视角和交互作用视角来分类，以期能够帮助读者形成关于网络行为和心理特点的概念性认识。

第一节 个体特征视角

一、取代假设

取代假设（displacement hypothesis）认为，使用互联网可能会阻碍青少年的社会性发展，因为在线时间占用了他们跟家人和朋友面对面相处的时间，网络中形成的弱人际联结取代了真实生活中的强人际联结。

取代假设一度成为研究者解释媒体对儿童青少年造成的消极影响的主要理论。这种假设建立在时间使用的"零和假定"上，也就是说，每个人的时间是有限的，用一定的时间干某一件事，就没有时间去干别的事了。从实证研究的角度来看，已经有很多研究者指出，人们真实生活中面对面的社交活动已经被互联网使用所替代（Kraut et al.，2002）。

克劳特（Kraut）等人1998年的一项研究结果支持了取代假设理论。他们使用追踪研究的数据探索个体的网络使用、社会卷入及产生的心理影响之间的关系，发现被试使用网络时间越多，跟家人和当地社交圈的交流就越少，同时也感觉更加孤独和抑郁。这项研究被引用的频率很高，均是用来证明网络使用能对个体产生消极影响。另有研究以色列青少年网络使用的结果显示，使用网络跟家庭亲密程度显著负相关，跟家庭冲突显著正相关（Mesch，2003，2006）。使用日志研究法的研究发现，被试使用网络行为越多，跟家庭和朋友在一起的时间越少（Nie et al.，2002），同样支持了取代假设。

当然也有研究质疑取代假设，认为要探究网络社交使用产生的影响，还应该关注网络交流沟通的质量等因素（Cummings，Butler，& Kraut，2002；Gross，Juvonen，& Gable，2002）。有研究者提出，对于维持亲密社会关系来说，收发电子邮件等网络方式不如面对面交流和电话联系的方式有效，在寻求社会支持的时候，电子邮件通讯录上的名单列表远远比不上现实生活中的小社交圈子（Cummings et al.，2002）。这种结果可能是网络交流缺少社会线索和不可能进行身体接近等因素造成的。对于此假设进行验证的研究结果显示，取代假设在解释青少年与父母的关系时是成立的，但是在青少年与朋友之间的交往关系上，取代假设不成立。这跟近年来青少年在社交网站上跟已有好友的沟通有关(Lee，2009)。

　　总之，取代假设虽然被很多研究结果支持，但是在解释一些现象时仍然需要谨慎。首先，取代假设并不足以解释网络使用对人际关系造成的所有消极后果，良好的人际关系有可能跟使用网络时间的质量而不是数量有关。其次，即便是网络交流不如面对面交流有效，它仍然可以作为面对面交流的一种补充方式，特别是对于那些距离较远不能见面的朋友来说，网络提供了一种更方便、更低成本的方式。

二、增进假设

　　增进假设(increase hypothesis)认为网络使用能够增进用户的社交联系，扩大他们的社交规模，增加跟他人的亲密程度，维持既有的社会联结并跟新朋友建立关系。这种积极的观点认为网络作为一种互动的媒体，能够突破时间和空间来促进人与人之间的联系。网络空间中的匿名性和社会线索的缺少等特点能促使用户建立新的人际关系。但也应该看到，用户选择何种技术手段是另外一个问题，这个问题可以用"用且满足"理论(见后)进行解释，用户之所以选择某种媒介是为了满足某些需要和动机。对于青少年来说，他们有探索外部世界的兴趣，有跟朋友联系的强烈需要，跟同伴和他人进行沟通交流将成为他们使用网络的首要动机。

　　关于网络对人际关系和社会网络有积极影响的假设，已经被很多实证研究支持。同样是克劳特跟他的研究团队，不同于他们之前的研究结果，2002年的一项研究发现网络使用和家庭沟通、社交圈规模的消极关系不再显著。另外，他们还发现使用网络的个体增强了与家庭和朋友的交流，特别是青少年，网络使用让他们获得了更多的社会支持。他们解释1998年和2002年研究结果不同的原因，可能是选择被试的成熟程度、网络使用方式的改变，以及互联网环境和服务的改变等。

　　同时，有研究者认为网络只是其他社交方式的辅助手段，网络对于维持既有的社交关系更有效(Wellman，Quan-Haase，Witte，& Hampton，2001)。他们发现经常使用网络的个体更喜欢通过电子邮件联系朋友，而且这种网络联系方式并没有减少他们面对面接触和电话沟通的机会。其他研究(Shklovski，Kraut，& Rainie，2004)的发现也支持了这一点。

对于青少年的很多研究结果均显示，即时通信只是作为一种附加的交流工具，并没有取代他们跟朋友的电话联系（Gross et al.，2002；Lenhart，Madden，& Hitlin，2005；Lenhart，Rainie，& Lewis，2001）。有研究者发现网络使用，特别是网络交流能直接和间接（通过增加跟朋友交流的时间）提高友谊的质量（Valkenburg & Peter，2007a）。青少年在即时通信中最常交流的伙伴都是学校里的好朋友，网络交流增强了朋友之间的亲密程度（Gross，2004）。

增进假设后来进一步发展为"富者更富"和"穷者变富"模型，这两种假设更关注具有什么特征的个体能够从网络交流中获得更大收益。

三、富者更富模型

社会心理学中有一个社会促进理论，原本是用于解释个体完成某种活动时，由于他人在场或与他人一起活动而造成行为效率提高的现象。该理论在应用于解释互联网使用时，指的是富者更富（rich get richer）现象（Zywica & Zywica，2008）。富者更富是网络研究中提出的一种理论模型，主要描述的是网络中新的节点更倾向于与那些具有较高连接度的"大"节点相连接的现象（Buchanan，2002）。

互联网研究者将社会促进理论模型应用于解释互联网的使用效果（Kraut et al.，1998），认为那些社会化良好和外倾型的以及得到社会支持较多的个体，能够从互联网使用中得到更多的益处（Valkenburg，Schouten，& Peter，2005；Walther，1996）。社会化程度比较高的个体愿意通过互联网和他人进行交流，并且可以通过这种媒介结识新的朋友。已经拥有大量社会支持的个体可以运用互联网来加强他们与其支持网络中的他人的联系。因此，相对于内倾者与社会支持有限的个体来说，通过扩大现有社会网络规模和加强现有人际关系，前述两类个体能够通过互联网使用获得更高的社会卷入和心理健康水平。

这个理论模型得到了研究的支持，使用互联网可以给外倾个体带来更多的好处（Kraut et al.，2002）。使用互联网更多的人群中，外倾个体报告了更高的主观幸福感提升，包括孤独感的下降、消极情感的减少、压力降低和自尊的提高。随着互联网使用的增加，内倾个体比外倾个体报告更多的孤独感，有更多社会资源支持的个体与更多的家人沟通和更高的计算机技术水平相关。另一项研究显示，外倾的青少年在网络中的自我表露和在线交流均比内向者水平高，这促使了他们的在线友谊能更快很好地形成（Peter et al.，2005）。

四、穷者变富模型

穷者变富（poor get richer）模型源于社会补偿理论，它原本是用于解释合作情境中，当其中一方合作伙伴工作不得力时，另一方加倍努力以弥补整体工作效果的现象（Williams & Karau，1991）。在应用于互联网研究时，描述的是网络中穷者变富的现象，一般作为跟社会促进理论或者富者更富相对的理论假设被提出，指的是现实生活中社交不足的个体拥有更广泛的在线社交网络（Valkenburg et al.，2005）。

社会补偿理论预测，内向的与缺乏社会支持的个体能够从互联网使用中得到最大的益处。社会支持有限的个体可以运用新的交流机会建立人际关系、获得支持性的人际交往以及有用的信息（Valkenburg et al.，2005）。对他们来说，在现实生活环境中这些都是不可能实现的。相反，对于那些人际关系本身很好的个体来说，如果这种在线的、相对弱的相互关系取代了现实生活中原本比较强的人际关系，那么互联网使用就可能干扰或者削弱他们现实生活中的人际关系。这个理论模型同时可以用来解释互联网使用对青少年心理健康具有消极破坏作用的研究结论。

关注在线关系的很多研究也支持了这种社会补偿假设。研究发现，有社交焦虑的青少年可以在网络中更多地与陌生人交谈，内向者更容易形成在线友谊关系（Gross，Juvonen，& Gable，2002）。研究也同样显示，内向青少年更愿意通过在线交流来锻炼自己的社会沟通技巧，这种动机可以提高他们在线友谊的数量（Peter et al.，2005）。

五、用且满足理论

用且满足（uses and gratifications）理论开始主要用于研究媒体用户的使用动机、期望及媒体对人的行为的影响，后来重点解释它们之间的关系。研究者总结以往的研究，提出了用且满足理论的研究内容：社会性和心理根源上的需要使用户产生对大众媒体或其他媒体来源的期望，这导致用户不同模型的媒体接触或参与其他活动，从而带来需要的满足和其他附带的可能无意的结果(Katz, Blumler, & Gurevitch, 1973)。

用且满足理论的研究最先开始于大众媒体的研究，早期主要考察报纸、广播、电视等媒体的使用，探讨人们使用它们的原因。该理论体现了受众媒体使用的心理需求。比如，根据观众"使用"电视后得到"满足"的不同特点，可以总结出四种基本类型：一是心理转换效用，即电视节目可以提供消遣和娱乐，带来情绪上的解放感；二是人际关系效用，即通过节目可以对出镜的人物、主持人等产生一种"朋友"的感觉；三是自我确认效用，即电视节目中的人物、事件及矛盾的解决等可以为观众提供自我评价的参考框架；四是环境监测效用，即通过观看电视节目，可获得与自己的生活直接相关的信息(庾月娥，杨元龙，2007)。

20世纪80年代以后，互联网开始普及，研究者将该理论引入了网络使用的研究，提出了网络使用与满足感，并试图通过增加变量来丰富这一模型，取得了大量的研究成果。

一些研究者从网络带来的满足感角度考察了网络使用和网络成瘾的关系。研究发现体现在信息、互动和经济控制等方面的网络满足感。其他新的满足感方面包括问题解决、追求其他、关系维持、身份寻求和人际洞察(Korgaonkar & Wolin, 1999)。娱乐、信息学习、逃避现实和交往等网络满足感因素分别解释了社交性服务的44%，任务性服务的47%，市场交易性服务的30%(Lin, 2001)。研究者从专门针对互联网满足感的概念中提取了7个网络满足感因素：虚拟交际、信息查找、美丽界面、货币代偿、注意转移、个人身份和关系维持，并且认为这几个因素都有可能增加用户网络成瘾倾向(Song et al., 2004)。

之后，拉罗斯(LaRose)和伊斯汀(Eastin)提出了用且满足理论解释的新范式——社会认知理论范式，将班杜拉的社会认知理论和用且满足理论结合，提出了网络自我效能感和网络自我管理两种具有启发意义的机制，并进行了验证分析。对台湾高中生网络成瘾者和非成瘾者的网络使用模式、满足感和交往愉悦度的比较研究发现，社会交往动机和满足感的获得与网络成瘾显著相关(Yang & Tung, 2007)。庾月娥、杨元龙(2009)运用该理论从心理和社会需求角度解释了人们喜欢使用网上聊天服务的原因。

简而言之，用且满足理论认为人们根据不同的需要来选择媒体内容，不同的媒体内容也会满足人们不同的心理需求。该理论在网络使用的研究上体现了重要的应用价值。

六、聊天室印象管理模型

印象管理是普遍存在于社会交往中个人试图控制别人看法的过程（Leary & Kowalski，1990），它有时可能涉及歪曲和呈现来自一个人"真实自我"的离经叛道的方面。大部分印象管理的研究集中于面对面的互动。不过，印象管理行为并不局限于面对面的社交互动。通过计算机为媒介的交往，可以通过交换社交信息来形成和管理印象，并发展关系（Lea & Spears，1993；O'Sullivan，2000）。

研究者发现印象管理在聊天室里特别突出。研究者先对在美国中西部地区一个中等规模的大学选修通信课程的 382 名本科生关于聊天室的使用情况进行了调查，然后根据调查结果，对 10 名被试进行了深度访谈，采用扎根理论对访谈结果进行系统分析，构建了印象管理模型（Becker & Stamp，2005）。

该模型如图 2-1 所示，印象管理包含三个动机：社会接纳愿望、关系发展与维持愿望和自我认同实验愿望。社会接纳愿望是指在聊天室文化中被社会接纳的愿望，如担心其他人可能认为他不聪明，被试会对交流进行调整，以管理他们的印象，使他们得到社会的认可。关系发展与维持愿望是指使用聊天室与已经认识的和在现实生活中从来没见过的人交流，来发展和保持关系，发展在线关系，升级靠面对面或电话交流维持的关系。自我认同实验愿望是指在线构建理想自我，印象管理是尝试新自我认同的中心。

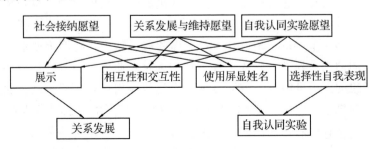

图 2-1　网络聊天室的印象管理模型

　　这三种动机组成了影响印象管理核心现象的必然条件，而社交媒介本身提供的背景环境特点，也会对行为策略产生影响，成为障碍。必然条件和障碍影响了 4 个行动/互动策略：展示、相似性和交互性、使用屏显姓名和选择性自我表现。展示是指用户为了获得一个积极的印象，表现自己对网络聊天文化的掌握，显得经验老到、技巧纯熟，如使用网络流行语、表情符号等。相似性和交互性是指人们在网络聊天时喜欢寻找与自己相似的人进行交流，也容易被与他们的交流方式相似的人吸引，也就容易导致相互认可和激励。使用屏显姓名是指用户聊天使用自己个性化的网名，一个网名揭露了人们的人格和兴趣，可以表示一个人的自我认同。选择性自我表现是指聊天时可能故意引导谈话内容，故意表现出某种个性，而这些可能是其现实生活中不具备的，目的是为了使自己更有吸引力。

　　通过这些策略，聊天室的研究对象期望达到两个目标：关系发展和自我认同实验(Becker & Stamp，2005)。大家都把自己塑造为社会所期望的，有不同程度成功的人。利用先前描述的印象管理的互动策略，人们试图制造对自己有利的印象。其结果是，通过聊天室发展出至少一种关系。这些关系的性质从短暂到持久，大多数是短暂的、柏拉图式的友谊，但有些是长期的、浪漫的性质。人们经常发展他们的自我认同和管理他人对自己印象的能力。聊天室让人们能够展示与面对面互动完全不同的自己。例如，有些人在面对面互动中很害羞，但是聊天室的匿名性让他们在网上更具有表现力。

七、自我概念的碎片假说与统一假说

　　研究者(Valkenburg & Peter，2008；Valkenburg & Peter，2011)把网络交往对自我概念清晰度的风险概括出两个相反的假说：自我概念碎片假说(the self-concept fragmentation hypothesis)和自我概念统一假说(the self-concept unity hypothesis)。碎片假说认为，在网上塑造的可能自我认同的难易程度可碎片化青少年的人格。此外，新关系使他们面对人和思想的多种可能性，可能会进一步瓦解他们已经很脆弱的人格。互联网能提供给个体与许多不同的人在不同的网络环境中进行互动的机会，但破坏了整合他们自我认同的多个方面成为一个有机整体的能力。整合这些移动人格的挑战对青少年来说特别大，因为他们刚刚开始形成自己

的自我认同。

自我概念统一假说认为，互联网给青少年所提供的与来自不同背景的人交流的机会比以往任何时候都多。在线活动为青少年提供机会来检验他们的自我认同，并接受他人的反馈和验证。自我表达和自我验证这样的机会可以提高自我概念的清晰度。青少年在一个广阔的社交环境中验证他们的自我认同，这反过来也可以刺激他们澄清自我概念。

三个研究（Valkenburg & Peter，2008；Mazalin & Moore，2004；Matsuba，2006）考察了互联网对青少年自我概念清晰度的影响，但这些研究得到了不一致的结果。两个研究（Mazalin & Moore，2004；Matsuba，2006）显示，频繁的互联网使用或在线自我认同实验（假装是别人）与更不稳定的自我概念有关。但是，更严格的多因素分析表明这种关联会很快地与其他变量，如孤独和社交焦虑，被整合进一个模型中（Valkenburg & Peter，2008）。因此，现在的研究不支持互联网提高或阻碍青少年自我概念清晰度的结论。其他因素，如孤独感似乎对青少年自我概念的影响要强于互联网的使用。

八、沉醉感理论

沉醉感（flow experience）的概念最早由奇克森特米哈耶（Csikszen-timihalyi）于 20 世纪 60 年代提出，也被称为最佳体验（optimal experience），指的是人们对某一活动或事物表现出浓厚的兴趣，并能推动个体完全投入某项活动或事物的一种情绪体验（任俊，施静，马甜语等，2009；Massimini & Carli，1988）。同时，沉醉感一般是个体从当前所从事的活动中直接获得的，回忆或想象等则不能产生这种体验（Carr，2004）。沉醉感是个体的认知、情感与行为活动整体参与的结果，是无数噪声之后出现的悦音与和谐之音（Massimini & Carli，1988）。沉醉感本身也在发展变化，也表现出从无及有、由小到大、自弱转强的动态过程。

奇克森特米哈耶在 1975 年系统地构建了沉醉感理论模型（Novak & Hoffman，1997），他指出个体感知到的自己已有的技能水平与外在活动的挑战性相符合是引发沉醉体验的关键，即只有技能和挑战性呈平衡状态时，个体才可能完全融入活动，并从中获得沉醉体验。由于外在活动是不断变化发展的，即个体从事活动的复杂度会不断增加，因此，为了维持沉醉体验，个体就必须不断发展出新的技巧来应对新挑战，这也导致个体的身心得到不断的发展。

体验沉醉感一般分为三个阶段（Chen，Wigand，& Nilan，1999）。首先是相关信息收集阶段，主要包括明确目标、及时清晰的反馈，最为重要的是感受到挑战与技巧较好匹配。其次是体验阶段，主要包括行为与意识融合、行为控制感、深度注意。最后是沉醉感的效果体验，如自我意识缺失、时间感混乱、出现欣快感等。

沉醉感对虚拟空间中的或者是计算机使用活动中的心理活动也可以有独特的解释。霍夫曼（Hoffman）和诺瓦克（Novak）提出了一个多媒体环境下沉醉感产生的理论模型，他们认为"远程临境感"（telepresence）是互联网使用过程中沉醉感产生的重要条件（Hoffman & Novak，1996）。诺瓦克等人发现欣快感的主要前提是控制感、唤醒与集中注意力，第二个前提是技巧（网络使用）、交互性（上网速度）与任务的重要性（Novak et al.，2000）。

互联网使用过程中的沉醉感与多种活动有关（Novak et al.，2000；Pearce et al.，2004；Wheeler & Reis，1991），如发送与阅读电子邮件、信息检索、发布帖子、玩网络游戏、网络聊天以及电子购物等活动。

在线游戏沉醉感对用户玩游戏也有很好的预测作用。社会规范、玩家对网络游戏的态度以及沉醉感能够解释大约 80% 的玩网络游戏（行为）差异（Hsu & Lu，2004）。基于信息技术沟通的沉醉感具有稳定的结构，也就是说，个体在使用信息技术过程中一般都会体验到深度注意、欣快感与内在兴趣（Rodríguez-Sánchez，Schaufeli，Salanova，& Cifre，2008）。浏览网站的沉醉感也会出现时间错觉，体验到欣快感与虚拟真实性；出现沉醉状态的人能够学习到网站上更多的内容，更愿意积极行动（Skadberg & Kimmel，2004）。

九、 网络游戏沉醉感理论

如上所述，奇克森特米哈耶提出了关于人类行为的沉醉感理论。所谓沉醉感指的是个体在从事其感兴趣的活动时的一种满足体验，并且个体在从事该活动时并不考虑需要的付出以及活动本身的困难度和危险程度。奇克森特米哈耶认为沉醉感有 8 个成分：一个可供完成的任务，可以将注意力集中于任务上的能力，清晰的目标，直接的反馈，对行为的控制能力，一种忽略日常烦恼的、不用费力的深度卷入，自我意识的消失，时间知觉能力降低。

随着网络游戏的迅速发展，研究者也开始探索人们为什么对网络游戏如此痴迷。斯维彻（Sweetser）和威斯（Wyeth）在奇克森特米哈耶提出的沉醉感理论的基础上提出了有关网络游戏的沉醉感理论。该理论认为网络游戏的以下的 8 个特征可以令玩家在玩游戏的时候产生沉醉体验。这 8 个特征是集中注意、匹配挑战、玩家技能、控制感好、目标清晰、提供反馈、沉浸如醉和社会互动。

集中注意指的是游戏需要让玩家能够将注意力集中在游戏上，并且玩家也需要有能够集中注意的能力。这一特征有 6 个标准：①游戏需要提供大量的不同刺激；②游戏提供的刺激必须值得去注意；③游戏必须尽快抓住玩家的注意力并且使玩家可以保持注意；④玩家不应该在不重要的任务上有所负担；⑤游戏需要有较高的任务量，且与玩家的认知、感知觉和记忆力相匹配；⑥玩家不能够分心。

匹配挑战指的是游戏必须要有一定的难度并且与玩家的能力匹配。这一点有 5 个标准：①游戏的难度必须与玩家技能相匹配；②游戏必须为不同玩家设置不同的任务难度；③玩家的挑战难度需要不断上升；④游戏更新难度的速度要适当。

玩家技能是指游戏必须为玩家的能力和掌控力的发展提供支持。这一点的要求是：①玩家玩游戏的时候不需要阅读说明和指南；②学习玩游戏不能给玩家带来厌烦感，反之应带来兴趣；③游戏必须提供在线帮助；④玩家在进行游戏教程学习的时候要有就是在玩游戏的感觉；⑤玩家在技能发展后应该得到奖励；⑥游戏在提升玩家技能的时候需要相对合适的速度；⑦游戏设备的使用必须令玩家容易学习。

控制指的是玩家在游戏中要能体验到一种对游戏活动的控制感。这一点的标准是：①玩家在游戏中必须对他们的虚拟身份、游戏中的活动和互动有控制感；②玩家需要对游戏设备有控制感；③玩家需要对游戏设定（开始、结束、保存等）有控制感；④玩家不能出现那些对游戏有所损害的错误，并且玩家需要在错误复原的过程中得到支持；⑤玩家需要对游戏的整个环境有控制感；⑥玩家需要对他们在游戏中的活动、采取的策略有控制感，并且玩家可以按照自己的意愿玩游戏（并非完全按照游戏程序设定的步骤玩）。

游戏需要在合适的时机向玩家提供清晰的任务目标。这一点的标准有两个：①最高目标必须清晰并且很早就呈现；②直接目标必须清晰并且在合适的时机呈现。

玩家必须在合适的时机得到合适的反馈。这一点的标准有三个：①玩家获得的反馈必须与目标有关；②玩家必须在他们玩的过程中获得直接反馈；③玩家需要知道他们的状态和分数。

玩家需要对游戏有深入且不费力的卷入。这一点的标准是：①玩家对自己的周围环境有较少的注意；②玩家自我意识较低且对自己的日常状态有较低的注意；③玩家的时间知觉被改变；④玩家对游戏要有情感卷入；⑤玩家对游戏的卷入要发自内心。

游戏需要对社会互动的机会提供支持或创造社会互动的机会。这一点的标准有三个：①游戏必须对玩家间的竞争与合作提供支持；②游戏需要对玩家之间的社会互动（如聊天）提供支持；③游戏需要对玩家在游戏内和游戏外的社会交往提供支持。

十、社会认知理论

班杜拉（Bandura）提出来的社会认知理论（social cognitive theory）假设人类有自我反省和自我调节的能力，人类不仅是环境的积极塑造者，"人们不只是由外部事件塑造的有反应性的机体，而是自我组织积极进取的、自我调节和自我反思的"（Bandura，1986）。社会认知理论的主要观点是：以环境、个人及其行为三个方面持续相互的影响关系来解释人的行为。根据这一互动的因果模型，人对环境的反应包括认知、情感和行为。通过认知，人们也控制着自己的行为，这不仅影响着环境，而且也影响着主体自身的认知、情感和生理状态。因此，人的能动性是其内部因素、行为和环境三者交互作用的产物，同时又对这三者发挥能动性作用。该理论强调，个体可以通过自我调节来主动地控制影响自己生活的事件，而不是被动地接受环境中发生的一切；个体可以通过自己对环境的反应来对其有所控制。

　　班杜拉还提出了自我效能感、结果预期等概念来进一步阐述自我调节系统的作用。自我效能感是指人们对自己实现特定领域行为目标所需能力的信心或信念，影响着人们的行为选择。通过对环境的选择和改善，个体能改变他们的生活进程，由效能感激发的行动过程能使个体创设有利的环境，并对它们加以控制，效能的判断影响个体对环境的选择。个体倾向于逃避自己效能范围之外的活动和情境，而承担并执行那些他们认为自己能够做的事。班杜拉还提出了效能预期的概念，即个体确信自己能够成功地完成某种任务的预期。他指出，个体想要有效地活动，就必须预期到不同事件和行动过程的可能后果而相应地调整他们的行为。

　　一些研究者在互联网研究中引入了社会—认知为理论框架来解释网络使用行为（LaRose，Mastro，& Eastin，2001；LaRose & Eastin，2004）。他们认为网络使用是一种社会认知过程，互联网环境、使用者和使用者的行为三者的交互作用影响着使用行为的表现和结果。他们假设对于互联网使用的积极结果预期，如获取资讯网站信息和有价值的社会交流等，可以增加互联网使用频率；消极的结果预期，如使用网络时电脑中毒等，会降低个体的互联网使用（Larose，Mastro，& Eastin，2001）。实际的研究结果也显示，积极的结果预期、互联网自我效能、感知到互联网成瘾与互联网使用（如以前上网经验、父母与朋友的互联网使用等）之间是正相关；相反，否定的结果预期、自我贬损及自我短视与互联网使用之间是负相关（LaRose，Eastin，& Gregg，2001）。简而言之，积极的结果预期会导致积极网络自我效能和合理的网络使用，反之则不然（Larose & Eastin，2004）。

十一、自我效能与在线互动模型

　　为考察青少年参与在线公民网站活动的原因，利文斯通（Livingstone）等人对 1510 名 9～19 岁青少年做了一项调查，结果显示男性和年龄稍长的青少年要比女性和年轻一些的青少年有更多的在线沟通行为、在线信息搜索行为和在线同伴交往行为（Livingstone，Bober，& Helsper，2005）。然而利文斯通却认为现有的一些解释无法解释青少年网络交往的人口学差异。因此他提出了自我效能与在线互动模型（model on self-efficacy and online interaction）。模型中包括人口学信息和网络使用两部分内容，其中人口学信息包括性别、年龄；网络使用包括网络使用频率、日平均上网时长、网龄、自我效能感、上一周浏览的网页数量和网络活动的数量。

自我效能与在线互动模型一共包含 4 个假设：①人口学信息（性别、年龄）对青少年与网站交互的程度和青少年公民网站的浏览有直接影响；②使用信息（自我效能、平均上网时间和网龄）对青少年与网站交互的程度和青少年公民网站的浏览有直接影响；③人口学信息还可以通过使用信息对青少年与网站交互的程度和青少年公民网站的浏览产生间接影响；④青少年与网站交互的程度和青少年公民网站的浏览两者之间存在正相关关系。

具体来说，在年龄方面，12～15 岁的青少年有较低的自我效能、网龄少、日平均上网时间少、网络活动参与量不多；在性别方面，男性青少年比女性青少年上网频率更高、网龄更长、拥有更高的网络自我效能，浏览网页的数量和参与网络活动的数量也多于女性青少年（图 2-2）。

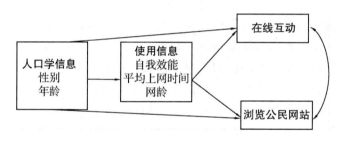

图 2-2　自我效能与在线互动模型

总之，这一理论为解释青少年利用各种机会参与网络互动提供了一个更为广阔的界定方式。

十二、沟通隐私管理理论

皮特若尼奥（Petronio）的沟通隐私管理理论（communication privacy management theory）可以称得上互联网交往中最有价值的隐私理论（Trepte & Reinecke，2011）。首先皮特若尼奥沿用奥尔特曼（Altman）关于隐私的界定方式，即认为隐私是一个从自我到他人的一条具有弹性（从开放到封闭）的边界。沟通隐私管理理论将隐私边界看成是一个从完全开放到完全封闭的一个连续体。完全开放就是指隐私拥有者愿意通过自我表露或授权访问的形式将个人隐私告知他人，代表着一种展示过程；与此相对，完全封闭则是指信息完全私有化和他人无法获取，代表着隐藏和保护的过程（Trepte & Reinecke，2011）。

沟通隐私管理理论有五个理论命题。

第一，关于隐私信息的界定，该理论认为，当个人认为某个信息属于他自己时，他们便将这条信息看成是隐私信息。

第二，由于个人将隐私信息看成是自己的所有物，因此他们有权利管理该信息的扩散程度。

第三，个人可以依据信息对自己的重要程度来设定和使用隐私规则，依此来控制隐私信息的传播。隐私规则可以影响人们对个人隐私和集体隐私的管理。一般而言，个人隐私规则基于文化价值观、性别取向、动机需求、情境和风险—收益比等来设定。

第四，个人隐私一旦被传播，集体隐私边界便随着诞生，所有获取隐私信息的其他个体也就成了该隐私信息的共同所有者。从隐私原始所有者的角度而言，隐私共同所有者应该有义务和责任依据原始所有者的隐私规则来保护和管理隐私信息。隐私的原始所有者和其他共同所有者通过协商的方式协调隐私规则，而协商的焦点则围绕着隐私的渗透性、共同所有者责任和链接三个问题。其中渗透性决定了他人可获取隐私信息量的程度；共同所有者责任决定了共同所有者在多大程度上可以管理隐私信息；链接则规定了什么样的人可以成为隐私的共同所有者。

第五，当隐私规则在隐私的原始所有者和共同所有者之间无法达成一致时，隐私边界就会出现动荡。出现这一现象的原因是由于人们已经无法一致地、有效地或积极地协商隐私规则。当隐私共同所有者无法有效控制隐私信息向第三方传播时，隐私边界动荡也就随之发生。

沟通隐私管理理论是对奥尔特曼的隐私规则的扩展与延伸。该理论在网络社交的相关研究中被大量应用（Trepte & Reinecke，2011）。

十三、偏差行为的双自我意识理论

双自我意识（dual self-awareness）思想认为人们有两种基本意识状态：主观自我意识和客观自我意识（Duval & Wicklund，1972）。研究者进一步区分了两种自我意识：公我意识（public self-awareness）和私我意识（private self-awareness）（Carver & Scheier，1987）。公我意识使得个体能够意识到自己是被他人评价、判断的和富有责任的。高公我意识的个体关注他人对自己的评价，倾向于进行印象管理以给他人形成好的印象。私我意识主要是个体对于自身内部的一些认识，如感觉、态度和价值观等，除非个体主动向外表达这些内容，否则别人是无法了解的。高私我意识的个体关注自己内心标准、体验和观点，言行更倾向于参考自身的内部动机、需要和标准。

研究者考察了计算机为媒介的人际沟通（Computer-Mediated Communications，CMC）对于公我意识和私我意识的影响（Matheson & Zanna，1990）。他们认为 CMC 会对私我意识和公我意识产生不同的影响。在 CMC 中，个体的公我意识降低，私我意识升高。研究也发现 CMC 用户在讨论问题时表现得很过激，这可能意味着他们私我意识水平较高（Weisband & Atwater，1999）。考察 CMC 中的自我意识与自我表露关系的研究发现，在私我意识及公我意识均较高的条件下，个体的自我表露程度远低于私我意识高而公我意识低的条件（Joinson，2001）。

双自我意识理论对网络偏差行为的解释，主要关注的就是 CMC 过程对于公我意识和私我意识的不同影响。公我意识的降低导致对于他人评价的关注减少，私我意识的升高则使得网络用户更关注自己的内心感受。在一个不受拘束的网络沟通环境中，个体更倾向于表达真实的感受，而非关注他人的评价和自己的形象。对于网络过激行为而言，这样一个过程可能就是网络"互骂战"形成的基础。高水平的私我意识同时也增加了个体随心所欲表达自己的可能性，不在乎自己的行为表现是否给他人留下不好的印象，结果就导致了偏差行为的出现。

十四、网络成瘾的阶段模型

格若霍（Grohol）针对网络成瘾行为提出了阶段性假设，他认为我们观察到的网络成瘾行为是阶段性的。网络用户大致要经历三个阶段，第一阶段是着迷阶段，第二阶段是觉醒阶段，第三阶段是平衡阶段（图 2-3）。

也有研究者发现，网络用户的在线聊天行为是阶段性的：一开始个体完全沉迷于网络聊天；接着就会渐渐醒悟，同时聊天行为减少；最后，达到一种正常化的聊天行为水平（Roberts & O'Shea，1996）。沃瑟尔的观察也得到了类似的结果。

格若霍认为，对于大多数网络成瘾的人来说，他们只是"网络新人"，

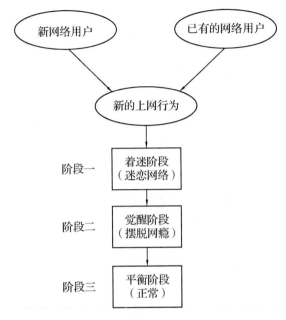

图 2-3　格若霍的网络使用阶段模型

属于刚开始上网不久的人群，处于上网行为发展的第一阶段。在这个阶段，网络环境对于他们而言，吸引力非常强大，他们几乎完全被这种新技术、产品或者服务迷住了，整天沉浸在这样的一种新鲜环境中不能自拔。但他们在适应这种环境之后，网络对他们的吸引力就不会跟之前一样强烈了。很多用户被困在了第一个着迷阶段，没办法出来，他们被认为是网络成瘾用户，可能需要一定的帮助才能达到第三个阶段。

对于已经存在的网络用户而言，这个模型同样可以解释他们在发现一种新鲜而有吸引力的在线活动时的过度使用行为。格若霍认为，与新网络用户相比，有经验的网络用户更容易从发现并过度使用新的网络产品达到平衡阶段。从某种意义上说，这个阶段模型适用于所有的网络使用行为。所有的用户都会通过他们自己逐渐达到第三阶段，只是其中的一些人需要的时间比其他人多而已。

十五、网络成瘾的在线社交偏好理论

网络成瘾的在线社交偏好（preference for online social interaction）理论由凯普兰（Caplan）提出。该理论在网络沟通相关理论和网络成瘾的认

知—行为模型(见后)的基础上，分析了心理社会性状况不良的人会有网络社交成瘾的可能，并且网络社交成瘾会恶化他们的不良症状。具体而言，理论有三条假设。

第一，心理社会性状况不良的个体(如孤独感、抑郁)自我感知比那些心理状态良好的个体差。凯普兰回顾了以往的大量研究，发现不论是通过自评测验还是他评测验，那些具有高孤独感体验或具有明显抑郁的个体的社交技能水平都很低 (Caplan，2003)。

第二，心理社会性状况不良的个体倾向于选择网络沟通的方式与他人交往，因为他们感觉网络交往中更为舒适，也更有效。网络交往的相关理论，如超个体的计算机中介沟通模型和去个体化效应的社会认同模型，认为网络沟通中的视觉匿名和信息可控性可以令用户自由地选择自我呈现的方式或自我表露的内容。网络的这些特点也有利于那些自尊低、孤独感高、社交焦虑和抑郁的个体通过网络的方式进行人际沟通。这些个人由于线下人际交往技能不足，网络的这些特点可以让他们有效地规避不足，并满足他们的交往需求。因此，社交技能不足的个体往往倾向于选择在线沟通的方式与他人交往(Caplan，2003)。

第三，网络社交偏好会导致这些人有较多的网络过度使用行为(网络成瘾)，反过来，网络过度使用(网络成瘾)又会恶化他们的心理社会性的不良症状，并给他们的家庭、学业或工作带来麻烦。凯普兰基于网络成瘾的认知—行为模型中关于网络成瘾的发生发展过程提出这一假设。

为验证理论假设的合理性，凯普兰通过问卷调查的方式考察了 386 名大学生的网络使用情况、网络成瘾状态以及孤独感体验和抑郁程度。通过回归分析和多元方差分析分别对三个理论假设进行统计检验。统计分析结果支持了三个理论假设。由此说明网络成瘾的在线社交偏好理论模型成立，即心理社会性状态不良的个体会倾向于选择在线社交的沟通方式，而过度的在线社交又会加剧或恶化他们的不良状况。因此这一理论告诉我们采取回避的方式并不能从根本上改善心理健康，反之会恶化不良状况。

第二节　网络情境视角

一、媒体补偿理论

　　为什么在线沟通、网络合作与线下沟通、面对面的合作没有本质差异，甚至经常前者的效率高于后者？为什么生活在不同地域的人在网络上有着相似的沟通模式呢？已有的网络沟通理论对面对面沟通与网络沟通的特点做了广泛的讨论，但是并没有相对完整地、深入地回答上述两个问题。罕图拉（Hantula）等专家基于进化论的观点提出媒体补偿理论（media compensation theory），从八个角度分析人类网络沟通与线下面对面沟通的异同（Hantula，Kock，D'Arcy，& DeRosa，2011）。媒体补偿理论的八个观点如下。

　　第一，媒体沟通的自然性。已有研究发现绝大多数进化模式都是通过本地协同地、同步地沟通来传递信息。面对面的沟通方式是人类长期进化而来的最为"自然"的沟通交流方式。任何一种媒体若要有效地实现沟通效果，都要与面对面的沟通有着相似的模式，以表现其自然性。自然性的媒体会降低人们沟通时的认知努力、沟通模糊性，增加生理唤醒。媒体的自然性体现在五个方面：①本地协同性，沟通者之间可以相互看到或听到彼此的信息；②同步性，沟通者可以及时地接收和反馈信息；③面部表情可传递性；④身体语言可传递性；⑤声音可传递性（Kock，2005）。这五条满足得越多，媒体的自然性越强。

　　第二，内部图式的相似性。由于人类的沟通是从新生代开始出现，并一直进化至今，因此不同种族、地域的人都有着相同的沟通内部图式。内部图式相似性原则认为，媒体仅是改变了沟通的外在特点（跨地域、跨时间），但是没有改变沟通的本质特点。

　　第三，学习图式的差异性。该原则认为人类的沟通是在与环境的交互作用中习得的，并且人类的个体差异是学习的结果。因此，人类对媒体的使用也遵循这一特征。个体觉得更多使用的媒体使用起来更为得心应手。此外，人类媒体沟通也存在文化差异。

第四，进化任务的关联性。"现代"与"古代"的相似程度是与行为进化模式的激发程度和感知行为的自然性关联的。例如，狩猎和采集食物是人类长期进化的行为方式，因此研究者发现人们网购时也会像猎食者一样。由于人类在面对面的交往中对欺骗行为的经历，这会影响人们在网络上与他人谈判时对他人的看法，即将对手视为更狡猾、更不可信赖的。

第五，媒体的补偿性。尽管人们使用的各种沟通媒体会对面对面沟通的某些特征产生抑制，但是人们并不是被动接受这种信息损耗。人们会在网络沟通时付出更多的努力（如做笔记、回顾聊天记录等）来补偿信息的损耗。

第六，媒体的类人性。由于人类的社会属性，人与人沟通时也会采用一种社会化的方式，以让别人知道自己是在与一个"人"说话。在网络沟通中，媒体的类人性就是指媒体与另一个"真实沟通者"或"人"相似的程度。媒体类人性越强，给用户体验到的自然性越强。

第七，线索的过滤性。相对于那些不提供相关线索的媒体，人们对那些提供大量线索却又阻碍了人们从这些线索中获取信息的媒体要付出更多的努力。这一原则解释了为什么电视会议或者视频教学的效果不良。因为，电视会议或者视频教学尽管提供了丰富的线索（视、听），但却阻碍了人们从中获取信息。相比于单纯的电话会议（只有声音），人们从电视会议中获取信息更困难。

第八，讲话的重要性。这一原则来自于，那些具有高昂代价的适应对人类的意义更为重要。人类在沟通进化中对讲话的适应付出的努力和花费的代价更大，因此讲话对人类沟通的意义更重要。研究发现，面对面沟通、电话沟通和文本沟通三者比较，被试报告称，电话沟通并不是处于中间位置，而是与面对面沟通更为相似。这一原则说明，媒体要是可以传递语音信息，则对用户的意义更大。

综上所述，媒体补偿理论从进化的视角分析了人类网络沟通的特点，以及什么样的网络沟通媒体是有效的沟通媒介。这一理论也很好地回答了开头提出的两个问题。

二、网络行为的进化理论

　　进化心理学作为一种心理学理论视角可以与许多心理学分支结合。一些研究者尝试将进化心理学与新兴的网络心理学结合，并试图从进化论的视角分析人类的互联网使用行为。已有研究发现个体的网络自我呈现、网络使用偏好、网络人际关系的建立等网络社会行为都可以通过进化心理学的角度为其"追根溯源"（吴静，雷雳，2013）。皮亚扎（Piazza）和博灵（Bering）在分析大量相关研究的基础上提出进化网络心理学（evolutionary cyber-psychology）的观点，从配偶寻求与性竞争、亲子教养与亲缘关系、信任与社会交换和个人信息管理四个领域为人类的网络社会行为搭建进化心理学的解释框架。在四个领域内皮亚扎和博灵又针对具体的网络行为分别提出进化心理学的理论假设。

（一）配偶寻求与性竞争

　　1. 配偶寻求中的性竞争与性别差异

　　H_1a：相比于女性，男性更愿意在聊天室中寻求激情，其最终目的是满足性需求。

　　H_1b：相比于男性，女性更愿意在聊天室中与人调情，其最终目的是建立信任和亲密关系。

　　H_1c：相比于女性，在寻求网络性接触或为发生性关系而安排线下约会时，男性会降低他们在吸引力上的标准以求扩大资源。

　　H_1d：相比于女性，男性更愿意报告称将聊天室看成是一种性变化的输出口。

　　H_1e：相比于男性，女性更愿意将自己的身份信息告诉她们的网络伙伴，并将此视为一种寻求关系承诺的策略。

　　2. 同性竞争

　　H_2a：年轻男性会比年轻女性在网络中突出自己的技能与资源，而年轻女性则更愿意突出其外貌和名誉。

　　H_2b：年轻男性比年轻女性在网络中有更多的贬损同性能力的行为，而年轻女性会比年轻男性在网络中有更多的贬损同性外貌和名誉的行为。

H₂c：网络受欺负者往往是那些在同伴关系中处于边缘化的个体。

H₂d：青少年网络关系攻击经常由具有高地位的青少年发起。

H₂e：相比于面对面交往，在网络交往中，青少年挑战高社会地位同伴的比例更大。

3. 关于嫉妒的性别差异

H₃a：相比于女性，男性对伴侣的网络性行为有更多的嫉妒体验；而女性则比男性对伴侣在网络上与他人分享情感秘密而感到更多的嫉妒体验。

H₃b～d：不论网络第三者是否认识，地理位置是否接近，抑或关系是一次的还是反复的，他（她）们的出现都会激发男女对网络不忠行为的反应。

H₃e～f：相比于女性，男性更不能容忍网络性背叛行为，一旦发现男性更会选择与其断绝关系。

H₃g～h：相比于男性，女性更不能容忍网络情感背叛，一经发现更会选择与其断绝关系。

（二）亲子教养与亲缘关系

1. 亲子教养

H₄a：相比于不确定的父子关系，在父子关系更为确定的时候，男性对子女的网络行为有更多的监控行为。

H₄b：在总体上，女性比男性对子女的网络行为有更多的监控行为。

H₄c：在工业社会中，相比于低阶层父母，高阶层的父母对儿子的网络行为有更多的监控行为。

H₄d：在工业社会中，相比于高阶层父母，低阶层父母对女儿的网络行为有更多的监控行为。

2. 亲缘关系

H₅：成人更愿意选择高消费、宽带（电话、视频）的沟通方式与那些远距离的亲属（子女、父母）沟通，而不是与朋友或熟人沟通。

(三)信任与社会交换

H₆：在网购时，客户的消极反馈会给网店店主带来不信任感。

(四)个人信息管理

H₇a：网络流言会起到一定程度的社会威慑，并激发亲社会行为。

H₇b：即便网络上有隐私安全设置，个人也不愿意在网络上公布个人隐私。

H₇c～d：对听众和隐私的感知会影响个人的网络自我表露，当个体感知他们的网络沟通是在与亲人或密友进行时，会有更多私密信息的表露。

尽管上述假设并不能完全解释人类的所有网络行为，甚至可能也存在争议，但它们却为我们深入理解网络社会行为提供了新的理论视角。

三、技术接受模型

技术接受模型(the Technology Acceptance Model，TAM)是一种用来模拟用户如何接受并使用某种技术的信息系统理论(Davis，1989)。该模型认为，当出现某种新技术时，许多因素都会影响用户对如何以及何时使用它的决定，这些因素包括感知到的有用性和感知到的易用性。感知到的有用性是指个体相信使用某种特殊系统可能提高他们工作表现的程度，感知到的易用性则是指个体相信能够轻松使用某种特殊系统的程度。

技术接受模型主要有两个理论来源。其中感知有用性源于期望模型(Robey，1979)，该模型认为，如果一个系统不能帮助人们提高工作表现，那么这个系统将不会被人们喜欢。感知易用性则可以认为是源自班杜拉的自我效能感理论。班杜拉区分了自我效能判断和结果判断。自我效能类似于感知易用性，指个体认为自己能够很好地完成某些任务的能力；而结果判断则类似于感知有用性，它是指一旦很好地执行了某种行为，那么就会得到良好的结果。

技术接受模型被广泛使用。有研究者(Shin，2007)以该模型为概念框架，分析了消费者对移动互联网的态度。结果表明，用户对移动互联网的感知与他们的动机显著相关，尤其是感知到的质量和感知到的可用性对用户外在和内在动机的影响显著。研究者(Shin，2010)还将 TAM 做出修正以研究 MMORPGs(大型多人在线角色扮演游戏)玩家的游戏行为，结果表明游戏玩家的态度和目的受到感知到的安全及感知到的乐趣的影响。

温凯特希(Venkatesh)等人在结合了技术接受模型、计划行为理论、社会认知理论等相关理论的基础上，提出了技术接受和使用的综合模型(图 2-4)(Venkatesh，Morris，Davis，& Davis，2003)。模型认为个体的表现期望、努力期望、社会影响和促进条件通过个体的行为意图可以影响个体的技术使用。同时这一影响过程还受到性别、年龄、经验和使用主动性的调节作用。表现期望类似于感知有用性，指的是个体对技术使用可以提高工作表现的预期；努力期望等同于感知易用性，指的是技术使用的容易度；社会影响指的是感知重要他人认为他们会使用新技术；促进条件指的是个体认为有组织的或技术性的基础设施的存在会帮助他们使用新技术的程度。

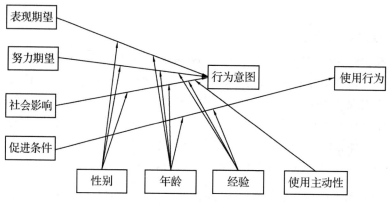

图 2-4 技术接受和使用的综合模型

四、生态技术—子系统理论

发展心理学中一个重要的理论是生态系统理论(ecological systems theory)，这一理论由布朗芬布伦纳提出，用以解释环境对儿童发展的影响。该理论认为儿童的发展嵌套于相互影响的一系列环境系统之中，这些系统包括：微系统、中系统、外系统、宏系统和时间系统。

生态系统理论产生于互联网出现之前，而随着电脑和网络的发展和普及，网络在儿童发展中扮演重要的角色。为了更好地解释电脑、互联网等电子媒体如何影响儿童的发展，约翰孙（Johnson）和帕普兰帕（Puplampu）（2008）对生态系统理论做了补充，提出了生态技术—子系统（ecological techno-subsystem）。如图 2-5 所示，生态系统理论认为儿童的发展嵌套于多层次的环境模型中。处于最内层的是技术—子系统，主要包括电脑、互联网、手机、录像机、电子书、电视、软件、电话、随身听等电子媒体。电子媒体的使用对儿童的影响是通过技术—子系统来调节的。第二层是微系统，指的是与儿童发展产生直接影响的环境，主要有家庭、学校和同伴。家长对于儿童使用电子媒体的陪伴、同伴对电子媒体使用的分享、学校老师引导的电子媒体的使用都会对儿童的发展产生影响。第三层是中系统，指的是微系统之间的联系，当家庭与学校微系统对于使用电子媒体态度一致时，儿童才能更好发展。第四层是外系统，指的是儿童并未直接参与但却对他们的发展产生影响的系统。例如，父母的工作环境中是否使用电脑会间接影响到儿童家庭是否安装电脑。第四层是宏系统，指的是社会意识形态和文化价值观。例如，宏系统决定了人们更愿意把电脑看作学习工具还是产生社会偏差的工具。最外层的是时间系统，它关注的正是人生的每一个过渡点，生态环境的变化可能会影响个体的发展，如网络应用能力变化与人生中过渡点（如入学）是有关的。

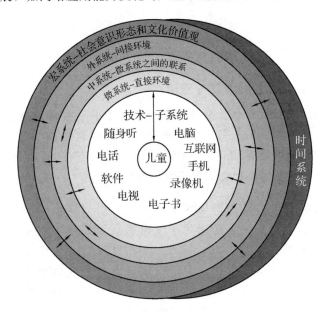

图 2-5　生态技术—子系统

生态技术—子系统强调了技术在儿童发展中的重要作用，它并未详细解释技术是如何影响儿童发展的。约翰孙提出生态技术—微系统用以详细解释网络在儿童发展中的作用，如图 2-6 所示，生态技术—微系统是由两个相互分离的环境维度构成的，这两个维度分别是网络的功能与网络的使用环境。网络的使用功能包括交际功能、信息功能、娱乐功能、技术功能等。网络的使用环境包括家庭、学校和社区。儿童并不是被动接受网络的影响，儿童的认知、情绪、社会、身体发展都与网络的使用功能和使用环境产生交互影响。

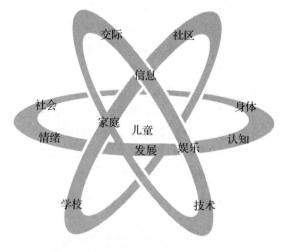

图 2-6　生态技术—微系统

五、网上偏差行为的线索滤掉理论

关于网上偏差行为有几类理论解释，其中的一类理论从互联网媒介层面入手，认为网上偏差行为的出现是因为网络自身的特征所致。在这类理论当中，线索滤掉理论（cues-filtered-out）最有代表性。线索滤掉理论主要包括社会在场、社会线索减少和去个体化。

有研究者曾提出社会在场理论，认为不同交流媒介会传达不同水平的社会在场，而社会在场决定了交流者是否能够得到交流对象的视觉、听觉甚至是触觉的信息（Short et al.，1976）。他们指出，在以电信技术为媒介的交流过程中，由于交流双方看不到对方而导致了很多视觉线索的缺失，如交流双方的身体姿势、面部表情等反应都无法知晓。这些视觉线索让沟通者能够了解彼此的态度，如果缺失了这些视觉线索，就不能获得社会人际信息，会导致沟通的双方产生更多的争论（Joinson，2003）。

社会线索减少理论认为，以计算机为媒介的交流，有限的网络交流中，有限的网络带宽导致了交流过程中社会线索（包括环境线索与个人线索）的减少。而社会线索的减少又进一步减少社会规范与限制对个人的影响，并由此产生了反规范与摆脱控制的行为（Kiesler et al.，1984）。

去个体化指的是个人在群体中没有个体化的时候，该群体成员很有可能会减少内部约束（Posymes & Spears，1998）。去个体化是一种普遍存在的状态，匿名、感觉超负荷等情境都可以导致去个体化，并使人表现出去抑制、敌对的行为（Zimbardo，1969）。去个体化是由匿名、缺少自我关注和他人聚焦以及较低的自我控制引起的（Spears & Lea，1992）。

根据线索滤掉理论，由于网络超空间的特征，网上交际首先是以身体缺场为前提的，因而导致网络人际互动缺少了很多线索，这使得个体在互动情境中对判断互动目标、语气和内容能力的降低。而且，由于网络匿名性和不完善的规范，导致网络空间中个体对自我和他人感知的变化，从而使得受约束行为的阈限降低，就会出现更多的去个性化行为和去抑制性行为，也就是网上偏差行为。当然，值得注意的是，上述观点从网络自身的特点出发，认为网上偏差行为是由于网络的特点造成的，然而它夸大了媒介的作用，忽视了个体在网上偏差行为过程中的主体性。

六、网络成瘾的 ACE 模型

研究者（Young et al.，2000；Young，2001）提出 ACE 模型作为理论框架来解释网络中的性成瘾行为。ACE 模型中包含了三个变量 A、C、E，分别指的是匿名性（anonymity）、便利性（convenience）和逃避性（escape）。她认为这是导致用户在网络性成瘾的原因。

首先，虚拟环境中交流的匿名性允许用户秘密地参与色情聊天，而不会被伴侣发现。匿名性为用户控制表达的内容、口吻以及在线经历的特点提供了更大的空间。匿名性的交流使得用户在跟他人交流时更加开放和真诚，使得用户可以与他人分享一些私密的感受。其次，在线交流的便利性使得用户可以更加容易地约会在网上认识的朋友。一旦用户在私下约会了网友并发生了激情关系，就会对之前或稳固或岌岌可危的婚姻爱情关系产生极大的威胁。最后，这种网络中的私密性交流可以给那些在现实生活中感觉孤独的用户提供一种逃避的机会。一个空虚婚姻中的孤独女性可以躲进网络聊天室里，通过与多个网友谈论私密的事情以得到满足。

国内的研究者将 ACE 模型引入网络成瘾的解释（陈侠，黄希庭，白纲，2003），认为这三个特点同样是病理性互联网使用行为的主要原因。匿名性是指人们在网络里可以隐藏自己的真实身份，因此，用户在网络里便可以做任何自己想做的事、说自己想说的话，不用担心谁会对自己造成伤害。研究者指出，互联网的匿名性跟网络欺骗、偏差甚至犯罪行为相关，提供了一个虚拟的环境让那些害羞和内向的个体在其中交流时感到相对安全。便利性是指网络使用户足不出户，点击鼠标就可以做想做的事情，如网上聊天、网络游戏、网上购物、网上交友的服务都很便利。逃避性是指当碰到倒霉的一天，用户可能通过上网找到安慰。情感需要使网络用户发展出适应性的在线人格，这为用户提供了从消极情感（如压力、抑郁和焦虑等）、困难情境和个人困苦（如职业枯竭、失业、学业麻烦和婚姻失败等）中暂时逃避的机会。这种即时性的心理逃避跟虚幻的在线环境联系在一起成为强迫性上网行为的主要强化力量（Young, Pistner, Mara, & Buchanan, 1999；Young & Klausing, 2007）。

第三节　交互作用视角

一、社会认知结构模型

互联网是社会性和认知性的空间（Kiesler, 1997），处理信息的过程与认知发生的心理社会过程相关联（Riva, 2001）。里瓦（Riva）和加林伯迪（Galimberti）综述了一系列理论和实证研究的结果后提出：CMC 作为一种虚拟沟通，是一个新出现的特别概念，不同于以往任何一种沟通形式。他们初步构建了社会认知结构模型（socio-cognitive framework）来探讨这种数字交流过程的人类的心理与社会根源。

里瓦和加林伯迪认为，网络化现实、虚拟交谈、身份建构是互联网络空间中心理社会性发展的三大心理动力。网络连线的事实使得交流主体之间的相互理解过程变成了对于概念的理解过程，认知因素在这个过程中起着协调作用，这种作用发生在思想之间的空间里，而非思想之中。虚拟交谈使得沟通从线性模式转变成了沟通互动的对话模式。身份的建构使通信用户从基本处于被动状态转变为主动参与状态，这同样影响了用户的个性化过程。

根据后来一系列研究的结果（Riva & Galimberti，1998a；Riva & Galimberti，1998b），里瓦又提出了一个三水平模型对互联网用户的网络沟通经验进行研究（Riva，2001）。可以认为，三水平模型在一定的程度上完善了社会认知模型。这两个模型的主要目的都是研究以计算机为媒介交流中沟通者的认知过程与心理社会性发展。这三个水平主要包括：背景、情境、交互作用。背景因素主要指的是一般社会环境，情境指的是网络经验发生的现实生活条件，交互作用指的是通过互联网与其他行为者发生的交互作用。里瓦从用户自我认同构建的角度进一步详细地论述了三水平模型的主要内容和框架（图 2-7）。从图中我们可以看到，这三个水平的模型具有明显的系统观的倾向，人在互联网中获得的间接经验起源于交互作用，但这都是背景与情境的反映。这种系统观表明，互联网空间中的心理过程与心理社会性不仅仅发生在个体内部，发生在个体之间、系统之内的心理网络化也开始被研究者重视。

二、CMC 能力模型

斯比兹堡（Spitzberg）提出了多文化背景中的沟通能力模型（communication competence model），认为沟通能力是影响交流沟通效果的重要变量。沟通能力指的是在互动情境中有效发送和接收信息以促进交流和沟通的能力。这里提到的有效性指的是沟通者的目的可以实现的程度。有能力的沟通者必须根据不同个性化的情境、文化和条件来编辑和发送信息。发送的信息是否适当是以信息接收者对该信息的理解和认识为标准的。因此，接收者的行为或反应可以给发送者确认自己是否被理解提供好的反馈。

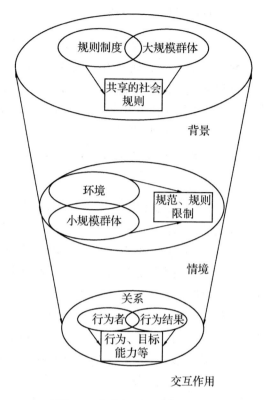

图 2-7 网络经验三水平模型

沟通能力模型充分地考虑了影响沟通能力的各个因素以及如何对沟通的影响进行评价的问题。沟通能力现在被认为是沟通有效性与沟通适当性之间的一个连续体。一种沟通形式交互作用的结果可以通过沟通、背景、信息以及媒介得到预测（Spitzberg，2000）。在某一特定的沟通过程中，沟通能力由三种因素组成：动机（进行沟通之前的准备性愿望）、知识（知晓沟通装置与沟通进行时的行为活动）、技能（有能力应用关于沟通的装置与行为性的知识）。这三种因素对沟通结果的影响主要是通过三个中介变量实现的：背景因素、信息因素、媒介因素。

斯比兹堡的沟通能力模型主要是从媒体心理学的角度提出的，他不仅注意到了沟通者内部的心理过程与外显行为，同时也注意到沟通者心理行为发生的外部环境，从这个模型中，沟通者可以了解到怎样才能有效地进行沟通。

　　斯比兹堡在沟通能力模型的基础上又提出了以计算机为媒介的沟通能力模型，并开发出一套量表用于测量 CMC 能力。在 CMC 能力模型中，同样包含了跟 CMC 有关的动机、知识、技能、背景和沟通结果等因素（图 2-8）。有研究者通过实证研究得出：跟在现实生活中相比，CMC 对有效沟通的能力要求有所提高，这包括一定的语言文字读写能力、编码能力和网络交流语言的熟悉程度。

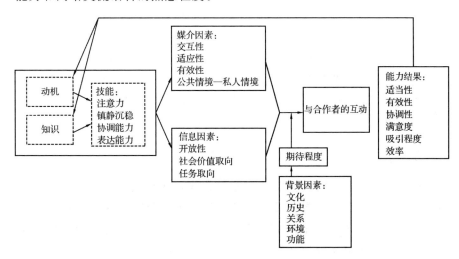

图 2-8　CMC 能力模型

三、在线行为动机的整合模型

　　已有研究对用户为何参与网络社区的行为有了深入的探讨，研究者（Sun，Rau，& Ma，2014）对已有研究进行了整合，提出了有关在线行为动机的整合模型。该模型将个体在线行为的动机分为四种来源：在线社区因素，即在线社区的特点以及使用者无关的环境因素；用户个体因素；承诺因素；质量需求因素。这种分类将在线行为动机的原因分成三个来源：外部环境因素、用户个体因素和用户与环境的交互因素。模型中在线社区行为也被分成了三个部分：在线社区公民行为，主要指在线社区规范的产生与发展；内容提供行为，指在线社区中有效资源的提供；听众参与行为，主要指社区资源的消耗行为。下面将从动机因素的四个方面分别介绍该模型。

(一)在线社区因素

在线社区因素包括群体认同、社区可用性、前分享规范、交互性和社区名望。群体认同是指在线社区成员对社区的共同认知状态和他们与社区在道德和情感上的联结。高群体认同的在线社区会有更多的成员加入。对于新成员，高认同的群体有利于他们尽快形成对社区的承诺。社区可用性是影响个体加入社区的重要因素。信息膨胀会阻碍用户的网络使用，便于用户使用的网络社区则有利于用户的信息搜索，也有利于成员之间的信息分享。前分享规范指的是一种刺激与鼓励社区成员分享行为的规范。这种规范鼓励用户意识到自己的分享行为对社区和自身的重要意义。交互性指网站对用户发布的信息可提供有用性反馈的程度。社区名望可以激发用户参与的热情。

(二)用户个体因素

用户个体因素指的是激发用户参与在线社区行为的内部因素，主要包括个体特征、自我效能、目标、愿望和需求。个体特征主要指的是一些人格特点，如自恋、外向性、尽责性和自我表露。如高自恋个体在脸谱网上有更多的交互行为，高外向性个体在网络社区中的表现更为活跃，高尽责性个体在网络社区更倾向于表露一些私人信息。此外，外向性还对自我表露有正向预测作用。自我效能因素主要包括技术自我效能、信息自我效能和联系自我效能。技术自我效能可以使用户在参与在线社区活动的时候感到更为舒适，高信息效能的用户认为他们会提供更多的有效信息，而高联系自我效能的个体认为他们的信息会被更对的用户接受，并且这种自我效能也会激发他们产生更多的帮助行为。愿望、需求可以直接影响个体在线社区行为的参与，也会通过使用户产生参与社区行为的目标而间接影响社区参与行为。

(三)承诺因素

承诺反映了用户与在线社区的关系，根据组织承诺理论，承诺因素可以分成情感承诺、规范承诺和持续性承诺。情感承诺反映了用户对在线社区的情感依恋和认同；规范承诺反映了个体会持续成为在线社区成员的一种责任感，高规范承诺的个体会一直留在社区中，并帮助社区发展；持续性承诺聚焦于个体对离开社区所要付出的代价意识。高持续性承诺的个体会认为他们离开社区的代价非常高，因此他们会继续留在社区中。

(四)质量需求因素

质量需求因素也是一种用户与社区的交互，反映了用户对社区的安全性、隐私性、便利性和有效性的期望。当用户对自己所在的在线社区满意时，他们会有更多的参与行为，并且对该在线社区有更高的承诺，反之，他们则会担心自己在社区中的隐私安全，可能就会采用潜水的方式来进行自我保护。

四、策略性的自我认同理论

众多的研究者都注意到了 CMC 可能对网络使用者的自我认同和身份建构产生影响，一般的研究结果都显示 CMC 中的自我认同过程有不用于现实生活中面对面沟通的特点(Riva & Galimberti，1997；Dietz-Uhler & Bishop-Clark，2001)。研究者认为，以计算机为媒介的交流中匿名状态会导致社会认同的激活，从而取代面对面交流中的个体认同(Reicher & Levine，1994)。

塔拉莫(Talamo)和利乔里奥(Ligorio)提出了策略性的自我认同理论，认为 CMC 的沟通者根据交互情境，使用策略性的"定位"来表现与建构自我。他们提出，网络空间中的自我认同跟技术工具和网络社区提供的资源有关。网络用户在网络空间里用"化身"的形式表征自己的身份，这种化身可以在虚拟空间里进行运动，跟他人交谈，随着用户的目的和情绪状态不断发生变化(Talamo & Ligorio，2001)。由于沟通者在同样一个互动环境里可以以多种不同的身份出现，与现实生活中稳定的和可辨认的身份相比，这样的"定位"拓宽了自我角色的概念(Hermans，1996)。个体表现什么样的自我取决于当时互动情境中的策略性位置变动(Harré & van Langenhove，1991)。个体如何定位自己在网络中的位置与其对沟通情境的感知和什么位置更能有效促进交流有关。

从这个角度来看，沟通者在网络情境中的身份和角色只是在某些特殊时刻的社会建构。同时，沟通者共有的情境跟他们各自某种特定的社会建构非常相关，也就是说，在网络团体的互动情境中，用户策略性地选择使用特定的身份特征表现自己，以增加他们参与团体行为的有效性。

究竟表现何种身份跟个体的自身特征以及参与网络群体的状态和目的有关（Wenger，1998）。网络社会互动中建构的身份取决于用户想表现自己的什么方面，以及交流背景中的榜样和引导作用。

塔拉莫和利乔里奥指出，网络自我认同的建构过程看起来与心理学中的对话法具有高度的一致性，这主要是因为不同身份在概念化的过程中是多样性的、被定位的，可以使用多种形式进行表达的以及与背景相联系在一起的。不难看出，这种策略性的自我认同是与 CMC 中文本化的信息或副言语联系在一起的，个体如果长时间使用互联网络空间，其自我认同一定会受到影响。自我认同在互联网络空间中是动力性的，并与背景密切联系，CMC 的沟通者不断地建立与重新建立自我认同。

五、网络沟通的人际理论

CMC 中形成的人际关系和人际交流一直是众多心理学家关注的一个问题。关于这方面的理论主要有纯人际关系理论和超个人交流理论。

计算机为媒介的人际沟通中形成的人际关系已经成为很多互联网用户现实生活中人际关系的一个重要组成部分，但是互联网空间形成的人际关系与面对面的情境下形成的人际关系又存在着显著的差异。通过 CMC 形成的人际关系的明显特征就是去个体化、社会认同减少、自我认同增多、自我感加强（Dietz-Uhler & Bishop-Clark，2001；Riva & Galimberti，1997）。

一方面，吉登斯（Giddens）提出了纯人际关系理论，这一理论可以很好地解释缺少社会线索与物理线索的条件下互联网中形成的亲密人际关系。纯人际关系理论主要是建立在信任感、自愿承诺、高度的亲密感的基础之上。吉登斯认为这样的人际关系是后传统社会主要的人际关系，这样的人际关系具有以下特征：第一，纯人际关系不依赖于社会经济生活，它以一种开放的形式不断地在反省的基础上得到建立；第二，承诺在纯人际关系中起着一个核心作用，并且这种人际关系主要是围绕着亲密感展开，在这样的人际关系中，个人的自我认同感很容易得到证实。

另一方面，超个人交流理论是由沃瑟尔（Walther）提出，并逐步改进和完善的一个理论。沃瑟尔认为以计算机为媒介的交流是一种"超人际的交流"。与面对面的交流相比，人们在以计算机为媒介的交流中更容易把交流对象理想化，更容易运用印象管理策略给对方留下好印象，从而更容易形成亲密关系。

沃瑟尔以传播中的 4 个要素构建了超个人交流理论。①信息接收者。信息接收者倾向于把交流对象"理想化"。由于在以计算机为媒介的交流过程中可得的线索非常少，因此信息接收者就会利用这些极其有限的线索对信息发送者的行为进行"过度归因"，从而忽视信息发送者的不足（如拼写错误、语法错误等）。②信息发送者。信息发送者会运用更多的印象管理手段，进行最佳的自我呈现。沃瑟尔发现信息发送者会运用诸如时间调整、个性化语言、长短句选择等一系列的技术、语言与认知等策略来呈现一个最佳的自我。③传播通道。以计算机为媒介的交流由于可以延迟做出反应，使得信息发送者可以有充足的时间整理观点、组织语言，从而为"选择性自我呈现"提供前提条件。④反馈回路。在面对面交流中存在"行为确证"（Burgoon et al.，2000），沃瑟尔认为这种效应在以计算机为媒介的交流中会被放大，计算机媒介使用者之间的关系因此会呈现出螺旋上升趋势（谢天，郑全全，2009）。

六、网上偏差行为的社会认同理论

关于网上偏差行为，有一类理论从互联网团体层面出发，从互联网用户与网上团体的关系角度去解释网上偏差行为。

雷切尔（Reicher）提出的社会认同模型，被应用到互联网的研究中，认为个体的自我异化和他人的影响导致了网络群体中的匿名和去个体化效应（Lea，Spears，& de Groot，2001）。雷切尔等人认为，以计算机为媒介的交流中匿名状态会导致社会认同的激活，从而取代面对面交流中的个体认同。因此，该模型预测在以计算机为媒介的交流中，人们会以突出的社会群体规范来调整行为，群体突出性与匿名之间会出现交互作用。研究发现，当参与者视觉匿名且群体成员身份突出时，随着群体讨论的进行，出现了明显的群体极化现象。这是因为参与者用群体规范来指导自己的行为（Spears et al.，1990）；而当参与者非匿名时，即使群体成员身份突出，也没有出现群体极化现象（Lea et al.，2001）。

研究者认为偏差行为可以表现为两种：标准化的偏差行为和依赖于情境的偏差行为（Lea et al.，1992）。如果网络过激行为是社会线索减少导致的，那么在网络中任何匿名情境中个体都会表现出过激行为。但是观察结果并非如此，只有在某些特定的网络团体中，过激行为表现得最多。因此他们认为，在某些互联网团体中，偏差行为是一个标准，所有的团体成员均表现出偏差行为，只有表现出网络偏差行为的个体，才能成为团体的一员。也就是说，被这种群体认同的需要使得个体表现出偏差行为。

然而，这种观点只限于描述性的解释，偏差行为是因为要遵循团体标准，而这个标准又是从观察到的行为当中推测出来的，陷入了循环解释的圈子。

七、共同建构模型

萨布拉玛妮安（Subrahmanyam）和斯迈赫（Šmahel）将青少年的上网行为看成是一个个体与媒体（网络）相互作用的整体，并用共同建构模型（the Co-construction model）解释青少年与媒体的互动。共同建构模型最早由格林菲尔德（Greenfield）提出并用来解释青少年在线聊天行为。

用户在使用社交网站、即时通信工具、聊天室等在线社交平台时，实际上是与这些平台共同构建了整个互动环境（Subrahmanyam & Šmahel，2011）。研究者（Greenfield & Yan，2006）认为互联网是一种包含了无穷级数应用程序的文化工具系统。在线环境也是文化空间，它同样会建立规则，并向其他用户传达该规则并要求共同遵守。在线文化是动态的，呈周期性变化，用户会不断设定并传达新的规则。青少年不只是被动地受到在线环境的影响，他们在与其他人联系的同时也参与了建构环境。青少年与在线文化之间是一种相互影响的关系（Subrahmanyam & Šmahel，2011）。

如果青少年用户也参与了建构在线环境，那么就可以认为他们的在线世界和离线世界是彼此联系的。相应地，数字世界也是他们发展的一个重要场所。因而青少年会通过在线行为来解决离线生活中遇到的问题和挑战，如性的发展、自我认同、亲密感和人际关系等。此外，青少年在线世界和离线世界之间的联系不仅体现在发展主题方面，还体现在青少年的行为、交往的对象和维持的关系等方面，甚至还包括问题行为（Subrahmanyam & Šmahel，2011）。基于此萨布拉玛妮安和斯迈赫认为青少年的身心发展与数字环境是密切联系的。青少年的在线行为与离线行为紧密相连，甚至在他们的主观经验中"真实"与"虚拟"是可以混为一谈的。由此，萨布拉玛妮安和斯迈赫也建议使用"物理/数字"和"离线/在线"来表示从在线世界到离线世界这一连续体的两端。避免使用"真实世界"与"虚拟世界"这种容易产生混淆的概念。青少年可以通过在线世界拓展他们的离线物理世界，同时在线的匿名性可令青少年摆脱各种限制，做出各种尝试，并以此补充青少年的自我认同（Subrahmanyam & Šmahel，2011）。

共同建构模型也是对已有的媒体效应模型与用且满足理论的发展。媒体效应模型将用户的在线行为视为一种被动接受的过程。用且满足理论则认为用户的媒体使用行为是基于某种目的，并祈求获得满足的过程。共同建构模型则从互动共建的角度，将用户视为一个可以影响媒体文化的能动性个体，并且媒体使用行为也不单纯是一种需求满足的过程（Subrahmanyam & Šmahel，2011）。这一理论从动态、宏观的视角为深入理解青少年的网络行为提供了有力支持。

八、网络交往的互动仪式理论

网络交往中的互动仪式理论是对柯林斯（Collins）的传统交往中的互动仪式理论（Interaction Rituals Theory，IRT）在互联网沟通中的拓展（Collins，2004）。首先我们简要回顾一下经典互动仪式理论。

柯林斯（1993）认为社会生活的核心是沟通过程中的"情绪能量"的传递、社会成员聚合的促进和社会行为共同性的建立。柯林斯将物理共临场①、注意的共同焦点、情绪分享和群体外成员的边界认为是沟通仪式的四种主要成分。当这四种成分有效结合后，就可以令情绪能量在沟通中产生和传递。情绪能量则可以让沟通者体验到效能感、群体认同和情感联结的一致性。此外，情绪能量也可以通过一些符号予以表征（如家庭合影、组织标志），这些符号可以唤起人们对集体经验的积极回忆，人们通过这些符号可以重温情绪能量。柯林斯认为物理共临场是成功的互动仪式中，对于建立共同注意焦点的最重要的部分。人们的距离越远，沟通仪式的强度越弱。柯林斯认为以媒体为中介的沟通无法满足这一条件，

---

① 物理共临场：沟通中的个体共处于一个相同的物理环境，即沟通者之间可以相互观察。

为此他也不愿将沟通仪式理论扩展到媒体为中介的交往中。然而有研究者（Horton ＆ Wohl，1956）认为长时间接触虚拟形象可以令人们感觉他们对虚拟形象特征的熟悉就如同他们对自己朋友的熟悉一样，这种对虚拟形象的熟悉可以让人们对"虚拟"或"远距"和"真实""亲密"有着相同的看法。然而，尽管柯林斯认为在以媒体为中介的沟通中沟通仪式的效力会被削弱，但是有很多研究却发现人们在互联网沟通中存在突出的社会—情绪关系。为此博因斯（Boyns）和洛普瑞恩诺（Loprieno）在柯林斯的 IRT 理论基础上结合网络交往的类社会性特征，对 IRT 理论进行了扩展（图 2-9）。

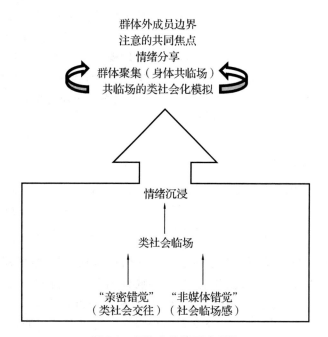

图 2-9　网络交往的互动理论

　　在这个理论中，临场感的意思是人们在以媒体为中介的沟通和在面对面沟通有着相同的感觉，即人们感到一种非媒体错觉。科技的发展，如 3D 技术、虚拟现实、多模式的网络沟通、即时视频沟通，可以使人们的非媒体错觉得以实现。此外，技术的发展可以使以媒体为中介的沟通者体验到被理解、相互联结和卷入与互动，即使他们体验到类社会性临场。人们在网络环境中的类社会性临场感和非媒体错觉可以引发人们对网络环境的情感沉浸。人们对网络环境，如大型多人在线游戏的情感沉浸就是类社会临场感向情感共临场的转换。柯林斯的 IRT 理论认为，成功的沟通惯例是相互环绕、相互协调的，并将个体与外界（暂时）隔离，这一效果可以在沟通成员中产生情感激励的、统一化的体验。与此类似，博因斯和洛普瑞恩诺认为网络沟通中的沟通惯例可以长时间地循环迭代，促使沟通成员形成一致性，并产生和保持情绪能量。

此外，大量实证研究也发现网络沟通与面对面沟通的相似性，以及面对面沟通与网络沟通之间的相互影响。这些例子都可以成为这一理论的佐证。网络沟通中沟通仪式理论是对柯林斯经典沟通仪式理论的拓展。只要网络沟通仪式与面对面沟通仪式有着相似的结果，即都可以产生情感能量，那么这一理论便可以得以支持和发展。

九、网络学习的参与理论

目前很多研究者都认为知识不仅存在于人们的头脑中，还存在于人与人的沟通中，存在于人际关系中，存在于人们生产和使用的各种人造工具中，存在于各种理论、模型和方法中。近年来，学习理论中的社会观点认为，学习就是一种对话，它包括个体的内部对话和人际的外部对话。在此观点和相关研究的启发下，拉斯汀斯基（Hrastinski，2009）认为网络学习应该也是一种参与互动的过程。并且，他总结了大量研究，认为网络学习中的参与过程对学习者非常有利，其中包括可以花更多的时间来整合观点，可以帮助学习者提高问题解决的能力，提高批判性思维和行动思维的能力。拉斯汀斯基将网络学习的参与过程界定为一种与他人建立和保持关系的过程。这是一个复杂的过程，包括行动、沟通、思考、感受和归属，且这些内容既可以发生在线上也可以发生于线下。网络学习的参与理论包括四个观点。

（一）参与是一个与他人建立和维持关系的复杂过程

一些研究者将参与看成是对一个社会群体的归属。参与群体活动和对群体产生依附感是社区感的核心。高社区感的人会主动帮助社区中的其他成员。因此在研究网络学习的参与过程时，社区感是一个重要的研究方面。研究者认为学习社区是一个具有有限规模的团体，团体成员之间具有共同目标和共同的文化。有研究者强调在学习社区中沟通与合作是一个相辅相成的过程。也有人将其称为是知识构建社区，这一概念强调学习社区的目的应该是通过产生未知信息来增加集体知识。然而，拉斯汀斯基却认为网络学习社区的人际关系复杂的，并且人际关系也依赖于对社区概念的界定方式。

(二)物理工具和心理工具共同支持参与过程

基于维果茨基对两种工具的区分，在网络学习中，学习者的参与过程也需依赖两种工具的支持。例如，学习者借助计算机（物理工具）进行学习，但是在网络人际沟通使用的语言却是心理工具。因此，完成网络学习的参与过程两种工具缺一不可。

(三)参与并非等同于对话和书写

参与过程包括个体过程和社会过程两个层面，因此有时我们有可能会参与某一社会事件，但却没有与他人产生沟通。在网络学习中阅读也是一种积极的参与，因为阅读的过程包括了事件卷入、思考和反应。因此，在检验网络学习的程度时不能简单通过诸如询问学习者讨论中发言数量来判断学习者的学习情况。

(四)参与依赖于各种参与性活动的支持

学习者参与推动了学习，同时参与也有赖于合作以及合作学习。但是，参与过程却又不等同于合作，它是一个复杂的过程，其中既有冲突也有和谐，既有亲密也有政治，既有竞争也有合作。简而言之，这一过程包括了我们在学习过程中所有的所作和所感。

综上所述，这一理论认为网络学习和参与过程是一个不可分割的整体，与促进个体的网络学习，就必须促进其参与。

十、网络欺负的一般攻击模型

一般攻击模型（general aggressive model）最初是用来解释攻击行为对个体短期和长期影响的作用机制（Anderson & Bushman，2002）。科沃斯基（Kowalski）等研究者在对大量研究进行元分析的基础上，提出了用来解释网络欺负和受欺负现象的一般攻击模型理论。该理论分别从网络欺负和受欺负两个角度分别解释两者的作用机制，并阐述了网络欺负与受欺负的相互关系（Kowalski, Giumetti, Schroeder, & Lattanner, 2014）。

与传统一般攻击模型一致，该理论模型也将整个作用过程分为输入、路线、近端过程和远端结果 4 个部分（图 2-10）。

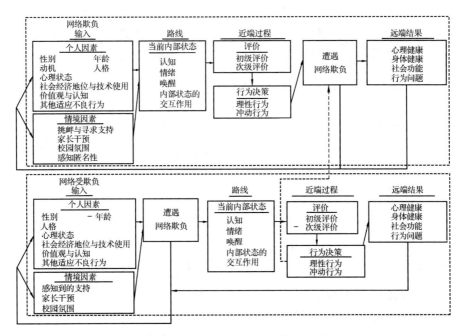

图 2-10　网络欺负的一般攻击模型

　　首先是输入部分。输入部分包括个人因素和情境因素。其中个人因素包括性别、年龄、动机、人格、心理状态、社会经济地位与技术使用、价值观与认知、其他适应不良行为。元分析总结性别是影响网络欺负与受欺负的影响因素，然而具体而言，性别对欺负与受欺负的影响模式却无一致性研究结果，此外性别也往往与其他相关变量产生交互作用。关于年龄，科沃斯基总结道，五年级到八年级是网络欺负的频发阶段，此外大学阶段也是网络欺负的高发阶段。关于动机，元分析表明有些青少年实施网络欺负是对线下遭受侵犯的报复性行为，也有的青少年是为了体验权力感而对他人施加网络欺负。在人格上，认知共情和自恋是影响网络欺负的主要人格变量。低认知共情或高自恋的个体有更高的施加网络欺负的可能性。不良的心理状态与焦虑、抑郁、低自尊是影响网络欺负的因素。高社会经济地位的个体因为有更多接触网络技术的机会，而与网络欺负呈正相关。网络技术的使用是影响网络欺负的直接因素。消极的价值观、道德脱离等也会增加个体实施网络欺负的可能性。吸烟酗酒、线下攻击等其他不良行为与网络欺负存在正相关关系。情境因素包括挑衅与寻求支持、家长干预、校园氛围和感知匿名性。很明显地，挑衅会诱发网络欺负，而寻求社会支持是一种面对欺负时的保护措施。良好的亲子关系和父母教养会降低青少年网络欺负和受欺负。良好的校园氛围可以降低网络欺负现象，而匿名性却与网络欺负的产生呈正相关。

其次，路线主要指的是个体的内部状态，包括认知、情绪、唤醒以及三者的交互作用。路线会直接影响下一阶段，即近端过程。近端过程包括评价和行为决策两个部分。评价又包括初级评价和次级评价；决策包括理性行为和冲动行为。当个体面临诸多无法排解的压力时，往往会做出冲动行为；而当个体感知有较多的资源可以缓解压力时，个体的行为决策会变成理性行为。

最后，远端结果包括心理健康、身体健康、社会功能和行为问题。产生的症状包括抑郁、焦虑、孤独感、自杀意念、低自尊、吸烟、酗酒等不良行为；人际关系受损；学习或工作状态恶化等。

在具体谈到网络欺负和受欺负时，两者的作用模式有所不同。在网络欺负的模式中，输入部分会先影响个体的内部状态（路线部分），然后个体内部状态会影响近端过程，其中内部状态会先影响评估过程进而评估影响决策。行为决策会影响网络欺负行为的产生，最后网络欺负导致远端结果。而作为回路，远端结果又会对输入部分中的个人因素和情境因素产生影响，从而形成一个循环模式。而在网络受欺负的模式中，输入部分会先通过网络欺负影响个体的内部状态（路线），进而影响近端过程，再有近端过程中的决策部分影响远端结果。与网络欺负模式相同，在受欺负模式中远端结果也会对输入部分形成影响回路。此外，行为决策也会产生网络欺负，即网络受欺负与网络欺负的交互作用。

网络欺负的一般攻击模型从网络欺负与受欺负对个体发展结果的作用过程角度，分析了网络欺负与受欺负作用机制，为干预计划的实施提供了很好的理论支持。

十一、网络排斥作用模型

网络排斥是个体在网络沟通中体验到的一种疏离感。典型的网络排斥是他们的发言被其他成员忽视或其他成员以"沉默"方式应对他们的发言。谢奇特曼（Schechtman，2008）在总结前人研究的基础上提出了网络排斥作用模型。该模型回答了有关网络排斥作用机制的三个问题：媒体特征、信息特征、个体特征、人际特征以及它们的交互作用是如何影响网络排斥的？个体在确认受到网络排斥后，对排斥有何反应？网络排斥感是如何影响虚拟团体的？下面分别从网络排斥的影响因素和影响后效两个角度对该理论模型进行阐述。

(一)媒体特征

1. 沟通频率

大量的跨地域和跨时间的沟通中，人们都将较低的沟通频率看成是阻碍沟通的因素。因此，该模型假设：低频沟通对反馈的削弱会使个体体验到更高的网络排斥。

2. 符号

在网络沟通中符号指的是媒体允许的信息编码方式的数量。根据媒体丰富性理论，"高符号"媒体指的是人们可以在该媒体中利用多种线索、语言进行沟通。因此，该模型假设：通过"高符号"媒体传递的沉默比通过"低符号"媒体传递的沉默会令个体感受到更高的网络排斥体验。

3. 传播速度

网络信息的传播速度是网络沟通媒体的一个重要特征。该模型假设：人们把网络沟通的快速反馈看得更重要。人们在低速信息反馈的网络沟通中会比高速反馈的沟通中体验到更多的网络排斥体验。

4. 平行性

网络沟通中平行性指的是媒体的广度，即同时传递有效信息的数量。该模型假设：个体在高平行性媒体沉默中体验的网络排斥感会比在低平行性媒体沉默中体验的网络排斥感高。

5. 再加工性

再加工性指的是在沟通中和沟通结束后，人们可以对沟通中的信息重新检查的可能性。对信息的再加工可以使个体加深对沟通信息的理解。因此，该模型假设：在高再加工性的网络沟通中的沉默会使人们体验到更高的网络排斥体验。

(二)信息特征

沟通信息的特征也会影响个体的网络排斥体验。首先是信息的传播频率和数量。如果某个体总是在网络沟通中获得大量信息，一旦这一现象停止，就说明该个体对他的同伴已不再重要。其次是信息传播的时机。也就是说在信息发出后，多久可以收到反馈会影响个体的网络排斥体验。最后是信息内容。沟通信息中对某个体的否认或拒绝的内容会令其感到受排斥，以及某个人没有收到一条面向所有人的信息，那么他也会产生排斥体验。对此该模型提出三条假设：网络信息传播量的改变会影响个体的网络排斥体验；网络信息传播时机的改变会影响个体的网络排斥体验；信息内容会影响个体的网络排斥体验。

（三）个体特征

个体的信任倾向会影响个体感受到的网络排斥体验。信任水平高的个体会对他们的体验产生合理化解释，并降低他们感受到的排斥体验。该模型假设：信任倾向会调节信息特征对网络排斥体验的作用；信任倾向会调节媒体特征对网络排斥体验的作用。

（四）人际特征

人际信任是人际沟通中的重要因素。该模型假设：增加对沉默源的人际信任可以调节信息特征对网络排斥体验的作用；增加对沉默源的人际信任可以调节媒体特征对网络排斥体验的作用。此外，人际关系维持的时间以及人际关系的深度（对他人的理解程度）也会影响个体的网络排斥体验。对此，该模型有四条假设：与沉默源人际关系的时间长度会调节信息特征对网络排斥体验的作用；与沉默源人际关系的时间长度会调节媒体特征对网络排斥体验的作用；对沉默源的理解程度会调节信息特征对网络排斥体验的作用；对沉默源的理解程度会调节媒体特征对网络排斥体验的作用。

（五）网络排斥的影响后效

威廉姆斯（Williams）认为网络排斥会削弱个体的四种心理需求——归属感、自尊、控制感和存在意义，进而使个体感受到一定的心理痛苦。网络排斥会使个体感到沮丧、产生愤怒、削弱人际信任、产生孤独感等诸多消极体验。该理论模型也对网络排斥的影响后效进行了归纳，模型假设：个体因网络排斥导致的心理痛苦的增加会降低个体与其所在群体的亲和力；个体因网络排斥导致的心理痛苦的增加会降低他们对团队中

其他成员行为结果的满意度；个体因网络排斥导致的心理痛苦的增加会
降低对团队中其他成员行为过程的满意度；个体因网络排斥导致的心理
痛苦的增加会削弱对团队中其他成员的人际信任；个体因网络排斥导致
的心理痛苦的增加会削弱他们的团队士气（图 2-11）。

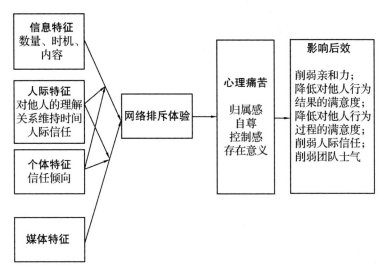

图 2-11　网络排斥作用模型

十二、生动媒体暴力理论

生动媒体暴力理论（The Theory of Vivid Media Violence，TVMV）由
里德尔（Riddle，2004）提出，主要讨论暴力性媒体内容对个体心理状态的
短期和长期影响。里德尔参考史密斯（1998）等人对电视暴力的界定，将
本理论中"暴力"界定为：一种可信威胁的形象性描绘。这种可信威胁可
以是身体力量，也可以是实际使用身体力量使得其他生命个体或群体遭
受到的物理伤害。里德尔借鉴前人研究，认为"生动"的含义包括 5 个方
面：真实性——演员、场景等的细致和具体化的程度；临近性——刺激
发生的位置与观测者地理位置接近的程度；情绪兴趣——个体对事件的
熟悉和事件对个体享乐程度的激发可以激发个体在情绪上对其产生兴趣；
细节广度——个体感知到刺激的数量；细节深度——刺激呈现的质量。
由此，生动媒体暴力就是指媒体中的暴力内容在这五维度上连续变化的
程度。

生动媒体暴力理论解释了暴力性媒体内容对个体心理的短期和长期影

响（图 2-12）。其中短期影响包括激发注意、产生临场感、强烈的情绪反应、增加个体的精细化认知。该理论认为生动性的暴力内容可以激发个体对暴力性内容的注意，并激发个体产生临场感。该理论假设 H_1：媒体暴力的生动性可以正向预测个体原发性、目的性的注意。H_2：媒体暴力的生动性可以正向预测个体的临场感。例如，研究发现玩暴力游戏的个体对那些高质量、生动的细节有更多的注意（Krcmar，Farrar，& McGloin，2011）。同时也有研究发现年龄、性别、感觉寻求对个体临场感体验有调节作用（Cantor，1998；Goldstein，1998；Hoffner & Levine，2005）。对于情绪体验方面理论假设 H_3：媒体暴力的生动性可以增加个体强烈的情绪反应。研究发现玩血腥游戏的个体比回避血腥场面的个体有更高情绪唤醒（Jeong，Biocca，& Bohil，2011）。精细注意指个体快速编码和对新信息与已有信息有较强联结。理论假设 H_4：媒体暴力生动性可以增加听众进行精细化加工的可能。

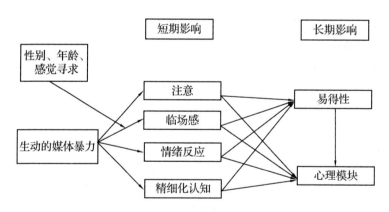

图 2-12 生动媒体暴力理论模式

长期影响主要包括易得性和心理模块。易得性指信息提取的容易度。理论假设媒体暴力的生动性可以增加个体长时记忆提取的速度。例如，研究发现个体在接触暴力信息后，大脑中会经常浮现那些暴力场景（Harrison & Cantor，1999）。因此理论假设 H_5：媒体暴力的生动性可以增加个体记忆中相关内容长时程易得性。心理模块指的是可以影响决策、对未来事件预期和理解信息含义的记忆内容。生动的刺激可以是心理模块复杂化，如个体感受到威胁后会分析威胁发生的可能性，并将自身处境与这种威胁相联系（Marks，1988）。理论假设 H_6：媒体暴力的生动性可以增加接触到的个体的心理模块的复杂程度。最后该理论还认为个体长期接触暴力性媒体内容会导致个体对暴力信息的脱敏。

十三、网络成瘾的认知—行为模型

戴维斯(Davis，2001)指出，病理性互联网使用(Pathological Internet Use，PIU)分为一般性的 PIU 和特殊的 PIU。特殊的 PIU 指的是个体对互联网的病理性使用是为了某种特别的目的，如在线游戏行为；一般性的 PIU 指的是一种更普遍的网络使用行为，如网络聊天和沉迷于电子邮件等，也包括了漫无目的地在网上打发时间的行为。为此戴维斯提出"认知—行为模型"用于区分并解释这两种 PIU 行为的发生发展和维持，该模型认为 PIU 的认知症状先于情感或行为症状出现，并且导致了后两者，强调了认知在 PIU 中的作用(图 2-13)。

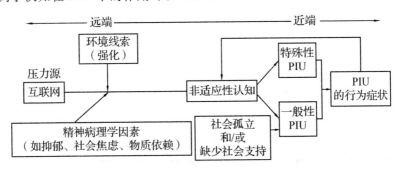

图 2-13　戴维斯的 PIU 认知—行为模型

根据认知行为模型，病理性行为受到不良倾向(个体的易患素质)和生活事件(压力源)的影响。过度使用互联网的线下精神病理源包括抑郁、社会焦虑和药物依赖等(Kraut et al.，1998)。精神病理性源是导致 PIU 形成的必要条件，位于 PIU 病因链远端。但是精神病理源并非单独起作用，它只是必要的病理性诱因。模型中的压力源指的是不断发展的互联网技术，如在线股票服务、聊天服务等新技术的产生等。接触新网络技术也处于影响 PIU 病因链远端，只是导致 PIU 的催化剂，并不能单独作用产生 PIU。

与网络经历和新技术联系在一起的主要因素是用户感受到的强化作用，当个体最初接触一种网络使用时，会被随之而来的积极感觉强化，个体就会继续而且更多地使用这种服务以求得到更多的积极感觉。这种操作性条件反射一直会持续到个体发现另外一种新技术，得到类似的积极感觉为止。与使用网络相关的其他条件可能会成为次级强化物，如触摸键盘的感觉等，这些次级强化线索可以强化发展并维持一系列 PIU 症状。

模型中位于 PIU 病因链近端的是非适应性的认知，它是模型的中心因素，是 PIU 发生的充分条件。非适应性认知可以分为两种类型：关于自我的非适应认知和关于世界的非适应认知。关于自我的非适应认知是冥想型自我定向认知风格导致的。这种个体会不断地思考关于互联网的事情，不会被其他事情分心，而且希望从使用网络中得到更多、更强的刺激，从而导致 PIU 行为的延长。关于世界的非适应认知则倾向于将一些特殊事件与普遍情况联系在一起。这种个体常常会想："互联网是我唯一可以得到尊重的地方""不上网就没人爱我"等。这种"全或无"的扭曲思维方式会加重个体对于互联网的依赖。非适应性的认知可能导致一般性PIU，也可能导致特殊性 PIU。

另外，一般性的 PIU 跟个体的社会背景有关。缺乏家人和朋友的社会支持以及社交孤立会导致一般性的 PIU。一般性的 PIU 用户将太多的时间用在了网络上，频繁地查看邮件，逛论坛或者跟网友聊天。这些行为也明显地促进了 PIU 的发展和维持。

十四、网络成瘾的"失补偿"假说

高文斌、陈祉妍(2006)在综合大量临床案例和实证研究的基础上，参考网络成瘾既有理论，基于个体发展过程提出网络成瘾的失补偿假说。失补偿假说将个体发展过程解释为三个阶段(图 2-14)。第一，个体顺利发展的正常状态。第二，在内因和外因作用下发展受到影响，此时为发展受阻状态。①在发展受阻状态下，可以通过建设性补偿激活心理自修复过程，恢复常态发展。②如果采取病理性补偿则不能自修复，最终发展为失补偿，导致发展偏差或中断。第三，如不能改善则最终导致发展中断。

失补偿假说对于网络成瘾的基本解释为：网络使用是青少年心理发展过程中受阻时的补偿表现。如进行"建设性"补偿，则可以恢复常态发展，完成补偿，即正常的上网行为；如形成"病理性"补偿，则引起失补偿、导致发展偏差或中断，即产生网络成瘾行为。

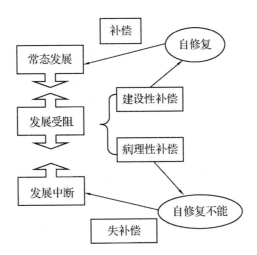

图 2-14　失补偿假说示意图

高文斌基于失补偿假说，制定了系统补偿综合心理治疗方案，并对38名网络成瘾者实施为期半年的干预方案。结果发现，38人中有34人有明显的改善，具体表现为：可以自主控制上网时间；可以对上网地点进行合理选择；亲子关系有所改善；在校行为规范性增强；参与集体活动现象增加；形成和加强良好的个人爱好等。

拓展阅读

哪一种理论是正确的？

我们看到，关于人们在数字世界中的心理与行为特点，可以从个体特征视角、网络情境视角和交互作用视角来进行理论阐释，涉及的主题也是无所不包，或论及个人的认知、自我、人格与性别，或论及人际关系与行为，或论及群体之间的认同与互动，或论及网络空间的文化背景……每一种理论都有自己的立足点，这些理论解释看起来是大相径庭的，那么我们可能会问的问题是，到底哪一种理论是正确的呢？

实际上，这个问题本身就是错误的问题，或者这不是一个非常恰当的问题。因为上述理论各自关注的是网络心理与行为的不同方面。基于个体视角的理论观立足于共同特征对网络心理与行为的影响，基于网络情境视角的理论观则强调网络空间本身的特点对人们网络心理与行为的影响，基于交互作用视角的理论观更加重视的是共同特征与网络特征的交互作用对人们网络心理与行为的影响。

从另一方面看，一些理论分析的重点是个人的或网络的静态特征之间的关系，一些理论建构的是不同因素之间的动态转化，而另一些理论则是描绘网络心理与行为的发展阶段。因此，我们可以看到，每一种理论观点关注的是不同方面，而且，即使是同一现象在不同的理论观点看来也有不同的意义。

不同理论对人们网络心理与行为的描述和解释就好像是出于不同需要而绘制的地图，有的是专门为司机准备的，可能会突出道路的标识；有的是专门为公众准备的，可能会突出公共交通、公共设施的位置；有的是为旅游者准备的，可能会突出该地区的重要旅游景点……那么，哪一幅地图是正确的呢？很显然，每一幅地图提供了不同的视角，没有任何一幅地图是完整的，整合这些不同的视角，我们就能够得到更为全面的认识。

再者，这些不同的理论观点又为关于网络心理学的研究提供了不同的理论指导，使得相应的研究成果能够描绘网络心理与行为五彩缤纷的画面，不同侧面的研究成果整合在一起可以使我们对网络心理与行为的全景有更好的认识。所以，我们无法说哪一种理论是正确的，哪一种理论是错误的，这些理论描绘了网络心理与行为中的不同方面，它们对具体问题的解释是否正确，则有赖于相应的研究来证明。

第三章

网络心理与研究方法

批判性思考

1. 由于互联网心理学是一个新兴的领域，研究方法方面尚未定型，因此研究者一开始很自然会想到使用传统的研究方法。那么，使用这些传统心理学领域的研究方法来考察人们的网络心理可行吗？
2. 有没有什么研究方法是由互联网的特点决定的独特方法？你认为这些方法别具一格之处是什么？独特的在线研究方法有何优势，有何局限？
3. 在进行互联网心理学研究时，是否需要考虑传统心理学研究关心的伦理道德问题？或者互联网心理学涉及的问题与传统领域研究中的问题有何不同呢？

关键术语

在线观察法，在线访谈法，在线内容分析法，在线测验法，在线实验法，人机交互，网络民族志，虚拟现实技术，网基研究

互联网已经成为人们日常生活中的重要组成部分。网络能够满足人们检索信息、情感交流和休闲娱乐等各种需要，同时使用互联网也会对人的认知、情绪情感和行为过程产生影响。网络已经引起了社会各界的高度关注，可以说，相关领域的研究具有非常重要的理论意义和社会价值。在此背景下，互联网心理学(或称网络心理学)作为一个崭新的心理学研究领域应运而生。目前对互联网心理学还没有公认的界定，但通常是指以心理学经典理论为基础，研究人与互联网交互背景下人的心理和行为特点及其规律的一门学科，涵盖了与互联网有关或受其影响的所有心理现象。互联网心理学的研究内容主要有以下两个方面。一是传统心

理学研究的心理和行为在互联网背景下的表现。重点考察网络心理和行为与现实中的心理和行为表现的联系与区别，研究问题有在线人际关系、网恋、网络道德等。二是人们心理和行为的特点及其规律在互联网建构的虚拟空间中是否有新的特殊表现？关注在互联网这种新的媒介形式下出现的新的心理和行为表现，如互联网使用偏好、网络成瘾等。

互联网的出现给心理学的各个学科领域都带来了影响，互联网几乎可以与每一个心理学分支学科结合而成为互联网心理学的研究对象。此外，网络作为研究内容的同时也是有效的研究手段，研究内容和研究手段的结合使互联网心理学研究呈现出独特的风貌。传统的心理学研究方法，如观察法、访谈法、调查法以及实验法等都可以用来进行互联网心理学研究，其中有些方法还衍生出了对应的在线研究形式。相对来说，传统的心理学研究方法仍占主导地位。此外，随着研究技术和手段的发展以及学科融合趋势的增强，社会网络分析和民族志等其他学科的研究方法也可能被引入互联网心理学研究（张国华，雷雳，2012）。

第一节　传统质性研究方法的在线应用

从质性和量化两种研究范式的角度来看，质性方法主要包括观察法、访谈法和个案研究法，而内容分析法、调查法、测验法和实验法等则被归为量化方法的范畴。其中有些方法与网络结合，产生了相应的在线研究形式。除上述方法外，还有一些研究方法也会在互联网心理学研究中被用到，如纵向追踪研究和跨文化研究。但这些研究方法无法简单纳入到质性和量化研究范式的分类中，故将其归为其他研究方法。

互联网心理学研究常用的质性方法有观察法、访谈法和个案研究法及其在线研究形式。

一、在线观察法

观察法是研究者根据研究目的、研究提纲或观察表，用自己的感官或研究辅助工具去直接观察研究对象的互联网使用行为。比较典型的是观察互联网用户的信息搜索行为，具体做法是观察者观察研究对象如何完成一个信息查寻任务过程，将其每个步骤记录下来进行分析。研究者（Large，Beheshti，& Rahman，2002）使用观察法研究小学生的合作性在线信息搜索过程并比较其中的性别差异。结果发现，在基于网络的课程作业中存在显著的性别差异。

此外，研究者也可以进入某个网络社区环境中，观察人们的网络行为，通过对这些行为的分析来判断网络用户的心理特点及行为过程。限于技术手段，目前的在线观察以网络用户交流中使用的语言符号、字符串以及表情为主。在这种观察中，尽管研究者无法直接观察到被观察者，但是研究者可以通过用户使用的语言符号和表情来了解其心理和行为。通过在线观察可以直接了解网络用户的在线行为模式，得到有关网络用户在线行为的第一手资料，且研究过程不易受观察对象的干扰，研究结果比较真实可靠。其缺点是只限观察直观外显的网络行为，观察的"对象"范围也有限，且无法获得观察对象过去互联网使用的相关资料。

二、 在线访谈法

传统的访谈研究是研究者与互联网用户直接交流，获得互联网用户使用背后的深层次原因，详细了解用户网络使用的动机、体验以及网络带来的影响等重要问题，以对网络成瘾者的访谈研究较为常见。例如，万晶晶和苏文亮等人都是采用访谈法对网络成瘾大学生进行研究，了解他们上网的心理需求、对上网利弊的认知。宋东海也曾采用深度访谈法，对 8 位网络成瘾的北京在校大学生进行研究，内容涉及网络成瘾的影响因素、过程和关键步骤、体验、合理化机制以及对控制网络成瘾的建议等。

在线访谈类似于传统意义上的访谈，一般采用非结构式的或半结构式的访谈，只不过不是面对面访谈的方式，而是采用发送电子邮件或通过即时通信软件网上聊天的方式。通过网上聊天，研究者和受访者可以进行同步的一对一或一对多的在线访谈，而通过电子邮件，研究者和受访者可以进行一对一或一对多的非同步在线访谈。在线访谈过程中，受访者可以自由掌握回答问题的时间，而且回答可能更深入、更有思考性。在线访谈具有节约成本、快速取得访谈资料的特点，而且能够访谈空间距离很远的人，最大程度上减少研究者对受访者的影响。其缺点在于缺少视觉线索，因此难以评估受访者是否理解问题并合理回答，难以取得受访者的信任，无法有效控制访谈情境，此外受访者还需要具备一定的计算机操作技能。

三、在线个案法

互联网心理学的个案研究是对某一个体、群体或组织在较长时间里连续进行调查，从而研究其行为发展变化的全过程，比较有代表性的是对网络成瘾者的个案研究。人们印象中典型的网络成瘾者一般是受过良好教育的年轻人，通常为男性，他们几乎没有什么社交活动，也缺乏自信。有研究者（Griffiths，2000）对五位过度使用电脑和互联网的青少年进行研究，发现其中只有两位可以称为成瘾。使用成瘾标准对所有被试进行测量，结果大多数过度使用的被试仅具有成瘾症状，而且这些被试使用互联网或电脑只是为了克服某些缺陷，如缺乏朋友、外貌不佳、身体残疾等。然而，有意思的是所有的被试都使用互联网来进行社交联系，其中的四位被试使用即时聊天服务而第五位则将电脑看作"电子朋友"。可见，对有些人来说，基于文本的人际关系也是有益的。

第二节　传统量化研究方法的在线应用

量化研究是当前心理学研究的主要范式，也是互联网心理学研究普遍采用的研究范式。

一、在线内容分析法

利用内容分析法可以对网络传播内容进行客观、系统和定量的描述与分析，揭示某些网络心理和行为的特点。随着互联网的不断普及，用户可以轻易使用各种应用程序来满足多元化的需求。其中一个颇受大众欢迎的应用就是社交网站（Social Networking Sites，SNS），如我的空间（MySpace）和脸谱网都是具有全球知名度的社交网站。社交网站的流行反映了网络社交的重要性，同时也表明现在许多人都通过互联网来进行社交活动。

有研究者（Fullwood，Sheehan，& Nicholls，2009）以我的空间里的博

客为例，对其内容进行分析，包括写博客的目的、博客的形式和风格并比较其中的性别和年龄差异。结果表明，大部分博客使用积极语言，写博客的主要动机是写日记和宣泄情绪。研究还表明，虽然不存在性别差异，但写博客的目的和博客风格还是存在年龄群体的差别。比如，博主年龄在 50 岁以上的，更可能使用消极语言来发泄情绪，博主年龄在 18～29 岁的主要使用半正式的语言风格，而博主年龄超过 30 以后使用半正式或正式风格的可能性相同。该研究表明，博客为用户提供了一种重要的情绪宣泄和自我表达的途径。

二、在线问卷调查法

问卷调查在互联网心理学研究中占有重要地位。这类研究数量多、选题范围广，既可采用传统的线下纸—笔问卷调查，也可采用在线问卷调查的形式。传统的问卷调查以青少年的人格特质、互联网使用偏好与病理性互联网使用(PIU)的关系为例。调查发现，高责任心人格对互联网社交服务偏好与 PIU 的正向关系有加强的作用，即容易导致其成瘾；对于低责任心人格的青少年来说，互联网社交服务偏好对 PIU 并没有显著的影响，即不易导致其成瘾(杨洋，雷雳，柳铭心，2006)。高神经质人格对互联网社交、娱乐和信息服务与 PIU 的正向关系有加强的作用，而低神经质人格则可以抑制互联网服务偏好与 PIU 的正向关系(雷雳，杨洋，柳铭心，2006)。高宜人性人格对互联网社交服务偏好与 PIU 的正向关系有加强的作用，而低宜人性人格则可能对互联网服务偏好与 PIU 的正向关系有所抑制(杨洋，雷雳，2007)。

随着互联网使用的迅速增加，在线问卷调查已然成为一种重要的数据收集方法。研究表明，与传统的纸—笔问卷调查相比，在线问卷调查具有明显的优势(Booth-Kewley，Larson，& Miyoshi，2007)。比如，调查成本降低、施测灵活、容易计分、结果统计更加便捷。此外，被试在网上参加调查时自我暴露水平有所提高。互联网的匿名性、去抑制性等特点减少了受试者作答时的社会期望反应，被试更愿意回答一些相对敏感的问题，如同性恋、危险行为、酗酒、药物滥用等。在线调查的问题在于，并不是每个人都能上网，因此问卷的应答率有限，完成在线问卷的以年轻人为主。此外，在线问卷设计中的某些因素也会影响收集到的数据的质量，包括指导语、问题形式、数据管理以及调查的伦理问题等。

三、 在线测验法

测验法是采用标准化的心理量表或精密的测验仪器来测量网络用户相关的心理品质或行为的研究方法。其中，内隐联想测验（Implicit Association Test，IAT）由于不易受社会期望效应的影响而具有较高的可靠性，在不少互联网心理学研究中得到应用。例如，陈美芬、陈舜蓬（2005）的研究以内隐联想测验测量被试的内隐攻击性，考察攻击性网络游戏对个体内隐攻击性的影响。结果发现，网络游戏攻击性内容对个体内隐攻击性的影响显著。崔丽娟等人（2006）通过内隐联想测验程序对网络游戏成瘾者的内隐攻击性进行研究。结果表明，与非成瘾者相比，网络游戏成瘾者持有更强的自我攻击性信念和对攻击性更为积极的内隐态度。

四、 在线实验法

互联网心理学的实验室研究，通过有目的地控制一定的条件或创设一定的情境，引起互联网用户的某些心理活动和行为反应，揭示研究变量之间的因果关系。目前以暴力网络游戏的实验研究最具代表性。比如，张学民等人的一项实验研究考察了游戏中的射杀动作成分和血腥成分对玩家和观看者攻击性行为和攻击性认知的影响。此外，郭晓丽等人利用生理脱敏指标考察了暴力视频游戏的短期脱敏效应，并且比较主动和被动两种接触暴力电子游戏的脱敏效应。

在互联网上开展的实验研究通常被称为基于互联网的实验（Web-based experiment 或 Internet-based experiment，简称网基实验）。网基实验通常可用于验证实验室和现场研究的结果，也可开展一些只能在网上进行的实验。网基实验的材料也可以在传统的实验室情境下使用。基于网络的实验设计能够廉价地收集到较大范围地区和人口的数据资料，逐渐受到研究者的喜爱，在认知心理学和社会心理学领域已经有比较广泛的应用。网基实验将在未来成为一种重要的心理学研究方法。相比实验室实验，网基实验的不足在于对实验条件的控制更弱。比如，无法确定被试报告的有关年龄、种族和性别等方面的特征，以及他们是否认真参与实验。有研究者（Reips，2002）对网基实验提出了一系列的标准和指导原则，包括网基实验的理想环境、网络实验设计中的预防措施、网络实验的有效技术、应该避免的常见错误和误解，以及研究应该报告的内容。

五、元分析

元分析方法是对众多现有的互联网心理学实证文献的再次统计，利用相应的统计公式对相关文献中的统计指标进行再次统计分析，从而根据获得的统计显著性指标来判断两个变量间的真实关系。

近几年来，网络在社会政治生活中的作用越来越重要。网民通过网络参政议政已然成为一种趋势，网络的政治功能逐渐引起政府、政治家以及学者的关注。有关互联网对公民政治参与度的影响，学者们意见不一。有些学者认为互联网可能对政治参与产生不利影响（Putnam，2000）。而另外一些学者则认为，互联网降低了获取政治信息的成本（如时间和精力），并提供了参与政治生活的便捷途径（如在线请愿）。此外，互联网的便利性可能吸引更广泛的民众参与政治活动，尤其是年轻人的政治参与（Carpini，2000）。宝利安尼（Boulianne）对现有研究进行了元分析，评估了互联网使用是否会降低政治参与以及影响是否显著。该研究共检验了38个相关研究（含有166个效应量），结果发现互联网使用对政治参与起积极作用，但平均的积极效应量很小，说明互联网使用对政治参与的积极影响不显著。进一步分析还发现，互联网使用对政治参与的影响随着时间而增加。并且，相比其他测量方式（如互联网用户/非用户、在线讨论等），将网上新闻作为互联网使用的测量指标时对政治参与的影响最大。该结果表明，通过增加大量的、不同的政治信息可能有助于公民的政治参与。

六、其他研究方法

与质性和量化的具体研究方法相比，纵向追踪研究和跨文化研究在研究设计上更为严密，在具体实施中通常综合使用几种具体的研究方法，对数据统计分析方法的要求更高，得出的结论也往往更为可靠。

（一）追踪研究

互联网心理学的纵向追踪研究是对同一组研究对象在多个时间点上进行调查以收集资料，通过对前后几次调查所得资料的统计分析来探索网络心理与行为随时间变化而发生的变化，及其与其他变量之间的因果关系。

有研究者（Willoughby，2008）通过纵向研究考察了互联网使用对基线水平为九年级和十年级的青少年男生和女生的影响。结果表明，大部分女生（93.7%）和男生（94.7%）在追踪研究期间使用了互联网，但男生（80.3%）比女生（28.8%）更多地玩在线游戏。在高中早期测量的父母关系、友谊质量、学业取向、社会和心理健康与高中后期测量的互联网使用频率之间存在相关。相比不使用或高度的互联网使用，适度使用互联网与更积极的学业取向有关。最近，有研究者（Jackson et al.，2011）对482名平均年龄为12岁的青少年进行了为期3年的追踪研究，探讨互联网使用对青少年生理（体质指数，简称BMI）、认知（年级平均成绩GPAs、标准测验分数）和社会及总体自尊的影响。结果表明，互联网使用能够预测阅读技能的标准测验分数，使用互联网更多的青少年比使用互联网更少的青少年具有更好的阅读技能。

（二）跨文化研究

跨文化研究是通过比较世界上各种不同文化样本来验证人类心理和行为特征的心理学研究方法。提到互联网的跨文化心理学研究，韩国和美国这两个国家尤其引起研究者的兴趣。因为两国在文化上差异很大，美国被认为是个人主义文化的代表，韩国则是集体主义文化，而两国的互联网使用水平却都很高（Lee，Geistfeld，& Stoel，2007）。因此，这两个国家的网站经常成为跨文化内容分析的目标。

有研究者（Kim，Coyle，& Gould，2009）对韩国和美国的200个公司网站进行分析，以检验集体主义和个人主义文化对组织机构网站设计的影响，尤其是设计者通过使用某些交互性和丰富的媒体工具进行网站设计反映出的不同文化下人们的沟通差异。一般认为，集体主义文化中的个体比个人主义文化中的个体更喜欢同时处理多重任务。同样地，在网络环境下，多元时间取向的用户能够更好地同时注意多种在线展示（如活动图像、视频和文本信息）。相反，个人主义文化的用户显示了单一时间取向，一次集中完成一项任务，对其他任务的干扰更为敏感。总的来说，韩国和美国的网站设计者利用了不同的交互式特点来设计网站，与受众的时间管理偏好相一致。网站设计体现了国家之间的文化差异，该研究证实了文化影响网站设计的假设。

第三节 独特的在线研究方法

互联网的出现使相关学科在研究内容、研究环境和研究视角方面都发生了深刻变化。人机交互、虚拟现实技术、计算机支持的社会网络分析和网络民族志等颇具互联网特色的在线研究方法的出现，为在线研究方法注入了新的元素。但这些在线研究方法目前尚未成型，除人机交互外，其他几种方法在实证研究中仍不多见。

一、人机交互

20世纪50年代美国学者夏柯尔（B. Shackel）发表了有关人机界面的第一篇文献，紧接着在1960年，里克里德（Liklider）首次提出人机紧密共栖的概念，被视为人机界面学的启蒙观点。1969年在英国剑桥大学召开了第一次人机系统国际大会，同年第一份专业杂志国际人机研究（IJMMS）创刊。因此，1969年被看作是人机界面学发展史上的里程碑。20世纪80年代初期，人机交互学科逐渐形成了自己的理论体系和实践范畴的架构，人机界面一词被人机交互取代。人机交互是指人与计算机之间使用某种对话语言，以一定的交互方式完成特定任务的人与计算机之间的信息交换过程。在人机之间存在着一个相互作用的作用面，所有的人机信息交流都发生在这个作用面上，此即为人机界面。人通过控制器将自己的决策信息"输入"传递给机器，实现"人—机"信息传递。显示器则将机器工作的信息"输出"传递给人，实现"机—人"信息传递。

在互联网上，人机交流可以看作是在线交流的第一个层次。在这个层次上，研究的核心问题是如何促进人机更好地交流以及和谐地相处。以目前应用最广泛的万维网为例，如何组织、安排、呈现网页信息才能让用户感到舒服，成为一个重要的研究主题。网页的版面、网站的链接、广告的位置等一系列问题都是值得考虑的。以网络广告为例，在CNNIC对"哪一种网络广告形式最能吸引您点击"的调查中，66.50％的人认同动画式广告，而仅有1.91％的人选择插播式广告。此外，网页浏览和在线阅读、超文本信息检索等也是互联网背景下人机交互研究的重要问题，此处不再赘述。

二、 虚拟现实技术

虚拟现实技术的理念是美国著名的计算机专家伊凡·苏泽兰(Ivan Sutherland)于 1965 年提出的，而虚拟现实的概念则由杰伦·拉尼尔(Jaron Lanier)于 1989 年最先提出。此后，虚拟现实成为社会关注和研究的重要问题。虚拟现实技术是指以多感知性、沉浸性、交互性和构想性为基本特征的计算机高级人机界面(Wexelblat,1993)。它综合利用了计算机图形学、仿真技术、多媒体技术、人工智能技术、计算机网络技术、并行处理技术和多传感器技术。利用虚拟现实技术创建的虚拟环境不仅是对现实世界的复制、模拟和表征外部世界的革命性变化，而且也是一种崭新的研究工具和研究范式(陶维东等,2007)。目前虚拟现实技术在网络上的应用主要有虚拟现实环境的构造语言和基于图像的虚拟现实技术。特别是后者，使人们在使用互联网时能身临其境般地置身于各种场合中，如可以像逛商场一样在虚拟商店中购买商品，或者参观一个网上模拟的旅游景点等。

虚拟现实技术在网络游戏中得到了充分应用。从最初的文字游戏，到二维游戏、三维游戏，再到网络三维游戏，网络游戏在保持实时性和交互性的同时，逼真度和沉浸感也在逐步提高和加强。研究表明，利用电脑游戏能够有效地诱发被试相应的情绪体验和表现(Merkx, Truong, & Neerincx,2007)，电脑游戏已经成为一种重要的情绪诱发方法。目前，虚拟现实技术已经在视空间认知、知觉—运动协调、心理治疗、社会心理学等领域取得了不少成果(陶维东等,2007)。我们相信，虚拟现实技术将为在线研究提供坚实的实验技术基础，必在今后的在线研究中发挥越来越重要的作用。

三、 计算机支持的社会网络分析

社会网络研究起源于人类学家对复杂社群中人际关系的探讨。社会网络是指社会行动者及其关系的集合(刘军,2004)。社会网络由多个节点和节点之间的连线组成。节点即行动者，它可以是个体也可以是组织和国家等机构。连线即节点之间的相互关系，可以是友谊、亲属关系、商业往来、共同利益以及知识或威望等。社会网络分析是以关系为基本单位进行分析的实证研究方法，其特点是注重对行动者及其相互关系进行定量分析，强调人际关系、关系内涵以及社会网络对社会现象的解释。自人类学家巴恩斯(Barnes)在 1954 年首次使用社会网络的概念来分析挪威某渔村的社会结构以来，社会网络分析已经成为研究社会结构最常用的方法，并有多款社会网络分析软件问世。社会网络分析的理论与技术在社会学、社会心理学、经济学与人类学等诸多学科领域得到了广泛运用。

随着互联网的日益普及，越来越多的人开始通过互联网与他人进行互动和信息交换。当计算机将个体或者组织联系到一起的时候，也就形成了一个社会网络(Wellman，Salaff，Dimitrina，Garton，& Haythornthwaite，1996)。网上聊天室、电子布告栏、网上新闻组、即时通信、博客和社交网站等都是计算机支持的社会网络(Computer-Supported Social Networks，CSSNs)。与现场沟通相比，CSSNs对社会临场感和在线沟通的限制较少，对维持线上的人际关系具有重要作用，并且为个体获取信息提供了替代性的平台。CSSNs能否延续下去取决于成员是否停留在该网络并持续参与对某个问题的讨论和解答过程，目前许多CSSNs就面临着固定成员的问题。有研究者(Jin et al.，2009)发现，当个体对先前的CSSNs使用感到满意并认为该网络中的信息对他们有用后才会继续使用其中的信息。而信息质量和信息来源的可信度决定了个体感知到的信息有用性和满意度。由于CSSNs与现实的社会网络存在众多相似之处，使得社会网络分析对于研究 CSSNs 特别适用。相比人机交互、人与人之间的在线互动方面的研究，CSSNs 尚未引起足够的重视，相信社会网络分析能够为研究虚拟社区和计算机支持的社会网络提供有效途径。

四、网络民族志

民族志是 20 世纪初期由文化人类学家创立的一种研究方法。研究者主要通过田野调查，深入到某些特殊群体的文化中去，从其内部着手提供相关意义和行为的整体描述与分析。民族志研究最初是由文化人类学家用来研究一些非本民族的文化，但由于这种方法重视研究对象的社会行为及其与整个社会文化之间的关系，具有跨学科研究的性质，所以被广泛运用到社会学、心理学、政治学、传播学等其他学科(常燕荣，蔡骐，2005)。

网络民族志是采用民族志方法研究 CMC 产生的虚拟社区和文化的一种在线研究方法(Hine，2000)。最初起源于研究者在互联网上使用民族志方法对消费者做的市场调查。网络民族志方法是一种质化的、解释性的研究方法，它以在线现场研究为主，在方法上基本沿用和改编自民族志的特定研究过程和标准。研究步骤通常为获准进入某个网络社区和文化、搜集资料然后分析资料，在研究过程中还要考虑研究伦理问题。在网络文化和社区的在线民族志研究中，研究者可以采用潜水的方式对某个网络社区和文化进行非参与式观察，也可以加入到某个在线社区成为其会员从而进行参与式观察，与该在线社区成员进行长期接触和深度沉浸，对网络文化和社区生活进行深度描述（Hine，2000）。而后者更能够体现网络民族志研究的特点。相对而言，网络民族志还是一种比较新的研究方法，有待进一步的完善和发展。

===== 拓展阅读 =====

网络心理研究中的伦理

如果一项研究可能会对被试带来伤害，那么还应该接着做吗？在可能对个体的心理、情绪或者身体造成损害的情况下，应该如何选择呢？这就涉及心理学研究中的伦理道德。某些道德问题解决起来是容易的，只要不去做几乎肯定会造成身体伤害或心理伤害的实验就行了，如身体虐待、饥饿、长时间孤立等。然而，很多道德问题却会让发展心理学家处于两难境地。

当初人们反对"小阿尔伯特"研究以及其他的类似研究，使得今天有了更为严厉的道德标准。为了保护参与心理学研究的被试，同时澄清研究者的职责，美国心理学会（American Psychological Association，1992，2002）、加拿大心理学会（Canadian Psychological Association，2000）和儿童发展研究会（Society for Research in Child Development，1996，2007）都提出了一些道德指南，其中最重要的包括以下几个方面。

其一，保护被试免受伤害。研究者的任何研究操作都不可对被试的身体或心理造成伤害。心理伤害固然难以决定，但是这仍然是研究者的责任。研究者准备进行研究时，必须就此向他人进行咨询。如果有可能造成损害，研究者就有责任寻找其他的方式来收集信息，或者放弃研究。

其二，获得被试知情同意。所有的被试，包括儿童和老年人，都有权听取研究者以他们能够理解的语言来解释研究中可能会影响其参与研究意愿的各种情况。当被试是儿童时，就应该有父母或者能够代表儿童的人(如学校的管理者)的知情同意，而且最好是书面的。认知能力受损的老年人应该要指定一个代理人来做决定。如果他们不能这么做，就应该在详细咨询他们的亲戚和了解该老人的专家后，由专家评估委员会指定的人来做。所有的被试都有权在任何时候中断参与研究。

其三，维护被试隐私权利。被试有权在研究过程中隐藏关于其身份的信息。关于该研究的书面报告和非正式的讨论方面，被试也有这一权利。

其四，告知被试研究结果。被试有权由研究者以他们能够理解的语言被告知研究结果。

有研究者针对上述问题，分析了网基研究中的相关问题。在参与网基研究时，很少有人会认真阅读实验说明和知情同意书(Birnbaum，2004)，很多人是在对实验内容与风险缺乏足够认识的情况下参与实验的，这样，被试的权益实际上在很多时候得不到保障。此外，由于网基研究会受到许多研究者无法控制的因素影响，有时候实验数据以及被试的个人信息难以做到完全保密，从而导致被试利益受损(Birnbaum，2004)。除上述不足外，网络研究还可能存在的问题有无法实施复杂实验、恶意欺骗等，这些因素也可能会对结果产生影响(Reips，2002)。再者，由于网基研究能提供给被试的反馈通常非常有限，这样不仅无法保证被试对研究有足够的了解，甚至还有可能产生误解(Buchanan，Johnson，& Goldberg，2005)。

还有研究者(Suler，2000)提出，在进行网络心理学的研究时应该思考以下几个方面涉及伦理的问题。

1. 被试与主管部门知情同意

研究涉及的个人或组织，对研究是否知情，是否能知晓研究结果？

在数据收集之前、期间以及之后，组织或个人是否得到提前通知？

个人或组织是否明确表示，允许研究者实施研究计划并撰写研究结果？

研究者是否告知被试，关于双方通信平台的保密性问题，以及研究者或被试所持有的研究记录的保密性问题？

组织拥有者和通信平台运营者，对研究目的是否知情，是否同意？

研究完成后，个人/组织是否听取研究报告？是否看过书面研究报告或得到相应书面反馈？

研究报告中引用或描述某人时，当事人是否知情同意（允许）？

受访者是成年人还是未成年人？如何证实其年龄属实？其法定监护人是否知情同意？

研究者是否有自己创建组织，便于收集数据？如果有，是否获得知情同意？

研究者是参与性研究还是观察性研究？被试是否知道研究者的角色？

被研究提到或描述的组织成员，在组织中是否依然活跃？

2. 通信平台、研究记录和研究报告的保密性

研究者如何保障其所使用通信平台的保密性，如何保障研究者和被试持有的研究记录的保密性？

沟通平台是一个公共开放空间还是有访问限制的私人空间？

个人/组织成员是否认为研究中的通信平台是一种私人空间？

若其他人企图访问个人/组织与研究者的通信记录，难度如何？

使用互联网引擎，是否有可能搜索到研究中的个人/组织信息？

个人/组织通信记录是保存在公共档案还是私人档案？档案创建者的角色和责任是什么？

研究记录和研究报告中，个人和组织成员的身份是否得到保密？（如通过改变或删除任何可以透露其身份的信息）

在线组织的身份/位置是保存在研究记录和研究报告中吗？

研究本身和研究讨论，是否有可能给个人、组织或组织成员带来伤害？

3. 咨询和评估

研究者有没有向同行咨询研究中的伦理问题，这些同行是否了解网络研究的独特之处？

研究是否得到伦理委员会批准，委员会成员是否了解网络研究的独特之处？

批准研究中所使用的方法，是否对科学界有重大价值？

第四节　在线研究方法的优势与局限

有研究者对网基研究的优点与局限进行了梳理，可以让我们看到在

线研究方法的基本特点。

一、网基研究的优点

和传统研究相比，网基研究具有许多优点。

(一)更大的样本数目

由于受时间、空间、经济等诸多客观条件的限制，传统的实验室研究通常只能对有限数量的被试进行研究，即使是"大样本"，样本量也非常有限。相比之下，利用网络进行研究不会受到时间和空间的限制，如果特意花钱进行招募的话，通常可以在很短时间内收集到较大样本的数据，因而可以极大地提高实验效率(Hewson，2003)。

(二)更多样化的样本

样本同质性过高是传统实验室研究比较突出的问题。通过传统的方式收集多样化样本往往需要耗费较高的研究成本。所以目前，大多数的心理学研究采用的被试都是在校大学生，这就大大限制了对研究结果的解释与推广。而在网络日益普及的今天，通过网络收集多样化的样本已经不再是一件困难的事。比如，有研究者(Fischer & Boer，2011)利用网络收集了来自63个国家超过40万名被试的数据，发现个人主义与财富对心理健康具有积极意义。

此外，能够收集到多样化的样本还意味着网基研究能调查到占总人口比例较少的某些特殊群体。例如，有研究者(Carhart-Harris & Nutt，2013)通过一项网络调查采访了93名有多年吸食毒品经历的吸毒者，并获得了这部分特殊群体被试对毒品相关知识的了解情况和毒品使用情况等信息。但这样的数据是传统的调查方式很难获得的。

(三)更高的外部效度

对于网基研究而言，所有的实验过程全由被试自主完成，实验者无法对实验的时间、地点、硬件设备与软件环境做出选择，也无法对实验过程进行控制与干涉，使得不同被试参与实验时的外部环境与状态可能都不尽相同。但是，当获得的样本足够多时，获得的结果更加稳健，在各种环境条件下均普遍适用，更具有可推广性。当某些环因素可能会导致系统性误差时，实验者可以在数据分析过程中将这些信息作为变量，单独探讨环境因素和实验处理对结果的独特影响（Reips，2000）。

（四）更高的被试动机

在网基研究中，被试大多是完全自愿的，来参与实验大多是出于对研究本身的兴趣，对待调查和问卷态度也就更加认真。研究发现，在完全自愿参与的实验中，被试更少受到社会期望效应的影响（Richman，Kiesler，Weisband，& Drasgow，1999），问卷填写更加完整，数据的质量也更高（Pettit，2002）。从这个意义上讲，网基研究获得的数据可能比实验室研究获得的数据具有更高的研究价值。

除上述优点外，网基研究还具有可消除实验者效应、高效经济、公开开放等优点。特别是高效经济这一点，对许多研究者就特别有吸引力，因为心理学研究者拥有的研究经费通常都很有限。

二、网基研究的局限

尽管网基研究有许多优点，但是也有其局限性。不过，多年来研究者的不断尝试与摸索，也总结出了一些特殊的方法与措施，以尽可能减小或避免这些问题。

（一）实验控制不足

与传统的实验室研究精细严格的实验条件相比，网基研究对实验过程则是零控制的，实验环境与条件也千差万别。一般来说，外部环境与条件的变化有利于研究结果的推广，但对于一些对刺激呈现要求较高的实验来说（如许多知觉、注意类的研究），外部条件的细小改变都可能对结果产生较大的影响（Schmidt，2001）。还有一些研究需要对结果变量进行精确的测量（如精确到毫秒的反应时），若这种实验在网上收集数据，则可能因为硬件设备、网络环境等因素导致不够精确的测量（Eichstaedt，2001），最终影响实验结果。此外，由于网基实验是在无人监督的情况下完成的，这时被试的反应可能更加随意，可能会降低数据质量（Kraut et al.，2004），甚至有时出于各种原因，还会出现被试重复参加实验的情况，给实验结果的真实性造成威胁。

　　针对这一问题，最简单直接的办法就是核查被试的电脑物理地址、IP 地址或账号等，如果有相同的，则不允许被试提交。有些网络实验网站要求访问者只有登录后才可参与实验，保证一人一号，每个实验只能参加一次，从而避免重复提交的问题。

　　此外，网基研究的实验者还无法即时了解被试参与实验时的心理、生理状态，如无法得知哪些数据是在被试心理、生理严重不适的情况下产生的，当然更无法对这样的数据进行有效剔除，从而在整体上降低了数据的可靠性。

(二)样本偏差

　　与传统实验室招募被试的方式不同，网基研究招募到的被试都是自主自愿参与研究的，这可能会带来一定的样本偏差。首先，网络用户未必能代表整个人群。建立被试库能在一定程度上缓解样本偏差的问题，即通过线上或线下招募的方式提前建立被试库，然后每次从被试库挑选被试。这样不仅可以确保稳定的被试来源，并能了解到被试各方面的信息，在招募被试时可以根据研究的要求挑选合适的被试，最终减少无用数据量。

　　其次，网基研究参与的自主性也可能造成样本偏差。一般来说，参加网络实验或调查的被试都是出于对研究本身的兴趣，他们更可能在性格、兴趣、经历或教育背景等方面具有较高的相似度，从而造成取样的系统性偏差，不利于结果的推广，甚至可能会因此得到错误的结论(Couper，2000；Wright，2005)。针对这一问题，可以采用多站点入口技术，即同时在多个不同的站点推广研究。这样不仅可以分析来自不同站点的被试是否具有不同的特征，也可以在一定程度上增加被试的多样性，降低自我选择的负面效果(Reips，2000，2002)。

　　最后，被试中途退出实验也可能对实验结果产生系统性误差。因为退出的人可能具有某些共同的特点，如不喜欢或不擅长参加某项实验等(Reips，2002)。针对这一问题，可以在研究开始前向被试说明研究的严肃性和获得有效数据的重要性，并询问其参与实验的动机。研究发现，参与动机对是否完整完成调查或实验有较好的预测能力(Reips，2009)。另外，应用一些心理学原理设计实验流程，也可以在一定程度上减少中途退出的概率。热身法、高门槛法就是典型的例子，这些方法在正式实验开始之前增加了一些与实验无关的热身任务或者故意设置一些降低参与者动机的障碍，如不友好的页面、减缓页面加载速度等，使那些参与动机不强的被试在正式实验开始之前就主动离开，从而不至于在正式研究中途退出，影响数据质量（Reips，2000，2002）。此外，还可以通过向被试提供物质报酬来降低被试中途退出实验的可能（Reips，2012）。

三、常用在线研究方法的比较

不同的研究方法在应用时各有其优势与不足，我们简要比较一下几种常用在线研究方法的优缺点（表 3-1）。总的来说，这几种常用方法的共同优点是能够方便快捷地取得多样化、大批量的被试样本，研究过程规范且易于管理，节约研究时间、场地和经费等。

但是，各种方法也普遍存在一些不足之处。例如，不适合那些无法上网的特殊人群（如文化程度较低、不懂操作电脑和上网、没有电脑和网络连接的人），难以完全保证被试回答的真实性、研究数据的完整性和数据安全，被试可能重复参与研究，此外研究者和被试都可能在研究中碰到技术故障等问题（Albrecht & Jones，2009）。综上所述，目前几种常用的在线研究方法具有其独特优势，但总的来说仍未突破传统研究方法的范畴，充其量是将诸如访谈、问卷调查和实验等方法从现实中"嫁接"到了互联网上，在本质上与传统研究方法并无太大差异，而且在研究实践中存在不少局限性，若使用不当可能给研究带来新的困境。

表 3-1　几种常用在线研究方法的优缺点

方　法	优　点	缺　点
在线观察法	有助于了解网络用户的在线行为模式； 得到网络用户在线活动的第一手资料； 研究过程不受观察对象干扰； 研究结果比较真实	只限观察直观的网络语言等文本信息； 观察的网络用户范围有限； 难以获得观察对象的其他资料； 难以结合相关变量进行统计分析

续表

方 法	优 点	缺 点
在线访谈法	受访者可以自由掌握回答问题的时间，对问题做深入的思考； 能够访谈空间距离较远的被试，不愿接受面对面访谈特殊人群（如同性恋者），无法随意走动的个体（如残疾人、囚犯）或社交孤立者（"瘾君子"）； 访谈者和受访者都"看"不到对方，能够在最大程度上减少访谈者的影响； 节约成本（时间和经费）、快速取得访谈资料	访谈过程缺少视觉线索，难以评估被试是否正确理解问题并合理作答； 无法有效控制访谈情境，被试在访谈过程中可能分心或受到干扰而中断访谈； 可能失去一些不喜欢这种访谈方式的潜在被试群体； 在线访谈通常一次完成，研究者难以短时间内取得受访者的信任，也难以取得被试的长期承诺和参与； 受访对象需要具备一定的计算机操作技能来完成整个访谈过程
在线调查法	互联网的匿名性、去抑制性等特点减少了受试者作答时的社会期望反应，被试更愿意回答一些相对敏感的问题，如同性恋、酗酒、药物滥用等； 不受时空限制，更容易获得样本，操作更灵活准确，成本更低廉并能提供更优质的测评服务	完成在线问卷的以年轻人为主； 无法控制测试情境； 在线问卷设计中的某些因素也会影响收集到的数据的质量，包括指导语、问题形式、数据管理以及调查的伦理问题等
在线实验法	实施起来比较简单，收集的数据比较客观，在试验调试阶段修改实验程序更快更容易； 能够廉价地收集到较大范围地区和人口数量的数据资料，甚至能轻松获取那些特殊人群（如 $20 \sim 30$ 岁的糖尿病患者或智商高于 130 的人）的数据，而且被试是完全自愿参与实验； 实验过程中无须实验者出现，尽量减少了实验者的影响，在某些方面具有更高的生态效度； 节省成本、实验仪器和场地，且实验不受时间和空间限制	相比实验室实验，在线实验对实验条件的控制更弱，如无法控制被试代表性、被试信息真实性、是否认真参与实验、进入或退出实验程序； 被试可能忽视实验指示、在实验中作弊或者多次参与实验； "虚拟"实验者也可能对被试产生影响； 被试对实验存在疑问时无法获得解答； 可能出现一些技术误差，如使用不同的电脑、显示器、浏览器和网络连接

四、在线研究方法中的问题与展望

互联网心理学关注的视野由线下转到线上，使得网络成为心理学的研究内容，从而诞生了大量富有时代特点且实践性较强的研究课题。网络心理研究要不断认识新情况、研究新问题，在理论上和方法上不断创新，这是互联网心理学能够真正成为一门独立学科的首要条件和基本前提。

相对于现实中人的心理行为研究，互联网心理学的研究在研究环境、研究内容和研究视角上都有新的变化和特点，因而传统的心理学研究方法并不能完全满足网络心理研究的需要。当前的互联网心理学研究方法尚未形成严谨的程序和体系，发展具有互联网心理学特色的研究方法和范式是摆在研究者面前的一项重要任务。

互联网心理学不仅没有形成自己特有的研究方法体系，在运用传统的心理学研究方法时，也存在一些问题。如前所述，传统的心理学研究方法也基本适用于互联网心理学研究，而这些方法在使用中存在的问题也同样存在于互联网心理学研究中。此外，在传统心理学研究方法的利用上也有值得改进之处。比如，现有研究偏重量化研究，而质性研究未受到足够的重视。质性研究方法和量化研究方法各有其优缺点，完全可以相互补充、取长补短。另外，研究方法单一，缺少研究方法的综合运用。总体来看，目前的互联网心理学研究多采用问卷法和实验法，通常形式是纸—笔测试和实验室实验。若能对现有方法进行有机的整合，定能更好地揭示有关的互联网心理学现象和规律。最后，在研究设计上多为相关研究设计，较少采用实验控制方法和纵向追踪研究，难以揭示研究变量之间的因果关系。

目前互联网心理学领域的研究选题仍然基于互联网使用，主流的研究集中于互联网和网络空间对个体和团体心理的影响。比较热门的研究主题包括在线认同、在线关系、网络成瘾等。但与互联网心理学相关的学科领域还包括人工智能和虚拟现实等，尤其是虚拟现实技术已经在视空间认知、知觉—运动协调、心理治疗、社会心理学等领域取得了不少成果。

总的来说，在线研究方法与传统研究方法得到的结果接近一致(Gos-ling，Vazire，Srivastava，& John，2004)，而且在线研究的优势要大于其劣势(Ahern，2005)。因此，可以认为在线研究方法是值得信任和依靠的。况且，任何研究方法都存在利、弊两面，关键是如何去选择和利用适当的研究方法为具体的研究实践服务。比较合理的做法是，充分发挥在线研究方法的优势，扬长避短，必要时可以辅以传统研究方法。互联网心理学应当积极吸收和借鉴相关学科的研究方法，博采众长，为己所用，从而不断拓展和深化网络心理与行为研究。

PART 2

第二编

网络与个体

第四章

网络与认知

1. 传统观点认为大脑是个体身心活动的"司令部"，那么在网络空间中大脑还是个体身心活动的"司令部"吗？个体如何对游戏时的"自我化身"进行脑区反应？

2. 现实空间中个体可以通过钟表与日历确定时间，网络构成的虚拟空间让个体体验的是"永恒的时间"？网络时代我们拥有的时间越来越多，还是越来越少？

3. 网络空间中个体的高阶心理机能，如反省与推理，是不是跟现实空间存在本质的不同？用户的认知需要作为个体认知性动机，会影响他们在网络空间中的低阶或高阶心理机能吗？

4. 网络空间中人们使用言语进行沟通能够满足他们在现实生活中不能满足的需要吗？个体在什么情况下跟别人使用"躯体化网络流行语"进行沟通？

游戏化身，真实性人格，交互性记忆，多任务并行，认知控制，社会学习，非线性思维，网络语言，认知需要，躯体化网络流行语

网络互联构建了人类新的生存空间，人类在现实空间已经形成的认知及信息加工机制如何再现或重塑于网络空间受到关注。网络作为一种环境刺激来源，只要同它相连，它就会持续不断地向用户的大脑输入信息。台式计算机、笔记本电脑、平板电脑和智能手机等网络载体能够提供图像、文字、声音、颜色等物理信息刺激。同时，由于网络也是人际沟通的一种中介，用户彼此间的印象知觉（热情与能力等），自我知觉及

化身认同(个体对网络聊天的头像或特定游戏角色持有肯定的态度)会产生社会信息刺激。网络中的这些信息刺激会对网络用户的认知活动产生明显的影响，可以影响个体的低阶心理机能(直觉、注意、触觉等)与高阶心理机能(工作记忆、执行功能、反省思维与推理等)，同时也可能促使个体更加明显地表现出非线性的思维模式。日渐明显的多任务并行(multitasking)信息加工模式对个体的认知控制以及儿童青少年的学业行为产生一些明显的影响。人格特质(认知需要)可能会对网络空间的认知活动有促进作用。不同认知需要的个体对于网络中的信息有不同的偏好。例如，高认知需要个体可能尤其会对于言语信息明显、图形信息弱化的网站有更大的兴趣；高认知需要个体可能会较少地使用启发式思维加工网络信息，相反他们可能会通过更多的认知努力深入思考问题。总之，网络已经对人们的很多认知活动产生了影响，这些认知活动正在对人们的生活产生复杂而深远的影响。

第一节　网络与大脑

网络用户在现实与网络空间表现出的认知活动，都以大脑活动为生理基础，但是大脑对于网络空间信息(如玩家的游戏化身)与真实自我的定位反应存在不同，这说明网络空间中用户的认知模式具有明显的独特性。网络信息作为一种外在刺激物也对大脑自身的生物化学反应产生影响，尤其是网络信息过度使用者的大脑的生物化学反应更可能表现出独特性。

一、大脑对"化身"的定位反应

电影《阿凡达》让很多人知晓了个人身体外也存在一个化身，化身可以外延个体的心理与行为活动。随着网络互联的日益加强，人们在网络中进行电子通信(聊天)或娱乐游戏(玩魔兽游戏)时都在使用图像或图标表征自我。网络中个人的图像或图标就是个人的化身。心理学家开始探讨个体的大脑如何反应自我化身问题，以进一步了解虚拟环境中个体心理行为特点的独特性。社会学与网络心理学的证据显示，在线游戏玩家会整合化身进入自我概念(Yee，Bailenson，& Ducheneaut，2009)。在线游戏过程中玩家对化身的能动感与控制感(Pearce，2006)以及强烈的情感卷入(Bessière，Seay，& Kiesler，2007)都促进了这种自我识别。然而，尽管大量的研究探讨了自我识别的神经基础，但是认知神经科学还尚未探讨人类如何自我识别这些人为制造的在线化身。

全世界的角色扮演游戏玩家几乎都在使用化身，即一个虚拟代理人，表征自我后进行在线游戏。玩家通过他们的化身，建立了社会网络，学习到新的社会认知技巧。认知神经科学需要识别玩家对于虚拟代理人自我识别背后的大脑过程。在线游戏的一个特征是，玩家从第三方视角增加他们对化身的控制(Laird & VanLent，2001)。在第三方的游戏模式中，当玩家能够在虚拟世界中控制自身的运动时，他们会持续地知觉到他们的化身。这种对于化身知觉的第三方视角(third-person perspective，3PP)可能类似于指向自我的 3PP，即个体从外部想象自我。尽管指向自我的 3PP 本质上是记忆或社会认知的心理模拟，但是指向化身的 3PP 是玩家以第三方模式形成的一种视觉。从这个角度看，知觉化身的自我可能类似于从外部知觉自己身体产生的认同。因此，游戏可能会提供一个非病理性的、独特的自我体验，长期游戏玩家中有些人尤其可能会从一个 3PP 中认同化身。

研究者应用功能成像技术探讨了游戏玩家以及不玩游戏的控制组被试，要求他们评价自我、化身以及熟悉他人的人格特质(Ganesh，van Schie，de Lange，Thompson，& Wigboldus，2012)。脑成像的数据结果显示，化身参照物激活了左下顶叶。这一发现与左半球的自我知识提取及 3PP 自我身体认同的特定作用理论相一致(Gazzaniga，2008)。左下顶叶是从第三方看待自我与认同自我相联系的区域。这一大脑区域活动的强度与整合外部身体、提升身体识别有紧密相关。此外，角回与 3PP 相关，尤其是左角回会预测自我识别外部身体(虚拟身体活动)，即从 3PP 角度知觉与控制身体具有机能性作用。研究表明游戏玩家对化身的加工比对自我与他人的加工更明显地激活了左角回。

化身参照进一步激活了前扣带回喙部(rACG)，这表明与化身有关的情感自我相对较为明显。早期的神经成像研究显示 rACG 在情绪(Gusnard，Akbudak，Shulman，& Raichle，2001)与身体感觉的评价性表征中具有重要作用。相对于熟识的关系较远他人而不是较近他人，这一区域对于化身的反应更为明显，这表明玩家像与亲密他人交往一样对于化身也卷入了情感（Vanderwal，Hunyadi，Grupe，Connors，& Schultz，2008）。行为数据也揭示对化身的再认记忆要优于对他人的记忆。再认记忆的发现也显示游戏玩家使用化身的时间越久，他们对化身相关的记忆就会越为明显。令人感兴趣的是，化身的记忆不同于亲密他人的记忆，尽管被试知道他们与亲密他人相处的时间比化身多 2 倍。这些发现表明游戏化身体验产生的记忆优势可能超过现实生活中与真实亲密他人相关的记忆优势。

网络正在互联一切，网络用户会越来越多地通过化身来认知以及体验环境。化身也可能在社会学习、社会化和认知与情感技巧的形成中扮演重要作用。虚拟环境中网民的自我知觉与大脑的可塑性紧密关联。当前很多的研究者已经开始探讨化身和大脑可塑性的关系，未来仍需要更多的学者通过更多的研究揭示自我与化身的关系本质。

二、 网络使用与大脑定位及生化反应

网络成瘾相关行为的神经机制得到广泛的研究。研究结果一致性地显示网络成瘾个体对于网络相关的线索显示了较为明显的大脑激活。但是应该注意的一个问题是，大脑对于游戏线索的反应可能是网络游戏成瘾的必要条件。因为网络游戏接触与网络相关线索神经敏感性增加存在因果关系，研究者发现身心健康的被试，相对于一般视觉刺激，对新颖的网络游戏相关的线索也有明显的大脑激活表现（Han et al.，2011）。研究者也比较了经常进行网络游戏与较少进行网络游戏玩家的区域性灰质密度的差异，最终发现经常玩网络游戏的人左腹侧纹状体区域有明显的、较高水平的区域性灰质密度。网络游戏也与大脑的认知控制有关联。

认知控制可以界定为以目标定向的方式借助一系列神经系统变化促使人们与复杂环境交互（Anguera et al.，2013）。当人们试图同时完成多项目标（多任务并行）时，由于存在基本信息加工能力限制的干扰，人们就会经常挑战认知控制过程。很明显，多任务并行在当前的网络时代已经非常普遍，很多的研究都显示了多任务并行给青少年或大学生学业成就造成伤害，增加了他们的心理负荷，让他们注意力分散。不过，多任务并行加工的影响可能与认知控制能力有关。大量的证据已经显示老年

人多任务并行困难与认知控制缺乏有关。研究者已经发现经过专门设计的三维视频游戏(NeuroRacer)所测量的多任务并行成绩与被试年龄(20~79岁)存在线性的负相关(Anguera et al.，2013)。通过以多任务并行训练方式操作 NeuroRacer，老年被试(60~85岁)相比主动控制组与非接触控制组，降低了多任务处理的代价，在长达 6 个月的持续训练中，他们表现出了与未训练 20 岁被试组相同的成绩水平。具体来看，研究者在实验1中评价了成年人多任务处理的表现。174 名年龄 20~79 岁的被试操作了一个具有诊断意义的 NeuroRacer 游戏以便测量他们的知觉辨认能力(信号任务)，游戏是一个视觉运动追随任务(驾驶任务)。游戏的结果主要使用两种测验条件：仅有单信号条件(当一个绿色的圆环作为信号出现时，尽可能快地在信号出现时做出反应)；信号与驾驶条件(使用游戏操纵杆保持车辆在路中间行驶时同时完成信号任务)。研究者在实验 2 中探讨了是否老年被试在多任务并行模式中接受 NeuroRacer 游戏训练后更可能在游戏中表现较好的成绩。

进一步，通过脑电图测量的认知控制老化障碍的神经标记结果显示，多任务并行训练(提升中线前额的 θ 电位，与额后位的 θ 电位具有一致性)，重新产生中介作用。重要的是，中线前额 θ 电位电位的增加预测了6 个月后的多任务处理提升的持续注意力，这种训练产生的受益延伸到未受训练的认知控制能力(持续注意与工作记忆)。这些发现显示了看似老化的大脑前额叶认知控制系统有稳健的可塑性。研究者第一次通过证据揭示，设计优良的视频游戏能够用于评价老年人的认知能力及评价内在神经机制，也发现了视频游戏是提升老年人认知的有力工具(Anguera et al.，2013)。

从大脑的生化反应看，经常玩游戏个体的纹状体会增大，这是多巴胺释放结果的信号 (Loh & Kanai，2015)。与这种解释一致，神经生物学的研究也揭示了网络成瘾个体的纹状体内多巴胺转运蛋白降低了，D2 受体也降低了，这都与多巴胺调节减弱存在相关。研究也发现当网络成瘾个体体验损失的时候，纹状体区域增加了多巴胺释放后，激活性增加。当个体持续地在游戏中获胜，与对照组相比，他们的额上回与额眶皮质都有明显的激活。这些区域与延迟或即刻奖赏有紧密的关系。

第二节　网络与认知及思维发展

网络作为虚拟空间，人们在其中的时间知觉引起了很多学者的关注。同时，网络作为一个巨大的信息库，正在日益成为人类记忆系统的"外部存储器"，人类与网络日益构成的交互记忆系统（transactive memory system）(Sparrow, Liu, & Wegner, 2011)可能会让用户错误地估计自我知识，更多地把即刻检索的知识判断为个体已经储存的知识(Fisher, Goddu, & Keil, 2015)。网络使用也让青少年用户具有更多的多任务并行加工信息的体验，从青少年认知发展角度看，多任务并行可能会降低学业成就，并对他们的执行功能和工作记忆产生不利影响(Anguera et al., 2013)。网络是社会学习发生的重要场所，但是网络对于学习效果来说，可能存在一个由促进作用变为负面影响的过程。网络用户通过社会学习可以借助较少的代价获得较多的知识，不过用户获得更多的是学习结果本身，而不是学习结果背后的问题解决过程，这在网络拓扑结构松散时尤为明显。这会干扰个体的思维以及反省能力。

一、网络与虚拟时间知觉

网络技术的出现已经改变了现代社会的图景。移动电话和即时通信，都已经应用广泛，尤其在年轻人中更为普及。这些技术提高了人们任务完成以及与他人联系的速度，促使我们及时接入媒介与社会联系。然而，理论也指出了网络沟通通过促进任何时间与人际交往，破坏了钟表的线性顺序(Castells, 2000；Hassan, 2003)。然而，我们需要面对的一个问题是网络技术变革不是在加速我们的生活，相反更能够改变我们思考，解释与体验时间。

（一）虚拟时间的内涵

针对虚拟世界的不断延展，学者提出了永恒时间（timeless time）的理论。永恒时间的特征是现象的序列顺序被系统地扰乱，这是由于网络沟通中的时间被压缩(Castells, 2000)。网络等新技术与文化力量改变了空间与时间的社会建构意义，促使社会事件与文化表征出现前所未有的即刻性。在网络社会中，时间会成为永恒，远离编年体特征，也不再受制于社会背景与目标背后寻求到的短暂秩序性。因为用户选择他们与媒介交互的时间，所以事件的顺序性变得更加同步性，过去、现在与未来相互结合。

数字技术引发的时间失序也进一步体现在其他学者的网络时间结构观点中。与永恒时间理论类似，有学者承认时间日益加速，网络沟通革命已经压缩了时间尺度，加速了现代性的时间标准(Hassan，2003)。然而，学者也认为通过产生数字时间，网络沟通已经产生一种新型的、与钟表不同的倒转与去世俗化的时间，时间不再是线性与可测量的单位，但相反是数字世界生存能力的一个尺度。网络沟通促使人们虚拟地体验时间。虚拟地体验时间的过程中接触的信息与社会关系是不受限的，也暂时不受抑制。虚拟时间的短暂性加速了日常生活步伐，但是也模糊和取代了工作、家庭与娱乐的传统时间界限。

(二)虚拟时间的认知及教育影响

网络沟通整合进入现代生活后显现了三种时间演变：模糊界限、时间灵活与多任务并行(Duncheon & Tierney，2013)。

模糊界限是指时间与空间的界限变得更加模糊，这是基于时间与技术演化理论获得的一个重要的教训。由于网络沟通的增加，"钟表不再是促进时间与空间中活动同步性的主要工具"(Thulin & Vilhelmson，2007)。只要人们有数字设备并被许可接入网络，人们可以在任何地点完成任务。在商业世界来说，"资本"在一天时间内不间断地在金融市场流动(Castells，2000)。空间与时间特定的传统联系正在弱化。社会文化的时间节律已经演化了将近200年，如周末、5天工作日、家庭时间，预先计划度假时间等，都在变成一种过去(Hassan，2003)。

从时间灵活看，日常中的网络沟通促使人们时间体验的方式更加具有灵活性与控制性，如工作时间表与协商。移动电话与网络促使社会联系与任务超越了时间与空间的限制(Thulin & Vilhelmson，2007)。一些学者已经指出"由于依赖手机短信与电话的联络，时间与时间表正在弱化"。手机促使人们"不停地协商与重复协商计划改变后的会议与共同活动"(Thulin &

Vilhelmson，2007)。本质上来看，时间已经变得日益私人化。

网络沟通具有很多的时间灵活性，促使青少年更多地控制时间（Stald，2008)。例如，手机可能会降低学生的心理压力感与时间压力感。同时，很多的青少年也已经不关心时间记录，倾向于更加无意识地表现一些冲动行为。学者研究了青少年的移动电话使用情况，发现了很多人倾向于延迟回复电话或短消息。"看不到移动设备留下的任何信息正在促使延迟为社会接受"（Thulin & Vilhelmson，2007)。准时的意义现在已经发生转变，一些青少年可能认为他们的迟到也是及时，只要他们发送了警示性的文本消息。换句话说，通过减少依赖钟表的时程事件与增加较大的时间灵活性，网络沟通改变了传统时间价值观的背景（如守时)。人类的行为在时间体验中发生了变化，尤其是数字时代成长起来的青少年。

从多任务并行看，计算机与移动技术已经促进了较高水平的多任务并行（Arum & Roksa，2011)。新的移动技术让人们随时在线，我们能够立刻完成任务、获得信息、保持社会交往，可以想当然不受制于时间与空间的限制。无数的活动现在可以通过网络沟通完成，如工作与社会化。一项研究显示人们通过媒体多任务处理，每天拥有的时间能够增加 7 个小时（Kenyon & Lyons，2007)。较为容易的多任务处理对于人们如何使用时间有重要意义。传统的时间分配研究方法，如时间日记研究，不再能够掌控人们通过网络沟通使用及时完成活动的广泛范围。

多任务并行可能在年轻人中非常明显，他们更容易接受新技术。高度数字化的网络环境促使当前任务持续被打断，很多任务同时进行。年轻人较少体验到时间停滞，也就是他们与他人持续地保持联络。在一些年轻人的移动电话使用中，学者报告说 80% 的被试从未关闭他们的手机，20% 仅在特定的场合与情境中关闭手机（Stald，2008)。学者认为青少年正在"日渐适应多种社会交往背景的持续存在"。大多数青少年可以一直处于沟通、信息寻求与娱乐状态，或者简短说是为他人存在（Stald，2008)。

虚拟时间的出现对不同的群体及个人有差异性的影响。尽管技术能够潜在提供给人们较多的自由与灵活性，但是个体控制时间的能力一直以社会背景为媒介。学者探讨了私人计算机对于个体时间活动的影响。

他们识别了人们使用技术的三种时间倾向：冲浪者，使用网络沟通节约时间；怀疑论者，由于时间压力的存在，限制网络沟通使用；赌博者，通过网络沟通进行多任务处理增加时间灵活性（Hörning, Ahrens, & Gerhard, 1999）。这些发现表明人们以不同的方式接受技术进入生活，这是人们差异性地体验虚拟时间的体现。

从某些角度看，虚拟时间体现的是社会时间建构的延伸，因为人们使用网络沟通塑造新的时间体验（Duncheon & Tierney, 2013）。然而，这些新的时间体验比最初社会建构主义者提出的体验更加具有变化性、复杂性与快速性。同时，虚拟时间与钟表时间的内在假设相互矛盾，尽管网络沟通大大地解放了线性化的时间结构，但是社会结构与组织仍然受到钟表时间约束（Duncheon & Tierney, 2013）。

二、网络与交互记忆

正如一台起重机能够弥补手臂的功能，认知工具、计算工具以及外部信息源也可能补充心智机能。个体心智也能受制于别人心智。当别人是信息的外部储藏室，交互记忆系统就会显现（Wegner, 1987）。在这些系统中，信息通过群体扩散，个体仅负责知晓特定领域的专业知识。例如，一个人负责知晓哪里能够发现食物，而另外一个人负责如何制作食物。系统成员也需要追踪其他知识的储存地点。因此，社会知识系统有两种要素：内部知识（"我知道什么"）与外部知识（"谁知道什么"）。

网络是人类知识最大的储藏室，它产生的巨大数量的信息能够容易地被人类心智连接。人们能够迅速地适应网络检索信息这种外源性认知任务。在网络中人们知道哪里发现信息，哪里储存真实的信息（Sparrow et al., 2011）。这些证据显示网络正在成为交互记忆的一部分；人们依赖网上找到的信息并跟踪外部记忆（谁知道答案），但是并没有保存内在记忆（真实的答案）。网络已经被描述为一种超出常规的刺激，因为它的广度与即刻性严重抑制了任何一种与我们心智已经适应的、自然的交往对象。与人类交互记忆的其他对象相比，网络更容易亲近，有较多的专门知识，能够提供比人类整个专门记忆系统更能接触到的信息。这些特征促使网络用户较少向网络提供知识，甚至会降低用户对传统意义上的人际交互记忆系统的依赖程度。

网络超常规的特征允许我们以心智沟通相同的方式进入其中，网络可能更类似于一个理想的记忆伴侣，而不是一个简单的外部存储设备。简而言之，用户的认知系统可能机能性地把网络等同于交互记忆系统中的专家。然而，在线搜索答案导致的一个错觉是外部接触的信息与头脑中的知识进行合并。在控制时间、内容与任务搜索自主性的情况下，这种效应仍然明显。研究证据显示网络可能是交互记忆系统的伴侣（Sparrow et al.，2011）。不过，人们也依赖低水平及时性、可接近性无生命的外部知识（如图书），或者依赖交互记忆系统中其他人的心智。与信息接触的认知工具或其他来源相比，网络几乎是一直可以接近的，能高效地得以搜索，提供即刻反馈。由于这些原因，网络比其他的外部知识来源，甚至比交互记忆内的同伴，更可能整合到人类心智，这促进了较强的知识错觉（Fisher et al.，2015）。

网络是一个交互记忆伴侣，这扩展了我们接触知识的范围。搜索网络的解释可能会扩大无关领域的自我评价能力（Fisher et al.，2015）。人们倾向于不精确地回忆他们内在记忆的最初来源（Johnson，1997）。从这个角度看，一些研究发现并不让人感到惊奇：当在线检索信息解决问题时，人们会错误地对于答案来源进行归因，他们认为答案储存在自己的大脑而不是网络。儿童学习新词意义时可能会受到他们相信"他们知道一切"观念的促进（Kominsky & Keil，2014）。这些错误归因赋予儿童适应性的自信，这是他们理解力的根基。与儿童类似，网络甚至可能放大了成人的这种偏见，导致失败地识别内部解释性知识的问题。

三、 网络与认知需要

认知需要（Need for Cognition，NFC）是一种进行与享受思考活动以及认知性挑战任务的个体差异（Petty et al.，2009）。具有高水平 NFC 个体的人们倾向于深入与全面地思考问题，甚至外部动机不明显时，他们也愿意如此（Haugtvedt，Petty，& Cacioppo，1992）。从概念看，NFC 是思考动机的反应，并不是认知能力本身。NFC 促使"个体有意义地组织经验，理解和合理化经验世界"。

高水平 NFC 的个体喜欢通过努力的思考实现目标，享受问题解决，然而低水平 NFC 个体只是认为问题难以解决。因为高水平 NFC 个体有认知清晰化目标，他们进行一项判断任务之前会比低水平 NFC 个体更能深入思考。高水平 NFC 个体的判断主要建立在信息的连续记录，这会产生双重态度，他们不是在一些表面因素基础上草率地形成结论。他们的行为与理性模型一致，在理性模型中，个体的判断主要基于事实信息与观点判断的基础上。高水平 NFC 个体倾向于在说服信息的论据质量上进行评价，但是低水平 NFC 个体主要依赖启发式线索。研究者发现，选举活动中他人评价的候选人可信性信息是最重要的相关信息，这对于高水平 NFC 个体来说可能是非常重要的抉择依据，然而，它们可能是低水平 NFC 个体的启发式线索。

大量的研究已经显示 NFC 可能是态度改变的重要前提（Cacioppo，Petty，Kao，& Rodriguez，1986）。对于高水平的 NFC 个体来说，态度改变可能是信息价值与优势的一种函数。相反，低水平 NFC 个体更可能会偏好启发式策略（Haugtvedt et al.，1992）。进一步来说，高水平 NFC 个体更可能会喜欢信息定向的媒介，以及偏爱言语超过视觉加工的风格。由于网络能够提供各种信息，高水平 NFC 个体更可能对言语信息的质量感兴趣，而不是对图形或声效有关的信息感兴趣（Cacioppo，Petty，Feinstein，& Jarvis，1996）。相反，低水平 NFC 个体可能更加倾向于网站的符号线索，因为他们想要回避复杂的认知过程。因此，低水平 NFC 个体的态度基础并不是网站中的真实信息，但运行特征（图像与声效等）可能对他们更有吸引力。

研究证实高水平 NFC 个体相对于低水平 NFC 个体对整合复杂言语信息与简单视觉特征的网站表现出较为明显的偏爱。然而，低水平 NFC 被试并没有比高水平的 NFC 被试对高视觉性与低言语复杂性的网站表现出明显的偏爱。这表明高水平 NFC 被试发现这种条件具有同等的说服力。从一个资源匹配的观点看，相关的外部线索越少，越可能影响高水平 NFC 个体的评价。具体来说，高水平 NFC 被试的认知资源用于网站加工的资源可能比用于言语信息加工的资源更多。因此，尽管他们具有加工言语信息的倾向，但是高水平 NFC 被试可能已经使用视觉作为中心线索以帮助他们评价而不是简单地忽视它们以便加工言语信息。

四、网络使用过度的认知表现及本质

网络环境提供给用户很多的刺激性与奖赏性体验。学者指出了网络产生吸引力的主要特征是：网络上的主要内容包括音乐、视频、社会信息与游戏等，它们在本质上让人高兴和乐此不疲。进一步说，受欢迎的网络活动，如游戏、购物以及异性交往活动，都非常容易让人满足，与真实世界中的过度使用有正相关（Greenfield，2011）。这些让人满足的内容与活动在网络空间经常被接入，也较为容易地被接入。提供满足感的网络在物理与时间障碍消失的情况下更让人愿意进入。网络环境也在不确定概率的基础上提供奖赏。用户会收到频率（脸谱网中喜欢与 Youtube 中的观看）或强度（谷歌检索的匹配程度，博客评论）不可预测的快感。这种奖赏结构会强烈地强化奖赏伴随的行为，这在强迫行为中表现也十分明显。高度奖赏的网络环境的一个关键性结果是网络有关的成瘾活动日益增加（Kuss，Griffiths，Karila，& Billieux，2014）。

尽管网络成瘾等网络使用不良的精确定义与描述仍存在争议，但是已经取得广泛一致的结论是它们主要是与网络的过度使用和不能抑制有关。日益增多的研究显示变化奖赏与自我控制和网络相关的成瘾行为存在相关。网络相关的成瘾行为个体有较低的控制或抑制反应的能力。在 Go/No-Go 这种测量反应抑制绩效的任务中，被试必须迅速地反应 Go 刺激，抑制对 No-Go 刺激的反应。有人发现相对于控制组，网络成瘾的被试更快地对 Go 刺激进行反应，但在 No-Go 刺激有较高的错误率（Littel et al.，2012）。研究者也使用网络或游戏相关的线索作为 Go/No-Go 任务的刺激。这些研究一致地发现网络成瘾相关的个体在 Go 刺激是网络或游戏相关的线索时，有更短的反应时以及正确率，但 No-Go 刺激线索是网络或游戏线索时，抑制绩效会较差。总体来看，网络相关成瘾个体有较差的反应抑制能力。

有网络相关的成瘾行为个体的决策主要受到即刻的奖赏驱动，甚至在面临损失或较低的获胜概率情况下也会如此。他们尤其在网络相关的线索中更为糟糕地从认知上抑制自己的反应。这些发现表明过度的网络使用，与奖赏以及自我控制能力的削弱存在重要的联系。

五、多任务并行的特点以及影响

前文已经探讨了多任务并行问题，这里我们再深入了解多任务并行活动的其他影响。多任务并行可以定义为同一时间进行多个任务。视频游戏可以促进多任务处理的技巧吗？近来的研究提供了确切的答案。学者使用 SynWork 测量了多任务处理，模拟了工作活动的多个要素，测量同时进行四项任务的综合绩效（Kearney & Pivec，2007）。玩了 2 小时的 Counter-Strike 射击游戏的个体与没有玩游戏的控制组个体相比提高了任务处理的分数。在这个研究中学者不知道的问题是是否被试在这四项任务中每一项都能表现很好，或者被试在单独完成时更加深入地加工。这个问题是重要的，因为对于年轻人来说今天的技术环境中多任务并行是无处不在的。

　　研究者进行的一项实验研究回答了上述问题。他们开发了一项天气预报任务，一个条件使用分心任务（也就是多任务处理条件），然而其他条件都不是分心任务（都是单任务条件）（Foerde，Knowlton，& Poldrack，2006）。在两个任务条件下，被试学习均等地使用线索预测天气变化，然而，他们经常意识不到多任务分心条件下他们使用的线索。在多任务处理的条件下，认知加工较少受制于心理控制，更多是自动化进行的。研究者开发了一种使用 CNN（Cable News Network，美国有线电视新闻网）头条新闻模拟社会现实的认知任务，也就是理解新闻任务。当新闻主持人在讲头条新闻时，天气预报图标、赛场分数、股票报价以及文本新闻也同时呈现在屏幕的底端。加工这些同时性刺激需要多任务处理。这些信息格式对于年轻的观众（18～34 岁）是非常受欢迎的，然而年龄大的观众（低于 55 岁）就不非常喜欢。不过，分心信息会产生认知代价，即使是年青一代经常体验多任务处理也是如此。一个控制性的实验显示其他条件相同，大学生处于 CNN 视觉复杂环境比在视觉简单的环境中显著地少回忆 4 个新闻有关的信息。

　　网络多任务处理对课堂学习也是一种代价。如果大学生使用他们的笔记本电脑在课堂上接入网络，这对学习有什么影响？这在沟通研究的课堂中得以检验，这一课堂的学生被鼓励使用他们的笔记本电脑，以便于使用网络资料以及图书馆数据库细节性探讨讲座主题。一半学生被允许保持笔记本电脑连接，然而一半学生被要求关闭笔记本电脑。关闭笔记本电脑条件下的学生在未预期的小测验中分数显著地高于未关闭电脑的学生。尽管这些结果是明显的，但是很多的大学仍然没有意识到当教室连接网络试图提高学习的条件下可能反而会因为多任务并行降低学习成绩（Hem-brooke & Gay，2003）。

　　斯坦福大学的研究者进行了一项研究，通过比较得出了多任务并行给人带来的影响(Ophir，Nass，& Wagner，2009)。他们选取了两类人作为研究样本：第一类是日常生活较多进行多任务处理的人(周旋于黑莓手机、网络和电视之间，不愿错过任何一则新闻)，第二类是很少进行多任务处理的人。他们发现：①跟踪的媒体越多，越难以集中注意力，工作中选择性记忆越差；②习惯于多任务处理的人会系统地失去对于事物重要性的判断力，同时，对记忆的重要性的判断也会减弱，总结能力下降；③多任务处理者会越来越多地对"错误的警报"做出反应，这就是说，他们什么都想做，又什么都不做，最终的结果就是分不清事务的轻重缓急；④多任务处理者在多任务处理的效率会慢慢降低，他们处理单项任务的时间会越来越长，同时在任务转换时缺乏调适能力；⑤在某些领域，多任务处理者会变得更容易犯错误，他们的工作能力会出现明显的下降。

有学者提出多任务并行信息加工的实质是网民带有自虐倾向的行为，这种观点预设了一个前提：人随时随地可以同时处理多种事务。这使得多任务并行对人类社会产生了广泛的影响，让信息的同时性变成一种规范和工作准则。同时做很多事情，这可能意味着不停地被干扰，又不得不无休止地去解决这种干扰。但不可否认的一个事实是人类在有些情境下确实需要进行并行性信息加工，如边听音乐边工作或学习。应该看到的是，多任务并行信息加工可能也是个体元认知策略的一种反应，如果个体更为清晰地了解个体的多任务并行加工的能力，他们可能就会选择性地决定使用还是不使用这种信息加工模式。

六、网络与非线性思维

(一)非线性思维的特点

生活的本质是非线性的，即是复杂的与难以预测的。然而，非线性也有从较弱到较强的大范围变化，线性仅是这种变化范围的一种受限区域，在这一范围内非线性变化非常不明显。线性思维模式仅是非线性现象的一种认知近似性，由于这种简化，线性思维已经成为很多科学领域，如电气工程、经济学与管理学的主导性思维模式。

笛卡儿心身二元论是界定线性思维(Groves，Vance，Choi，& Mendez，2008)的一种理论，他认为认知智力与情感智力有很大不同。线性思维风格被定义偏好关注外部的数据与事实，通过意识逻辑与理性思维加工这种信息，形成知识、理解力或最终引导行为的决策（Vance，Zell，& Groves，2008）。相比来看，非线性思维模式根据内在情感、印象、知觉与感觉进行界定。自然界与社会具有很多的非线性现象，几乎不可能使用上面的定义进行描述。非线性思维与后现代社会的观点多样性紧密相关。

网络从根本上来看，是由用户构成。成千上万的人具有不同程度的技术素养，他们来自不同的种族，信仰与价值观也很广泛，使用网络的原因也很多（Granic & Lamey，2000）。在此基础上，网络不停地自组织。网络是一种非常不同的沟通技术，是一种自组织系统，它会催化交互作用对象的认知风格与信念出现重要的转变。更为具体来说，通过每天的网络参与，线性与本质主义思维为特点的现代主义模式可能会转变为一种更加后现代、非线性的思维模式。这种转变可能类似于中世纪开始的大众掌握识字能力产生的认知能力变化（抽象思维能力的增长，关注一般真理等）。然而，当前"文字书写的固定的纸笔形式转变为更加具有可塑性虚拟形式的计算机信息"（Turkle，1995）。"纸上世界"正在转变为"屏幕生活"。

虚拟环境对于参与者有重要作用。心理学家最为关注的是参与者信仰、价值观与认知风格的变化（Granic & Lamey，2000）。如前所示，参与者在网络上思维最为明显的一个改变是从现代主义改变为后现代主义思维模式。一般来说，现代主义主要关注线性、分层与逻辑方法等一般性的原则。相比较而言，后现代主义支持真理的主观性、去中心化以及非阶层的背景，这导致意义是形式化的，以致出现多样化的观点（Hutcheon，1988）。

(二)观点主义与批判观点

网络时代人们思维模式转变与观点主义的后现代主题相关（Hutcheon，1988）。观点主义是指概念的意义是多样性的、异质性的，是主观经验的一个功能。在西方人类文明史发展中，书面语或者手写文字对于受教育者与文盲来说体现的是权威。解释的单一性的前提是借助权威传播的文本。可以认为，正如这些传统的、本质主义的意识形态来源于书面印刷技术，思维的非线性模式正在受到在线沟通交互性质的塑造（Granic & Lamey，2000）。

由于网络具有复杂的、自组织的特性，网络每天都在发生变异以适应当地情况。通过不断地调整适应独特的情境条件，很多的空间涌现了，每一个空间都有自己的声音、内容、行为准则以及话语模式。因此，任何个体参与网络都需要不停地面对，或者至少应该意识到，存在巨大的多样性。这在新闻组中的交互作用尤其是真实的，表现其中的不同意见可以在文化、年龄与性别差异的基础上产生。但是一个更为戏剧性的体验是人们使用搜索引擎时，会产生大量的不同网址，以及大量相关的超级链接。对于后一种情况来说，参与者不仅接触很多与主题不相融的观点，也接触到很多不同的话语背景。这些背景根据真理或意见判断的有效性传递本身的内在标准。从最差的结果来看，个体可能会离开网络，意识到同一问题有很多不同的解决方法。从广泛的影响结果看，详细追踪很多人的链接，可能会产生一种新的观点来评价、延伸主观性的真理。

然而，坚持观点主义并不需要认为所有的观点都是重要或有价值的。网络上的日常经验有助于形成批判思维技巧（Granic & Lamey，2000）。因为网络去中心化和异质性，网络没有最终真理的产生者，因此，所有信息的权威性与真实性都是可以被怀疑的。例如，任何人可以张贴网络历史发展的文章，如果有 50 人参与了，那么不同的人可能会告诉不同的故事，一个人会认为哪个故事最为真实呢？自由新闻网址经常会忽略引用合法来源，也不容易去求证，因为他们不遵照任何期刊的标准。网络上的个体责任感决定着对于他们来说的信息真实性。因此，网络时代思维模式转向非本质主义的批判思维。在大量无中介的信息背景中，批判思维技巧可能自组织成为一种适应性的思维风格。

七、 网络与思维反省

网络是社会学习发生的重要场所。社会学习是一种关键的文化机制，可以提升个体与群体的绩效，也能够超出个体尝试错误的绩效。尽管模拟成功的社会行为并不是人类的唯一特性，但这对于人类进化尤其重要。社会学习的重要性在于扩散最好的行动、健康习惯、合作以及民主行为。不过，社会学习也有自身的局限性（Rahwan，Krasnoshtan，Shariff，& Bonnefon，2014）。例如，尽管成功复制有声望的榜样的行为需要承担极低的代价，但社会学习者经常需要承担的一个潜在的代价是不理解为什么这些行为最初会成功。换句话来说，社会学习者倾向于盲目地复制榜样的行为，但并没有获取行为背后的因果知识或推理过程。例如，社会学习者可能复制了很多成功的渔民的行为，但是不知道哪些行为真正地促使他们捕鱼，较少地知道这些捕鱼技术成功的原因。

认识社会学习的局限性在网络与社会媒介连通的时代尤其具有重要意义。尽管现在的电子通信技术可能会损伤一些人的认知技能，但是很多的发现显示社会媒介能促使个体较好地做决定。从理论看，由于社会学习能复制表面行为或者这些行为背后的原因，所以网络也在分析推理过程中有两方面的作用。一方面，网络可能会促进分析推理的过程，这就是说，目睹理性决策的个体会减少他们直觉的作用，更可能会促使反思作用于最初直觉，认为其不正确，及时地转向随后更加复杂的分析性推理。研究者认为这种现象是"分析性推理扩散"（Rahwan et al.，2014）。另一方面，网络促进了分析问题的正确解答（Rahwan et al.，2014）。这就是说，目睹理性决策的个体背离直觉会认识到他们的直觉是不正确的，接受正确的决策，但是他们自己并没有进行任何的分析性推理。因此，增加的连通性，主要是增加了多种信息获得的来源，这可能会促使他们获得高质量的信息与观点，但是并不一定独立地产生类似的洞察力。我们称这种现象是"分析性输出扩散"。并不是所有的网络都可能会扩散分析性加工或分析性输出。事实上，社会学习的有效性主要依赖于交互作用发生的网络拓扑结构。

为了探讨网络如何、怎样以及哪种社会网络可能会促进分析性推理，研究者进行了一系列的实验基础上的网络研讨研究，每次研讨被试为 20人（Rahwan et al.，2014）。在每次研讨中，被试独立地坐在计算机工作站旁边，解决分析性的问题。每一位被试被随机地分配到一个已有网络的节点，这受制于"邻居"指（网络的密度而不是缺少物理距离，如个体可能看不到或看到很少或很多的网络同伴），被试的反应都彼此能够看到或看不到。被试被要求解决一系列三个问题在内的著名的认知反省测验。这三个问题在几百项推理测验的研究中得到广泛的应用。所有的三个问题都需要分析推理技巧以便克服不正确的直觉。解决这三个问题没有特定的技巧，只有通过认知努力与分析性的推理过程，才可以产生正确的答案。因此，学习过的技巧或技能不能用于这些任务。被试应该简单地意识到最初的直觉不可信任，他们需要的是一个更加反省的态度。为了测量社会联系的效果，每一个被试对于一个问题回答 5 个试次。在最初的 1

个试次中，被试独立反应。在随后的 2～5 个试次中，被试能看到他们网络邻居(受限于网络拓扑)进入后前几轮的反应，没有反应正确信息提供给被试。被试被告知他们的每一个试次的正确答案都可以累积金钱奖励。这种设置能够让研究者最好地操作性检查分析性过程扩散与分析性输出扩散。输出扩散应该从一个试次到下一试次提高绩效(每一个问题)，但并不是从一个问题到下一个问题。加工性扩散应该从一个到下一个问题提高绩效，也会一个试次到下一个试次提高绩效。

研究结果显示网络能够帮助解决分析性问题，但有两个问题需要注意。首先，网络不能扩散分析性认知风格让个体独立地获得正确的答案。他们每次仅能扩散地选择正确分析的答案。低联系性网络也不会受益，网络中联系最少的个体也不能充分受益。鉴于微弱的线索可能会启动分析性加工，如罗丹的雕塑"思想者"的唤起作用，或者使用凸显的字体列出问题。但这在这项研究中的作用并不大。其次，为什么所有人没能受到分析推理启动？当前的研究因此证实了存在非反省性复制偏见，也就是复制他人行为的倾向是成功分析性加工的结果，但却没有分析性过程本身参与其中。这显示了社会学习在传播成功的推理策略中具有局限性。正如"文化学习能够增加平均的适宜性，除非文化能够增加人口产生适应性信息的能力"，研究结果显示模仿是一种免费的搭便车，最终可能不会提高社会通过分析性推理形成的创新能力(Rahwan et al.，2014)。

非反应性复制偏见的发现可能为正在进行的社会媒介与网络优劣的争论提供了一些新的观点。一些人已经认为网络使人愚笨，主要的原因是网络促使人快速地、没有深思熟虑地就从很多源头抽取碎片化的信息，这会限制我们的专注能力、沉思以及反应能力，也会排除观点多样性的有益性。然而，其他人认为这些技术显著地扩散了我们学习、问题解决与广泛决策的机会。有趣的是，当前结果显示这两种观点在特定时间都是正确的。一方面，非反省性复制偏见能够促进社会网络中分析性反应的扩散，促使他们增加决策的前途。但另一方面，偏见可能会非常明显地降低分析性推理的频率，这主要因为它较为容易，能够很平常地让人们在没有分析性推理的情况下达到分析性结果。总体来看，非反省性偏见可能解释了增加的网络连接最初让人聪明，最终却让人知觉愚笨的问题。

第三节 网络与社会认知

网络空间具有明显的视觉匿名性与时间弹性，与面对面交往缺少面孔等线索相比，人们在网络空间更关注热情与能力特质，以便给他人留下好的第一印象。网民如何在交往或沟通中对他人形成第二印象（或者说进一步的认识），网络中他人的信息如何影响用户对于他人形成的印象，也受到关注。这些问题与网民在网络中的交往时间以及网络化身性质（化身或者近似真人）有紧密的关系。同时，自我概念与自我认知在网络空间中的表现对于人类有更为明显的影响，如青少年的自我中心在网络中有更为明显的表现。

一、网络与印象管理

网络中信息处理机制与社会心理过程相关联。研究者指出网络是启发式思维更容易发生的地方。启发式思维模式是习得社会知识及其结构的捷径，如信息来源可信性，论据的数量与他人的反应（Lee，2014）。人类作为认知吝啬者，试图以最少的努力有效地满足目标有关的需要，然而，当他们有强烈动机进行精确判断时（如当判断非常重要时），他们愿意扩展认知努力，收集与理解大量的被信任的信息。当他们认知加工的动机水平较低时（如当决策不重要时）或相关的大量信息难以获得时，他们倾向于使用启发式，决策过程中会较少付出努力。

启发式在网络为媒介的沟通中尤其重要，因为这种沟通形式中非言语性的社会背景线索非常缺乏。网络用户利用可以获得的线索通过启发式形成与面对面交往同等精确性的第一印象。这些线索涵盖他人对目标对象的看法，在印象形成过程中，"他人"作为重要的背景可以促使特定的特征归因于目标对象，这也会显著地影响与代表性观点无关的个人印象（Utz，2000）。个体会倾向性地认为一些他人的可见反应是人们典型或主导性观点的闪现。

网络人际印象可以概念化为真实性知觉，包括两种重要的因素：可信性与专业性（Lee，2014）。当人们讨论对于某人的印象时，他们倾向于关注个体看起来如何可信(个人特征)或者如何专业(职业特征)。可信性是指知觉到诚实，值得信任。专业性是指有能力在特定的任务领域中表现较好。网络沟通中信息发送者的真实性知觉(可信性与专业性)与信息接收者的态度改变以及行为依从具有显著相关。人们由于对不熟悉人的印象主要受到别人如何讨论目标个体观点的影响(如他人的意见线索)，可以推理，印象的核心特征，即知觉到的可信性与专业性，也可能受到他人观点线索的影响。

网络心理研究也发现热情与能力是两种影响网络人际印象的重要因素。网络用户使用依赖化身或代理人的外貌与非言语肢体信息形成第一印象与第二印象(Bergmann，Eyssel，& Kopp，2012)。为了实现这一目标，研究者进行了一项混合设计实验。他们发现：①被试使用热情评价代理人时较为敏感于"似机器人"(Like-robot)。被试形成的第一印象与信息长期呈现形成的第二印象相比，代理人更可能被知觉为热情。与此相比，能力则没有这种测量结果。②对于热情来说，测量时间点与代理人的外貌有交互作用。尽管测量时间点之间的热情评价对于似机器人来说显著地降低，但是时间测量点与身体行为有交互作用。手势使用会增加时间测量点之间的能力评价，手势的缺失导致了能力评价的降低。大量的证据进一步支持了人类对于代理人的外貌与非言语代理行为非常敏感(Bergmann et al.，2012)。总体来说，热情的总体下降与能力的增加(取决于言语手势共存及缺失)与社会心理学的证据相一致，因为热情的判断非常迅速，而且容易丢失，与能力相比难于重新获得。然而，测量时间点与代理人外貌的交互作用也是非常明显的。为什么热情评价仅对于似机器人的代理人出现降低？因为似机器人的代理人的头部与眼睛都比较大，这是两种类似儿童的特征，与很多的正向特征存在重要的相关。另外，它看起来更为容易接近与临境。然而，长期接触这种界面可能会导致它们的影响降低。

研究者的这些发现对于虚拟代理人的设计与交互会有什么作用？首先，研究结果清晰地表明了第一印象的形成可以有第二次机会。然而，对于热情来说，测量时间点的整体评价降低了。令人感兴趣的是，这可能仅是对于似机器人代理人的热情降低了。对于与人类似的代理人评价仍然保持不变。因此，得出的结论是人们偏爱与人相似的代理人，因为他们可能会提供热情与稳定的印象。更进一步说，对于能力来言虚拟代理人的手势可以增加被试的评价，这与代理人的外貌关系不明显。因此，研究者的建议是赋予虚拟代理人手势可以提升能力知觉（Bergmann et al.，2012）。

二、 网络与青少年的自我认知

青少年是网络使用重要的群体，90后与00后是伴随互联网成长起来的"E世代"，网络对他们的自我知觉的影响可能比对其他群体更为广泛。如前文所述，网络空间具有间歇强化刺激物的性质，在网络空间青少年由于自我控制能力较弱而不能积极地利用网络。加之网络空间具有较强的视觉匿名性，青少年自主发展的目标在网络中较容易满足。因此，网络可能是青少年心理社会发展的一个重要舞台，他们可以在网络中尝试与探索自我。

青少年处在成长和发展的关键时期，他们在心理发展方面也进入"第二次断乳期"，他们的自我意识空前高涨，对家庭以外的社会关系和事务产生了更大的兴趣，与父母的关系也进入了微妙的变化阶段，一方面竭力希望同父母"划清界限"，另一方面又惧怕与父母和家庭完全脱离。青少年的典型心理特点是否与他们的网络使用相关，网络在其中扮演着怎样的角色，是进一步了解青少年网络使用心理规律的一个研究方向。

远离及与父母保持距离是青少年期分离—个体化（separation-individuation）发展过程的反映（Lapsley，FitzGerald，Rice，& Jackson，1989），这是一个青少年与父母分离形成自我感的过程。青少年个体在与父母分离的同时，能确认自己是家庭的一分子，学会独立，并寻求自我认同。分离—个体化反映了青少年期社会关系的重大变化，是青少年期的重要发展任务。青少年试图摆脱父母监控，自我意识提升，对外部世界充满好奇而又与他们的内化和外化问题密切相关的过程会对青少年的互联网使用产生哪些影响，是与青少年发展形成独特的自我目标有关的问题。青少年也时常会有这样的想法："别人不能理解我正经历的一切""那种事不会发生在我身上"或"我能应付一切"。青少年经常认为自己的情感和体验是与众不同的，相信自己是独特的、无懈可击的、无所不能的。艾尔金德（Elkind）把青少年这种心理特点称为"个人神话"。

同时一些研究者认为，青少年在分离—个体化过程的早期会伴随着一种独特的心理特点，即假想观众（Imaginary Audience，IA），并成为一种缓解其分离焦虑的防御机制。假想观众指青少年认为其他人像自己那样关注他们，认为自己被别人关注和评价。这种信念使他们在与父母分离的过程中，感到自己是被重视的，而不至于过度焦虑。然而，过高的假想观众也可能导致对自我意识的过分强调、对他人想法的过度关注。这种格外在意自己留给别人印象的倾向也会"让多数青少年生活在评价的不安以及盼望赞美中""他们的不安焦虑往往过量，以致他们在真实的面对面互动中反而显得被动，甚至退缩、自卑"。网络这种带有匿名、隐形性质的空间可能为青少年寻求独特自我，假想观众的发展要求提供了理想的舞台。

　　研究者从青少年发展特点的角度，考察了分离—个体化、假想观众与其互联网娱乐偏好以及病理性互联网使用之间的关系（雷雳，郭菲，2008）。他们发现：①假想观众观念对初中生病理性互联网使用有直接的正向预测作用，即头脑中越是觉得周围人对自己的行为非常关注的初中生，其网络成瘾的可能性越大；②假想观众观念和个人神话观念中的无懈可击成分通过对互联网社交服务使用的偏好间接地影响初中生的病理性互联网使用水平，即头脑中越是觉得周围人对自己的行为非常关注，并觉得自己对不好的事具有先天免疫力的初中生，更可能因为热衷于网络社交而网络成瘾；③分离—个体化中的分离焦虑和预期拒绝对青少年的病理性互联网使用有直接的正向预测作用，即越是恐惧与重要他人丧失联系的青少年，以及认为重要他人会对自己表现出无情和拒绝的青少年，越可能网络成瘾；④分离—个体化中的吞噬焦虑通过互联网娱乐偏好间接预测病理性互联网使用，即感到父母对自己过度关注，威胁到自己的独立性的青少年，更可能热衷于网络娱乐而网络成瘾；⑤分离—个体化中的分离焦虑和自我卷入通过假想观众观念间接地预测中学生的病理性互联网水平，即越是恐惧与重要他人丧失联系的青少年，以及对自己过高估计和关注的青少年，就可能觉得周围人对自己的行为非常关注，继而导致网络成瘾。

═══ 拓展阅读 ═══

个体在私人的平板电脑上买东西重要吗？

　　随着网络使用正在从台式计算机转移到笔记本电脑和平板电脑，

用户接口(interface)已经由鼠标、触摸板转为触摸屏。接口的变化可能会相应地改变消费者对相同产品的差异反应，因为数字接口会根本上改变他们接触内容的体验(Brasel & Gips，2014)。消费行为中的触摸是近期探讨的问题(Marlow & Jansson-Boyd，2011)，触摸主要用来获得非触觉信息(根据味觉挑选产品)与触觉信息(根据产品的重量或材质)。多数对于触摸的传统研究主要关注触摸意象、个人接触与触摸产品，在计算机营销中触摸接口的作用较少得到探讨(Brasel & Gips，2014)。

　　网络购物过程中用户接口变化诱发的触觉可能会影响"禀赋效应"。禀赋效应是指消费者过多地高估他们知觉到自己产品(Franciosi，Kujal，Michelitsch，Smith，& Deng，1996)的价值，个体愿意为获得一个产品的付出(WTP)与他们舍弃而接受自己产品的价格(WTA)存在的差距(Kahneman，Knetsch，& Thaler，1990)。然而，所有权是一个变化的概念，真实的产品所有权只是其中的一个类别。只要触摸一种产品可能就会增加知觉所有权。触摸在社会环境中的应用也传递了超过公众产品的短期疆域性所有权(Werner，Brown，& Damron，1981)。甚至想象触摸能够产生类似于接触真实物体的所有权，暗含的所有权感觉能够产生强烈的禀赋效应(Pierce，Kostova，& Dirks，2003；Reb & Connolly，2007)。学者指出了心理所有权是产品评价的一致性中介变量(Shu & Peck，2011)。

　　消费者差异性地对能够触摸与不能触摸的产品进行反应，产品特征维度，如光滑程度与表面复杂性，甚至在没有接触产品的情况下都会影响、都会知觉到的产品可接触性。触觉的相对重要性随着产品类别变化(McCabe & Nowlis，2003)，触觉输入在触觉具有诊断性的产品类别中更为重要(Grohmann，Spangenberg，& Sprott，2007)。因此，触摸水平与心理所有感的关系受到一种产品触觉重要性调节，产品的触觉重要性越明显，触摸与心理所属感的关系就会越明显。然而，在在线环境中，消费者对于接口的所有权也有变化。例如，个体可能使用自己的计算机或者是公共实验室以及图书馆的计算机。接口所有权转移是受到限制的，但是前人的研究显示仅仅联想就会引起禀赋效应(Gawronski & Bodenhausen，2006)。

　　触摸接口设备的所有权可能由于知觉控制和自我联想变得尤为突出。由于触摸的直接特性，消费者可能感觉对于触摸屏设备有更为直

接的控制，知觉控制是心理所有权的一个重要前提与驱力（Rudmin &
Berry，1987）。另外，触摸设备，如智能手机与平板电脑都与顾客的
延伸自我有直接的相关（Prince，Hein，O'Donohoe，& Ryan，2011），
这种自我联想也是心理所有权的前导变量与驱动力（Pierce et al.，
2003）。事实上，在自己拥有的触摸接口的设备上选择一种产品可能
更加不同于在自己的设备上接触产品本身。这表明自己拥有的直接
接触的接口设备（如平板电脑）可能会产生更强或更加凸显的心理所
有权知觉，这种增加的接口所属权会调节触摸对于物品心理所属权
的影响，自己拥有的界面会增加知觉所有权的影响。

　　总体来看，直接的接触接口，如触摸屏，与接触触控板或鼠标等
接口相比较，更可能会增加禀赋效应，这种关系以心理所属权为中介。
触摸接口与心理所属权的关系受到产品触觉重要性与接口所有权的调
节（Brasel & Gips，2014）。

第四节　网络语言的特点与机能

　　网络时代人类智能的突出表现也体现在网络语言方面。网络语言与
传统的面对面言语和书面语言相比具有更明显的情境性，更适应了网络
空间缺少沟通社会线索的特点。当前网络语言研究多以理论性以及描述
性研究为主，实证研究尚处于婴儿期，但随着网络心理学的发展，网络
语言的实证研究必将日益丰富。

一、网络语言与生存能力

　　网络时代用户的信息交流及人际沟通需要适应网络环境的匿名性、
平等性、时间弹性等特点，以便于提高信息传播的速度以及效率。网络
空间的宽松、散漫的环境也为网络语言的产生提供了必备的语境。

　　网络语言是活动在网络空间的网民社群逐渐创造出来的，主要是在
网络聊天室、即时通信软件和论坛上交流时使用的一种社会语言的变体，
是社会发展到网络时代的必然产物。网络语言是通过网络提供的各类符
号资源，包括文字符号、数字符号、标点符号等，来表情达意的。躯体

化的网络流行语是网络语言中一种有趣的网络语言（王斌，2014）。如"菊花"一词在传统文化中意味着高洁清冷的意象，但在网络中却指的是"肛门"。同样，"黑木耳"与"紫葡萄"也是对两性生殖器官的污名化嘲讽，躯体化流行语的出现具有深刻的心理基础。

首先，其具有规避网络审查的功能。躯体化的流行语是反屏蔽技术中"回避型词语"的再创造。这类网络言语通过对身体赤裸呈现的形式化改造，不仅避免了严格的审查，又保留了身体传递的特定意义，而且还增添了时代发展的新含义。其次，它也表现了挑战社会禁忌的作用。身体和性一直是难能言说的禁忌，禁忌维持着基本的社会秩序。再次，躯体化的流行语具有宣泄不满情绪的功能。通过身体化的词汇表达对当前生活现状的感受，网络上的"蛋疼"二字就展示了部分青年由于处于底层或以底层自居而无法通过合理的途径来打发闲暇时间的无聊之感。最后，躯体化的流行语具有加强社会交往的功能（王斌，2014）。

总体看来，网络语言使用的环境具有特殊性。首先，网络用户在人际沟通时，主要以键盘输入为主，对键盘的熟练程度以及击键的次数直接影响录入速度，而对大多数普通网民而言，键盘熟练程度有限。因此，为了提高人际沟通的速度，就必须找到一种减少击键次数但又快捷的方法。于是就有了数字、缩写等形式的网络语言出现。其次，当前流行的汉语拼音输入软件，无论是哪一种，都是通过提供一个字词列表让用户选择，用户在快速击键的过程中，有时很容易顺势选择一些排在列表前面的词语，但它们却不是自己语境表达需要的字词，若修改又需耗费时间，甚至网民有时就干脆不加选择。因此，网民将错就错用一些同音异义字词来替代自己语境表达需要的字词。另外，网络的虚拟性，决定了网际交流不能达到现实生活中，声、形、情并茂（甚至是现在的网络视频也不能达到）的境界。为了弥补这一缺陷，各种表情（图）符就应运而生。最后，从网民的主观意愿来看是网民崇尚创新、张扬个性、追求时尚以及从众心理的结果。当前我国的网民主要以青少年为主，他们思想活跃、创造力强、激情时尚、叛逆传统、颠覆权威的特质，又有盲目从众的心理。这就促动了他们对网络语言的创造与盲从以及跟风地传播。

二、网络时代的语言智能

语言在本质上是一个心理过程或思维过程。思维活动方式决定语言表现，从而决定其语言系统。网络语言正是网络使用者创造性思维过程的体现。在心理学上，创造性是指人们用新颖的方式解决问题，并能产生新的、有社会价值的产品的心理过程。网络语言可以说是网络用户的创造力通过远距离联想能力发挥作用的结果。

美国心理学家吉尔福特(Guilford，1967)把思维分成聚合思维和发散思维，并认为发散思维是创造性的主要成分，而且认为发散思维的流通性、变通性和独特性的好坏能说明人们创造水平的高低。网络语言是网民在网络交流具有变通性、独特性与灵活性的体现。远距离联想能力是网民创造语言的一种主要表现，即网民能将一些内在含义相距很远的概念经过加工可以使之联系在一起的能力，也就是说网民能够根据某些标准把不相关的概念联系起来，形成新的东西，如"撸 sir"就是"loser"，"5201314"就是"我爱你一生一世"。

网络语言在一个虚拟、自由的空间里为创新提供了良好氛围。在网络语言经济性、有趣性、形象性等特点的作用下，网络用户的思想更为活跃，创新精神得到更好的培养。研究表明，完全自由以及拥有无限发挥空间的网络语言一方面充分调动了网络用户的想象以及创造能力，另一方面也锻炼了他们对于新鲜事物及语言的适应和运用能力。

网络语言是人类心理活动机能的反应。根据维果茨基的社会历史发展理论，人的心理机能包括低级心理机能和高级心理机能(谭芳，刘永兵，2010)。维果茨基认为人类所特有的新的心理结构必须先在人的外部活动中形成，而后才可能转移至内部，内化为人的内部心理过程的结构。在这种内化过程中，语言作为最重要的心理工具，在人类和现实世界之间起着中介作用，是人类从低级心理机能过渡到高级心理机能的最重要的认知符号中介(semiotic mediation)。网络语言是与他人的在线交际以及与外部对话连接的纽带，这也是我们改变对世界理解的内部对话或思维的过程。

第五章

网络与自我

1. 传统的"自我"理论观点是否可以顺利地"入住"虚拟世界？是"格格不入"般的牵强，还是"如胶似漆"般的契合？

2. 对于"数字土著""数字移民"和"数字难民"而言，网络与自我之间是"一见钟情""日久生情"，还是"冷漠无情"？

3. 构建统一、连贯而稳定的自我感是个体毕生发展的重要任务之一，那么网络的出现是否会完全颠覆人们关于"我是谁""我属于哪里""我该怎么办"等问题的回答呢？

4. 物理世界与数字世界中的自我是否为统一的"连续体"？网络自我是现实生活中自我的"共生体""衍生体"还是彻底的"重生体"呢？

5. 随着现实与虚拟环境间的界线变得日益模糊，你是否会相信互联网终有一天将成为"自我舞台"上那唯一闪烁的"聚光灯"呢？

自我，自我认同，网络/在线自我表现，虚拟自我认同，虚拟自我，网络化身，身体映像，网络游戏，社交网络，种族认同，社会适应

自从互联网走进人们的日常生活以来，"自我"便是网络心理学研究者集中考察的重要主题。在离线环境中，现实生活赋予的身份角色、身体特征等共同塑造着每个人的真实自我，而互联网却允许人们撇开物理世界自我客体的存在，提供了一个在虚拟数字世界中创造崭新自我的机会。因此，包括"人们是如何借助网络来表现自我""网络又是如何影响人们自我发展的方方面面"等问题在内，都将是本章节关注的重点。在这一

章节中，我们将从网络自我的概念及特点、网络自我的表现、网络自我表现的影响因素以及网络自我表现产生的影响 4 个方面来阐述网络与自我之间的关联，以期能够帮助读者从整体视角出发深入地了解网络环境下的自我。

第一节　网络自我的概念及特点

随着互联网的迅速发展和普及，一个具有网络化、数字化、虚拟化和互动化等特点的虚拟世界已经悄然融入每个人的生活。具体而言，数字虚拟世界是人们对物理现实世界的反映，通过个体对数字化符号的演绎，利用数字化技术予以表达，形成的一个可认知的新世界（彭凯平，刘钰，曹春梅，张伟，2011）。

置身虚拟世界里，人们凭借着各种感官（视觉、听觉、触觉感知等）积极地参与网络活动并沉浸其中，其中也包括了越来越多的日常行为（娱乐、社交等），他们逐渐将自己感知为赛博空间（Cyberspace）的一部分。不仅如此，网络用户还具有多样化的自我表现（self-representation）形式，有人甚至将自己完全改变成另外一种形象，并且以"重生"的新身份与他人进行交流互动，从而在网络世界中建构出新的"自我"（卞玉龙，韩磊，周超，陈英敏，高峰强，2015；胡小强，2005；eMarketer，2007；Lister，Dovey，Giddings，Grant，& Kelly，2003）。迄今为止，这种由数字虚拟世界塑造的"自我"已经成了网络心理学研究者关注的主题之一，我们首先将目光聚焦到网络自我的概念及特点上来。

一、网络自我的概念

自我是个复杂的概念，它并不是一种独立静止的心理结构，会随着环境的变化而发生改变（Evans，2012）。因此，由于网络世界与物理世界相异，在匿名、去抑制的新环境中，每个人都可以自由地创建和拥有新的个人身份或角色，他们的自我表现形式和自我认同状态也都将受到新的影响，所以带来了自我新的变化，我们将这种依托于网络环境的自我部分称为网络自我。根据自我研究领域的几个典型主题，我们可以从虚拟自我、网络/在线自我表现、虚拟自我认同以及离线/在线自我来看看网络自我。

(一)虚拟自我

网络创造的数字虚拟空间让人们可以随心所欲地扮演着自己好奇的、希望的、感兴趣的角色，这给个体的自我存在带来了新的形式——虚拟自我（virtual self）。

国外研究者认为虚拟自我是在以计算机为媒介的人际沟通环境中，人与人之间或者人与计算机之间在交流过程中表现出来的人格、体验或个体身份（Waskul & Douglass，1997）。在国内，苏国红（2002）把虚拟自我定义为在网络空间中存在并被认可的自我察觉、自我形象或者自我情感。彭晶晶和黄幼民（2004）以及彭文波和徐陶（2002）等人则从网络双重人格的角度出发将虚拟自我看作个体在网络和现实中彼此独立、相对完整的人格特征，两者在情感、态度知觉和行为方面会有所不同，有时甚至截然相反，这个网络中的虚拟"我"可能是完全不存在的，也可能具有现实生活中真实"我"的特点。

总之，虚拟自我是人们在网络世界中形成的一种有别于真实自我的状态，是不同于物理世界中"我"的另一种"我"。正如经典网络名言所说的那样，"网络世界没有人知道你是一条狗"（Christopherson，2006），无论是谁都可以在网络上构建虚拟自我。

(二)网络/在线自我表现

戈夫曼（Goffman）将日常生活中的自我表现比喻成戏剧，每个人都在这场戏剧表演中扮演着自己的角色，而每一个角色也都有着一套自己的言语和非言语行为选择。在生活中，人们互相观看着彼此在各自戏剧舞台上的表现，在有意识或无意识中传达着关于自我的信息。具体而言，这种现实生活中的自我表现便是个体试图控制他人形成的关于自身印象的过程（Leary & Kowalski，1990）。

然而，现实生活中的自我表现往往被限定在一定的范围内，会受到外表、种族等因素的限制，既追求受益（尽可能表现最好的形象），又需要可信度（观众是否相信个体的自我表现）（Schlenker，1985），这与具有匿名、去抑制性等特征的网络虚拟世界有所不同。因此，传统的自我表现理论虽然提供了一种理解网上自我表现的观察角度，但是我们并不能将两者完全等同起来。相对于前者，虚拟环境中的匿名性和多重角色性使得网络自我表现可以通过有限的社会线索来构建自己的多个角色和身份，这会使其他用户难以确认个体的真实身份（性别、社会地位等）（彭凯平等，2011）。当然，在一些实名制的网络环境（如社交网站等）中，人们还可能获得一些个人信息，但是在匿名性较高的平台上（如聊天室和布告栏等），即使最基本的身份线索（性别、年龄、外貌以及种族等）都将无法获取（McKenna & Bargh，2000；Šmahel，2003；Šmahel & Vesela，2006；Subrahmanyam，2003；Suler，2008）。由此可见，这种身份线索的缺失将会造成网络世界中自我表现可信度的降低，人们变得可以无限制地向外界呈现自己（平凡，2014）。

综上所述，我们认为网络/在线自我表现（online self-presentation）是指人们在网络环境中通过印象管理呈现理想化自我的社会互动过程。在研究者眼里，网络环境是人们理想的自我表现平台（Iakushina，2002）。置身于虚拟世界，人们可以摆脱物理世界的束缚而尽情地展现自我的某个方面，如性别、性偏好或者兴趣等，也可以通过观察自己和别人的反应来探索自我，如尝试内心渴望或极力避开的事情等，这也为虚拟自我的出现提供了条件（马利艳，2008）。

（三）虚拟自我认同

虚拟自我认同（virtual identity）与网络/在线自我表现的概念不同，一方面，它是个体对自己在网络虚拟世界中身份的一种确认；另一方面，它也是一种与虚拟角色自我表现有关的心理感受（Šmahel，2003）。首先，对于前半句解释来说，虚拟自我认同涉及的虚拟身份并不是真正的身体存在，而是在网络虚拟环境中的"数据集群"，不仅包括一个或多个昵称、电子邮箱等个人基本资料，而且还含有在线记录、虚拟设置状态等虚拟表现信息（Šmahel，2003）。概括地说，这些数字化信息就是用户在网络虚拟世界中的外貌和身体。其次，对于后半句解释来说，虚拟自我认同还包括用户在自我表现中产生的想法、思维以及情绪状态等，这些心理感受将更多地受到个体自身的思维、情绪和其他方面等因素的影响（有意识或无意识）（Šmahel，2003）。

另外，虚拟自我认同还分为个人和社会两个层面。其中，虚拟自我认同的个人层面是指特定虚拟环境中作为一个人的自我确认，或者说回答"我是谁""我属于哪里"等问题（Šmahel，2003）。相比之下，虚拟自我认同的社会层面则以个体属于某个特定虚拟世界为特征(如某人是一个或多个网络社区的成员,或者此人在这些社区所扮演的角色、地位等),是通过对某个虚拟社区或团体的归属感构建的(Šmahel,2003)。在这些虚拟社区中,用户可以通过特定的俚语交流或数字化技能的获取来完成虚拟自我认同,它是网络虚拟世界中自我评价的重要组成部分(Thomas,2000)。举例来说,巴特尔(Bartle)在对大型多人在线游戏(Massively Multiplayer Online games,MMOs)进行调查后发现,所有玩家可以被分为探索者(explorer,喜欢勘测和发现新地点)、成就者(achiever,喜欢完成任务)、社交者(social-izer,喜欢分享经历、处理友谊事务)、杀戮者(killer,喜欢消除威胁并成为控制者)4 种类型,每个用户都可以在这一虚拟世界中找到自己的位置并体验到相应的自我认同感。同样的,对于魔兽世界(World of Warcraft)的广大玩家来说,每个人不仅拥有自己特定的战斗类型(战士、法师等),而且也承担着团队中相应的角色(诱饵、协助者或领导者等)。例如,对于承担游戏团队领导角色的个体来说,由于带领团队产生的责任感、战役胜利后队友对自己的钦佩和尊敬等原因,他/她将获得与高能力、高自尊、优越感有关的自我认同(Šmahel,Blinka,& Ledabyl,2008)。

值得注意的是,儿童和青少年处于自我认同建构的重要时期,网络环境下的虚拟自我认同对他们的影响十分明显。有研究者在一项针对 548 名青少年网络游戏玩家的调查中发现,有 55%的 12~19 岁玩家报告称感受到了自我的重要性,有 66%玩家声称他们自己属于某个团体,其中年龄较大的青少年(16~19 岁)有着最为强烈的团队归属感。对于这群年轻的玩家来说,虚拟自我认同(社会层面)与其现实生活中的自我认同发展一样重要(Šmahel,2008)。此外,儿童和青少年的虚拟自我认同状态还不稳定,会跟随当下的文化潮流(音乐、服装等时尚趋势等)而发生变化,这可以帮助他们探索和实验各种不同的自我形象(Thomas,2000)。

(四)离线/在线自我

传统的自我差异理论(self-discrepancy theory)(Higgins,1987)将自我分为真实自我(actual self)、理想自我(ideal self)和应该自我(ought self)。其中,真实自我是对当下自我的现实反映,理想自我是个体渴望形成的完美自我,应该自我是个体角色规定的自我。

在此基础上,阿特里尔(Attrill)提出了离线/在线自我模型(model of

offline and online selves)（图 5-1），将物理现实世界和数字虚拟世界中的
自我联系到一起。该模型提示，完全区分离线与在线自我的意义并不大，
因为当人们在这两种环境下寻找自我时，它们在许多方面都拥有相同的
发生过程、关注焦点、情绪特征以及社会效应，我们需要将两者看作是
互相影响的共存体。具体来说，离线与在线环境虽然各异，但是人们对
于一些问题却有着共同的着眼点，如"我们是谁""我们想要做什么""我们
希望完成什么""我们爱谁、恨谁并与谁分享着共同的回忆"等。由此可
见，离线自我和在线自我相互影响，这两者会有意或无意地共同决定着
个体的知觉、态度和行为。

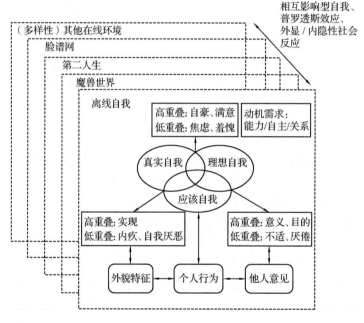

图 5-1　离线/在线自我模型

二、网络自我的特点

（一）用户匿名性

在网络所营造的虚拟世界中，人们可以通过各自在网络上创造的虚
拟形象或符号表征与他人建立联系，这种个人匿名特征有效避免了现实
生活中面对面的自我呈现。换言之，匿名性是网络世界的显著特征之一，
也是形成虚拟自我的前提条件之一，正是因为个人匿名性，人们才会在

网络上表现出现实生活中未曾呈现的自我(Niemz，Griffiths，& Banyard，2005)。

进一步来看，网络的匿名性和社会交互性给人们提供了一个探索不同自我的安全实验室，使每个人都能够在这上面表达并表演不同类型的自我，并且可以共享自我的不同方面(Turkle，1995)。同时，这种匿名特征让人们在表现自我的隐藏面时不用担心真实生活中社会圈的批评、反对和制裁，有效地降低了被识别的代价和危险性(Amichiai-Hamburger & Furnham，2007；Bargh，McKenna，& Fitzsimons，2002；Mckenna & Bargh，2000)。

此外，津巴多(Zimbardo)曾经提出，隐匿环境中的人们将更可能呈现出去个性化的特点，这些个体将在一定程度上丧失同一性和责任感，自我导向功能削弱，并且容易做出一些一般状态下不会做出的行为。相比于现实生活，网络自我的匿名性带来的安全感容易引发去个性化状态(Lee，2004)。在这样的状态下，网络中的化身线索也更容易影响个体的自我意识，因此也提高了自我知觉过程的可能性(Fox，Bailenson，& Tricase，2013)。为此，去个性化能够在网络虚拟世界中引发并增强个体的行为表现(卞玉龙，周超，高峰强，2014)。

总而言之，个人匿名性一方面能使人们的顾忌减少，一些难以启齿、不愿公示的自我隐藏面将会得到呈现的机会；另一方面，这种匿名特征也会削弱用户的自我导向功能，从而使他们表现出一些不常见的行为，这需要引起研究者的注意。

(二)形象创造性

在网络虚拟世界里，人们可以根据自己的意愿来自由地创造自我形象，无论是用户名、年龄、性别，还是外貌、身体、技能等其他虚拟设置，都可以按照自己想要的方式予以呈现(Šmahel，Blinka，& Ledabyl，2008)。在博客环境中，人们可以通过修饰和改造来呈现自己的身体形态和生活方式；在网络约会环境中，人们可以将年龄、外貌、身体塑造得更为诱人和具有吸引力；在游戏环境中，人们会强化自己的优秀属性，创造出智慧、强大的自我形象(Vasalou & Joinson，2009)。总之，每个人都可以在网络世界中选择并创建自己需要且满意的自我形象。

网络自我的形象创造性特征可以弥补现实生活中存在的某种缺憾，是现实自我的一种补充，也是压抑自我的一种释放。有研究表明，生活中默默无闻的人们倾向于创建那些具有吸引力、能与邪恶势力敌对的正义化身（Ducheneaut，Yee，Nickell，& Moore，2006）。对于这些人来说，新创造的自我形象有意或无意地反映出他们幻想或希望成为的人（Bélisle & Bodur，2010）。当他们成功地扮演了相应的虚拟角色时，由于新身份持续带来的心理认同感，人们将会把创造的自我形象与真实自我联系起来，并有意或无意地参照角色预期来塑造自我（卞玉龙等，2014）。由此可见，形象创造性特征可能有助于人们将网络世界中的成功经验带到现实中去，从而积极地影响自身的日常生活。

同时，新创造的自我形象带来的满足感也会引起网络用户的自我麻痹，个体有可能沉湎于网络世界的粉饰太平中，逃避相对残酷的现实，引起现实生活中的适应不良。例如，人们在网络游戏中创造的自我形象可能会带来现实世界体会不到的快感（权力、财富等需求），这些满足感会逐渐代替现实中的自我体验，并且最终导致成瘾行为的产生（Mehroof & Griffiths，2010；Peters & Malesky，2008）。另外，有研究者还发现，一些个体还会创造消极的自我形象（杀手等），这些形象对消极认知的激活和对积极认知的抑制效应都比积极形象更为一致且显著（Peña，Hancock，& Merola1，2009）。

（三）角色多元性

由于网络世界给人们提供了创建和拥有理想自我的自由空间，使个体同时拥有多种角色成了可能。人们在不同的网络虚拟情境中可以扮演多个不同的角色（如在不同种类的网络游戏中都有化身），甚至在相同的情境下也具有不同的数字化角色身份（如在一种网络游戏或虚拟世界里有多个化身）（Šmahel，2003）。

在网络上，角色多元性可以满足用户的各种需求。有研究者从自我决定理论（Self-Determination Theory，SDT）的视角出发考察了网络游戏玩家的一系列潜在欲望、目标和动机，结果发现不同角色的扮演可以满足个体"能力""自主"以及"关系"等不同需求，进而预测其在游戏过程中获得的满足感（Ryan，Rigby，& Przybylski，2006）。同时，该理论框架还能够帮助人们更好地理解个体在虚拟环境中的选择，如人们是怎样选择角色类型、角色等级并使用角色工具的(Deci & Ryan，2008)。

一些研究者还根据不同的玩家需求对虚拟角色进行了分类。其中，MMOs的角色可以被分为探索者、成就者、社交者和杀戮者，分别对应着拥有不同使用动机的用户(Bartle，2004)。之后，有研究者更是在巴特尔的分类基础上对3000名MMOs游戏玩家进行了考察，结果发现了角色选择的三类核心因素，即成就(achievement)、社会(social)和沉浸(immersion)(Yee，2006)。

总之，网络自我的角色多元性可以让人们自由穿梭在不同的虚拟平台中，扮演着不同的角色，跟不同的人进行社交互动。在我们看来，这种多元性一方面可以帮助个体弥补现实缺憾，实现自我完善，另一方面也容易造成扮演者出现角色分裂，进而影响现实生活。

(四)客体掩蔽性

自我意识包括主体我和客体我，而客体我又包括身体自我、心理自我和社会自我三个侧面。由于网络环境的特殊匿名性，人们视觉线索出现缺失，包括了非言语线索和生理外表线索的缺失等(平凡，2014)。因此，人们在网络上的客体我会产生弱化，身体自我等几乎被网络环境和交往方式所掩蔽。

在物理世界中，尽管人们可以通过极其努力的自我表现来构建自己想要建立的社会形象，但由于受到客体我的限制，理想化自我形象的塑造还是会受到影响。相比之下，网络中的虚拟情境则可以完全隐藏个体不想表露的生理、外表等外部特征，有助于自己构建一个与现实物理世界中完全不同的身体自我(Amichiai-Hamburger & Fumham，2007；Christopherson，2006)。

其中，生理外表线索的缺失能帮助身体自我认同感较低的个体在网络上掩盖身体缺陷，从而使其更为轻松自在地展现自己，这种客体掩蔽性能够让他们在网上获得新的自我体验，继而带来对自己新的认识，有利于自我意识的全面发展。而对于那些身体自我认同感较高的个体而言，在排除了身体带来的聚焦之后，他们能够获得别人对自身其他方面更为客观的评价，这种由于掩蔽性得到的客观肯定将有助于每个人更全面地认识自己(雷雳，2012)。

此外，有研究者在调查中发现，具有社交焦虑特征的个体很少在网络交往中使用摄影头，这种具有客体掩蔽性的虚拟环境能够让他们免于焦虑、不再害羞（Brunet & Schmidt，2008；Peter，Valkenburg，& Schouten，2006）。可见，非言语线索的缺失形成的掩蔽性可以有效缓解高社交焦虑者在网络交往中的焦虑感，较好地促进他们进行自我表达，从而表现出另一个不同的自我。

第二节　网络自我的表现

在数字虚拟世界中，人们会选择不同的网络工具和网络平台来完成不同类型的自我表现。基于此，我们认为网络自我表现的形式主要由网络自我表现的工具、平台和类型等要素组成，这些要素相互联系，彼此依托，共同构建出复杂的网络自我表现过程。

一、网络自我表现的工具

（一）用户信息

1. 昵称

昵称（nickname）又称用户名，是一种重要的自我表现工具。其中，积极的昵称可以帮助人们更好地融入群体，而消极的则会损害个体的自我形象和最初印象（Bechar-Israeli，1995）。对于每个畅游在网络世界的访客来说，昵称是建构网络身份的基础，也是网络自我的最初表现形式之一，包括电子邮件、聊天工具、社交网站、网络游戏等在内的所有网络平台都需要创建昵称（Huffaker，2004）。具体来说，网络昵称是自我表现过程中印象形成的最初线索之一，能够激活相应的社会类别、图式或刻板印象，使人们在与彼此的交互中形成最初的印象（Wallace，1999）。

在一些网络应用（如聊天室、论坛或者在线游戏）中，自我认同经常由昵称来确定，它不仅是代表用户身份和角色的符号，而且还传达着关于用户性别（如 prettygirl245）、性认同（如 straitangel）以及特殊爱好（如 soccerchick）等方面的信息（Subrahmanyam & Šmahel，2011）。有研究者对青少年聊天室中的 500 个昵称进行了分析，结果发现昵称在很多方面都反映着他们的离线自我，如对于性别的自我描述（Šmahel & Subrahmanyam，2007；Subrahmanyam，Šmahel，& Greenfield，2006）。此外，人们还会把自己的兴趣爱好融入昵称，如足球男孩（soccerboy）或者音乐女生（musicgirl）（Subrahmanyam et al.，2006）。由此可见，在以文本为媒介的网络平台上，昵称是网络自我最为主要的表现形式之一。

然而，对于博客、社交网站和网络游戏等更为复杂的网络平台来说，由于自我表现形式的多样化（虚拟化身、在线游戏记录等）能够提供更多涉及用户虚拟自我的信息，所以昵称也不再是人们了解彼此个人身份的最主要来源（Subrahmanyam & Šmahel，2011）。

2. 个人资料

在心理学研究中，年龄、性别、经济水平等个人资料一直是研究者了解自我发展最主要的一些人口学变量，网络心理学研究也概莫能外。置身于网络世界，用户可以通过个人资料（年龄、性别、地址等）的分享来呈现自我（Subrahmanyam & Šmahel，2011）。

在以英语作为母语的国家，"年龄/性别/地址"代码是人们进行网络自我表现的创造性策略，如某位网络用户可以通过"16/M/CA"的代码信息来表明自己是一位来自美国加利福尼亚的 16 岁男孩（Greenfield & Subrahmanyam，2003）。对于广大网络用户来说，这种简单而又实用的表达方式可以帮助他们在聊天室等网络环境中分享自己最基本的身份信息，为进一步的社交互动提供了潜在的可能性。值得注意的是，这种代码式个人资料的分享会使人快速产生各种刻板印象（如年龄、性别或地域等），进而影响着不同群体成员间的在线交流（Subrahmanyam et al.，2006；Tynes，2007）。

然而，在其他非英语母语国家，"年龄/性别/地址"代码的分享策略并不常见。以捷克共和国的国内网络聊天室为例，由于捷克语本身含有性别信息（姓名或昵称的后缀词有性别属性），同时捷克国土面积又比较小，地域文化差别不大，因而性别和所在地信息的实用性并不大，相较之下，年龄等其他个人资料信息更为受到用户的重视。可见，即使网络联通着整个地球，用户的不同背景也会造成个人资料呈现方式存在差异。也就是说，网络用户分享身份信息的特殊代码有着背景局限性，会受到地理位置、社会文化等因素的制约。

(二)网络化身

化身是指个体在博客、网络游戏、社交网站或其他网络虚拟世界中选用的形象，是虚拟环境中一种极为普遍的自我表现工具(Bailenson & Blascovich，2004；Vasalou & Joinson，2009)。从广义上来说，它是一种感知上自我的数字化呈现，其行为反映了特定身份执行的实时性行为(Bailenson & Blascovich，2004)；从狭义上来看，它是指玩家在电脑游戏(如大型多人在线角色扮演游戏)、虚拟世界(如虚拟人生)里的虚拟自我认同或角色模型，拥有可调整、能运动的具体形象(Subrahmanyam & Šmahel，2011)。

具体而言，依托于虚拟世界里的安全环境，从熟悉的人类到幻想中的生物，人们可以随心所欲地按照自身喜好来塑造、构建和控制网络化身，从而如己所愿地表现自我。相对于昵称等用户信息，它能更好地帮助个体建构自我认同(Subrahmanyam & Šmahel，2011)。首先，化身能够反映自我的不同方面，包括个体的真实自我以及他们幻想的、希望成为的人(Bélisle & Bodur，2010)。其次，化身是高度可控的信息传送器，允许个体塑造多个自我，非常适合于策略上的自我呈现，可以用来呈现任何类型的自我(Bélisle & Bodur，2010)。最后，化身可以影响自我的塑造，它自身的角色特点会引起相应的角色预期，而持续不断地角色扮演会加强心理认同感，个体便会有意无意地参照这些期望将角色与自我等同起来，这种现象在青少年群体中尤为突出，他们会更多地认为自己与化身拥有同样的技巧和能力(卞玉龙等，2014；Šmahel，Blinka，& Ledabyl，2008)。总之，化身的使用会影响到人们的自我表现，与用户自我结构的建构和发展密不可分。

此外，网络化身还会通过自我呈现影响个体认知、行为等各个层面。其中，有研究者发现，那些自己外形与化身更为相似的个体，其自我觉知水平更高，而高自我觉知水平能够引起更多的自我表露，这将有助于在线交流质量的提升(Joinson，2001；Vasalou，Joinson，& Pitt，2007；Nowak & Rauh，2008)。不仅如此，一些研究还显示化身的外形能够调节用户的认知和行为。在一项独立研究中，研究者发现拥有性感网络化身的女性被试有着更高的客观化(objectivization)(女性在年幼时最早出现的认知特征)水平，并且报告有更多与身体关联的想法，对"强暴迷思"（Rape Myths）（相信受害者有着更多的错误）也有着更高的宽容度（Fox，Bailenson，& Tricase，2013）。在另一项系列研究中，研究者发现被指定了更具吸引力化身的被试较之没有吸引力的被试，更倾向于与他人建立同盟，同时有着更多的个人信息表露行为；而相较于使用矮个化身的用户，使用高个化身的个体在谈判任务中表现得更为自信（Yee & Bailenson，2007）。

总而言之，随着虚拟世界开放了技术"闸门"，研究者对于网络化身的关注将处在一个不断增长的阶段，我们在这里将以化身的"身体线索"——"网络身体自我呈现"为例进行简单介绍。

身体是自我的重要成分，随着网络在人们生活中的日益普及，身体自我呈现也越来越多地出现在虚拟世界中，包括博客、个人主页、社交网站、网络游戏在内等网络平台都会要求用户上传头像或照片（Ji & Chock，2015；Meier & Gray，2014）。同时，图像软件的层出不穷也为用户修饰和创造网络身体提供了新的途径，但这也将模糊身体自我呈现的真实性（Toma & Hancock，2010）。基于此，雷雳等人（2012）对网络身体自我呈现的概念进行了界定，即个体在上网过程中有意识地呈现出与身体有关信息的行为与知觉，包括网络身体修饰行为和网络化身修饰知觉等。

有研究者邀请被试参与一种网络健身游戏，用户可以在游戏中自主改变其化身的面部特征、肤色、头发颜色和长度、一般体型（身高/纤瘦程度/肌肉数量）以及具体的身体部位（脖子/躯干/胳膊/肩膀/胸部/腹部）等，结果发现，与有着真实自我化身的用户相比，那些创造出理想身体自我的个体与他人有着更多的互动（Jin，2009）。还有研究显示，社交媒介上的简单暴露（花时间）与身体自我映象并没有显著关联，而网络修饰行为则与瘦身健美等行为密切相关，其中外形比较在这中间起调节作用（Ji & Chock，2015）。由此可见，对身体自我呈现的修饰将会影响人们的行为表现。

此外，陈月华和毛璐璐（2006）对网络身体进行了分类。

第一，直接身体与身体临场性。直接身体是指通过视频装置未加编辑直接"映射"到网络中的身体界面。视频交流实现了一对一的身体交流，一方面，满足了交流双方了解彼此身体的愿望，使得双方身体的各信息通道(尤其是身体感觉器官)均处于开放状态；另一方面，网络又对身体进行了保护，这种"看得见，摸不着"的状态增加了交往的安全系数。这种网络身体类型具备"临场性"的特征。

第二，再现身体与身体不确定性。再现的身体是指把现实中的身体影像通过数码加工的方式上传到网络中的身体界面。这种再现既可以完全依照现实，也可以源于现实但高于现实(对身体进行修饰和美化)。再现的身体是按照个人意愿修改和创造的新身体，具有"不确定性"的特点。

第三，虚拟身体与身体的替代性。虚拟身体是指电脑直接制作生成的、只存在于网络中的数字化身体界面。这种新塑造的身体形象，不仅能够反映自己的身体状态，而且还可以在某种程度上弥补用户在现实生活中对个人身体的不满。因此，虚拟身体具有可"替代性"的特点，有助于一些用户通过它获得对身体的自我认同。

总之，网络身体自我呈现是化身的一部分，无论个体在网络上是以直接、间接或虚拟的方式呈现自己的身体，都会对其自我发展产生一定的影响，是化身研究的重要主题之一(Daniel & Bridges，2010；Rodgers，Melioli，Laconi，Bui，& Chabrol，2013；Tiggemann & Miller，2010；Tiggemann & Slater，2013)。

=== **拓展阅读** ===

网络中的普罗透斯效应

普罗透斯(Proteus)是希腊神话中的早期海神(海洋老人之一)，具有变换外形的能力。鉴于此，有研究者提出了普罗透斯效应(Proteus Effect)的概念，是指当个体被赋予不同的角色时，自身的行为会表现得与角色特点一致的现象(Yee & Bailenson，2007)。

与现实环境相比，网络虚拟环境中的自我表现具有易操作性，容易引起去个性化状态(Joinson，2007；LaVallee，2006；Suler，2004)。因此，在网络虚拟世界中，用户可以自由地创建并变换外形，就如同海神普罗透斯一般让人难以捉摸，普罗透斯效应到处可见，而网络也成了研究者探究该效应的主要平台(Bainbridge，2007)。具体而言，网络虚拟环境中的普罗透斯效应特指网络用户会参考化身外表所预期的性情，然后表现出遵从这些预期的态度和行为(卞玉龙等，2014；Yee & Bailenson，2007；Yee，Jeremy，Bailenson，& Nicolas，2009)。

网络中的普罗透斯效应往往基于化身(Bailenson & Blascovich，2004)。无论是大型多人在线游戏(如魔兽世界)，还是仿真的虚拟社交平台(如第二人生)等，用户的一切网络自我表现都是基于化身进行的(Chan & Vorderer，2006)。同时，化身不仅能够反映网络用户自我的不同方面(真实自我和理想自我)，而且可以通过参照角色期望来影响自我(Bélisle & Bodur，2010)。因此，化身所引发的普罗透斯效应会影响个体在认知、态度、行为等各个层面上的表现，从而促使用户进一步整合和发展自我(卞玉龙等，2014)。

另外，网络世界中化身线索对普罗透斯效应的启动主要包括以下三个特征(卞玉龙等，2014)。

第一，不同化身线索的类型会影响用户相应的表现。其中，化身面孔相似的用户有着相近的表现，如投票行为(Bailenson，Garland，Iyengar，& Yee，2006)；而面孔相异的个体则有着不同的表现，如高吸引力外表会引发用户更多积极的刻板印象(能力突出、待人友好)，他们在虚拟世界里也表现得更为自信，而低吸引力者则正好相反(Yee & Bailenson，2007)。进一步来说，与特定外貌类型相联系的刻板印象储存在个体记忆中，当呈现特定的化身线索时，相对应的刻板印象便随即启动了，从而外显或内隐地影响到个体的表现(Bélisle & Bodur，2010；Rosanna，Jim，Jeremy，& Cade，2007)。

第二，不同化身线索的效价会影响个体的表现。因为普罗透斯效应本身不具备积极或消极的导向作用，所以表现结果的好坏在很大程度上是由化身线索的效价决定的。需要注意的是，消极的化身线索比积极的有着更强的效应(Baumeister，Bratslavsky，Finkenauer，& Vohs，2001；Peña，Hancock，& Merola，2009)。

第三，不同化身线索之间可能存在交互作用。换言之，不同化身线索对普罗透斯效应的影响不是以线性方式进行的，线索之间会发生交互作用。有研究者曾在考察化身身高和吸引力水平对游戏绩效的影响时发现，无吸引力的矮个化身的绩效并不是最差的，反而有吸引力的矮个化身产生了最差绩效。对此，研究者解释认为有吸引力的矮个化身更容易使人联想到爱玩的可爱小孩，而不是有出色能力的强者(Yee, Bailenson, & Ducheneaut, 2009)。因此，想要探讨不同类型线索对普罗透斯效应的交互影响还需要考虑具体的情境因素。

(三)影像资料

数字技术的迅速发展使人们的网络自我表现不再局限于传统的文本描述，照片、视频等影像资料逐渐成了自我表现的主要工具，有跨情境的一致性和稳定性(顾璇，金盛华，李红霞，吴嵩，2012；Pearson, 2010)。在博客、聊天平台、社交网站、网络游戏等虚拟环境中，照片和视频等资料不但是主要的内隐交流线索，而且是协助人们建立网络关系的重要展示工具(Hum, Chamberlin, Hambright, Portwood et al., 2011；Hancock & Toma, 2009)。

一些涉及影像资料的研究显示，越来越多的现代人加入了"自拍"(Selfies)一族，他们会将图像发布在各种网络平台上(以女性用户为主)，这是人们构建稳定自我认同的主要来源(Gabriel, 2014；Pearson, 2010；Rettberg, 2014)。尤其对青少年群体而言，他们将照片或视频中的视觉元素作为自我展示的重要部分，因而会精心挑选并控制这些影像资料(如选图、修图等)(Subrahmanyam, Garcia, Harsono, Li, & Lipana, 2009)。在研究者看来，图像的自我展示是青少年进行印象管理的重要策略，也是提供和获取个人信息的重要形式(平凡，2014)。一项针对博客的研究显示，在195名青少年博主中，有60%的个体会发布用户图片，而且年纪越小越有可能张贴(Subrahmanyam et al., 2009)。对于这一现象，研究者认为这种自我呈现方式对年纪小的个体来说更为重要，因为这个年龄段的自我公开展示可以更好地驱动他们的自我发展(Subrahmanyam & Šmahel, 2011)。当然，这也有可能是因为年纪更小的青少年有着更为娴熟的网络技巧，可以轻松地创建和发布图片(Greenfield & Subrahmanyam, 2003)。

二、网络自我表现的平台

(一)个人网站

个人网站主要包括个人主页、博客等，涵盖了用户信息、网络化身和影像资料等自我表现形式，是人们展现自我、发展自我的良好平台(Huffaker & Calvert, 2005；Mazur & Kozarian, 2009；Schmitt, Dayanim, & Matthias, 2008；Suzuki & Beale, 2006；Subrahmanyam et al., 2009)。

　　有研究者对 500 名 8～17 岁青少年进行了调查，同时对相同年龄段的 72 名青少年的个人主页进行了内容分析(Schmitt et al.，2008)。结果显示，那些拥有个人主页的青少年更多地报告称他们能够按照自己的意愿和方式建立个人主页(上传自己喜欢的照片)，这有助于自己与他人分享信息(年龄、性别、所在地等信息)并认同自己的身份(兴趣、价值观等)，还伴有一定程度的成就感体验，而之后的内容分析研究也发现了相近的结果。在另一项研究中，研究者分析了 195 个博客，结果发现用户(以青少年为主)几乎使用了所有网络自我表现形式，包括部分用户信息(隐私性)、化身形象和影像资料(与流行文化有关的图片、音乐以及自拍照等)(Subrahmanyam et al.，2009)。

　　需要指出的是，流行文化(音乐、时尚、影视作品等)常常是青少年呈现自我的一种重要方式(Thornton，1996)。与此同时，由于博客是公开的，所以与两性、问题行为等主题相关的内容较少出现(Subrahmanyam et al.，2009)。然而，由于博客的内容主要以生活故事为主，所以即使博主较少公开谈论自己的身份，这些叙述的日志故事也有助于始成年期的个体建构一个连贯的自我认同(McAdams，1997)。

　　可见，在个人网站上，每个人都可以选择自己想要公开的信息，可以上传自己喜欢的照片或视频，可以分享自己认为有趣的资源和信息，这能够满足人们呈现自我的需要(Debatin，Lovejoy，Horn，& Hughes，2009；Subrahmanyam et al.，2009)。

(二)社交网络

　　与个人网站相比，社交网络更多地突出了社会交往的特点，同时它还有着更为丰富的媒介类型(网站、软件、通信工具等多种形式)，并且具有移动性特征(Salehan & Negahban，2013；Zhou & Li，2014)。

　　在社交网络中，人们主要的需求是与他人进行交流互动，但整个过程中存在大量的自我呈现和自我认同表达(Livingstone，2008；Manago，Graham，Greenfield，& Salimkhan，2008；Strano，2008；Subrahmanyam，Reich，Waechter，& Espinoza，2008)。为了调查社交网站上的自我认同表达，有研究者针对"我的空间"用户进行了深度焦点团体访谈，结果发现这些 18～23 岁的大学生会通过该平台进行自我认同探索(个人、社交和性别认同的建构)，在社会比较中表现出对理想自我的渴望。基于此，他们认为社交网络有助于年轻人探索可能自我、表达理想自我(Manago et al.，2008)。相比之下，有研究者在考察我的空间时却发现，用户如果花时间编辑自己的主页内容，可能会导致他们更认可其自我认同中的自恋部分(Gentile，Twenge，Freeman，& Campbell，2012)。一言蔽之，社交网络的使用既有助于人们表现自我，也可能给自我的发展带来负面影响。

由于"网络交往"是社交网络最主要的功能之一，因而探讨网络交往对自我的影响是我们了解社交网络这一自我表现平台较好的切入点。针对网络交往对自我概念清晰度的影响，相关学者提出了两个相反的假说，即自我概念统一假说和自我概念碎片假说(详细介绍见第二章；Valkenburg & Peter，2008；Valkenburg & Peter，2011)。统一假说认为网络中众多的交往机会可以有效地帮助青少年试验自我认同，并通过接受他人的反馈和验证来提高自我概念的清晰度。碎片假说则认为，青少年需要在网络交往中整合他们自我认同的多个方面，而过多的网络交往会让这些"移动人格"的整合变得困难，因而会对自我概念情绪度产生负面影响。对于以上两种截然相反的假说，其他研究者各执一词，他们取得的研究结果并不一致(Valkenburg & Peter，2011)。

综上所述，社交网络提供的网络交往空间虽然可以帮助人们获得呈现自我的机会，但因为"自我"的复杂性，社交网络使用与自我发展的关系还并不清晰，值得网络心理学研究者的进一步关注。

三、 网络自我表现的类型

人们通过自己的穿着、肢体语言、职业以及追求的喜好来表达自我，而网络中呈现的这些信息同样具有这样的功能(Subrahmanyam & Šmahel，2011)。在网络平台上，人们往往会根据自己的喜好选择特殊的交流频道来表现自己，基于此，我们将从媒介选择、时间呈现和表达方式三个角度出发来细分网络自我表现的类型。

(一)媒介选择

网络自我表现从媒介选择的角度可以分为语言型和视觉型。

一些依赖于文字交流的个体更喜欢使用字词的语义以及修饰方式来

表现自我，他们可以通过在网络虚拟世界中输入的文字来表现直接的、沉着的、理性的和分析型的自我。对于这一类型的个体，认知心理学领域称之为语言型个体(verbalizers)，他们所选择的表现类型为语言型自我表现。相对的，视觉型个体(visualizers)更喜欢符号化、意象主义以及整体推理类型的表达方式，他们往往通过创建网络化身和各种图像来表达自己，这一网络自我表现类型为视觉型(Suler，2002)。

(二)时间呈现

网络自我表现从时间呈现的角度可以分为"即时型"和"延时型"。

一些个体喜欢在网络上与他人进行同步交流(如视频对话、电话聊天等)，这种方式可以反映出个体自然流露的、自由形态的、富有机智的、暂时的"当下自我"，研究者称之为即时型交流(synchronous communication)，属于即时型的网络自我表现类型。相较之下，另一些人则更喜欢在网络上进行深思熟虑的、慎重思考后的非同步交流(如即时通信、电子邮件等)。由于网络的时序弹性特征，他们可以主动地控制交往的过程，信息发送者能够在充分的修改后再予以回复(Amichai-Hamburger & Furnham，2007)。对此，研究者称其为延时型交流(asynchronous communication)，相应的自我表达类型为延时型(Suler，2002)。

(三)表达方式

网络自我表现从表达方式的角度可以分为表露型、沉默型和交互型。

由于网络虚拟环境具有匿名性、视觉线索缺失、去抑制性等特征，人们可以将其视作一种虚拟实验室来表现自我(平凡，2014)。在网络平台上，有些人喜欢通过书写文字、分享照片、视频等信息来主动地对外界展现自己，但同时对他人的反馈以及他人的个人信息却并不感兴趣(to show and not receive)，这属于表露型的自我表现。相反的，另外一些人则自始至终处于"潜水"状态，他们只是默默地关注着他人的信息而从不公开分享自己的生活(to receive and not show)，这属于沉默型的自我表现，他们往往有着较低的语言和情感亲密度(Rau，Gao，& Ding，2008)。此外，还有一些人不仅积极踊跃地展示着自己，而且也热衷于获取外界的各类信息并予以反馈，他们非常喜欢网络世界中的交互式人际环境(both showing and receiving)，是一种交互型的自我表达类型(Suler，2002)。

第三节　网络自我表现的影响因素

置身于网络世界，每个人的自我表现都会受到各种因素的制约。为了更为全面地了解其影响机制，通过对前人研究的系统总结，我们将从"个体"和"环境"两个角度来介绍网络自我表现的影响因素。

一、个体因素

(一)年龄

与年长者相比，网络自我表现对年轻人（儿童、青少年等）来说更为重要，因为这些年龄段的自我展示有助于自我发展（Subrahmanyam & Šmahel，2011）。一些研究提示，在网络虚拟平台上，年轻人比年长者有着更多的自我表露，并与他人有着更多的交流互动（Baams，Jonas，Utz，Bos，& van der Vuurst，2011；Nef，Ganea，Müri，& Mosimann，2013）。对此，研究们认为这可能是因为年长者的网络技能相对较低，他们作为"网络移民或难民"难以应对日新月异的网络世界，而年轻人有着更为娴熟的网络技巧，可以轻松自在地驰骋在虚拟环境中（Greenfield & Subrahmanyam，2003；Nef，Ganea，Müri，& Mosimann，2013）。

此外，有研究者发现，年轻人会花很多时间来装饰和展示自己，如更多地上传用户照片，而年龄大一些的网络用户则更偏爱朴素实用的网站（Subrahmanyam et al.，2009）。在另一项针对社交网站用户（13～16岁）的访谈中，研究者也发现青少年的自我认同发展与社交网站的风格选择有关。随着年龄的增大，这些青少年放弃了"我的空间"转而使用"脸谱网"，因为他们认为脸谱网上的用户更为成熟老练，而且个人资料更为精简，色彩也没有那么华丽（Livingstone，2008）。可见，随着年龄的增大，人们自我表现平台的选择也会发生变化。

值得注意的是，在儿童和青少年等年轻人群体中，年龄更大的孩子会在网络上提供更多关于自己的信息，包括对自身个性、优势等内容的介绍（如 16 岁孩子的独白"因为我就是我，我喜欢我现在的样子"），而年龄较小的孩子（处于前青少年期）则只会简单地陈述自己所擅长做的事情（如 9 岁孩子的独白"我很擅长玩网络游戏"）（Subrahmanyam & Šmahel，2011）。

(二)性别

前人的研究显示，男女在自我表现策略上存在差异（Valkenburg，Schouten，& Peter，2005）。那么，这种性别因素是否会影响人们在网络世界里的自我表现呢？

在网络世界中，男性用户创建的化身往往比离线自我更为精瘦和强壮，而女性用户则会选择更多性感、有吸引力的化身来修饰自己（Cacioli & Mussap，2014；Manago et al.，2008；Šmahel & Subrahmanyam，2007）。有研究者在针对昵称的研究中也发现，女性会比男性更多地使用性感昵称（面孔和身体的替身）来进行自我展示，目的是为了吸引伙伴的兴趣和注意（Šmahel & Subrahmanyam，2007；Šmahel & Vesela，2006；Subrahmanyam，Greenfield，& Tynes，2004）。另外，还有研究者在脸谱网上对用户照片进行了考察，结果显示男性的照片强调地位和承担的风险，女性的照片则强调家庭关系和情感表达（Tifferet & Vilnai-Yavetz，2014）。可见，这些网络自我表现结果符合现实世界里主流文化的描述，即人们比较推崇强壮有力的男性、温柔而有吸引力的女性。

除此之外，当人们在网络上拥有重新选择性别的机会时，男女之间也存在一定的差异。其中，库尔森（Coulson）等人在针对"龙腾世纪"（Dragon Age）玩家及其化身的性别进行考察后发现，超过90%的女性依旧选择了女性化身，而有 28% 的男性也选择了女性化身（Coulson et al.，2012）。事实上，游戏中的女性角色往往有着与男性角色一样的能力，这种不同于现实生活中的强大力量给玩家带来了新奇性，因而受到了大多数女性的欢迎。相比之下，对于男性玩家来说，对于异性角色的尝试同样出于好奇心，他们可以在虚拟世界里获得离线世界中不曾拥有的角色体验，因而造成了部分男性玩家选择了女性化身。

再者，男女在自我表现平台的选择上也有所不同，男性会更多地选择网络游戏来呈现自我，而女性则会更多地选择社交网站来进行自我表露(Barker，2009；Inal & Cagiltay，2007；Terlecki，Brown，Harner-Steciw，& Wiggins，2011)。

(三)动机

由于网络具有匿名性、易接近性、去抑制性等特点，人们可以通过各种自我表现方式来满足自己的需求。根据自我决定理论的观点，自我知觉的核心是人们做某件事情的理由，此时个体的行为会受到一系列潜在欲望、目标和动机的驱动，网络使用的选择也概莫能外。虽然自我决定理论视角下的网络自我研究并不多，但是该理论框架能够帮助人们更好地理解个体在虚拟环境中的选择，如人们是怎样选择角色类型、角色等级并使用角色工具的(Ryan，Rigby，& Przybylski，2006)。

前人的一些研究显示，人们的能力、自主和关系需求可以通过网络上的自我表现来获得满足。例如，人们会在网络世界中下意识地提高自己的身份和地位，进而夸大对自己能力的自我认识(Ellison，Heino，& Gibbs，2006)。还有研究提示，人们总是倾向于创建那些具有吸引力、强大能力，可以与邪恶势力进行斗争的正义化身(Ducheneaut，Yee，Nickell，& Moore，2006)。在对魔兽世界玩家的研究中，研究者考察了玩家的能力、特征以及他们创建的网络化身，结果发现玩家化身的能力和特征都比真实的自己要更为积极，尤其对低生活满意度的个体来说更是如此(Bessiere，Seay，& Kiesler，2007)。

另外，有研究者还从"自我认同"的角度出发考察了人们的网络使用动机，他们认为进行网络自我认同实验的最重要动机包括自我探索(看看别人会如何反应)、社交补偿(为了克服害羞)和社会促进(为帮助形成人际关系)(Valkenburg，Schouten，& Peter，2005)。

(四)人格

人格特质是影响个体网络自我表现的重要因素。在大五人格模型的基础上，网络心理学者对人格因素进行了考察(Bartle，2004；Correa，Hinsley，& Gil de Zúniga，2010；Dunn & Guadagno，2012；Michikyan，Subrahmanyam，& Dennis，2014；Moore & McElroy，2012；Yee，2006)。

在网络自我表现的强度上（涉及个人信息资料的表露程度），有研究者发现用户的外倾性、开放性水平与社交网络（如脸谱网）上自我表现的时间和交往对象的数量呈显著正相关，神经质水平则与之呈负相关（Correa，Hinsley，& Gil de Zúñiga，2010；Skues，Williams，& Wise，2012）。同样的，有研究也发现高外倾性、低宜人性和高开放性的用户倾向于在脸谱网上花更多的时间，并且上传了更多的照片（Kuo & Tang，2014）。一项关于社交网站"StudiVZ"的研究还提示，外倾性的用户倾向于不加限制地展示自己（发布图片较为开放），其印象管理的自我效能感也与好友数量、资料详细水平以及个人照片风格密切相关（Krämer & Winter，2008）。相比之下，高神经质得分的个体更愿意在社交网络（脸谱网）中分享个人资料信息，并且更少可能使用私人信息（Amichai-Hamburger & Vinitzky，2010）。

在网络自我表现的深度上（涉及自我的真实性和隐藏性），有研究探讨了神经质、外倾性与三类自我（真实自我、虚假自我和理想自我）的关系。结果提示，在脸谱网上，低外倾性个体自称有着更多的网络自我探索行为，而高神经质个体则报告称会更大程度地呈现虚假自我和理想自我，他们有着更多的自我怀疑，会为了寻求安慰而策略性地进行自我表现（Michikyan et al.，2014）。此外，有研究者还考察了脸谱网用户大五人格、归属感和网络自我表现之间的关系，结果发现高神经质水平不仅可以有效地正向预测归属感，而且与理想自我和隐藏自我的表达呈显著正相关（Seidman，2013）。

二、环境因素

（一）生活环境

在前人的网络心理学研究中，一些研究者以"生活环境"为视角考察了家人和同伴对个体网络自我表现的影响。

其中，有研究者调查了人际关系和网络使用对青少年自我认同感的联合影响，结果发现在网络上探索自我的过程中，青少年和母亲及朋友的关系有助于他们形成清晰的自我概念。具体而言，网络自我认同表达和自我概念清晰度之间存在负相关，低友谊质量在两者之间起部分中介作用（Davis，2013）。另外一项研究同样探讨了网络使用（脸谱网）、父母及同伴关系对青少年自我发展的影响。结果显示，与离线生活中的同伴维持关系是青少年使用社交网站的主要目的，他们会在这里继续扩展日常关系，以此体验竞争、嫉妒、背叛和社会支持，并形成一个特定的自我形象。这种社交体验带来的问题也往往出现在青少年与父母的日常交流中（Moreau，Roustit，Chauchard，& Chabrol，2012）。

正如上面研究中所介绍的，维持同伴关系影响着青少年对社交网站的使用。最近的一些研究表明，青少年通过社交网站（如我的空间、脸谱网）与日常离线生活相联系，他们网上个人信息的保持和呈现是为了与现有同伴或他们已经认识的某些人保持联系，而不是为了结识新同伴（Ellison，Steinfield，& Lampe，2007；Moreau et al.，2012）。有研究者进一步指出，青少年为了把"离线"和"在线"两个沟通渠道更好地整合进与同伴的日常互动中去，他们会在网络上使用"社会信息搜索"模式寻找与离线生活相联系的行为信息（Ellison et al.，2007）。因此，维持同伴关系的压力会让青少年在网络上呈现自我时表现出群体忠诚性和社会支持性，这就造成了网络平台成了一些少年犯群体进行交流互动的绝佳平台。在这些无监督的虚拟环境中，问题少年之间的社交时间和机会得到非结构化的延长，将会导致各种问题行为的出现（Lim，Chan，Vadrevu，& Basnyat，2013）。由此可见，网络使用对青少年成长的影响将会受到同伴类型的制约。

总之，随着网络技术的进步和普及，人们拥有了更多呈现自我的机会，尤其对作为"数字土著"的年轻人来说，网络已经成了他们日常生活中不可或缺的重要存在。基于此，他们对网络的使用也会更多地受到生活环境中各种因素（父母、同伴等）的影响。

（二）文化环境

1. 地域

地域不同所造成的文化差异会影响人们的网络自我表现。一项对比研究提示，捷克和美国青少年所呈现的博客内容有所差异。相比之下，捷克青少年更多地展示了一些亚文化符号，他们有着更高的亚文化认同感（Subrahmanyam et al.，2009）。有研究者在对比中国和英国用户的网络自我表现用词和交流风格时发现，中国参与者比英国参与者更容易赢得社会关怀和支持，而且他们也更容易获得社会团队认同感，更愿意与团队成员进行交流（Jiang，Bruijn，& Angeli，2009）。对此，研究者分析认为，东方文化中的自我认识是以相互依存为基础的，人们会通过自己与亲朋好友之间的联系来认识自我。因此，为了维持与他人的和谐关系，东方人在沟通和表达自我时更强调间接、模糊和意会，也有着更多的自我批评。相对的，西方文化突出了自我认识的独立性，因而西方人会通过表达自己内心的想法和感受来表现自己。为了实现对个人能力的认同和对自我目标的追求，他们在沟通和表达自我时会更为直接和明确无误（彭凯平等，2011；Jiang et al. , 2009）。总之，地域文化会对人们的网络表达方式产生影响，不同文化背景中的个体会选择不同的沟通风格和方式（平凡，2014）。

2. 种族

种族认同是自我认同概念中非常特殊和重要的组成部分，主要在青少年时期进行建构（Phinney，1996）。基于网络的普及和匿名性等特点，人们也开始将其种族和民族属性带到数字化的虚拟环境中，如聊天室、布告栏、社交网站以及视频网站等（Greenfield et al. , 2006；Subramanian, 2010；Tynes，2007；Tynes，Reynolds，& Greenfield，2004；Tynes，Giang，& Thompson，2008）。

前人的研究显示，对于少数族裔的年轻人来说，网络互动平台为其共同建构传统文化结构提供了一个机遇。以年轻的南亚裔美国穆斯林女性为例，她们觉得在物理世界中展示自己的种族特性会很别扭，而在脸谱网等社交网站上与一个南亚人或者非南亚人分享自己带有种族属性的照片（穿着传统的印度长袍）时却感觉十分安全。同时，她们还会在日志和个人状态中表达种族认同，如"穿上希贾布后应该怎样行动才算得体""哪些宝莱坞电影是虔诚的穆斯林女性可以看的"等描述（Subrahmanyam，2010）。根据萨布拉马妮安的观点，虽然这些网络表达并不能完全反映当前的种族现状，但是它能在一定程度上培养这些少数族裔年轻人的文化和种族认同感。

相比于少数族裔，那些非少数族裔的个体也可以学习并接受与种族有关的知识和认同感。一项关于美国青少年的研究显示，这些青少年会在关于种族问题的网络讨论中获得了大量信息，包括文化习俗和信仰体系。同时，种族角色采择的方式也有助于他们了解少数族裔的生活，并认识到种族压迫影响有色人种生活的方式。其中，研究参与者在网络表达和沟通中采用的种族角色主要包括以下 6 种：讨论者（46%）、目击者

（41%）、受害者（41%）、朋友（28%）、同情者（18%）和拥护者（15%）。讨论者会积极参与种族话题；目击者自称亲身接触过某种种族文化现象；受害者声称他们有着种族歧视等负面经历；朋友会报告自己与不同种族群体的良好关系；同情者会站在少数族裔的角度看待与种族有关的现象；拥护者会尽力说服参与争论的个体（Tynes，2007）。

此外，对少数族裔的种族歧视也会蔓延到虚拟世界。在荷兰的一项网络调查研究中，被试（荷兰裔白人）需要在虚拟环境中与不同的网络化身对象进行交流，其中一部分交流对象的网络化身为白色皮肤，而另一部分则为摩洛哥人（荷兰少数族群）肤色。研究者分别在外显和内隐层面考察了被试对不同网络化身的态度，结果发现两组被试在外显层面并不存在态度差异，而在内隐层面却有着显著的态度差异，即对少数族群的歧视（Dotsch & Wigboldus，2008）。为此，有研究者还通过考察"有无监控"的网络聊天室来了解网络中的种族歧视现象。结果发现，人们在有监控的聊天室里有19%的机会接触到针对一个种族群体的负面评论，而在无监控的聊天室里这一比例则为59%。也就是说，无监控的网络环境中有更多的种族诽谤和诋毁，这表明缺乏社会控制的虚拟世界可能会滋生更多的种族歧视（Tynes，Reynolds，& Greenfield，2004）。

第四节　网络自我表现产生的影响

网络虚拟世界里的自我表现会作用于个体身心发展的各个方面，而人的一生中有两项重要的发展任务，包括对内部自我世界的探索和对外部社会环境的适应。因此，我们将从"自我发展"和"社会适应"两个角度出发来考察网络自我表现产生的影响。

一、对自我发展的影响

（一）心理自我

建构一个稳定而连贯的自我认同是个体毕生发展的重要任务，尤其对青少年而言，如何整合和发展自我是他们日常生活中需要解决的问题之一(Nurmi，2004；Kroger，2006)。相比于物理环境，网络环境提供了更多探索和更少承诺的机会(Šmahel，2003)，人们可以借此寻求"我是谁"等问题的答案，并且对自我发展产生相应的影响。

一方面，网络自我表现会对心理自我的发展带来积极的影响。自网络工具诞生以来，不少研究支持了这一观点。比如，有研究者声称创建独立的网络自我认同有助于个体完善自我并克服现实生活中的困难(Turkle，1995，1997，2005)。另有研究者也认为沟通互动等网络表现可以建立个体对虚拟团队的归属感，以此建立的网络自我认同与现实生活中的自我认同感一样重要，会提升个体被需求的积极感受(Blanchard，2008；Šmahel，2008；Thomas，2000)。

另一方面，网络自我表现也会造成一些消极影响。有研究者提出，网络环境下的独立自我认同可能妨碍灵活和完整人格的发展。换言之，网络自我认同会因为网络人际关系缺乏连续性(易中断)而变得脱节和僵化，逃跑等回避策略可能会变成人们处理问题的主要策略(Reid，1998)。此外，为了改善或烘托自己的形象，一些人在网络自我表现的过程中充满了"假装""吹嘘"甚至"欺骗"，这种"虚假自我"的构建会在一定程度上模糊人们对自己身份的真实评价(Blinka & Šmahel，2009；Konecny & Šmahel，2007；Michikyan，Subrahmanyam，& Dennis，2014；Seidman，2013；Šmahel & Machovcova，2006)。

综上所述，网络世界作为自我探索的虚拟平台，对人们自我发展的影响有利也有弊，这中间的发生机制还有待广大心理学者的进一步研究和分析。接下来，我们将按照马希娅(Marcia)对于自我认同状态的分类来具体了解网络自我表现对青少年群体自我发展的影响(Šmahel，2003，2005；Vybiral，Šmahel，& Divínová，2004；Subrahmanyam & Šmahel，2011)。

自我认同早闭：在网络环境下，处于早闭阶段的青少年可以恢复到没有做出承诺的自我认同状态，他们可以尝试现实生活中"不敢"去做的事情，对他们而言，在线自我认同会影响他们的离线自我认同。

自我认同扩散：网络环境可以为处于扩散阶段的青少年提供一个安全的避风港。在这里，他们能够学会如何表达观点、与人交流、打破团体规范而不用担心受到制裁（自我认同扩散难以用问卷来测量，研究结果的可靠性需要更多的研究证据）。

自我认同延迟：处于延迟阶段的青少年还在尝试和实验不同的角色和认同，而网络正是他们进行探索的理想场所。这些青少年在网络上更为开放，他们会更频繁地打破离线生活常见的规则，也更有可能使用网络来澄清他们真实的价值观和态度。

自我认同完成：寻找一个人的自我认同并不会在青少年期结束，这是一个持续终生的过程，青少年或者成年人可能会经历多个"MAMA"循环（延迟阶段和完成阶段的重复出现）（McAdams，1997）。对于处在完成阶段的青少年来说，网络环境可以反射当前的目标和价值观，并帮助这些青少年安全地返回延迟阶段，提供了重新实验自我认同的安全机会（Wallace，1999）。

（二）身体自我

前人的一些研究提示，网络上的身体自我呈现是网络自我表现的一部分，会对其现实生活中的身体自我认同产生影响（Daniel & Bridges，2010；Rodgers et al.，2013；Tiggemann & Miller，2010；Tiggemann & Slater，2013）。

具体来看，对身体映象水平较高的人而言，他们更愿意在网络上进行身体呈现，而且在网络化身的选择上倾向于如实地反映自身的真实情况，所以他们的网络化身知觉程度相对比较低。由于身体映象与身体自我密切相关，所以高身体映象水平的个体往往有着较强的自我意识，网络对他们来说就像是展现自我的舞台，他们对自己身体的认可度较高，自我认同完成的情况也较好（杜岩英，雷雳，2010）。

对身体映象水平较低的人来说，他们对网络化身的修饰程度比一般人更高，而且更倾向于呈现贴近自己理想标准的完美体貌。根据认知—行为理论的观点，这种网络身体修饰行为可被看作是对身体的积极管理行为，某种程度上等同于化妆、美服的作用，能够在一定程度上补偿现实中的缺憾，从而提升自我认同感（Cash & Pruzinsky，2002）。换言之，网络身体自我呈现为构建更完美的自我提供了途径，人们会将这种虚拟美化后的身体纳入自己的身体映象范畴，并因此获得满足感，这会在一定程度上提升自我认同的水平。相比之下，有研究者还从现实—理想/自我差异（Makros & McCabe，2001）的角度提出了相应的解释，他们认为美化后的虚拟身体能够在网络上得到欣赏和认可，这可以缓解用户现实身体的负面影响，相当于美化了身体自我，从而减少了现实—理想/自我的差异，有利于自我认同的完成（雷雳，2012）。

总之，在这样一个对"身体"高度关注的社会里，"颜值""马甲线"或"人鱼线"等标准正在影响着人们的审美评价，而无论个体身体映象水平是高还是低，网络身体呈现都是他们发展身体自我认同感不可或缺的一种表现方式。

二、对社会适应的影响

(一)认知态度

现代人比前人更喜欢在虚拟世界中玩耍、接受挑战、获取持续的反馈并与他人竞争（McGonigal，2011），这些不同的网络自我表现会影响用户在虚拟环境中的认知态度。有研究者考察了网络化身线索对认知的启动效应（Peña, Hancock, & Merola，2009）。在该实验中，他们发现与攻击性相联系的化身线索会激活个体消极的认知，并同时抑制积极的认知，这些攻击性化身用户会在任务中对他人持以攻击性的态度。

此外，网络自我呈现的视觉线索会影响个体对其他社会群体的刻板印象。其中，有研究表明，那些被要求创建并使用年迈化身的个体（虚拟镜子中观看自己年迈的形象），在经过多重记忆、焦点访谈、同伴互动等任务之后，他们对老年人的消极刻板印象会显著减少（Yee & Bailenson，2006，2007）。在种族刻板印象上，网络环境中个人信息的呈现和沟通会帮助人们获得了大量与少数族裔有关的信息（文化习俗、信仰体系等），这在某种程度上会改变他们对少数族裔的刻板印象（Tynes，2007）。然而，当研究者设定一个种族情境来考察了被试对不同网络化身的态度时，他们发现大多数人普遍在内隐层面对少数族裔存在典型的刻板印象，而且这种态度会因为化身的典型长相特征得到强化（Dotsch & Wigboldus，2008）。

(二)行为表现

网络自我表现同样会对人们的各种社会行为表现产生影响。其中，有研究者对网络用户的攻击性行为进行了考察，结果发现不管是在个体水平还是群体水平上，使用高攻击性化身的被试都会表现出更高水平的攻击行为(Peña et al.，2009)。在关于合作行为的研究中，研究者将被试随机分配至网络化身"吸引力"组和"非吸引力"组，然后要求他们在虚拟网络中进行互动。结果发现，那些具有吸引力网络化身的个体更倾向于与他人建立同盟，同时有着更多的个人表露行为，而且因为该研究并没有要求被试主动选择他们的网络化身，所以更有力地证明了网络自我表现的客观存在将会影响人们的社会合作行为(Yee & Bailenson，2007)。同时，有研究者还进一步指出，团体归属感需求会导致网络用户产生更多的合作行为(Šmahel，2008)。在涉及社交行为的研究中，研究者发现人们的化身选择设定是为了增加自身在社交中的影响力，如那些使用有吸引力化身(高个子)的个体往往有着更好的社交表现，在谈判中也更有说服力，而且这种强势的谈判表现还会延续到面对面的情境中，不过只存在了较短的时间(Simon，2010；Yee & Bailenson，2007)。

此外，研究者在有关虚拟社区"第二人生"的研究中还发现，有吸引力的化身更倾向于同他人进行交流互动，也比无吸引力的化身收获了更多友谊(Brien，2009)。同样是涉及"第二人生"社区的研究，有研究者将被试随机分配至"着装正式"和"着重靓丽"的女性化身组，然后要求他们进行日志书写，结果发现着装正式的化身会更多地提及教育、书籍和数字方面的内容，而着装靓丽的化身则更多地提及了社交、娱乐等内容，这也在一定程度上表明了化身对人们社交行为的影响(Peña et al.，2009)。不仅如此，网络社区的流行文化还会改变青少年们的网络自我形象，他们会表现出更多符合该流行文化的行为(穿特殊服饰、听流行音乐等)(Thomas，2000)。与此同时，这些虚拟社区中产生的行为效应还会延伸到现实生活中去，如由化身吸引力引起的自我表现行为会持续到虚拟世界外的约会环境中(Nicole，Rebecca，& Jennifer，2006)。

第六章

网络与人格

批判性思考

1. 我是谁？在现实中是谁？在网络中是谁？"真实的我""理想的我""应该的我"在现实世界与网络世界中分别都是什么样呢？
2. 在网络上尝试、体验不同的人格特点，会与线下人格发生冲突吗？
3. 表情和动作是人际互动中的重要线索，但在网络中很难发挥原有的作用，新奇而生动的网络用语会给虚拟世界中的沟通带来温度吗？

关键术语

网络社交，网络娱乐，网络信息，外向性，神经质，宜人性，开放性，社会支持，虚拟团体，虚拟人格

互联网是一种有异于传统的媒介，它具有传统多媒体的特性，又具有强大的交互性，而这种交互性因它的匿名性、隐形性等特点又不同于现实中的面对面的人际交往。正是这种不同，使具有不同人格倾向的使用者在选择自己需要的互联网服务的同时，其人格也受到了互联网的影响。本章着重于"网络与人格"研究中的两个问题：其一，人格倾向对选择互联网服务的作用；其二，互联网对个体人格倾向的影响。

第一节　互联网使用与人格差异

随着互联网的快速发展，它已经逐渐渗透到人们生活的各个方面了，虽然互联网不能代替现实生活，但是它已经成了现实生活的一部分。在

个体与环境的互动过程中，人格倾向在很大程度上决定着个体对待世界的基本态度和行为方式，决定着对特定情境的选择及其与特定情境的结合，因此可以认为人格是决定个体选择、从事某种网上活动的一个很重要的因素。同时，互联网提供的不同服务也会对个体的人格倾向产生或积极或消极的影响。现有的研究从不同的方面用不同的方法对存在于个体人格特征与互联网使用之间的这种交互作用进行了深入研究。

一、互联网使用简述

随着互联网的迅猛发展，它已经被越来越多的人接受和使用，它在无形中对人们的影响也与日俱增。互联网作为一种工具，它的发展日益成熟，功能日益强大，使用日益便捷，已经成为人们工作生活中不可或缺的一部分。当前心理学界对互联网使用的研究主要有两个角度：一是互联网使用内容，也就是从其功能上进行研究；二是互联网使用程度，如是否成瘾。

(一)从内容看互联网使用

研究者通过因素分析显示了互联网服务的三个因素：社交服务、信息服务和娱乐服务(Hamburger & Ben-Artzi，2000)。其中社交服务包括聊天、讨论组、查询别人的地址。信息服务包括与工作相关的信息、与学习相关的信息。娱乐服务有随机冲浪。

还有研究发现了 4 个因素：工作、娱乐、社交、在家庭中的使用(Hills & Argyle，2003)。其中工作因素指的是与工作相关的所有活动；娱乐因素指的是聊天组、在线游戏；社交因素是指与此因素有关的活动更多地发生在学校或是学术环境中，如给朋友发电子邮件、查询一般信息、查询学习资料，因为在类似环境中，时间压力和管理没有在工作场所那么严格；在家庭中的使用是指与此因素有关的活动更可能发生在家庭，如网上银行、网上购物。

在雷雳和柳铭心(2005)对青少年群体的研究中通过因素分析显示了 4 个因素：信息、交易、娱乐、社交。其中信息类包括浏览网页、搜索引擎等；交易类包括网络购物、网上教育等；娱乐类包括网络游戏、多媒体娱乐等；社交类包括聊天室、QQ、BBS 论坛等。

(二)从程度看互联网使用

当个体过度使用互联网，甚至沉溺、依赖互联网时，就会给其身心健康及生活带来一系列的消极影响。伊凡·戈德堡(Ivan Goldberg)于1994年首先将此现象命名为网络成瘾障碍(Internet Addiction Disorder，IAD)。随后，金伯利·杨(Kimberly Young)于1996年从DSM-Ⅳ对于病理性赌博的判断标准中发展出病理性互联网使用(PIU)的概念，将它定义为无成瘾物质作用下的上网行为冲动失控，并将其看作是一种冲动控制障碍。此外，还有研究者将此现象称为互联网过度使用(Internet Overuse，IOU)，问题互联网使用(Problematic Internet Use)，互联网行为依赖(Internet Behavior Dependence，IBD)等。

一般来说，病理性互联网使用有以下7个特征：①凸显性(salience)，指互联网使用占据了用户的思维与行为活动的中心；②心境改变(mood alteration)，指使用互联网来改变消极的心境；③社交抚慰(social comfort)，指认为在网上交流要更舒适、安全，依赖互联网作为其社交的途径；④耐受性(tolerance)，指互联网用户为了获得满足感而不断地增加上网时间与投入程度；⑤强迫性上网(compulsive internet use)，指希望减少上网时间，但无法做到，并且对互联网有近似于强迫性的迷恋；⑥戒断症状(withdrawal symptoms)，指停止互联网使用会产生不良的生理反应与负性情绪；⑦消极后果(negative outcomes)，指互联网使用对正常生活产生了负面影响，主要关注由于上网造成人际、健康和学业问题(雷雳，杨洋，2007)。

病理性互联网使用者在网络上的活动主要有5种类型：①网络性成瘾，即难以控制访问成人网站，沉溺于网络色情文学、成人话题聊天室或是色情视频；②网络关系瘾，即过分迷恋在线人际关系，在线人际关系甚至取代了现实人际关系的建立和维持；③上网冲动，即无法抵御网络购物或是娱乐信息和游戏；④信息超载，即强迫性地、无节制地或漫无目的地浏览网页、查找信息，搜索、下载过多的资料；⑤电脑成瘾，即过于迷恋设计电脑游戏或是其他各种程序。

总之，网络植根于现实，但却不是现实，更不能取代现实，长期过度使用网络，依赖网络会导致使用者的人际关系冲突，如与家庭、朋友关系淡漠等；也会与使用者的其他活动冲突，如影响学习、工作、社会活动和其他爱好等。有的过度使用者完全沉迷于网络，无法清醒地认识到生活的变化，而有些过度使用者对自己的成瘾行为则存在极度的矛盾心理：能够意识到过度上网的危害，但是又不愿放弃上网带来的各种精神满足，造成无法控制自己的上网行为。当个体在使用互联网的过程中，在某一类或几类活动中出现上述的现象时，就需要引起注意，考虑接受进一步的干预。

二、人格差异简述

人格是构成一个人的思想、情感及行为的特有统合模式，这个独特模式包含了一个人区别于他人的稳定而统一的心理品质。它包含了两个意思：一是指一个人在人生舞台上表现出来的种种言行，人遵从社会文化习俗的要求而做出的反应，它表现出一个人外在的人格品质；二是指一个人由于某种原因不愿展现的人格成分，即面具后的真实自我，这是人格的内在特征。就好比一台运行良好的电脑，个体可以选择自己想要呈现的界面，而决定这个界面如何呈现的程序却隐藏在后台，是我们看不到的，对个体来说，人格就是驱使个体行为表现的一组程序。

现有研究发现个体的人格与其广泛的活动和各种类型的行为都有着密切的关系，如上学出勤率、赌博行为、音乐偏好、领导行为、动作侵犯等。具体到互联网使用，个体人格在网络环境下会如何表现？网络环境对个体人格会产生什么影响？从人格的视角去考察个体的互联网使用更有可能反应个体的动机、需求、价值观、偏好以及其他人格特质。个体在网络上展现自己的方式以及与他人互动的方式都留下了他们人格的印迹，如上传选好的照片或是展示自己的兴趣爱好。

研究者对纷繁复杂的人格特质进行了归纳组织，提出了少数几个基本因素。这种划分又可以反映为两种方式，一是人格的特质模型，二是人格的类型模型。

科斯塔（Costa）与麦克雷（McCrae）提出的"大五"（big five）人格结构是典型的特质模型（trait model），他们认为人格可以表现为五种典型的特质，即外向性、责任心、神经质、宜人性、开放性（表6-1），这一模型也被称为人格五因素模型（five-factor model）。这一观点在横断研究、纵向研究及序列研究中都得到了验证。

表 6-1　大五人格特质

大五因素	积极的特征描述	消极的特征描述
外向性	好社交，喜欢交谈，能担责，能表达自己的意见和感受，喜欢忙碌，精力充沛，偏好充满刺激和挑战的环境	矜持、安静、被动、严肃、情绪反应弱
责任心	勤奋努力，雄心勃勃，精力充沛，小心谨慎，不屈不挠	粗心大意，懒惰散漫，杂乱无章，漫无目的，半途而废
神经质	平静、脾气温和、自我满足、舒适、非情绪化、大胆	焦虑、敌意、自我意识、忧郁、冲动、脆弱
宜人性	有礼貌的、合作的、利他的、易被他人接受、关心人	冷酷无情，疑神疑鬼，吝啬小气，吹毛求疵，容易发怒
开放性	想象力丰富的、具有创造性的、好奇的、机敏的、善于创造的	脚踏实地，枯燥乏味，墨守成规，谨小慎微

　　针对北美被试的纵向研究及横断研究表明，宜人性和责任心从青少年期到中年期在增加，而神经质下降，外向性及开放性基本不变。这种趋势在德国、意大利、日本、俄罗斯及韩国等多种文化中得到了检验。因此，一些研究者认为成人期人格特质的变化受遗传影响。"大五"特质上的差异广泛而高度稳定。对 150 多项纵向研究的分析表明，在青年期和中年期人格特质的稳定性在增加，在 50 多岁时达到顶峰（Roberts & Del Vecchio，2000）。

　　人格对人们的生活会产生重要影响，尤其是因为每个人都要为自己找到一个适合的小环境，也就是选择的生活方式和社会背景，包括个人的职业、邻居、配偶和日常规律等。人们做出的选择是适合其人格的。在科斯塔和麦克雷看来，不是生活经验改变了人格，而是人格塑造了生活（McCrae & Costa，2003）。比如，在中年期再婚的男性往往在神经质方面会变得更弱（Roberts & Mroczek，2008）。

　　乍一看，既然人格特质是稳定的，那么成人期的变化就与之矛盾了。对此，研究者认为，成人期人格的宏观组织和整合会发生变化，但是这一变化是以基本的、持久的先天素质为基础的，它使人在生活环境发生变化时能够保持连贯的自我感。

此外，值得一提的是，国内的研究者认为中西方的文化对人格特质的表现会有不同的影响，通过区分中西方人格结构的共性与特异性及其性质，提出了七因素模型（王登峰，崔红，2003，2008）和六因素模型（张建新，周明洁，2006）。

三、互联网使用与人格的关系

对人格和互联网使用关系的预测来源于两个理论基础：一是用且满足模型，二是社会网络理论。用且满足模型提出沟通媒介的各种形式都是满足需求的来源。要明确沟通媒介对个体的影响，就必须先明确使用媒介能够满足什么需求。对互联网而言，个体使用互联网主要是为了满足信息和沟通需要，其次是娱乐和逃避的需要（Kraut，Kiesler，Boneva，Cummings，Helgeson，& Crawford，2001）。因此，预测人格和互联网使用的关系的一个基础其实是人格与这些需求的关系。比如，外向者比内向者有更强烈的沟通需要，他们更善于表达，所以在网络环境中也更有可能充分利用沟通工具进行交流。

社会网络理论认为，在社交过程中，人格特征会影响动机和行为，从而影响社交结果。比如，与内向的个体相比，外向的个体更有可能发起社交并经历成功的社交，而内向的个体更愿意自我陪伴而不是他人陪伴；神经质的个体焦虑、情绪化、对社交刺激反应过度，与稳定的个体相比，他们的社交往往不顺利。因此，预测人格和互联网使用的关系的第二个基础是人格与社交质量的关系。个体性格越稳定，令人满意的社交就越多，就越有可能使用互联网上的沟通工具。

可见，互联网使用者有不同的人格类型，而不同类型的个体会根据自己的偏好、需求以及现实状况以不同的方式使用互联网提供的各种不同的服务（Amichai-Hamburger，2002）。在互联网提供的社交、信息和娱乐服务中，人与人之间的交流可能是最重要的，并且推动着互联网的其他使用。CNNIC 2015 年发布的第 35 次《中国互联网络发展状况统计报告》中也表明在用户经常使用的网络服务或功能中，有 90.6% 的用户使用即时通信，有 80.5% 的用户使用搜索引擎，有 80.0% 的用户使用网络新闻，使用网络音乐、网络视频和网络游戏的用户分别为 73.7%、66.7%、56.4%。

第二节　人格对互联网使用的影响

当网络成为人们生活的第二个世界时，与网络有关的各种心理现象引起了心理学研究者和社会学研究者的注意，研究者不仅提出各种互联网与人格之间关系的理论假设，也进行了大量的相关研究。

一、人格倾向对网上社交服务使用的影响

当你飞快地敲打着键盘，选择符合心意的表情，等待着对方的回应……你认识电脑另一端与你侃侃而谈的那个人吗？如果认识，那么他（她）与平常面对面时一样吗？如果不认识，那么你对现实中的他（她）有期待吗？对你自己来说，你在网络上喜欢聊天的人与现实中喜欢的人是一类人吗？你在网络上对人会更包容还是更苛刻？更随意还是更谨慎？

与现实生活中面对面的交流相比较而言，网上交流主要有四点不同：匿名性、隐形性、没有地理位置限制以及时间上的非同步性（McKenna & Bargh，2000）。那么，网上社交性服务的使用者在人格倾向上有什么特点呢？

(一)网络社交与真实社交的区别

在现实生活中，我们通过面对面的方式从外表、言行去认识、接触、了解另一个人，同样也通过外表、言行给他人留下印象，我们或是把自己擅长的或喜欢的那一面呈现给他人，或是根据他人的喜好或场合的需要呈现自己。我们会花费时间和精力去反思别人对我们的看法，进而建立亲密关系，我们会通过观察对方来获得反馈，从而调整自己，但无论如何，有些性格在面对面的交流中是无法掩饰的，如胆小羞怯、有社交焦虑的个体很难把自己表现得自信并且自我感觉良好。

而在网络的虚拟世界中，一方面各种社交工具为我们与他人的相识、交流提供了更多可能，另一方面也由于网络的匿名性和开放性等特点，使我们在网络上展现另一个不同的"我"成为可能，我们可以自由地编辑

自己的网络资料，影响他人对自己的看法（Rosenberg & Egbert，2011），"塑造"自己在他人心中的形象。比如，个人资料填写时，如果需要自拍照，就会选择有利的角度拍照，之后会用软件修饰后再上传；兴趣爱好部分则会选择有利于自己的内容，如喜欢参加各种体育运动，跑步、打球、游泳，但是生活中实际上很少参与。

(二)互联网社交服务使用动机

研究者认为在互联网上与他人交往主要有两种动机，即个人动机和社会动机，在日常的社会交往中这两种需要没有得到满足的个体就会采用互联网的方式去实现它们（McKenna & Bargh，2000）。

雷雳和柳铭心（2005）对青少年的研究发现，一方面，女生比男生更偏好互联网社交服务的使用，这可能是因为在青春期，女生比男生更早进入青春期发育，在适应青春期变化带来的压力、追求独立、建立自我认同、满足情感方面的需要等方面，通常比男生更为迫切，而现实生活中的人际沟通不足以满足这些需要时，互联网就成了一个选择。而且男生和女生在建立社会关系时使用的方式是不同的，女生之间常常通过"言语"表达亲密关系，男生之间通过"游戏"等非言语方式建立友情，而网络聊天这种全新的更加自由开放的方式正是现实中"言语"交流的一种延伸，所以女生使用互联网的社交服务更为突出。

另一方面，青少年互联网社交服务的使用随着年级的升高呈上升趋势，这可能是因为学习压力相对增大，伴随而来的还有身体上和心理上的困惑和不安，而当前的社会环境和家庭环境又不能正当而及时地排除他们心中的困惑，他们就会不断寻求新的方式去交流，去缓解压力或是解决问题。而网上聊天这种交流方式带给青少年的远远超出了它带来的新鲜感，它提供了一个超出现实的平台，使有相似问题的人能够共同交流，在无形中增加一种社会支持。中学生对网络社交服务的喜爱在初二时发生了质的变化，而且之后也是呈上升趋势，这也是青少年情感交流需要不断增加的体现。

还有研究者认为使用网络社交服务的主要动机与维持已有的线下关系有关（Ellison，Steinfield，& Lampe，2007），而这种动机在不同的年龄群体中有所不同，青少年通过展现个人信息表达他们的身份，而稍大些的青少年则通过各种联结来表达身份(Lee，Lee，& Kwon，2010)。过度使用在线社交工具往往会加强线上关系的建立和维护，而不是线下的真实社交网络，这样也许是有问题的。比如，对推特类工具的过度使用会激发体验快乐的多巴胺系统 (Hofmann，Vohs，& Baumeister，2012)，带来即时满足，这样可能会影响现实生活中的沟通。

(三)人格倾向与互联网社交服务使用

1. 外向性

从人格特征来看，对有些人来说，互联网被作为真实的面对面社交的替代品，但是对另外一些人来说，互联网则是一种社交扩展的工具，这取决于使用者的人格特征。外向的个体比内向的个体更加坦率、活跃、合群、热情并且具有更多的积极情绪，拥有更多的社会支持。对外向的个体来说，使用互联网是在保持和扩展现实中的人际关系，有的研究发现外向的、善于交际的个体比内向的个体更可能使用互联网来保持与家人和朋友的关系，或者频繁地使用网上聊天室结识新朋友。这与"富者更富"模型是一致的，即外向的与拥有更多现存社会支持的个体能够从互联网使用中得到更多的益处(Kraut et al.，2001)，而对内向的个体来说，使用互联网能够让自己集中注意力并能够静静地独处，能够在网络世界中寻求和建立人际关系。

有研究验证了这一点，比较内向的个体由于害羞，会回避面对面的交往，在虚拟世界中他们能够更直率、更舒服地表达自己，相反，高外向性的个体似乎更喜欢面对面的社会交往，而不是在虚拟世界中交往(Zamani，Abedini，& Kheradmand，2011)。还有的研究发现越外向、主观社会支持和客观社会支持越多的青少年越有可能使用互联网社交服务，外向的、善于交际的个体可以通过互联网结识他人，并且特别愿意通过互联网进行人际交流。在与较外向的受访中学生的谈话中，他们都提到有高兴的事情时，除了愿意与身边的同学和家长共享外，还愿意上网与网友分享，网上好友团体的祝贺与支持鼓励可以使他们体验到更多的积极情感，从访谈中可以发现他们在心情好的时候更愿意上网聊天，这可能是因为他们在现实中得到和感受到很多支持，并且在有困难时能够充分地利用这些支持。

可见，外向性既可能直接影响青少年使用互联网社交服务，又可以通过现实中青少年的社会支持情况对他们使用互联网社交服务产生间接的影响。网络交往具有的匿名性、隐形性这些特点使社交焦虑的个体有可能通过网络社交来弥补现实社会交往的不足，而内向的个体较外向个体更容易产生社交焦虑，所以青少年的外向性通过社交焦虑也会间接预测青少年的互联网社交服务的使用（雷雳，柳铭心，2005）。

2. 神经质

内向并且神经质的人在社会交往上有困难，所以他们倾向于在互联网上定位"真实自我"，而外向并且非神经质的人是通过传统的面对面的社会交往定位"真实自我"（Amichai-Hamburger，Wainapel，& Fox，2002）。对于神经质性来说，人们总是认为神经质的人是羞怯的、焦虑的，他们在真实的社会情境中很难形成社会关系，只有坐在电脑屏幕前面才能够进行社会交往，但是，从人格理论看，低焦虑、善于交际的个体更有可能使用新的交际工具来满足他们的社会需要，如互联网（Peris，Gimeno，Pinazo，Ortet，Carrero，Sanchiz，& Ibáñez，2002）。

研究发现（Hamburger & Ben-Artzi，2000），对女性来说，社交性站点的使用与外向性呈负相关，与神经质性呈正相关，而这是因为女性有较高的自我意识，更可能通过使用社交性网站寻求支持；他们的后继研究也支持了这种结果，认为神经质性的个体更容易孤独，并且更倾向于使用互联网上的社交性服务（Amichai-Hamburger & Ben-Artzi，2003）。

对青少年的研究（雷雳，柳铭心，2005）发现，高神经质的青少年具有易情绪化、易冲动、依赖性强、易焦虑和自我感觉差的特点。现实生活中面对面的交往使他们容易产生社交焦虑、孤独，对社会支持的感知性较低，而在虚拟的互联网世界中，他们可以从容地按照自己的速度与兴趣建立自己的人际关系，从网络关系中获得社会支持，从而也可以更好地了解自己的社交特性，由此更好地了解自己，正确认识自己，愉快地接纳自己，正确对待他人的评价。在他们自己建立的网络社交关系中，他们能够体验到更多的社会支持、归属感和亲密感，从而增强自信和自我效能感，在面对面的现实人际交往情境中，能增加对自己社交能力的自信。由此可以看出，神经质对青少年使用互联网社交服务既可能有着直接影响，也可能通过社交焦虑间接地影响着青少年互联网社交服务的使用。

3. 宜人性

在人格特征中，除了外向性和神经质性这两种倾向与使用网上社交服务有密切关系外，有研究认为宜人性也会有影响。高宜人性的个体总是友善易于相处的，这种人格特质使他们在有时不太友好的互联网环境中可以吸引他人，从而较容易和网络上的其他人形成友谊，而之后有研究者在对大学生的研究中发现，不能与他人友好相处的低宜人性的学生，他们会在互联网上花费更多时间，其他同学很难在团体活动中找到他。这可能是因为与面对面的人际交往不同，互联网对个体宜人性的要求相对较少，这就使得网络上的环境更适合低宜人性的个体（Richard，Landers，& Lounsbury，2006）。从这个结果也可以看出，当个体宜人性较高的同时还拥有丰富的资源，也是沉溺于在线社交或游戏的保护性因素。而情绪稳定性高的学生在遇到问题时体验到的消极情绪较少，因此，对他们来说，不太可能通过过度使用互联网或沉溺于互联网来缓解消极情绪（Zamani et al.，2011）。

人格特征除了会影响个体互联网社交服务使用偏好，还会影响在网络社交中如何进行自我表达。有研究发现，在网络约会中，错误地表述自我与人格中的宜人性、责任心和开放性有关，而外向性的个体则不会错误地表述自我，这可能表明他们悦纳真实的自己或者是他们期望别人受到他们真实人格的吸引。高宜人性的个体不太容易错误地表述自我，这可能是因为他们总是非常受欢迎，并且关注为他人谋福利，所以他们不愿意误导或是欺骗别人；低责任心的个体更容易错误地表述自我，这可能是因为他们并不考虑当前行为带来的影响；最后，低开放性的个体更可能错误地表述自我，这可能是社交补偿的一种形式。换句话说，为了吸引约会对象，他们会有策略地展示自己，如表现得更聪慧、胆大、有趣（Hall，Park，Song，& Cody，2010）。

人们在网上寻求与保持社会关系的理由是不同的，不论何种人格倾向，都有可能利用网络来寻求会话对象，试验新的交流媒介，或是和其他人发展关系。一般人是为了寻求友谊，社会化，聊天，或是为了娱乐与他人会面。孤独的人是为了寻求同伴。害羞的人或是社会关系有问题的人是为了寻求爱或是一种友谊。粗鲁的人想要骚扰其他人，人格反复无常的人是为了寻求性关系。研究人员是为了寻找信息，无聊的人是为了寻找乐趣（Peris et al.，2002）。

拓展阅读

脸谱网是敌还是友？

近年来对儿童青少年的研究发现，过度使用社交网络跟学业成绩低下、身体不健康和潜在的精神疾病症状等问题密切相关。

罗森（Larry D. Rosen）博士是美国加利福尼亚州立大学的心理学教授，他在美国心理学会（APA）2011 年年会上的研究报告中指出：跟那些上网行为在父母严格监控下的孩子相比，那些上网行为不被父母监控、可以任意使用脸谱网的孩子更不健康，存在更强的自恋倾向，而且学业表现更差。

这项研究目的在于探讨脸谱网和其他技术对现代青少年的身心健康的影响。罗森发现，频繁使用脸谱网的学生更加容易出现精神健康问题，学业成绩更差，而且比使用频率较低的学生更容易生病。

罗森认为："网络对于现代的孩子而言，就像空气对于我们一般重要。对孩子来说，网络不仅仅是一种工具，而是已经成为他们世界的一部分。"

在罗森尚未发表的一项研究中，他以 15 分钟为单位，监测了279 位初中、高中和大学学生的学习习惯，并记录他们在投入学习前上脸谱网或给朋友发短信等活动的时间。他发现，在学习和这些分心活动之间来回切换的学生，比那些坚持做完学校作业后再上网的学生成绩更差。

罗森表示："哪怕在 15 分钟内只查看脸谱网一次，也预示着糟糕的学业成绩。"

罗森在 2009 年进行的一项研究调查了 1000 名父母在孩子的上网行为、饮食习惯、运动习惯、身心健康和对其他技术产品（如视频游戏）等方面花费的时间，结果发现，在控制了人口学变量、饮食习惯和缺乏锻炼等变量的影响之后，媒体和网络技术仍然对孩子的健康有着极大的影响。

他表示："对于从小学到高中的所有群体来说，使用媒体和网络越多的孩子就越不健康：他们会请更多的病假，更经常胃疼，更抑郁，并且在学校里的表现更差。你所能想到的所有健康问题，在这些孩子身上都更严重。"

　　为了检验社交媒体对心理健康的影响，罗森对之前的研究被试进行了随访调查，考察频繁使用社交网络尤其是脸谱网是否能够预测青少年群体的人格障碍症状表现。初步的结果发现，对于青少年来说，频繁使用脸谱网跟更多的自恋倾向有关；但对于大学生来说，频繁使用脸谱网跟更多的人格障碍相联系，包括自恋、反社会人格、躁郁症和边缘型人格障碍等。

　　虽然这样的结果很不乐观，作为脸谱网的一名忠实用户，罗森表示，他仍然相信社交网络媒体会对青少年产生积极影响。2011年，他和他的同事发现，在脸谱网上花费的时间比同伴多的年轻人对在线朋友表现出更好的虚拟移情（virtual empathy）能力，且这种虚拟移情能力能够预测现实生活中的移情能力。

　　罗森指出："从统计学上讲，虚拟世界的移情和现实世界的移情能力甚至出现了因果联系，他们在网上更多地相互交流、分享和联系，在现实生活中他们就越能够移情。"

　　罗森表示，家庭教养方式能够决定孩子们对脸谱网的使用是过度还是适度。2008年的一项研究表明，采取权威型教养方式（建立严格的网络使用制度、设定明确的限制、讨论可能的消极结果等做法）家庭中的孩子更倾向于有节制地使用互联网，而且他们的自尊水平更高，抑郁水平更低。

　　"我们不能简单地认为可以信任孩子，由着他们去上网。但我们也不能走相反的道路，将软件安装到他们的电脑上，监控他们敲击键盘的次数。何况，现在大部分孩子在5分钟之内就能将软件破解。"

　　父母应该评估孩子在社交网站中的活动，跟他们商量删除不适当的内容或者剔除那些看上去有问题的网友。为人父母同样需要关注网络动态，了解孩子们使用的最新技术、网站和应用软件。

　　"你需要跟你的孩子谈话，更确切地说，要倾听他们——自己说1分钟，让孩子说5分钟。"

二、人格倾向对网上信息服务使用的影响

　　当你需要了解某个领域时，当你在陌生的地方找不到目的地时，谁能够最快捷地为你提供最全面的目标信息？是父母？老师？朋友？还是互联网？近一周来，你在互联网上搜索过多少问题？都涉及哪些方面？从古到今、从生活到学习、从学习到工作、从衣食住行到医疗养老……

互联网科技的飞速发展使我们置身于信息爆炸的时代，互联网到底是解放了人脑还是绑架了人脑？

信息服务是互联网的又一个重要功能，主要包括浏览网页和使用搜索引擎。这一功能极大地扩展了人们的生活，以一种前所未有的方式为上网用户提供了海量的信息。在信息面前人们越来越平等，对大多数问题来说，从未知通向已知通常就是输入问题那么简单，而在海量的结果中进行筛选对使用者来说既有积极影响又有消极影响，人们不必担心信息的枯竭，而是要留神不要被信息淹没，也就是信息过载的问题。

(一)神经质与网络信息服务

研究发现，对男性来说，神经质与信息服务的使用呈负相关（Hamburger et al.，2000）。而对青少年的研究表明，在互联网信息服务使用偏好上并不存在性别差异，也就是说男生和女生在互联网信息服务的使用偏好上是不受性别差异影响的。但是，年级是影响青少年互联网信息服务使用偏好的一个因素，随着年级的升高，青少年的求知欲不断增强，急于拓展自己的知识面，而且探索外部世界、追求体验新事物的心理倾向也会增强（柳铭心，雷雳，2005）。

还有研究也发现，高神经质的个体在搜索信息时，会没有安全感并且很焦虑，他们会试图比自信的个体收集更多的信息，这种倾向可能是因为高神经质个体在这个领域有较高的焦虑感和较低的自我效能感（Tuten & Bosnjak，2001）。有研究支持了这一结果，发现神经质和信息交换之间存在边缘显著负相关的关系，也就是说高神经质的个体不太可能使用网上的信息服务（Swickert，Hittner，Harris，& Herring，2002）。

(二)开放性与网络信息服务

研究发现有较高开放性和高认知需求的个体更可能使用含有认识成分的网站，如新闻、教育信息等（Swickert，Hittner，Harris，& Herring，2002）。还有研究发现，高开放性的青少年具有很强的洞察力，想象力丰富，他们具有创新性，敢于打破常规，善于接受和应用新知识和新事物。

互联网上的信息服务对具有高开放性的青少年来说是非常具有吸引力的。首先，在互联网提供的信息内容上，互联网世界是个信息极其丰富的百科全书式的世界，其中包罗万象，青少年能够开阔眼界，并且根据自己的需要自由地搜索相应的资料。其次，在互联网提供的信息数量上，来自各种不同信息源的信息数量按几何级数不断增长，而且信息更新的速度很快，而这一点正好满足了具有创新性的青少年的需求，创新者喜欢经常变化的网站，一成不变会使他们感觉没有乐趣很无聊。最后，在互联网信息的呈现方式上，互联网上的信息并不单纯是文本信息，它已经成为集声音、图像、视频于一身的多媒体载体，大量的信息直观而感性，这样既会吸引青少年的注意，满足他们的新鲜感，又可以使他们的想象力不受现实条件的限制，得以充分地发挥，可见，互联网提供信息的这些特点符合高开放性青少年的认知需求（柳铭心，雷雳，2005）。而有责任心的个体会较多地为了学业而使用互联网（Richard et al.，2006）。

有研究对人格、社会支持和使用互联网信息服务之间的关系进行研究，发现开放性、客观社会支持和对社会支持的利用对互联网信息服务的使用偏好有直接而显著的影响。

（三）宜人性与网络信息服务

上述研究发现，宜人性和外向性对互联网信息服务的使用偏好的影响虽然并不显著，但是它们对客观社会支持、主观社会支持和对支持的利用水平的影响是显著的，所以宜人性和外向性通过社会支持的三个方面间接地对互联网信息服务的使用偏好产生影响。高宜人性的青少年具有宽容、坦诚大方、利他并且谦逊的特点，较易获得更多的社会支持。而外向的青少年比内向的青少年更加坦率、活跃、合群、热情并且具有更多的积极情绪，因此拥有较多的社会支持。这两种人格特征更多是在社交活动上对个体产生影响，但是个体的社会支持状况却可以作为一个调节因素对宜人性、外向性与互联网信息服务使用偏好之间的关系产生影响。研究发现拥有较多客观社会支持的青少年有可能感知到更多的社会支持，而感知到的社会支持越多对社会支持的利用水平也可能越高。客观社会支持以及对社会支持的利用水平对互联网信息服务的使用偏好有着非常显著的影响，青少年拥有的客观社会支持越多，就越有可能喜欢使用互联网信息服务。

对这一结果可以从两个方面来理解。其一，当青少年把互联网上的信息服务当作学习家长、老师提供的学习资料的辅助工具时，他们就会利用互联网的信息查询功能，在查询信息过程中，不仅信息搜索能力和文献检索能力得到训练，在鉴别优劣信息时，还能够发现问题，不断探究。其二，家长、老师给学生提供的上网条件比较充足时，学生更有可能使用互联网信息服务，这可能是因为在现实生活中，家长和老师对学生的学习要求比较高，学生的学习任务比较重，而中学生充满了求知欲，对于身边的事物都非常好奇，互联网上丰富的信息可以使他们的眼界放宽，并且可以通过随机浏览使紧张的学习生活得到放松。

与此同时，研究也发现，当青少年能够充分地利用现实生活中获得的社会支持或者感知到的社会支持时，他们更有可能适度地使用互联网信息服务。也就是说，当青少年在现实的学习、生活中遇到烦恼或是难以解决的问题时，如果能够很好地利用家长、老师为他们提供的支持，那么他们就会把互联网上的信息服务仅仅当作一种有益的补充，而不会沉迷于大量的信息中（柳铭心，雷雳，2005）。

可见，互联网信息服务与社交和娱乐服务有所不同，它带来的愉悦体验相对有限和间接，与个体的人格及其需求有着密切关系。

三、人格倾向对网上娱乐服务使用的影响

一台电脑、一根网线，真的就能让我们在虚拟的游戏世界中体验到不同吗？是互联网消耗了我们太多的闲暇时光，还是我们选择了互联网来充实闲暇时光？当我们沉浸在那些经典的桌面游戏（如连连看、俄罗斯方块）、竞技游戏（如 CS）、角色扮演游戏（如轩辕剑）中无法停止的时候，我们不想停止的是双手还是什么？

互联网娱乐的形式很丰富，大致可以分为非交互性（如多媒体娱乐）和交互性（如网络游戏）两类。有研究者认为，前者主要是对网络资源的利用，外向性和高开放性的青少年更喜欢寻求、使用、接受新的娱乐方式，因此，他们更有可能积极主动地使用互联网来获取更多的资源，使生活更加丰富。而后者在某种程度上与互联网社交服务有类似之处，它作为娱乐项目的同时，也给使用者提供了一个交际的平台。比如竞技类游戏中的反恐精英（CS）、星际争霸、魔兽争霸2、网络围棋、象棋、军棋、拱猪、斗地主、拖拉机等，角色扮演类的剑侠情缘、三国演义、天龙八部、大富翁等。不论在哪类游戏中，所有玩家都像是生活一个全新

的社会里，这个世界同样有需要遵守的准则与崇尚的标准，在现实世界中受到欢迎的那些特点在这个虚拟世界中也会受欢迎，所以高宜人性、外向性的青少年在网络游戏中更有可能营造一个积极的氛围，体验到更多的积极的情绪和社会支持，这也与富者更富模型是一致的，即拥有更多现存社会支持的个体能够从互联网使用中得到更多的益处（柳铭心，雷雳，2005）。

有的研究者认为这类活动是通过在线与他人打游戏或是交流来放松身心、享受快乐的（Swickert et al.，2002）。研究表明神经质和娱乐性服务之间存在边缘显著负相关的关系，也就是说高神经质的个体使用网上娱乐性服务的可能很小，对男性来说，外向性与娱乐服务的使用呈正相关，有研究者认为外向的男性对娱乐性服务（使用性网站）的过多使用是因为他们对刺激和唤醒的更大需求（Hamburger et al.，2000）。还有研究表明高开放性的个体有着好奇的作风，他们在网游中可以尝试新鲜事物，体验新鲜感，使自己的想象力不受现实条件的限制，充分地得以发挥，而网上娱乐活动则为他们提供了探索寻求新异性的机会（Swickert et al.，2002）。

在对网络成瘾的研究中发现，网络游戏成瘾可能与神经质、焦虑以及感觉寻求有关（Mehroof & Griffiths，2010）。高责任感的个体更遵守规则、可信赖、结构化、做事有条理，他们进行网上娱乐活动的可能性较小，开放的并且非结构化的互联网环境缺乏规则和政策，因此对不太有责任感的个体更有吸引力（Richard et al.，2006）。除此之外，研究还表明低认知需求的个体与娱乐服务的使用也是有关系的（Tuten & Bosnjak，2001）。对网络成瘾方面的研究还表明通过内向、情绪稳定性、宜人性、消极效价（苛求、贫穷、渴望给人留下深刻印象）以及吸引力（在意外表、精心打扮、简洁高效、做事积极性高）这些人格特质可以从高参与度的玩家中区分出上瘾的玩家（Charlton & Danforth，2010）。

尽管研究者通过不同的研究分析出个体的人格倾向与互联网服务的不同关系，说明了人格是决定个体网上活动的一个很重要的因素，但是研究者在研究中也发现并不是所有的人格倾向都和互联网活动有非常密切的关系。比如，有研究发现外向性、宜人性和责任心与任何一种形式的互联网活动都没有显著的相关（Tuten & Bosnjak，2001）。

有研究者在关于人格与互联网的研究中，使用主成分分析，得出了个体网上活动的三个主要因素：技术、信息交换（电子邮件的使用和信息的存取）和娱乐（使用即时信息和玩游戏），并且研究结果也表明任何一种人格特质与技术上的互联网使用都没有显著的相关，而神经质性和信息交换、娱乐性服务之间存在边缘显著负相关的关系，也就是说高神经质性的个体不可能使用这两种网上活动（Swickertet al.，2002）。但是也有研究表明有些人格倾向是通过其他变量与互联网活动间接相关的，如社会支持等。

人格特征对互联网使用的影响不仅仅体现在互联网提供的不同服务内容上，而且在对互联网内容的呈现方式上也有所表现。从不同的人格理论、不同的人格维度，我们也可以有一些更好的发现。比如，高封闭性需要的个体倾向于避免不确定性，他们认为大量的超级链接使人心烦意乱，是多余的；而低封闭性需要的个体在充满链接的网络环境中会感觉不错。墨守成规的人更喜欢带有一些固定因素的网站，如果网站频繁地改变，他们会感觉到压力；而创新者喜欢经常变化的网站，一成不变会使他们感觉没有乐趣。控制点会影响人们在网上对时间的控制，内控制点的人更容易控制自己在网上的时间（Amichai-Hamburger，2002）。

第三节　互联网使用对人格的影响

曾有网络调查显示典型的网络使用者比不使用网络者更热衷于读书，也投入更多时间参与社交活动并会积极与朋友保持联系，绝非沉溺于网络世界中的怪胎。这与人们认为在网络上消磨大量时间、极少与真实世界接触的怪胎刻板印象大相径庭。

可见，互联网在为不同人格类型的个体提供服务的同时，也在一定程度上影响着个体的人格。有的研究者认为互联网是个非常强大的媒介，人们在网上能够成功地使自己的人格适应新的环境和要求。在网上，使用者可以用一种新的方式向其他人展现自己的"电子人格"或"数字化自我"。而且这种展现比其他社会场景下的展现更为活跃、更加具有创造力。

人们期望使用互联网与传统的交流方式有相似的效果：更多的社会支持和更少的孤独与压力。一些使用者证实了这种积极的期待，使用互联网不仅维持了他们与家庭和朋友的亲密关系，而且促成了新的亲密的、有意义的关系；还有些使用者没有获得期望的益处，是由于没有使用相应的交流服务，或是他们在网上花费的时间是以更有价值的网下活动为代价的。比如，有研究者对青少年在互联网上的活动进行了考察，发现中学生在网络游戏和聊天室中花费了大量时间，恶化了他们的社会关系，使他们脱离了朋友，增加了他们和家人的冲突（Yang，2001）。有研究表明，人格中的外向性和神经质是与孤独感有关的两个主要的人格倾向。那么使用互联网对外向性和神经质的个体减少孤独感起到了什么作用呢？

一、互联网使用对个体外向性的影响

有的研究表明过多地使用互联网会导致互联网使用者和家庭成员间交流的减少、社交圈子的减小以及孤独和沮丧的增加，研究者认为是互联网使用者花费在网上的时间减少了他们的社会性卷入和心理幸福（Kraut，Patterson，Lundmark，Kiesler，Mukhopadhyay，& Scherlis，1998）。关于使用互联网对个体外向性的影响，不同的研究者得出了不同的结论。有研究者认为大量的互联网使用并没有减少与家庭或是朋友相交往的时间，而只是减少了看电视或读报的时间。互联网影响用户的社会卷入和心理健康的机制目前还不清楚。一种可能是互联网使用的影响取决于人们的在线活动。另外一种可能是互联网使用的所有类型都是平等的，重要的因素不是人们如何使用互联网，而是他们为了上网放弃的东西。在此基础上，研究者提出了关于互联网使用的两种对立的理论模型：富者更富模型和社会补偿模型（Kraut et al.，2001）。

富者更富模型预测，高度社会化（也就是外倾）与拥有更多现存社会支持的个体能够从互联网使用中得到更多的益处。高度社会化的个体可以通过互联网结识他人，并且特别愿意通过互联网进行人际交流。已经拥有大量社会支持的个体可以运用互联网来加强他们与其支持网络中的他人的联系。因此，相对于内倾者与拥有有限社会支持的个体，他们更有可能通过互联网扩大现有社会网络规模和加强现有人际关系。

社会补偿模型预测，内倾者与缺乏社会支持的个体能够从互联网使用中得到最大的益处。拥有有限社会支持的个体可以运用新的在线交流机会来建立人际关系、获得支持性的人际交流和有用的信息，而这在他们的现实生活环境中是不可能实现的。与此同时，对于那些已经拥有令人满意的人际关系的个体而言，如果他们用在线弱联系取代了现实生活中的强联系，互联网使用就可能干扰他们现实生活中的人际关系。

研究者认为与富者更富的假设一致，使用互联网会使外向的人得到更多的社交资源，增加社会卷入和自信，降低孤独、消极情感和时间压力，而对内向的人则会产生消极影响(Kraut et al.，2001)。然而，从其他研究者的研究中得出了相反的结论。有研究表明大多数互联网使用者认为使用互联网改善了他们的生活(D'Amico，1998)。研究者认为根据社会补偿假设，使用互联网有益于内向或者缺少社会支持的个体形成社会关系并获得社会性支持，从而满足他们的社会需要。在他们后来的研究中也表明使用互联网不是孤独或孤立的理由，在使用互联网时，人们能够根据自己选择的速度、方式去结识和了解与自己有相同兴趣和价值观念的人，而且在网上形成的这些关系与真实生活中的关系一样亲密、真实和重要，有些使用者将在网络中形成的关系带到了现实生活中，与在网上相识的人形成了浪漫的关系、生活在一起或是有了婚约(Mckenna & Bargh，2000)。由于互联网具有匿名性、隐形性，所以对内向的人来说，找到有同样想法的人帮助他们克服在社会交往中遇到的困难是可能的(Amichai-Hamburger et al.，2002)。在他们之后的研究中还注意到即使内向者的朋友没有外向者多，但是他们的网络资料却往往更加具体，这可能是因为他们正在补偿在真实世界中社会技能的缺乏，正在更加努力地在网络上提升自己(Amichai-Hamburger & Vinitzky，2010)，也就是说在网络上内向者更能找到或是表达"真正的自我"。

从社会支持的两个假设中也可以看到互联网使用的这一作用。缓冲理论在一定程度上是与社会补偿假设相一致的，它认为社会支持能够在压力的主观体验与疾病的获得之间起缓冲作用，社会支持可以提供问题解决的策略，降低问题的重要性，从而减轻压力体验的不良影响。可见，当内向或者缺少社会支持的个体求助于网络交往改善心境时，在网上获得的社会支持感可以缓冲生活中压力事件对身心状况的消极影响，保持与提高其的身心健康。而主效果模型认为社会支持具有普遍的增益作用，无论个体目前社会支持水平怎么样，只要增加社会支持，就会提高个体健康水平。由此可以认为，互联网上获得的社会支持感对外向与内向的个体都是有积极影响的，只是程度不同。

二、 互联网使用对个体神经质性的影响

互联网使用除了对个体的外向性能够产生影响外，在个体的社交焦虑上也同样是有影响的。互联网对大部分社交性焦虑的个体是很有吸引力的，在互联网上他们为了逃避在现实生活中人际交往带来的创伤，而沉迷于网上生活，从而使他们面对面的人际交往机会大大减少，所以很容易产生紧张、孤僻、情感缺乏等症状，甚至会产生人格障碍和人际交往障碍，无法面对真实的社会，形成依赖性人格。但是其他研究者发现社交性焦虑的个体更容易在互联网上形成亲密的友谊，而且这种网上友谊的形成会增加个体的自信和自我效能感，当在传统的面对面的人际交往情境中，他(她)会对自己的社交能力更加自信(Mckenna & Bargh，2000)。除了这两种或积极或消极的观点外，还有一种研究结果发现使用互联网是不能够增强或减少自信、社交性和情感孤独(Hills & Argyle，2003)。

对于互联网使用、神经质和孤独三者之间的关系，有两种相反的假设模式(Amichai-Hamburger & Ben-Artzi，2003)。其一，有的研究者认为使用互联网增加了个体的孤独感；其二，有的研究表明是神经质个体的孤独感增加导致个体使用互联网上的社交性服务，因为高神经质的女性把互联网上的社交性服务作为减少孤独感的一种方法，而并非像有的研究表明的是互联网使用增加了女性的孤独感。图 6-1 表示了这两种不同的模式。

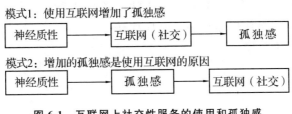

图 6-1　互联网上社交性服务的使用和孤独感之间关系的两种假设模式

三、 虚拟团体对个体人格的影响

互联网的使用者为了工作或是娱乐在网上创建了不同的团体，由于网络具有匿名性和隐形性的特点，因此组成了一个个虚拟的团体。虚拟团队是由若干个个体组成的群体，虽然群体成员分散于不同的时间、空

间和组织边界，但他们一起工作完成任务。这个虚拟的环境增强了个体的宜人性。比如，在兴趣爱好方面，在网络美食圈中，个体最初匿名地加入进去，随着在圈中每次的分享和探讨，慢慢地会对小组产生归属感，并且和组内的其他成员产生亲密感，形成一个团结的群体，除了线上的交流还会在线下组织各种活动，个体间的交集不断扩展。有特定爱好的个体在现实中可能很少能找到和自己有着相同兴趣的伙伴，而在网络上，却可以很容易找到相关的小组，没有国家、年龄、性别和职业限制，共同的兴趣使他们走到一起，彼此间的开放性都会增加。

在推行公益活动方面，某公益组织为了宣传环境保护，倡议在地球日步行五公里的"走出蓝天，一起改变"的活动，全国有 23 个省市共上千人参与，活动当天的步行距离如果换算成汽车里程的话，节省了 400 升汽油，减少了 1 吨二氧化碳的排放，参与者在网络上的日志也将活动理念传达给了更多人，不论是照片还是文字，不论是快乐还是悲伤，在得到他人的积极反馈或抚慰时都会有益于个体自我价值感的提高。在团队管理方面，虚拟团队不一定依赖于一个看得见、摸得着的办公场所而运作，但是它是一个完整的团队，有自己的运行机制，有成员共同认可的目标、一致的联盟文化，由于它的独特性，充分了解和尊重团体成员的文化差异就显得至关重要，良好的虚拟团队的共同经验就是信任的建立和维系。

在一项全球虚拟团队信任发展的研究中，发现成员们频繁互换信息，发展了高水平的信任，还表现了乐观、激动、明确的任务目的和策略（Wallace，1999）。同时研究者也发现使用者通过新闻组或电子邮件交流时表现得比现实交往更加直率，而且具有更大攻击性和敌意的行为比现实中发生得更为频繁。

第四节　虚拟人格

你身边有这种情况吗？生活中，少言寡语的人，在网络中却总是妙语连连；生活中，温和平静的人，在网络中却总是言辞激烈；生活中，小心谨慎的人，在网络中却总是冲动鲁莽。也就是说现实中是 A，而到了网络中却成了完全不同的 B，这种现象的出现是为什么？

个体在网络中拥有过多的自由，自由到可以选择并演绎另一个自己，这个自己的实质是人格的改变，即虚拟人格。虚拟人格指个体在先天生物遗传的基础上，在网络传播中，通过与网络虚拟环境的相互作用形成的独特的心理行为模式，也被称为数字人格。虚拟人格具有情境依赖性，只在相应的网络环境中呈现。人格会以行为的方式表现出来，在网络环境中某些在现实生活中没有机会显露的人格或是期待的人格会通过不同的行为表现出来，有些是有意识的，有些是无意识的，当个体的现实人格与虚拟人格不统一时，可能会感到哪个都是自己，哪个又都不是自己。

在网络游戏中，个体对虚拟角色的选择或是对角色赋予的人格特点都体现出对相应人格的选择。例如，有研究发现在线角色游戏魔兽世界的用户在游戏中的人格更接近于他们的理想自我，而不是现实自我（Bessiére，Seay，& Kiesler，2007）。有实验结果也为此提供了支持，在网络互动中，参与者的真实自我更有可能出现，而在面对面的交流中，参与者的现实自我更容易表现出来（Bargh，McKenna，& Fitzsimons，2002）。可见，通过网络或是虚拟世界进行交流尝试在现实生活中不敢表现出的行为，或是做出那些自己没有意识到的内隐刻板行为。比如，虚拟人格可以让个体更开放地表达他们最深层次的思想，也可以不必像在真实世界中那么友好客气，可以更诚实。

事实上，在网络中，每个人可能都会有不同于现实生活的地方，甚至可能会同时拥有不同人格的几个化身。有研究对人们在网络世界中的化身人格与现实人格进行了研究（Aas，Meyerbröker，& Emmelkamp，2010），结果虽然发现网络用户并没有为自己的化身创建新的虚拟人格，但是在填写人格问卷时，有人会问是以自己的身份填写还是以网络化身的身份填写，这很明显表明他们感知到自己的网络化身与自己还是有差别的，否则他们不会问这个问题。总之，就虚拟世界对用户人格的影响来说，各个角度的全面变化或完全没有变化都是可能的。

对于人格在网络环境与现实环境中的表现，有研究者通过设计观察者的方式对个体的线上人格和线下人格的呈现进行了考察，发现观察者对个体外向性、宜人性和责任心的线上评定和线下评定都与个体的自我报告结果是相关的，而神经质人格，只有观察者的线下评定与个体的自我报告相关。也就是说，除了神经质，观察者对个体人格的线上和线下评定与个体的自我报告是没有差异的，这表明认为人格在网络上的自我呈现更可靠的说法是值得商榷的，而神经质可能确实在线下的表现更明显(Marriott & Buchanan, 2014)。可见，人格具有不同的维度、不同的层面，因此在不同的环境中也会有不同的表现形式和特点，对网络环境来说，个体在网络上和网络下的表现会有不一致，但是从个体的整体表现来说，健康个体的人格表现是有机整合协调一致的。

虚拟现实为技术进步搭建了平台，网络中的不同领域都开始注意到人格这个因素，这种关注促进了网络世界的人性化和使用的便利性。

虚拟人是计算机图形学研究近年来关注的焦点，计算机图形学和人工智能的融合使创建可信的虚拟人格成为可能。创建虚拟人的目标是能够用自然语言、情绪和手势进行自发的交流。而虚拟人的人格化无疑能够极大地增强虚拟人的可信性。同样，在对虚拟媒体的设计中，可信度和自然性与用户期待和交互质量报告一样都是必须要解决的问题。而要提高它的可信度和与生命的相似度，虚拟媒体就必须以一致的方式表达感情、表现人格。有研究表明在虚拟媒体的设计中，文化因素、人格和环境因素的重要性。有研究者关注虚拟人物的情感建模，根据他们的人格特点和当前心情来详细描述他们对相似情境的不同行为反应(Malatesta, Caridakis, Raouzaiou, & Karpouzis, 2007)。

在电子商务领域也越来越多地开始考虑数字人格。例如，在现实世界，你可能会问用户他(她)是否需要这个产品？然后用户决定他(她)是否告诉你一些事情，并且决定告诉你他(她)有多喜欢这个产品。而在网络世界中，最初商家是通过分析用户过去的点击行为从而推荐同类相应商品，而现在有研究者提出从数字人格的角度了解消费者，如收集消费者的行为，推断他们的偏好，提醒他们会感兴趣的东西等。这样做的关键在于将用户和数字人格看作相同的实体，存在于虚拟世界的数字人格和存在于真实世界的用户。将推荐进行人格化的分析，对于用户来说，这些个性化的内容会非常有帮助(Broekens, 2008)。

健康的人格会使我们在使用网络时保持积极的状态，离线时能够保持心理的平衡，能够较好地把握虚拟与现实之间的关系，在虚拟与现实之间以现实为导，在线和离线时能够保持人格的统一。我是谁？我的人格稳定吗？现实与虚拟的世界中让自由与人格和谐共处。

第七章

网络与性别

批判性思考

1. 男性和女性在网络世界中的行为表现特点和差异，是否与现实生活中的差异是一致的呢？如果一致，是放大了这种差异，还是缩小了这种差异？

2. 由于网络的匿名性，个体可以在网络上隐藏或改变自己包括性别在内的身份信息。男性在网络使用异性身份的比例要高于女性，导致这种现象的原因是什么？

3. 网络上可以较为容易地接触到与性相关的信息，这种新媒介的出现对于青少年性教育而言，其机遇是什么？挑战是什么？

关键术语

性别，网络社交，网络购物，网络成瘾，网络暴力，性别认同，性别转换，网络色情

性别差异是任何心理学主题都难以回避的一个重要维度。男性和女性无论是在现实世界还是网络世界中，都有着很多不同的心理与行为特征。性别在现实中的差异已经有很多的文献论述，但是性别在网络世界中的差异尚缺乏系统的梳理。本章试图基于现有的研究文献，对两性在网络行为中的特点以及与性别认同、网络色情相关的内容进行分析介绍。

第一节　网络行为的性别差异

根据 CNNIC 2015 年的调查，中国网民男女比例分别为 56.4% 和

43.6％，男性网民比女性略多一些，这种分布特点这几年基本保持稳定。随着互联网的发展，有关网络心理与行为的研究也日益丰富。作为最重要的人口统计学变量之一，不同性别在网络心理与行为方面的差异是很多研究者关注的一个重要内容。

有研究发现，男性比女性更早接触网络，网龄比女性更长，而且每天的上网时间也比女性多（罗蓉等，2014；罗喆慧等，2010）；与女性相比，男性对与电脑相关的技能表现出更高的信心（Li ＆ Kirkup，2007），拥有更高的网络使用自我效能（罗喆慧等，2010），更有信心在网络中分享信息，在网络中的焦虑感也更低（Chuang，Lin，＆ Tsai，2015）。不过在每天上网时间上的性别差异结论尚不一致，也有部分研究发现两种性别在上网时间上没有显著差异（Waasdorp ＆ Bradshaw，2015；阳秀英，李梦姣，李新影，2015）。

两性在网络空间中还有很多重要方面存在着明显的性别差异，下面选择其中的一些方面进行介绍。

一、网络活动偏好

不同性别在网络使用内容上也是萝卜白菜各有所爱。很多研究较为一致的结果是女性更加偏好网络社交活动，而男性更偏好网络游戏，而且在青少年中，女性将网络用于学业用途的倾向要高于男性（Bouhnik ＆ Mor，2014；Waasdorp ＆ Bradshaw，2015）。男女的这种网络活动偏好差异在不同文化和国家的研究中，发现较为一致。

以色列一项针对青少年的调查中发现，女性更多地使用网络完成家庭作业和写博客，而男性更多地玩网络游戏；而且男性更多地参与一些不道德的网络行为，包括网络暴力、盗窃、冒充、非法下载音乐和电影等（Bouhnik ＆ Mor，2014）。韩国的研究则发现，男性更倾向于使用网络作为娱乐、消遣用途，而女性更倾向于将网络作为人际交往的工具（Ha ＆ Hwang，2014）；在该调查中，韩国男性网络活动排名前两位的是游戏（56.3％）和信息搜索（15.1％），而女性前两位是网络聊天（21.5％）和博客（20.5％）。我国学者针对大学生的调查也发现大学男生比女生更多使用网络游戏、信息收集的功能，但是在在线娱乐、网络社交和网上交易方面无差异（罗喆慧等，2010）。国内另外一项针对中学生的调查发现，女生比男生更喜欢上网欣赏歌曲或电影，男生更喜欢上网玩游戏（易海燕，陈锦，杜晓新，2006）。

由于不同性别的网络活动偏好不同，导致的影响也会不同，似乎男性（尤其是青少年）的网络使用比女性更容易带来负面的效果。一项针对德国青少年及其家长的调查发现，具体而言，家长对男孩和女孩在网络使用上的评价存在很大的差异（Wartberg et al.，2015）。家长评价男孩比女生更多地忽视学校的学习和现实中的朋友，在网络中花费更多的时间和金钱，认为网络更加重要，更容易设置错误的网络内容优先次序，更容易陷入费用陷阱或引起法律问题，更容易对身体和心理发展产生负面影响。此外，不少研究也发现男性更容易产生网络成瘾问题（Ha & Hwang，2014；Liu，Fang，Zhou，Zhang，& Deng，2013）。

个体在网络活动选择偏好上的性别差异，与个体在现实生活中的性别表现有一定的关联，并且现实生活中的性别角色期待也会迁移到网络中并影响虚拟世界中的行为。比如，国外有学者对"第二人生"（second life）虚拟游戏的玩家进行调查，发现玩家报告自己在游戏中的行为能够由社会角色理论来解释。与女性玩家相比，男性玩家更喜欢在游戏中建造物品，维护和增加自己的虚拟财产，较少改变自己的虚拟外表；而女性玩家则更喜欢跟他人会面、购物，频繁地改变自己的虚拟外表，这种性别差异与现实生活中的性别表现是相似的（Guadagno，Muscanell，Okdie，Burk，& Ward，2011）。

二、网络社交

总体上，虽然女性比男性更偏好网络社交活动，但是不同性别在网络社交活动中的行为表现也存在着一定的性别差异。比如，在社交网站的满意度影响因素中，男性更加看重娱乐消遣效果，而女性更加看重人际关系的维持（Chan，Cheung，Shi，& Lee，2015）。

在网络社交中，自我表露（self-disclosure）是交往过程的重要元素。网民通过分享自我信息来促进网络人际关系的建立和维持。因此，自我表露是虚拟人际关系建立和深化的基础（Liu & Brown，2014）。在传统的现实情境中，已有大量研究表明女性一般而言比男性自我表露程度更高（Rose & Rudolph，2006）。在网络情境中，国外研究也发现女性的自我表露程度高于男性(Valkenburg, Sumter, & Peter, 2011；Walrave & Heirman, 2011)。国内的研究发现，女性在社交网站上的自我表露少于男性(Ji, Wang, Zhang, & Zhu, 2014；Wang, Jackson, Zhang, & Su, 2012)，这与西方的研究结果不一致，可能反映了中国文化对女性在开放场合更少自我表露的一种期待(Ji et al., 2014)。此外，男性在线上、线下的自我表露程度差异比女性小(Valkenburg et al., 2011)。

在网络中，两性在自我表露的程度上不仅存在差异，在表露的内容上也存在着差异。比如，我国学者对大学生的调查发现，在网络情境中男生比女生表露更多的观点和评价，女生则比男生表露出更多的兴趣与快乐(周林，2012)。在社交网站中，有研究发现男性比女性暴露更多的个人基本信息(性别、生日、城市、恋爱关系等)和更多的联系方式(电子邮箱、手机、即时聊天账号、个人网站等)(Special & Li-Barber, 2012)；男性在社交网站中分享的照片更侧重于强调自己的身份地位(使用物品或穿正装)和冒险倾向(在户外的场景)，而女性分享的照片则更注重家庭关系(家庭照片)和表达自己的情绪(更多对着镜头看，微笑程度更高，更少戴墨镜)，这种性别差异的表现也符合进化心理学的相关理论假设(Tifferet & Vilnai-Yavetz, 2014)。

在关系类型上，对社交网站的研究发现，男性更倾向于寻求新的关系，而女性更倾向于维持旧的关系(Muscanell & Guadagno, 2012)；男性在社交网站中比女性更倾向用于与异性约会的目的(Bonds-Raacke & Raacke, 2010)。

关于性别在社交网络的圈子大小上，目前研究尚没有得到比较一致的结论。有部分研究发现女性在网络上的社交网人数比男性多(Acar, 2008；Pempek, Yermolayeva, & Calvert, 2009)。比如，美国年轻女性在脸谱网上的好友数平均为 401 个，而男性则为 269 个(Pempek et al., 2009)。不过也有些研究发现，女性更倾向于将自己的网站设置为私密，导致男性的网络社交圈子比女性大(Bonds-Raacke & Raacke, 2010)；还有一些研究没有发现两性在网络好友人数上存在显著差异(Lewis, Kaufman, Gonzalez, Wimmer, & Christakis, 2008；Tifferet & Vilnai-Yavetz, 2014)。这个问题随着大数据方法在研究中的应用，应该能够得到较为可信的结论。

三、网络购物

在我国网络购物的消费者中，男性所占的人数比例高于女性，为54.5%（CNNIC，2014）。但是由于女性乐于在网上购买的商品单价较低，所以尽管量大，消费总额还是较低（Hansen & Jensen，2009）。

男性与女性在网上购物的商品种类上存在着显著的差异。国内学者的一项调查发现，女性更加青睐衣服鞋袜、个人及家居饰品、化妆品和护肤品，而男性则更喜欢购买数码产品及文化体育用品；对于书籍音像制品、食品和保健品方面在性别上并没有表现出很大的性别差异（张姝姝，张智光，2012）。

此外，根据不同的商品需要消费者付出不同的购物努力，可以分为在购买前就可以确定商品质量的搜索型商品（如图书、音像制品）、使用后才知道质量的体验型商品（如衣服、鲜花、鞋子）、消费者难以判断商品质量的信任型产品（如数码相机、药品）。有调查发现，男性比女性更偏好通过网络购买搜索型商品，即在那些网上购买和实体店购买之间没有明显优劣的商品；而在体验型商品和信任型商品上的网络购物偏好的性别差异并不显著（陈可，2007）。

不同性别在购物决策上也存在着一些差异。有研究模拟淘宝网的商品信息界面，考察了价格高低和用户评价详略对大学生购买意愿的影响（陈丽丽，2012）。结果发现，对于女性买家而言，低价格和详细的商品评价都会提高其购买意愿，但是价格和评论两个因素互不影响（图 7-1）；而对于男性而言，在价格低的情况下，商品的评价对其购买意愿的影响不大，只有在面临高价位的商品时，用户评价的详细与否才会影响男性的购买意愿（图 7-2）。国内另外一项关于网络购物的调查结果也发现，在遇到打折优惠时，女性的购买意愿更加强烈，而男性不会过分热衷于价格因素，他们更加注重产品本身和购物的效率问题（张姝姝，张智光，2012）。在面对褒贬不一致的商品评价时，女性的购买意向比男性更强（Zhang，Cheung，& Lee，2014），这也表明女性可能更倾向于是综合信息加工的特点，而男性是选择性信息加工特点（Mayer，Davis，& Schoorman，1995）。在网络购物时，当面临多个选项时女性更容易出现选择困难，而男性则更看重商品的趣味性（Hansen & Jensen，2009）。

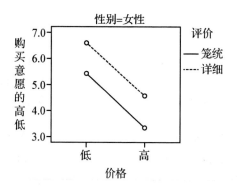

图 7-1 价格和评论对女性购买意愿的影响

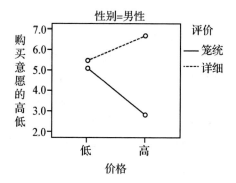

图 7-2 价格和评论对男性购买意愿的影响

男性和女性在网络购物过程中的风险感知也存在差异。有研究者将网络购物的风险分为产品性能风险（假货风险等）、财务风险（网上信用卡被盗等）、心理风险（泄露个人隐私等）、时间损失风险（取货退货时间过长等）四种，调查发现女性对于财务风险和心理风险的感知显著高于男性，而两性在对产品性能风险和时间损失风险的感知上不存在明显差异（李锦，2010）。女性对于财务风险的感知主要来源于对网络技术等相关知识的缺乏，虚拟环境的不确定性和网络技术的复杂性。

四、网络成瘾

现实生活中，在不同的成瘾行为上男女性别都存在着较大的差异。在网络成瘾上，男性发病率显著高于女性，而且在不同的国家和地区均发现了这种一致性（Fattore，Melis，Fadda，& Fratta，2014；Ha &

Hwang，2014；Liu et al.，2013；罗喆慧等，2010）。国内学者对网络成瘾的元分析发现，在所有的人口因素（性别、专业、年级）中，性别因素的效应量最大，纳入分析的 14 篇文献均显示男大学生的网络成瘾程度高于女大学生（胡耿丹，项明强，2011）。

男性为什么比女性的网络成瘾比例更高呢？根据前人的研究可能涉及以下一些原因。

第一，父母冲突与照料的影响差异。一项针对韩国青少年的调查发现，男女生的网络成瘾的影响因素上有些差别（Jang & Ji，2012）。父母冲突和允许小孩每天 2 小时上网能够预测女孩的网络成瘾发病率，而缺乏父母的照料和家庭功能得分能够预测男孩的网瘾发病率。

第二，父母问题行为的影响差异。有调查发现，父母如果存在酗酒问题，能够显著预测男孩的网络成瘾行为，但是不能预测女孩的网络成瘾行为（Jang & Ji，2012）。国内学者的另外一个针对青少年的研究发现，父母上网行为对不同性别的子女影响模式存在差异（Liu et al.，2013），对于女孩而言，父亲和母亲双方的网络使用均会正向预测其网络成瘾；而对于男孩而言，只有母亲的网络使用能够正向预测男孩的网络成瘾。也就是说，女孩均会受父母双方的网络使用的影响，而男孩则对母亲更加敏感。

第三，社会的规范差异。与女孩相比，人们对于男孩的上网行为持更加正面的态度，也更加包容，因此男孩网络成瘾的倾向也就越高（Liu et al.，2013）。

第四，网络活动的兴趣范围差异。男性对与网络成瘾相关联的大部分活动表现出更高的兴趣，如网络游戏、网络色情、赌博等（Cooper，Morahan-Martin，Mathy，& Maheu，2002）。男性更爱玩网络游戏，可能是他们比女性更容易网络成瘾的一个原因（Waasdorp & Bradshaw，2015）。

第五，注意力缺陷/多动障碍（AD/HD）症状差异。已经有研究发现AD/HD 症状与网络成瘾有密切关联，两者都是在冲动控制上存在问题，而AD/HD 的发病率男孩高于女孩（Yen，Yen，Chen，Tang，& Ko，2008）。

第六，大脑功能差异。有研究发现，中脑边缘系统（mesocorticolimbic system）的任务激活模式上存在性别差异。男性表现出更强的激活和关联性，可能体现了男性比女性对奖赏的期待更高，动机水平更高，因此也更容易成瘾（Hoeft，Watson，Kesler，Bettinger，& Reiss，2008）。

第七，意志控制力差异。低意志控制是网络成瘾的风险因素（Tanrikulu & Campbell，2015），而有研究发现女性的意志控制水平高于男性，意志控制在男女网络成瘾的差异中起到部分中介作用，可以作为解释男性网络成瘾比例高于女性的一个原因（Waasdorp & Bradshaw，2015）。

第八，情绪应对方式差异。男生在遇到心理冲突和困惑时不愿对伙伴、家长和老师倾诉，当网络媒体出现时，男性便会倾向于利用网络媒体来宣泄负面情绪；而女性则大可向他人宣泄负面情绪，善于充分利用社会支持（Tanrikulu & Campbell，2015）。

除了网络成瘾比例和影响因素不同外，男女在成瘾的表现上也存在一些差异。比如，韩国一项针对大学生的调查发现，男生虽然在总体的网络成瘾比例上高于女生，但是女生在智能手机的依赖上高于男生（Mok et al.，2014），这可能跟使用内容有关，对于女生而言社交功能更加重要，而男生则是娱乐和兴趣导向更加重要。此外国内的一项研究发现，女生的网络成瘾与情绪问题（抑郁情绪、焦虑情绪）和间接攻击行为的关系更大；男生的网络成瘾与违规违纪行为的关系更大（张琴，王耘，苑春永，张兴慧，黎亚军，2014）。

鉴于不同性别在网络成瘾影响因素上存在的差异，提示在进行预防和干预研究中应该综合考虑到个体的性别因素提供差别化的干预。

五、网络欺凌

网络欺凌（cyber bullying）被定义为通过网络张贴或发送电子化的信息（文本、图片或视频）导致某人感到受伤害、被羞辱，或像个受害者（Tokunaga，2010）。也有研究者把它定义为一种由个体或团队实施的有意的攻击行为，通过电子化交流方式，重复而持续地施加于难以自我防卫的受害者（Hinduja & Patchin，2009）。目前对于网络欺凌的类型还没有一致的定论，如可以分为直接的（恶意中伤、威胁和侮辱），间接的（将对方从社交网络群中踢出，散播谣言、盗用其身份和冒充等）（Kokkinos，Antoniadou，& Markos，2014）。国外的一项针对大学生的调查发现，间接的欺凌是最常见的方式，主要用于破坏受害者的名誉和人际关系，或迫使其不使用手机或上网(Kokkinos et al.，2014)。

传统的欺凌行为研究发现，男性比女性更容易受到身体攻击，而女孩更容易受到关系攻击(Crick，Casas，& Ku，1999)。然而在网络欺凌中，关于男性或女性哪一方更容易成为施暴者或受害者，并没有得到一致的结论(Balakrishnan，2015)。有的研究发现，男性比女性更容易成为网络欺凌的施暴者(Li，2006；Mishna，Khoury-Kassabri，Gadalla，& Daciuk，2012)，女性更容易成为受害者(Wang，Iannotti，& Nansel，2009)。但是，也有些研究发现男女两性在施暴者和受害者的人数比例上没有显著差异(Balakrishnan，2015；Mishna et al.，2012)。网络欺凌的施暴者同时也更可能是网络欺凌的受害者，他们通过网络欺凌进行报复或发泄(Karabacak et al.，2015；江根源，2012)。传统的欺凌是男性更加可能同时成为施暴与受害者，但是在网络欺凌中女性比男性更倾向于同时成为施暴者和受害者(Mishna et al.，2012)，一种可能的解释是因为女性更倾向于使用间接的欺凌方式，而网络上大多数的欺凌方式都是间接的，因而给女性提供了做出更多攻击行为的机会。

一项对加拿大中学生的调查发现，当遭遇到网络欺凌时，女生的受害者比男生更倾向于告诉家长(Li，2006)。不过总体上青少年向家长报告在网络中遭遇的欺凌仍然少于校园欺凌(Wang et al.，2009)。

网络欺凌对青少年造成了不同程度的心理和行为伤害。国内有学者研究发现，网络欺凌的受害者，无论是男性或女性，其最常见的心理反应是"愤怒"(男 27.2%，女 29.8%)(江根源，2012)。男性认为网络欺凌"只是一个玩笑"的比例要明显高于女性，而女性在觉得"害怕焦虑"和"尴尬"方面明显多于男性；从行为影响方面，比例最高的是引起"注意力不集中"(男 32.5%，女 26.3%)，其他还包括学习兴趣和成绩下降、逃学，甚至还有轻生念头等负面影响。

=== 拓展阅读 ===

大数据揭示网络中的性别差异

随着网络在日常生活中的渗透和应用越来越普遍，越来越多的人类行为通过计算机相关设备完成并被记录和保存下来。这些海量的数据是由人们在互联网的世界里，自觉自愿地提供的一种真实、准确、及时的数据。这种数据的量级不是一般传统抽样研究所能达到的。通过对网络世界中这些大数据的挖掘分析，可以准确地揭示网民心理与行为特点，甚至做出精准的预测。大数据范式是继实验方法之后心理学迎来的又一次重要变革，具有样本即总体、个性即规律、情境即实验、数据即行为等特点（喻丰，彭凯平，郑先隽，2015）。目前互联网公司都非常重视大数据的应用，下面初步介绍一些与性别差异有关的大数据分析结果。

1. 睡眠习惯

腾讯大数据（2014）通过统计凌晨 0～6 点仍在 QQ 活跃的用户，发现男性网民比女性更爱熬夜，比女性平均晚睡 18 分钟，而且单身的男性熬夜最厉害。

2. 表情使用

腾讯社交用户体验部（2015）对 2014 年 QQ 表情商城后台数据进行分析，发现男性更偏好角色为男性、骚贱的表情包，偏好恶搞、耍贱的单个表情；而女性更偏好角色为女性、可爱萌的表情包，偏好撒娇、卖萌的单个表情。此外他们还发现开学时最哀伤，越年轻的网民越爱发怒和抓狂。龅牙是发送次数最多的表情。

3. 网购习惯

淘宝（2014）公布了一组"24 小时生活数据"，发现女装的销售在 10 点、14 点和 20 点会出现消费高峰。购买化妆品的男女比例是 1：3，也就是说 25％的化妆品购买者是男性；购买母婴用品的男女比例为 3：7，看来除了妈妈关注孩子成长，爸爸们现在也迎头赶上。从数据上看，关注家居类商品的女性用户偏多，而在家装主材方面，则是男性关注得更多。

4. 理财

余额宝是阿里巴巴支付宝推出的一款理财增值产品。经过对用户数据的分析发现，2013 年 6 月余额宝上线之初，男性用户数所占比例比女性多出 21.8％，但是随着时间的逐渐推移，到 2013 年 11 月，这种差距缩短为 5.9％，并且比例趋于稳定状态。这似乎说明面对余额宝理财时，男性表现得相对进取，而女性则相对谨慎。

在网络中，男性似乎也更加慷慨。对 2015 年春晚微信红包的大数据分析发现，在发红包的行为上男性超过女性，比例为 52：48；

而收红包则女性超过男性,比例为 53∶47(王晓晴,2015)。此外,根据腾讯公益(2014)公布的慈善大数据报告,在该公益平台的捐款中,80%的捐款都是来自男性网民,远超过女性。

5. 影视

根据腾讯企鹅智酷（2015）公布的大数据报告,在移动端看电影的男性比例更高,而看电视剧的女性比例相对更高;在电视剧类型上,移动端女性看韩剧的比例更高,而男性看英美剧的比例更高。

在对新浪微博上提及真人秀节目"爸爸去哪儿"的 45.5 万条原创微博进行数据分析发现,尽管父爱主题男女皆宜,但分析得出发表评论的女性占到八成。这有可能是因为节目中明星爸爸太帅的缘故,也有可能与微博中整体较高的女性占比和她们更爱分享转评的习惯有关。

6. 游戏应用

腾讯大数据（2015）对儿童下载 App 游戏类别的分析发现,男性与女性的选择有明显的区别,女性比较偏向于放松休闲和静态类的游戏,而男性好胜心强,更热衷于激烈性和实时性的游戏。在另外一个分析报告中发现,男性游戏类应用中,00 后喜欢玩"大话神仙"等角色扮演类游戏,90 后更偏爱大型策略型游戏如"塔防三国志",80 后喜欢玩放松减压类游戏如"暴打老板",70 后则更喜欢斗地主之类的消遣活动;女性工具类应用中,00 后喜欢"灵异图",90 后喜欢"弄头发",80 后善用"QQ 提醒",70 后爱测"上辈子是夫妻",60 后钟情免费算命,不同年纪的女性对"现在""过去""未来"着眼点都各不相同。

第二节　网络与心理性别

不同性别在网络行为上有不同的表现,同时由于网络空间的匿名性和虚拟性特点,网络中的体验和经历也会对个体尤其是青少年的性别认同有一定的重塑作用。本节将分别针对网络与性别认同发展、网络中的性别转换等话题展开介绍。

一、网络与性别认同的发展

青少年时期是个体心理和社会性转型的重要时期,青少年的首要任务就是发展自我认同（Erikson，1968）。性别认同的发展是青少年自我认同中的一个核心成分，包括性别偏好、对女性气质和男性气质的知觉，对正当或不正当性行为的判断等（Buzwell & Rosenthal，1996）。

随着青春期的到来，青少年开始出现生理的性征和性意识的觉醒，迫使他们需要应对这种变化。青少年掌握的信息和经验会成为他们性别图式的重要基础（Gagnon & Simon，1973）。什么是性？性意味着什么？人应该怎样表达性别认同、恰当的性关系管理？什么是正当的和不正当的性态度和性行为？所有这些规范信念都会受到接触到的信息和经历的影响（Paul & Samson，2008）。

随着青少年的上网时间越来越多，网络在他们的日常生活中的地位日益突出，已经成为青少年获取社会信息的重要来源和进行社会互动的主要方式，因此在其性别认同建构和发展过程中也扮演着越来越重要的角色（Paul & Samson，2008）。越来越多的青少年从网络那里获取与性相关的信息，如国内一项调查发现大学生性知识获取的最主要来源是网络（李钰涛等，2014）。由于网络的匿名性和便捷性特点，青少年不仅可以更容易获取与性相关的信息，还可以通过这个媒介更容易和同龄人互动（Huffaker & Calvert，2005）。互联网对青少年自我认同的形成与发展的影响是全方位的，包括了微系统、中系统、宏系统以及处于生态系统中心的青少年自身四个方面（雷雳，陈猛，2005）。

网络提供了前所未有的机会，可以允许青少年对他们包括性别认同在内的自我认同进行实验。青少年在互联网上的自我认同实验，主要是通过自我表征和一系列的自我探索行为实现的，包括在线聊天、构建属于自己的个人主页或社交网站、发送电子邮件以及参与网络游戏等（柴晓运，龚少英，2011）。青少年在网络中常用的自我表征策略有：假装年纪大的人、假装更男子气的人、假装更漂亮的人、假装更会调情的人、假装相反的性别角色等（Bortree，2005；Valkenburg，Schouten，& Peter，2005）。在互联网上，青少年时常在不同的角色之间迅速地转换，实验现实生活中无法尝试的身份。这种自我认同实验中的角色扮演与假装具有较低的风险，这有助于促使青少年整合理想自我与现实自我之间差距，客观上促进了自我认同的发展（柴晓运，龚少英，2011）。

网络对于女同性恋（lesbians）、男同性恋（gay）、双性恋（bisexual）这三类特殊群体(合称 LGBs)进行性别认同的探索和形成也具有非常重要的作用(Szulc & Dhoest,2013)。参考同性恋性别认同的发展阶段(Cass,1979),有学者认为网络在 LGBs 性别认同的探索过程中可以分为三个阶段:在最初始的阶段倾向于使用网络来探索性别取向或性别认同的真相是什么,然后在第二个阶段时开始在网络上分享自己获得的与 LGBs 相关的信息和经验,最后阶段时他们会寻找一些关于如何让自己的性取向和性别认同更好地跟生活的其他方面整合到一起的新信息,如健康、法律、文化等方面(Braquet & Mehra,2006)。尤其是对于年轻的 LGBs,网络在帮助他们发现或发展自己的性别认同时扮演着非常重要的角色。他们在面临自己性别认同的困惑和挣扎时,可以通过互联网查找相关的同性恋、双性恋之类的信息,并且能够与网上的同类群体取得联系从而得到解答和经验分享(Szulc & Dhoest,2013)。对于 LGBs 而言,互联网在他们了解和接纳自己的性别取向之前非常重要,可以帮助他们获取相关的信息和社会互动,但是当他们接纳自己的性别取向后则不那么重要了,也较少再去寻找相关的信息了,而且更倾向于在线下跟同类群体建立接触(Szulc & Dhoest,2013)。互联网不仅让各种不同性别取向的个体更加了解和接纳自己的性取向,也让一般的人通过了解而对他们更加包容和尊重。

网络给青少年探索自身的性别认同提供了很好的解决方案,但是网络本身也是一个潜在的问题来源,值得关注。青少年容易受到网络中错误信息的误导,从而形成有关性的错误观念和态度;他们可能会在网络中学到有问题的性行为,从而渴望在现实世界中进行尝试;在网络环境中获得的虚拟性经验也可能被青少年内化为规范行为(Paul & Samson,2008);青少年还可能会沉迷于网络中的色情内容,不能自拔(贺金波,李兵兵,郭永玉,江光荣,2010);尝试使用另外一种性别身份在网络中与其他人互动也有可能会引发性别认同危机(Suler,1999)等。因此应该更好地帮助青少年利用好网络。

二、网络中的性别转换

在现实中如果要改变自己的性别是非常困难的,可能需要变性手术进行转换,而在网络世界中则很容易实现性别转换(gender switching)。由于网络中大部分的交流仍然是以文本为主,具有一定的匿名性,用户可以自由选择希望呈现的性别、年龄和头像，即自己的身份信息是可以自由设置的。正如美国著名杂志《纽约客》(New Yorker)上的一幅漫画的标题"在互联网上，没有人知道你是一条狗"(On the Internet，nobody knows you're a dog)。在网络中身份显示为小女孩，但现实中的身份说不定是位大叔呢。

网络中的性别转换现象在所有存在人际互动的领域都可能会出现，尤其是允许匿名使用的情况，如网络聊天、论坛、社交网站、网络游戏等。网络空间的性别转换与现实中的不同，它具有一些不同的特点。首先在网络空间中更容易实现，网络提供了一个很吸引人的机会去尝试，如果需要的话也可以很方便地放弃这种转换，也很安全。因此愿意在网络中尝试性别转换的人会比现实生活中更多，也给研究者提供了一个很好的研究机会(Suler，1999)。

已经有不少研究发现，在网络游戏中无论是男性或女性玩家都普遍存在性别转换现象，但是男性玩家选择异性身份的比例远高于女性。比如，国外一项研究表明，40.0%的男性和18.7%的女性玩家曾经尝试过性别转换行为(Paik & Shi，2013)；另外一个研究发现，玩家在魔兽世界游戏中有23%的男性选择了女性头像，有7%的女性选择了男性头像(Martey，Stromer-Galley，Banks，Wu，& Consalvo，2014)。不过也有个别研究的调查结果是相反的，发现女性在游戏中尝试过性别转换行为的比例高于男性(Hussain & Griffiths，2008)。

为什么男性比女性更喜欢尝试异性的身份呢？不少研究者提出了一些可能的原因。

第一，由于文化刻板印象的压力，现实生活中男性可能更难以去尝试被社会标签为女性化的特征。这些男性可能就会转而在匿名的互联网上去表现出女性化的一面(Suler，1999)，这种性别转换可以让个体尝试到在现实生活中难以体验的方面(Hussain & Griffiths，2008)。

第二，在网络中选择一个女性的角色可能会让他们更容易吸引别人的关注。在网络中选择一个女性的名字以及头像，甚至是配上一张性感的照片，往往马上能够吸引到别人的积极回应。性别转换的男性可能很享受这种权力和对其他男性控制的感觉，而这让他们乐此不疲(Suler，1999)。

第三，选择女性角色可以在游戏中受到男性玩家优厚的对待(Hussain & Griffiths，2008）。有时候男性玩家会提供给女性玩家更多的帮助，因此后者在游戏中进步更快（Suler，1999）。有研究发现，女性在游戏中请求获得帮助的回应率高于男性（Ivory，Fox，Waddell，& Ivory，2014）。不过女性玩家如果使用的是一张没有吸引力的头像的话，获得的帮助会更低（Waddell & Ivory，2015）。

第四，女性角色在游戏统计中更有优势，有女性专有的道具，或者只有某种性别专有的等级（Hussain & Griffiths，2008）。

第五，部分男性选择女性身份也许是为了促进与异性的关系。他们可能会尝试各种不同的方式与男性互动，从而学到第一手的经验从女性的角度看是什么样的。乐观的话，可以将这些知识用于发展与女性的关系（Suler，1999）。

第六，装扮为女性的身份，一个寻求亲密感、浪漫关系甚至虚拟性爱的男性可能可以有意识或无意识地获得同性恋的感觉（Suler，1999）。

对于女性在网络中尝试男性身份的原因，有研究者通过访谈发现，有些女性玩家在游戏中选择男性身份的原因是，选择女性角色很容易在游戏中受到其他男性玩家的欺负，也有些女性玩家是出于兴趣想看看在男性世界中是什么样的，跟女性会有什么不一样（Hussain & Griffiths，2008）。

目前有关性别转换行为的研究大多集中在网络游戏中。有国外研究者通过调查和访谈发现，玩家在选择游戏身份中的性别时，根据动机可以归纳为以下三种主类型和六种亚类型（表 7-1）（Paik & Shi，2013）。

表 7-1　网络游戏中性别选择倾向的动机分类

主类型	亚类型	描　述
外貌取向型	理想表达型	这类的玩家通过游戏中的角色形象来表现理想中的自我，而不顾及现实生活中的真实性别，他们在创造角色形象时也可能会模仿在现实生活中所崇拜的人物
	外貌优先型	这类的玩家只是很享受创造出角色的外貌和着装，并且在游戏中选择性别时会优先考虑这个方面，很多这类的玩家会试图表现出女性之美

续表

主类型	亚类型	描　　述
群体取向型	社交型	这类玩家喜欢在虚拟空间里社交，并且在选择性别时会把群体互动作为优先考虑的方面，很多玩家选择女性的角色是因为通常其他玩家对女性的角色更加友好
	卖弄型	这类的玩家试图通过选择一个另类的性别来吸引其他玩家的注意，虽然这个类型看起来跟外貌优先型有些相似，但是卖弄型的玩家改变角色的形象更多的是为了吸引别人的注意力，而不是让自己感到满足
成就取向型	目标达成型	选择某种性别的角色是为了获得战斗能力、级别或游戏项；由于不同性别的角色其游戏能力也是有差异的，这个类型的玩家选择某种性别的角色是为了更好地实现游戏中的目标（如更强的战斗力或更快的运动能力）
	类别优先型	这类玩家选择性别是为了和该角色在游戏中的类别相匹配，游戏中依然会有性别刻板现象，如选择男性的角色作为战士，女性的角色作为精灵或巫师

　　有研究者认为在游戏中转换性别角色是游戏文化中常见的行为，因此这种性别转换行为不会对主流的性别观念造成挑战（Todd，2012）。在游戏中使用异性角色的玩家，并不一定要隐藏其现实生活中的真实性别，他们选择一个异性的角色，可能不是为了表达自己的性别认同，而只是探索这个虚拟世界的一种策略性选择（Martey et al.，2014），如出于审美或实用的目的（Boler，2007；Yee，2008）。有研究者对玩家在魔兽世界任务中的表现进行了研究，结果发现使用女性头像的男玩家比其他男玩家更常使用情绪化的短语和微笑表情符，他们也更倾向于选择一个极具魅力的形象，说明使用异性的角色强化了他们对女性化外表和交流方式的理想化观念；然而在动作细节中，使用女性头像的男玩家与其他男玩家并没有表现出显著差异：相比于真正的女性玩家，这些玩家在游戏中后退行进的次数更多，也更加不愿意在人数众多的地方"凑热闹"，使用女性头像的男玩家在游戏中的跳跃次数，也比女性玩家平均高出116倍（Martey et al.，2014）。这个结果说明男性玩家选择女性角色的时候，也不一定要说服别人相信他在现实中也是女性，有可能只是喜欢女性角色漂亮的外观，或者是因为扮演女性的角色更容易在游戏中获得别人的帮助（Martey et al.，2014）。

网络的虚拟性也为身体性别和心理性别不同的跨性别者（Transsexuals）或异装癖的个体提供了一个能够自由表现出另外一种性别身份的完美平台。这类的个体可能会沉迷于虚拟空间上的性别转换；在个别情况下，性别转换可能会被作为诊断性别认同障碍的一个信号（Suler，1999）。有研究者对跨性别者进行研究，认为网络对于跨性别的个体而言具有重要的意义：①网络能够为他们提供丰富的资讯、支持和解答疑惑，让他们和当地或全世界的跨性别群体进行交流，分享各自经验，减轻被孤立的感觉；②网络有助于跨性别者建立政治和社会的活动；③很多跨性别者会在现实中隐藏自己的身份认同，以免受到社会的制裁。对于他们而言，现实中的性别身份才是虚拟的，而网络中的性别身份才是真实的，这是跟很多人不一样的地方（Marciano，2014）。

第三节 网络色情

网络作为一种没有时间和地域限制的传播媒介，与性相关的内容也更容易获得，由此带来的网络色情问题引起了社会和学者的广泛关注。本节将对网络色情的现状和影响做初步的介绍。

一、网络色情的概况

随着网络与信息技术的发展，网民包括未成年人均能通过互联网轻易地获取与性相关的信息。网络色情（internet pornography）是指用于提高用户性唤起程度的网络产品（Fisher & Barak，2001），形式可能包括色情文字、图片、视频、游戏、聊天等。不过关于网络色情的定义，学术界上没有统一的定论，很多的研究也未提供其明确的定义，主要基于被试的个人主观定义（Short Black，Smith，Wetterneck，& Wells，2012）。关于网络色情有两种主要的定义方法，一种是从色情材料的内容上定义（如是否暴露生殖器），一种是从色情材料的功能上定义（是否引起性唤起）（Short et al.，2012）。有学者认为有关网络色情的研究均应提供定义，并且包含上述两个范畴，据此将网络色情定义为"任何旨在引发性唤起或性幻想的暴露生殖器官的性暴露材料"（Short et al.，2012）。

网络色情的行为受到年龄与性别因素的双重影响。一项针对捷克中小学生的调查发现，随着年龄的增长，女生在均有男女在场的情境下观看和讨论网络色情的可能性提高；对于年龄较大的女孩，是否有恋爱关系是网络色情行为的重要影响因素；对于男孩而言，随着年龄的提高，观看网络色情材料以让自己有性唤起这个原因是唯一一个随着年龄提高的因素(Sevcikova & Daneback，2014)。这个结果说明，青少年使用网络色情的程度是随着其性意识的发展而发展的。成年以后，两性的网络色情行为将呈现另外一番景象。瑞典的一项调查发现，男性对网络色情的兴趣从18岁到65岁随着年龄的增长而逐步降低，而女性则略微提高后明显下降(图 7-3)(Daneback，Cooper，& Mansson，2005)。

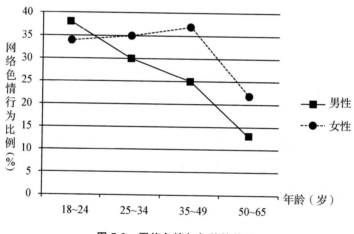

图 7-3 网络色情与年龄的关系

一般而言，男性接触网络色情的比例要高于女性。比如，对西班牙大学生的一项调查表明，63%的男性和30%的女性在青少年时期就接触过网络色情材料(Gonzalez-Ortega & Orgaz-Baz，2013)。我国学者对大学生的调查也发现，男生接触色情材料的比例(86.2%)显著高于女生(15.6%)(Chi，Yu，& Winter，2012)。国内另外一个调查研究也发现男性接触网络色情的比例和频率都高于女性(Zheng & Zheng，2014)。有研究者认为这种差异可能反映了社会对两性在性态度和性行为上的双重标准，在大多数的国家里，男性使用色情材料的社会接受度都要高于女性(Mesch，2009)。

个体接触网络色情材料的方式可以分为两种：无意的接触(如正常上

网过程中意外弹出含有色情图片的广告窗口)和有意的接触(如主动地寻找和浏览色情网站)。网络色情的两种不同接触方式的程度也存在着明显的性别差异。一项针对二十几个欧洲国家青少年的调查发现,男孩比女孩报告出更多的有意接触网络性材料,而对于无意的性材料接触,男孩与女孩报告水平相当(Sevcikova, Serek, Barbovschi, & Daneback, 2014)。另外两项分别在西班牙和中国台湾地区的研究也同样发现,男生比女生报告更多的有意接触网络色情材料,而且接触的时间更长(Chen, Leung, Chen, & Yang, 2013; Gonzalez-Ortega & Orgaz-Baz, 2013)。此外环境因素也会影响个体对网络色情的接受和使用程度。比如有研究发现,如果一个国家的文化更加开放,则会报告更多的有意性材料接触行为,并且两性之间的差异也会变少,但是这个因素对无意的网络性材料接触没有影响(Sevcikova et al., 2014)。城市化水平更高的地区,个体也会报告出比城市化水平较低地区的个体更高的有意接触(Chen et al., 2013)。

对于网络色情材料的接触,男孩更多是为了寻求性兴奋,也报告更多的性兴奋和手淫行为,但是女孩报告更多的逃避、厌恶或担忧(Gonzalez-Ortega & Orgaz-Baz, 2013)。男孩比女孩更加认可网络色情的积极价值(Chen et al., 2013)。

二、 网络色情对个体的影响

网络色情的接触对个体而言是把双刃剑,在可能会带来某些积极影响的同时,也可能会带来一些消极的影响。有学者提出,网络色情的积极影响包括缓解压力、降低无聊感、感受到被支持和增加性知识等,消极的影响包括可能带来人际关系、经济、职业功能、情绪和性满意等方面的问题(Short et al., 2012)。研究还发现观看网络色情材料的频率能够预测个体的抑郁、焦虑、压力和较差的社会功能(Levin, Lillis, & Hayes, 2012)。过多接触网络色情材料的青少年还会表现出对学校和家庭的严重疏离和对重要他人的亲情缺乏必要的回应,攻击性水平也更高(Mesch, 2009)。此外还有些人可能对网络色情成瘾,引发更多的负面影响(Schiebener, Laier, & Brand, 2015; 贺金波等, 2010)。

对美国成年男性的一项调查表明,网络色情的消费与多个性伴侣、寻找付费性行为以及婚外情呈现正相关,但是与未保护的性行为无关(Wright & Randall, 2012)。另外还有研究者通过追踪研究考察网络色情材料的接触程度与对自身身体满意程度的关系，结果发现男性越多地接触网络色情材料，对自己身体(尤其是胃口大小)就越不满意，但是与其阴茎大小的满意程度无关；而女性接触网络色情材料的程度与自己身体满意程度(胃口大小、胸部大小)无关(Peter & Valkenburg，2014)。不过也有研究发现，观看网络色情材料的女性比男性报告更多的消极影响，包括对自己身体更不满意，伴侣对她们身体的挑剔，模仿色情电影中动作的压力，实际的性行为更少；而男性报告更多的对伴侣身体的挑剔，对实际性行为兴趣的降低(Albright，2008)。

网络色情对青少年性心理与性行为的影响尤其需要关注。一项对荷兰青少年(13～17岁)的追踪调查发现，接触到他人自拍的性感图片越多，半年后其口交与性交行为的概率也越高(van Oosten，Peter，& Boot，2015)。一项对中国台湾青少年的调查结果发现，青少年网络使用如果是出于教育目的，会减少早恋和初次性行为发生的概率，而用于社交网站、去网吧、访问色情网站会增加该概率；女生比男生早恋的比例高，但是发生初次性关系的比例低于男性；女生去网吧的情况下，早恋的概率会高于男生；使用社交网站和访问色情网站都会增加青少年首次性行为的概率，但是访问色情网站对女生的影响大于男生(Cheng，Ma，& Missari，2014)。对克罗地亚18～25岁的年轻人进行了一年的追踪调查，发现不管是对于男性或女性，接触色情材料的年龄越早，危险性行为的概率越高，但是该研究没有支持色情材料接触次数与危险性行为之间存在关系(Sinkovic，Stulhofer，& Bozic，2013)。青少年更多地接触网络色情材料还会增加其性不确定性(sexual uncertainty)(Peter & Valkenburg，2010)以及性骚扰倾向(Lam & Chan，2007)。

PART 3

第三编

网络与人际

第八章

网络与人际关系

批判性思考

1. 你是"低头族"吗？在日常生活中，你是否热衷于通过 QQ、MSN、社交网站、朋友圈等各种途径去了解朋友的近况，并与朋友或网友进行交流？
2. 你相信网恋吗？如果有机会，你是否愿意尝试，为什么？
3. 作为出生并成长于信息化时代的你们，更偏爱于上述的交往方式还是传统的面对面交往？你觉得这两种交往方式间是相互促进还是水火不相容呢？

关键术语

在线关系，在线关系建立，在线关系发展，在线同伴关系，在线恋爱关系，在线亲子关系，线下关系

第一节　在线关系概述

迅猛发展的互联网技术，丰富和改组了人际关系形式。为了区分由互联网技术和由现实交往而建立的人际关系形式，研究者创造了"在线关系"这一概念。但对于其本质和内涵，研究者因其研究视角和研究侧重点的不同而看法不一。在此，我们总结整理了在线关系的发展历程、相关理论、具体表现形式及其和线下关系的联系。首先，在线关系的发展历程分为概念界定、建立途径和基本特点三个方面；其次，有关在线关系

的理论主要围绕关系的建立和发展展开，并讨论了在线关系的影响因素及其对个体心理发展的影响；再次，我们将分析三种最常见的在线关系的基本特点；最后，通过探究在线关系和线下关系的联系，进一步深化我们对在线关系的理解。

一、在线关系的概念界定

人际关系，意指个体同任何他人或团体构建的多种多样的联系，反映了个体寻求满足其社会需要的心理状态。现实生活中，个体拥有的关系形式多种多样，如丈夫(妻子)、女(男)朋友、兄弟(姐妹)、阿姨(叔叔)、祖父母、同事、同学、老乡、牌友……所有这些关系形式在强度、亲密度或者价值观上并不是等同的，但是在现实生活中，它们均服务于一定的交往目的。

随着互联网时代的到来，网络逐渐在人们的日常生活中占据重要地位。人们之间的关系形式也随之发生了翻天覆地的变化，在线关系应运而生。作为一种新型的社会关系，有关在线关系的概念界定并不是很多，而且不同的研究者基于其研究视角和研究内容的不同分别采取了不同的界定形式，包括在线关系、网络人际关系、虚拟社会关系等。

(一)在线关系的早期界定

国外学者采用了在线关系的概念，虽然未对其进行明确的概念界定，但借鉴现实关系的分类形式，将在线关系划分为两种主要形式：只通过网络维持的人际关系(Exclusively Internet-Based，EIB)和主要通过网络维持的人际关系(Primarily Internet-Based，PIB)(Kevin，2004)。

EIB，是指不经过面对面交往或其他传统媒介(如电话和书信)而发展出的关系形式。随着在线社区越来越多且越来越受欢迎，EIB关系变得越来越普遍，这是因为在网络社区中，在地理上相隔很远的个体之间可以轻松自如地建立起联系，而且这种联系无法出现在网络空间之外(Clark，1995；Cohill & Kavanaugh，1997；Preece & Ghozati，2001；Rheingold，1993；Turkle，1995；Wellman，1997)。PIB可以细分为三种：①熟人、朋友和家庭成员等，因为工作变动或其他原因，采用网络交往更加便利；②最初在网上遇到、现今通过其他方式进行交往的个体；③一些特殊个体，如同事，虽然在地理上相隔很近，但主要通过网络进行交往。因为网络通信的价格相对传统方式(如电话)低廉，而且具有交流异步性的特点，PIB 关系也变得越来越普遍。在交流异步性的情况下，个体可以享受非实时交流的便利性（Flaherty，Pearce，& Rubin，1998；Papacharissi & Rubin，2000），可以花更多的时间进行言语组织，更易进行印象管理（O'Sullivan，2000）。

(二)在线关系的概念发展

社交网站兴起后，人们之间的关系形式进一步发生变化，研究者对在线关系的理解也随之发生了变化。例如，许多早期研究都假设，在网络社区中，个体只能围绕共有的兴趣，同已有线下关系之外的人建立联系（Wellman，Salaff，Dimitrova，Garton，Gulia，& Haythornthwaite，1996）。该假设存在一大缺陷，即认为当线下联系和线上联系出现交叉时，两者的方向性是线上到线下，也就是说线上关系导致了线下关系（Ellison，Steinfield，& Lampe，2007）。例如，相关研究报告表明，1/3 的网络使用者会在最初的网络交流后和网友进行现实会面（Parks & Floyd，1996）。不同于传统的网络社区，社交网站可以实现定向地寻找特定已知个体。例如，有研究表明，社交网站使用者更多地"搜索"某个已有线下联系的个体，而不是"浏览"完全陌生的个体（Lampe，Ellison，& Steinfield，2006）。社交网站功能强大，不仅支持新关系的建立，而且支持已有社会关系的维持。例如，研究发现，个体虽然会使用社交网站建立新的人际联系，但更多的是将之用于维持已有的线下联系（Ellison et al.，2007）。上述两项研究表明，当线下关系和线上关系出现交叉时，两者的方向并不确定，既可以是线上到线下，也可以是线下到线上。

综上，早期研究在对在线关系进行界定时，区分了线上关系与线下关系，并重点突出在线关系与线上关系的紧密关联，回避或排斥其与线下关系的联系。然而近年来，随着网络技术的迅速发展，尤其是社交网络的出现，在线关系的交往主体早已突破多数为"网友"的局面，它也可以并且越来越多地由线下关系转化而来。因此，借鉴前人的定义，并充分考虑在线关系的发展现状，在本书中，我们将在线关系定义为：网络环境中通过网络交往而维持的一种关系形式，其交往主体包括"网友"和"现实好友"等。

二、在线关系的建立途径

伴随互联网技术的迅速发展，在线关系的建立途径也越来越多样化。

目前已有的建立途径主要包括即时通信（IM）、电子邮件（E-mail）、电子公告牌（BBS）、聊天室（chat room）、社交网站（SNS）、博客（blog）、微博（Microblog）、综合文件系统（Gopher）、连线导线系统（Hytelnet）、多人交谈系统（IRC）、多人游戏（MUD）、文件传递（FTP）、新闻组（newsgroup）、远程登录（telnet）、万维网或全球信息网（WWW）等。虽然平台众多，但网络用户常用的几种建立途径主要集中于即时通信、电子邮件、电子广告牌、聊天室和社交网站五种。

（一）即时通信

即时通信，意指以互联网为媒介，即时发送和接收互联网信息的网络服务，它是建立在线关系的最主要途径。CNNIC 最新的统计数据表明，截至 2014 年 12 月，我国网民的即时通信使用率为 90.6%，达到 5.88 亿人。最初的即时通信功能只涵盖文本信息，随着计算机网络和多媒体技术的发展，最新的即时通信软件也可以借助有声的语言来进行交流，而且在文字基础上加入了一些表达各种情感的符号系统。在交流对象方面，用户可以根据自己的喜好选择与特定对象、多个对象或者陌生人进行交谈。

自 1998 年面世以来，特别是近几年的迅速发展，即时通信的功能日渐丰富。目前，国内常用的即时通信工具主要包括 QQ、微信、MSN、百度 hi、E 话通、UC、UCSTAR、商务通、网易泡泡、盛大圈圈、淘宝旺旺等，这些软件已不再是单纯的聊天工具，而已经发展成集交流、资讯、娱乐、搜索、电子商务、办公协作和企业客户服务等为一体的综合化信息平台。并且，随着移动互联网的发展，即时通信的使用越来越便利，呈现出明显的"移动化"特点——用户可以通过自己的移动设备（如手机、iPad 等）与其他已安装了相应客户端软件的手机或电脑收发消息。

（二）电子邮件

电子邮件指的是以互联网为媒介，将邮件信息以数据包的形式发动到对方邮箱内的一种网络服务。根据 CNNIC 最新的统计数据，中国大陆居民中有 38.8% 的人使用电子邮件相互传递消息、提供资料、交流思想。相比于 2013 年，虽然使用人数有所下降，但电子邮件仍是一种重要的建立在线关系的途径。

同传统的邮件传输方式相比，电子邮件具有明显的优势。①方便快捷。只要网络处于畅通状态，个体就能瞬间完成相关的全部操作。②价格低廉。借助互联网将电子邮件发送到世界上任何一个角落，只需要几分钱。③速度快。发送一封电子邮件，短则几秒，长则几分钟，对方便可收到邮件。④一信多发等。可以同时将一封电子邮件发送给成千上万个人（童星，2001）。

（三）电子公告牌

电子公告牌（Bulletin Board System，BBS），是指在计算机网络上设立的一个或多个电子论坛（网络论坛）。论坛可向公众提供匿名访问的权利，并使公众以电子信息的方式发布自己的观点。根据用户的要求和喜好，网络论坛可被划分为不同主题的公布栏。在网络论坛中，不同的用户可以突破时间和空间的限制，他们一方面可以实时地了解其他人的想法和观点，另一方面也可以实时地分享自己的观点想法，从而实现与他人的实时交流。在与他人进行交流时，不需要考虑自身的年龄、身份、财富、外貌等因素，也无法知道对方的真实社会身份。

一个人可以同时了解到很多人的观点想法，一个人的想法也可以同时被很多人知道，这是电子公告牌的显著特点。但由于论坛交流的匿名性，每个网络使用者在发布自己的思想观点时都是以一个陌生人的身份出现的。

（四）聊天室

聊天室，又称网络虚拟谈话空间，是指在网络环境下通过广播消息以实现实时交谈的网络论坛。聊天室谈话是自然谈话在信息时代的延伸。通常聊天室是以房间或频道为单位的，在同一房间或频道的网络用户可以实时地广播和阅读公开消息。一般情况下，与其他网络论坛和即时通信不同，聊天室不保存聊天记录。

聊天室可以建立在及时通信软件（如 MSN、QQ、Anychat）和 P2P 软件上，也可以建立在万维网（如 Halapo 等）上，但万维网方式更为普通和种类繁多，交谈的手段不局限于文本，更包括语音、视频。根据交流形式的不同，可将聊天室区分为视频聊天室和文字聊天室两种。前者是在一个网站或者客户端软件中，供许多人通过文字与视频进行实时（你输入的内容马上就能被别人看见）交谈、聊天的场所；后者是网站中以文字或符号形式为信息传递方式的聊天场所。根据交流对象的不同，可将聊天室划分为一对一聊天和多人群聊。

(五)社交网站

社交网站(Social Networking Site，SNS)，即社会性网络服务，专指在网络环境下建立的社会性网络的互联网应用服务。目前中国的社交网站主要包括QQ空间、微信朋友圈、人人网、开心网等。CNNIC的调查报告显示，截至2013年，中国使用人人网、QQ空间等社交网站的网民用户达到2.88亿人，在网民中的渗透率达到48.8%。

社交网站为用户提供了自我展示和网络交际的平台，也涵盖了一些基本的网络应用。个体在网络中的人际关系一般有两个来源，一个是线下关系向线上的延伸，即交往双方在线下已是熟识的人；另一个是在网络平台上逐渐培养起来的线上关系，即在网络环境下建立和维持的关系，一般情况下，这种网络关系往往是比较脆弱的。

三、在线关系的基本特点

相比于"面对面"交往建立的人际关系，在线关系具有虚拟性、开放性(低限制性)、多样性、高效性(便捷性)、弱联系性(脆弱性)和平等性的特点。

(一)虚拟性

虚拟性是在线关系的首要特点，体现在以下三个方面。一是交往环境的虚拟性。在线关系是建立在数字信息的基础上，线上用户面对的不再是真实的物质世界，而是一个虚拟的网络空间(Nunes，1997)。二是交往过程的虚拟性。在该虚拟空间中，人与人之间的交往不再具有日常交往的可触性和可感性，只是存在一种功能上的现实性(Salter，Green，Duncan，Berre，& Torti，2010)。三是交往主体的虚拟性。在在线关系中，交往主体以一种符号的形式出现(Salter，Green，Duncan，Berre，& Torti，2010)。此外，在线关系的个体可以随意选择自己的姓名、性别、形象甚至交往环境等，带有强烈的虚拟色彩(Miyasato & Nakatsu，1998)。

(二)开放性

开放性主要体现在线上信息交流平台对使用人群的包容性上，不同年龄、性别、种族、民族、国家、职业、文化背景等人群,都可以在网络上自由地建立线上关系。而且开放的网络平台使得人们能够突破时间和空间的限制,并大大缩减了人们之间的联系历程(Schmidt,2014)。此外,开放性还体现在个体对网络世界的接受性上,即自发地进行自我表露(Joinson & Paine,2007)。在网络空间中,个体可以自由地发表见解、宣泄情绪、品评时局、畅谈理想。

(三)多样性

线上关系的多样性主要体现在建立途径的多样性、关系类型的多样性上。在建立途径上,随着网络技术的迅速发展,线上关系的建立已不再局限于单一的网络平台上,而是涵盖多种互联网应用,人们可以根据自己的需求自由选择即时通信、电子邮件、社交网站等网络应用(Ku,Chu, & Tseng,2013)。另外,对于线上关系的类型,可以区分为"强关系"和"弱关系"两种。前者指的是可以给个体提供情感支持且一般由线下关系发展而来的在线关系形式,后者则指的是可以给个体提供信息支持且一般在网络平台中培养起来的在线关系形式(Williams,2006;Hofer & Aubert,2013)。

(四)高效性

网络交流具有即时性的特点,因此可大大缩短交往的时间,节省交往资源,削弱时间和空间的限制并提高社会交往的效率,使人类交往的实效性得到飞跃式提高(Hawkins,Lee,Turk,Sampson,Kent, & Richardson,2001)。有人将之称为"实现了以速度压缩时间和空间的梦想"。近年来,随着智能手机和平板电脑的迅速发展与普及、社会化网络和移动互联网的充分结合,人们可以随时随地使用便捷的网络进行交往,从而建立和维持在线关系。

(五)弱联系性

在线关系中,交往主体之间隐蔽性强,可以进行非即时交往,也可以随意更换交往对象。在打破时空限制的同时,在线关系也限制了感情等的交流,因此网络交往主体之间的沟通联系通常较弱(Kraut et al,1998;Chen,2013)。这种交往行为的随意性和缺乏责任性,会使网上交往行为肤浅化,不利于建立稳固的线上关系。另外,网络交往的客体并不明确,更多的是人与电脑之间的互动,在一定程度上也促使了在线关系的弱联系性（Hollan，Hutchins，& Kirsh，2000）。

（六）平等性

由于网络空间的匿名性特点，在线关系中的身份信息少之又少，因此人们在进行线上交往时，往往不再注重各种社会关系的属性，即网络交往中各方不存在上下级、长晚辈那样的垂直关系，另外，网络交流还打破了日常生活中各种交往规则的限制，因此在线关系的各方会显得更平等、更自由（Agre，2003）。再者，网络交往中的个体可以摆脱身体素质、心理素质、教育程度、社会身份等因素的影响，进而实现平等交往的目的（Merisotis，2001）。

第二节　在线关系的形成机制

随着在线互动的日益普遍，在线关系作为新的人际关系的表现形式成为诸多研究者关注的话题，那么在线关系的建立与发展的机制是怎样的？是否和线下人际关系一样存在一定的形成和发展机制，对个体心理的发展有着重要影响？为此，研究者从多个理论视角探讨了在线人际关系的建立和发展机制，并对在线关系的影响后效展开了一系列研究。

一、在线关系建立与发展的机制

（一）社会渗透视角

社会渗透理论（social penetration theory）是由欧文·阿特曼（Irvin Altman）以及达尔马·泰勒（Dalmas Taylor）提出的，该理论将人际交往分为两个维度，即人际交往的广度和深度，前者指人际交往或交换的范围，后者指人际交往的亲密水平。该理论认为人际关系的发展是由较窄范围的表层交往，向较广范围的密切交往发展的过程。这一过程是通过人际交往双方的社会交往（如自我表露）实现的，同时，随着人际关系的发展，自我表露的形式和内容也会随之发生变化，因此，人际关系的发展也是交往双方从表面化沟通到亲密沟通的发展过程。换言之，自我表露的深度和广度既是亲密关系发展的重要影响因素，也是关系亲密程度在人际互动行为上的具体体现。

随着电脑、智能手机等互联网终端的普及，网络自我表露正在逐渐取代传统人际互动中的自我表露，成为社会交换的基本形式，对亲密关系的建立和发展具有重要作用。一些研究者在其互联网研究中引入了社会渗透以解释在线人际关系的建立和发展。有研究者指出，社交网站允许用户通过共享照片、状态更新、发帖子、留言等自我表露的方式进行交流互动，且认为个体对其他用户自我表露内容的评论、点赞、转发分享就是社会交换的过程（Park，Jin，＆ Annie Jin，2011）。当个体对其他用户的表露内容进行相应的自我表露时，其他用户就会用更深层的自我表露予以回应，这种循序渐进的信息交换即是"社会渗透"的过程，对人际关系的建立与发展均具有重要意义。

此外，网络自身的特点也决定了在线人际关系的发展必须通过自我表露这种信息交换的基本形式进行。由于网络存在匿名性、视觉线索缺失等特点，在线互动双方无法对交往对象有充分的了解，基本的人际信任更加难以建立，在线互动双方不得不通过自我表露，使他人了解自己，同时，通过浏览他人的自我表露内容了解他人，进而建立并发展在线关系。在线关系建立之初，个体倾向于以近似程度的自我表露与对方进行"信息交换"，一旦在线关系得以确立，"严格的信息交换"便较少发生了，这种近似程度的自我暴露，即渗透式的自我表露，较好地避免了"过度自我表露"给人带来的突兀感，对最初的人际关系建立具有重要作用。有研究发现，积极的网络自我表露可以促进沟通双方间的了解，增加人际信任，这对于人际关系的建立和维持，以及网络沟通的顺利进行均具有重要作用（Kisilevich，Ang，＆ Last，2012；Park，Jin，＆ Annie Jin，2011）。

（二）社会信息加工视角

社会信息加工理论（social information processing theory）（Walther，1992）认为人们具有发展良性互动经验的动机，在线交流用户试图利用网络媒介提供的各种方式呈现并获取社会信息，为了弥补非语言线索的缺失，在线用户常利用内容、语言策略以及交流时间和排版线索等方式收集交流对象的信息（Antheunis，Schouten，Valkenburg，＆ Peter，2012）。因此，他们认为非言语线索的缺失并没有降低在线交流互动的乐趣，相反，在线交流比面对面交流更能够引起更多的合乎社会需求的交流互动（Walther，1996）。研究发现，与面对面的交流相比，在线交流双方会围绕交流对象的基本信息提出更多问题，同时也会进行更多的自我表露，随着在线交流次数与时间的增多，在线关系也会和线下关系一样得到相应的发展。该理论认为人们可以通过以网络为媒介的文本交流形式进行印象管理，并与他人建立发展人际关系（Walther，1992），但是，由于非言语线索的缺失，在线关系的建立和发展需要比线下互动更多的时间。

在社会信息加工理论的框架下，许多研究者对在线关系的建立与发展进行了研究。在日本的文化背景下，研究者对在线约会进行了研究，结果证实，尽管一些在线交流的线索并不符合日本的传统文化，但是在线约会双方还是会尽可能地利用网络媒介提供的各种渠道去展示个人信息，并收集在线约会对象呈现的信息，以促进关系的建立与发展（Farrer，2009），这一结果支持了社会信息加工理论的观点。也有研究者采用实验法对不同的在线交流形式（以电脑为媒介的文本交流、音频交流、视频交流以及面对面交流）的人际关系后效进行了研究，结果显示，经过为时 6 分钟的交流，与采用其他形式进行交流的个体相比，采用 CMC 的个体对交流对象的喜欢程度更低（Sprecher，2014），这一结果与另一项研究的结果相悖，麦肯纳的研究发现，经过为时 20 分钟的交流，采用 CMC 的个体对交流对象的喜欢程度与面对面交流的个体并没有显著差异（McKenna，Green，& Gleason，2002）。有研究者（Sprecher，2014）采用社会信息加工理论对上述两种截然相反的研究结果进行了解释，认为麦肯纳研究中较长的交流时间（20 分钟）弥补了非言语线索缺失对交流互动效果的消极影响，即在时间充裕的条件下，在线交流用户能够适应以电脑为媒介的文本交流的非言语线索缺失的特点，并能够通过长时间的沟通交流弥补非言语线索缺失的劣势，获得与面对面交流同样的互动效果。

（三）不确定性减少理论

不确定性减少理论（uncertainty reduction theory）认为，人际交往过程中往往充满了不确定性，个体将通过不断与他人进行交流互动以减少这种不确定性，且认为减少不确定性是人际交往的核心动力（Berger & Calabrese，1975；Sunnafrank & Michael，1986）。该理论认为在最初的交往中，互不了解是交往双方关系进一步深入发展的最大障碍，因此，交往双方都会尽可能地收集与对方有关的信息，以推断对方下一步的行为反应。该理论还认为自我表露和信息共享是交往双方获取对方信息的重要方式，也是人际关系得以深入发展的重要保障。同时，在减少不确定性的核心动力作用下，人际交往双方会设法建立相互作用的模型，进而达到减少不确定性、促进人际关系深入发展的目的。此外，随着不确定性减少理论的发展，研究者提出"对进一步交往的期望、诱因价值、与期望行为的差距"是人际交往中不确定性减少的三个先决条件，并且指出认知不确定性和行为不确定性是人际交往中不确定性的两个主要部分，且认为语言是减少不确定性的主要媒介(Berger, 1979)。在此基础上，有研究者指出人际关系中的不确定性减少会随着人际关系发展的阶段，呈现出一定的模式，即人际交往的不确定性减少模式(Heath & Bryant, 1992)，如图 8-1 所示。

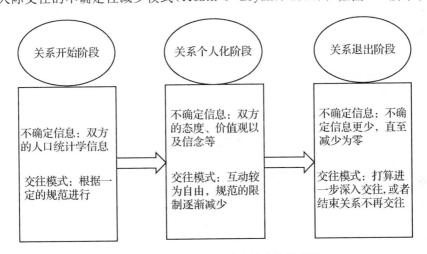

图 8-1　人际交往的不确定性减少模式图

不确定性减少理论为我们理解个人信息在减少人际关系不确定性中的作用提供了理论框架，它系统地阐释了人们通过交流互动控制人际关系不确定性的过程，对我们理解人际关系建立、发展的过程具有重要作用，研究者运用该理论对大量的人际交往现象进行了解释。

随着计算机技术的发展，以互联网为媒介的在线互动逐渐成为人们社会交往的重要工具，且由于大多数在线互动应用均具有鼓励个体自我展示的特点，这为人们获取他人信息，促进人际关系发展提供了必不可少的信息基础。虽然互联网在本质上支持人们进行有选择性的自我展示，但是，诸如社交网站、博客等在线交流工具鼓励人们进行真实的自我表露，即在网络社交中展示与自己有关的真实信息，如工作、个人生活以及娱乐爱好等，而事实也证明，即使在线互动中存在个人信息泄露的风险，在线交流用户仍然愿意在线上公开分享私人信息，这在一定程度上，为他人获取信息，减少交流双方的不确定性提供了方便。

不确定性减少理论认为，在线信息寻求是不确定性减少的主要途径，且认为在线信息寻求具有多种形式，如被动型、主动型、挖掘型以及互动型。被动型信息寻求的特点是不引起他人注意的观察，如浏览空间动态；主动型信息寻求是指个体根据特定目标而搜寻他人的信息，如进入他人主页查看照片；挖掘型信息寻求是指在某一环境中对某个人的所有信息进行收集，如大数据挖掘；互动型信息寻求是指个体通过与他人互动或向他人提问而获取他人信息，如在线交流。有研究者在不确定性减少理论的框架下对上述在线信息寻求的方式进行了检验，结果显示：互动型信息寻求与不确定性减少的关系最为密切，而被动型和主动型信息寻求对不确定性减少的贡献不大（Antheunis et al，2010）。由此可知，在线互动是减少互动双方的不确定性，促进关系建立发展的重要策略。

═══ 拓展阅读 ═══

在线关系的维持、破裂和修复

人际关系具有一定的稳定性，在网络环境中，人际关系是如何维持的？在线关系的破裂和修复又是怎样的？

一方面，相比于线下的关系，在线关系更容易维持。网络用户可以在他们方便的时候进行交往，而且一些会破坏线下关系的潜在因素在网络空间中就起不到决定性的作用了，如地理位置的改变、时间安排的冲突等。在一项在线关系形成的研究中，研究者发现在一个新的群体中，通过在线交往形成的在线友谊关系中，79％的都在两年后仍然保持联系，而且这些友谊关系也会随着时间的推移变得更强且更亲密（McKenna et al.，2002）。也有研究发现，在线亲密关系比线下亲密关系持续的时间短（Mesch & Talmud，2006）。但是，这些数据都是在单独的时间点获取的，因此不能够真实地反映在线关系和线下关系的寿命。

另一方面，结束一段在线关系比结束一段线下关系更容易而且带来的负面影响更小。例如，一项质性研究对大学生浪漫关系的破裂做了调查，发现通过像 E-mail 这样双方可以不同时出现的媒体与爱人分手更容易，因为通过这样的媒介，个体可以避免回答更多的问题和解释分手的决定（Gershon，2008）。在网络环境中，个体可以选择不回应交往的另一方，但是线下的面对面交往中就很难实现。

在人际关系中，冲突是难以避免的，早期的网络交往理论，如社会存在理论和媒介丰富理论，认为网络中非语言和社会环境线索的减少，导致在线关系中会出现更多的冲突，而且网络交往也难以解决出现的冲突。但是，近些年的研究发现，在双方都愿意继续维持关系的情况下，网络交往也能够很好地解决人际关系中的冲突（Buote et al.，2009；Ishii，2010）。

二、在线关系发展的影响因素

(一)个人因素

1. 人格

人格反映了个体相对稳定的认知和行为模式，会对个体生活的方方面面产生影响。以往研究发现，人格会影响个体在线互动的情况（Ross et al.，2009；Teresa，Hinsley，& de Zúñiga，2010）。杨洋和雷雳（2007）的研究发现，青少年的外向性和宜人性与互联网社交服务使用偏好呈显著正相关。另一项研究则发现，外向性和开放性与网络社交媒体使用呈显著正相关，情绪稳定性与在线社交媒体使用呈显著负相关（Teresa et al，2010）。除此之外，外向性和神经质还可以通过社会支持和社交焦虑的中介作用影响互联网社交服务使用偏好（雷雳，柳铭心，2005）。还有研究者发现，那些外向性和宜人性得分都较低的个体在发展在线关系上有困难，他们在脸谱网中的朋友数量较少（Landers & Lounsbury，2006）。也有研究证实外向性得分较高的个体加入更多的网络小组（Ross et al，2009）。这些结果印证了本书第二章中提到的富者更富的理论模型，在线互动在一定程度上成为外向性、开放性个体拓展线下人际关系，获取更多社会支持的重要方式，对于他们来说，在线关系和现实中的人际关系是部分重叠的。

2. 自我知觉

以往研究发现，自我知觉会影响个体的在线互动，包括个人神话、自尊和自我效能（Kim，Kwon，& Lee，2009；Krämer & Winter，2008；

郭菲，雷雳，2009)。郭菲和雷雳(2009)的研究发现，青少年个人神话的三个维度——"无所不能、无懈可击和独一无二"均与互联网社交服务使用偏好呈显著正相关。研究者还发现自尊也会影响在线互动。对于那些浪漫关系卷入程度较高的个体，自尊程度越高，使用网络约会服务的频次越高；对于那些浪漫关系卷入程度较低的个体，自尊程度越高，使用网络约会服务的频次越低(Kim et al.，2009)。且有研究发现个体自我表征效能感越高，其社交网站中朋友数量越多(Krämer & Winter，2008)。

3. 同伴关系

同伴关系也会影响个体的在线关系，包括同伴依恋、友谊质量和社交退缩等(Mikami，Szwedo，Allen，Evans，& Hare，2010；雷雳，伍亚娜，2009)。雷雳和伍亚娜(2009)的研究发现，同伴依恋中的三个维度：同伴信任、同伴沟通和同伴疏离均与互联网社交服务使用呈显著正相关。纵向研究(Mikami et al，2010)也表明，13～14岁时现实中的同伴关系的模式(patterns)、友谊质量可以预测20～22岁时个体在在线互动中的关系质量。此外，也有研究表明，现实交往不自在的个体更喜欢进行在线互动，而喜欢现实交往的个体更倾向于使用网络获取信息(Papacharissi & Rubin，2000；Sheeks & Birchmeier，2007)，现实社交活跃的青少年在网络关系中也表现活跃，现实中的社交退缩个体则相反(Mikami et al.，2010)。

(二)在线互动的自身特点

在线互动的匿名性、继时性、超越时空性、可存档性和可弥补性等特点(Christopherson，2007；Lapidot-Lefler & Barak，2012)，为人们提供了一个相对安全的人际交往环境，使人们对自我展示和表达拥有了最大程度的掌控权(Walther，2007)。同时，在线互动能给个体提供与他人互动的必要链接，促进个体的心理和社会适应(Lenhart，Rainie，& Lewis，2001)，在线关系质量也可以像现实友谊质量那样亲密和有意义。有研究证实在线互动能促进个体的社会适应和幸福水平(Valkenburg & Peter 2007)，此外，即时通信对青少年既有的现实友谊质量也有长期的正向效应(Valkenburg & Peter，2009)。在线互动在扩展远距离的社会交往圈子的同时，也维持、强化了近距离的社会交往，脸谱网等在线互动平台的使用能增加个体的社会资本(Ellison，Steinfield，& Lampe，2007)。这些特点使得在线互动对所有的个体都具有巨大的吸引力。

(三)目标线索刺激

同现实交往一样，在线互动中，某些线索性因素，如头像的吸引力、虚拟社会地位等也会对在线互动产生影响。研究发现游戏角色的外表以及其在游戏中的虚拟社会地位会影响其他玩家对他人际吸引力的评定(Lo，2008)。

除此之外，个体在在线交往中的体验也会对在线互动产生影响。例如，个体感知到的社会资本和在线互动沉浸感会影响其社交网站的使用意向(Chang & Zhu，2012)。

三、在线互动对个体心理发展的影响

(一)在线互动对自尊的影响

自尊是在人际交往过程中逐渐形成的，个体对人际交往环境的控制水平以及人际关系质量都会对其自尊产生重要影响。在线互动能够通过提高其对人际交往环境的控制感、改善人际关系质量对其自尊产生积极影响。

就人际交往的控制感而言，在线互动过程中个体可以通过选择交往对象、组织语言信息、控制自我表露等方式进行高效的印象管理(Qiu，Lin，Leung，& Tov，2012)，并提高个体对在线互动环境的控制感(Reinecke & Trepte，2014)。有研究证实，对在线互动环境的有效控制，能够使自尊水平较低的个体避免体验在线下社交环境中体验到的消极情绪，如羞怯、紧张、评价焦虑、沮丧等，与他人建立良好的人际关系以弥补线下社交过程中社交技能的不足(Burke，Kraut，& Marlow，2011)，提高个体对社交环境的控制感，进而对其自尊产生积极影响(Valkenburg & Peter，2011)。

个体对在线互动环境的控制主要体现在三个方面，即个人资料的设置、在线互动对象的选择以及在线互动过程的控制。

1. 个人资料的设置

个体可以通过对网络个人资料的设置(如性别、年龄、性格、职业等)以及选择性的自我表露，打造良好的网络自我形象(Young & Quan-

Haase，2013）。这一网络自我形象可以与线下自我形象保持一致，也可以与线下自我形象不尽相同，如理想自我、可能自我等（Seidman，2013，2014）。甚至，在线互动过程中个体可以以异性的身份出现，以满足其某种心理需求。研究表明，大多数儿童或青少年通过选择性的自我表露维持良好的自我形象，如选择性的积极自我表露或夸大个人成就。研究证实，在线互动过程中选择性的自我表露有助于提高个体的自尊水平（Gonzales & Hancock，2011）。

2. 在线互动对象的选择

个体可以根据他人在网络社交平台上提供的个人信息，如兴趣爱好、职业、特长以及个性签名等，对在线互动的对象进行初步选择（Young & Quan-Haase，2013），他们不仅可以选择与自己志趣相投的在线互动对象以建立持久而稳定的人际关系（Abdulhamid，Ahmad，Waziri，& Jibril，2014；Hristova，Musolesi，& Mascolo，2014），而且可以根据自己的需要选择特定的在线互动对象以获得高效的社会支持（Oh，Ozkaya，& LaRose，2014；Wu，Chuang，& Hsu，2014）。例如，一些儿童通过网络游戏建立长期而稳定的同伴关系，并将这种关系延伸到其他关系中，甚至是线下关系，如学习、运动等；而另一些青少年则会为融入某一群体而在网络中寻找相应群体论坛，了解相应的群体信息，进而逐步融入该群体。这些在线关系中的情感支持以及信息支持都会对个体自尊产生积极影响。此外，当在线互动出现不愉快时，个体还可以选择消极应对，如延迟回复信息、以简单的词汇敷衍对方，甚至是拒绝回复信息、列入黑名单、屏蔽特定对象的状态更新等措施（Peña & Brody，2014），最终结束在线关系（Hultgren，2013；Peña & Brody，2014；Tosun，2012），这在一定程度上缩短了人际关系中断所需的时间，降低了关系中断对其情绪带来的负面影响。

3. 在线互动过程的控制

个体可以通过选择在线互动方式和内容进而对在线互动过程进行有效控制。

就在线互动方式而言，个体可以对在线社交的工具进行选择（Sprecher，2014），如即时通信等"一对一"的私人交流、网络聊天室以及社交网站等"一对多"的公开交流，并通过这些在线工具对在线互动的节奏进行控制，如即时回复、延迟回复等。就在线互动内容而言，个体可以有目的性地发起在线互动话题（Liu & Brown，2014；Qiu，2012），也可以对在线互动话题进行选择性的回复（Forest & Wood，2012），即对在线互动的内容深度、广度进行有效的控制。

　　就在线关系而言，在线互动能通过提高同伴关系、亲子关系及师生关系质量，对个体自尊产生积极影响。由于在线互动不受时空条件的限制，个体不仅可以通过在线互动与陌生人建立新的人际关系，也可通过在线互动与异地朋友、同伴维持稳定而持久的同伴关系，这对维护并提高个体的自尊水平具有促进作用（Birkeland，Breivik，& Wold，2014；Tosun，2012）。在线互动不仅能够改善同伴关系的质量，而且能够对亲子关系产生积极影响。研究表明亲子在线互动能够加强亲子之间的联系，增进孩子对亲子之间联系的感知水平，提高家庭关系质量，进而对个体自尊产生积极影响（Coyne et al，2014；Teclehaimanot & Hickman，2011）。此外，研究发现师生之间的在线互动，有助于增进师生之间的相互了解，提高师生关系质量，创造良好的学习氛围（Schwartz，Lowe，& Rhodes，2012），而良好的师生关系能够提高学生的自尊水平（Teclehaimanot & Hickman，2011）。

（二）在线互动对个体心理健康的影响

　　在线关系对个体心理健康的影响得到了诸多研究的证实，但针对在线关系对个体心理健康影响的具体效果（积极或消极）的结论并不一致。一些研究认为，在线关系是个体社会资本的重要来源（Ellison，Steinfield，& Lampe，2007）。一方面，他们认为个体在线上与已有朋友进行互动有助于个体维持现有人际关系，尤其是维持异地关系，并从中获取情感支持，即"黏接型社会资本"；另一方面，在线互动具有较高的开放性，个体可以通过在线互动与不同领域、不同行业的人建立人际关系，获取专业支持，如在线医疗咨询等，这有助于个体获取大量的、高效的信息支持，即"桥接型社会资本"。而在线社会支持或社会资本是个体维持自尊、生活满意度以及主观幸福感的重要保障。研究发现，社交网站自我呈现能够通过提高个体的社会支持水平，进而提高个体的生活满意度（Junghyun，2011）。此外，在线关系的建立对降低个体的孤独感及抑郁水平均具有积极作用。研究表明，由于在线互动低成本的特点，在线互动促进了个体与恋人的沟通交流的频率，这有助于提高个体与恋人之间的亲密感(Park，Jin，& Annie Jin，2011)，且有研究证实在线关系为个体提供的社会支持能够缓解个体的抑郁情绪(Breuer & Barker，2015)。

还有研究发现在线互动在一定程度上会导致强迫性互联网使用，提高个体的抑郁水平(Rj，Meerkerk，Vermulst，Spijkerman，& Engels，2008)，且有研究证实线上上行社会比较不仅能够直接正向预测个体的抑郁水平，而且能够通过强迫性反刍思维的中介作用提高个体抑郁水平(Feinstein et al.，2013)。由此可见，在线互动对个体心理健康影响的具体效果(积极或消极)并不一致，围绕这一争议越来越多的研究认为在线互动同线下互动一样是一个相对宽泛的概念，其对心理健康的影响结果不一致可能是由于不同的互动行为导致的(Bevan，Gomez，& Sparks，2014)，且有研究从调节变量的视角探讨社交网站使用对生活满意度的作用机制问题(Valkenburg，Peter，& Schouten，2006)。因此，在今后的研究中，研究者在探讨在线关系对个体心理健康的影响时应细化在线互动行为，并考虑其他变量的调节作用，以探明在线互动对个体心理健康的影响机制。

第三节　在线关系的表现形式

现实生活中，每个个体均处在不同社会关系搭建的人际空间里，而在互联网上，社会关系同样也可以分为同伴关系、恋爱关系和亲子关系等类型。随着互联网社交功能的完善，研究者开始关注不同的在线关系的产生机制、表现特点及其与线下关系的异同等问题。

一、在线同伴关系

(一)在线同伴关系的普遍性

社会交往是人类的基本需求之一，人们在社会交往中获得自信、支持(刘珂，佐斌，2014)。互联网改变了人们社会交往的方式，成为人们社交的新途径。据《2014年中国社交类应用用户行为研究报告》，中国即时通信在整体网民中的覆盖率为89.3%，社交网站(包含QQ空间)覆盖率为 61.7％，微博覆盖率为 43.6％。网络具有匿名性、继时性和超越时空性等特点（Christopherson，2007），使得网络社交受到人们的广泛青睐。基于网络社交形成的在线同伴关系，构成了个体人际关系的重要组成部分。

（二）在线同伴关系的基本特点

相关研究对在线同伴关系的交往规模、交往对象的结构等基本特点进行了探讨。

在线同伴关系的规模上，谢新洲、张炀（2011）的研究发现，个体基于网络交往发展的朋友数量在 5 人以下和 21 人以上的占比最高，部分个体能借助网络交往构建规模较大的虚拟社交网络，从而发展更多的在线同伴关系，同时，也存在一定数量的个体对于网络社交的使用仍属于较浅层次，基于网络社交发展的在线同伴关系有限。

交往对象的结构方面，个体更倾向于将线下社交网络移植到网络上，即线下人际网络构成了个体在线同伴交往的主体。CNNIC 2014 年 7 月发布的中国社交类应用用户行为研究报告显示，截至 2014 年，在中国社交网站联系人中，同学、现实生活中的朋友占比最高，达 88％，其次是亲人或亲戚，占比 75.6％，同事的关注比例为 68.4％。由于线上与线下同伴关系交往对象的较大重合性，一定程度上，线上交往和线下交往表现出相似的结构和深度（Mesch & Talmud，2007）。

尽管线上交往在一定程度上是线下交往的延伸，但相关研究也证实，个体确实通过线上交往形成并发展了新的同伴团体。例如，田丽和安静（2013）的研究发现，个体在使用线上交往后增加了与相同爱好的人（52.8％）、相同专业的人（42.5％）的日常交往时间。相比于线下交往的直接延伸，这种基于线上交往形成的新的人际关系一般被认为是一种"弱关系"。美国社会学家马克·格拉诺维特于 1974 年对社会关系进行了强弱区分，他认为，"弱关系"是指相对松散的人际关系，弱关系中人群的异质性较强，交往双方更加可能掌握很多对方并不了解的信息；而"强关系"则是更亲密的人际关系，群体的同质性更强，拥有相似的信息和资源，这种人际关系十分稳定，有很强的情感因素维系着人际关系。研究者认为，网络自身由于其匿名性、时空压缩性与时空延伸性等特点，非

常适合个体间弱关系的建立与发展（黄少华，2009）。有研究者（Donath &
Boyd，2004）也认为，在线交往中社交成本较低、社交资源广，因此能够
增加弱关系的形成和维持。就社交关系的强弱而言，目前国内主流网络
社交平台中，基于微信、社交网站的人际关系更倾向于强关系，而基于
微博的人际关系更倾向于弱关系。

（三）在线同伴关系与线下同伴关系的联系

关于在线同伴关系与线下同伴关系的联系，富者更富假说认为拥有
较好线下人际关系的个体，他们在线上同样能比不善于人际交往的个体
发展更多的线上友谊，拥有更多的线上资源。但也有研究支持了社会补
偿假说，即线上同伴交往能够帮助不擅长线下交往的个体在网络上获得
较好的人际关系和社会支持，提高其心理健康水平。

二、 在线恋爱关系

（一）在线恋爱关系是否更好？

基于在线约会产生的在线恋爱关系出现于 20 世纪 80 年代。由于在线
约会具有线下约会不具备的优势，自产生之日起，它就受到了广大网民
尤其是青少年网民的极大青睐。相关统计数据揭示，2010 年国内相亲网
站的用户数量已经高达数千万（吴静，雷雳，2013）。

关于互联网对浪漫关系的影响，研究者提出了不同的理论观点加以
解释。社会存在理论和媒介丰富理论认为网络的去个性化会使人们在网
络上更具有攻击性，倾向于做出过激行为，从而不利于在线恋爱关系的
产生。而也有研究者认为去个性化反而会带来更亲密和私人的关系。例
如，研究发现，在缺少社会线索的网络环境中，个体有更多的机会和空
间展现自我，从而促进在线亲密关系的建立，而这种自我展现在面对面
交流中可能是让人不舒服的（McKenna & Bargh，1998；McKenna，
2000）。也有研究者从认知的角度探讨约会网站上潜在伴侣数量对伴侣选
择质量的影响，结果发现，可选择的潜在伴侣人数越多，个体将会有越
多的搜索行为，进而降低最终选择的质量，更多的选择会增加选择者的
认知负荷，导致做出错误选择。在选择过程中，个体的注意力可能会被
大量无关信息分散，降低选择准确性（Wu & Chiou，2009）。研究者

（Yang & Chiou，2009）进一步研究了不同的选择策略对选择数量和选择质量的调节作用，结果发现对于利益最大化者，选择数量增加会显著降低选择质量，对于满足者来说，这种影响相对较小。

（二）在线恋爱关系的建立

在线交往的某些特性，导致了在线恋爱关系较易形成，包括在线交往的接近性、同质性、更好的印象管理等。

1. 接近性

线下恋爱关系的构建过程中，接近性必不可少。接近性起初指的是身体距离的接近，个体之间的共性也被看成接近性。持续的暴露将提高个体的接近性，有助于亲密关系的发展（Zajonc，2001）。在网络上，持续的暴露也将提高个体的好感度（Ghoshal & Holme，2006；Walther & Bazarova，2008）。研究者（Walther & Bazarova，2008）将这种接近称作电子接近理论（electronic propinquity theory）。

2. 同质性

除了接近性，同质性也是构建浪漫关系的重要因素。同质性是指个体更喜欢和自己相似的他人。网络的开放性能够提高相似个体之间的互动机会，在网络上个体有更多的机会接触他人，并最终找到和自己有相同兴趣爱好的个体或群体。

3. 印象管理

人类很擅长印象管理（Walther，1996）。在网络上个体有更多的时间决定沟通的方式和内容（尤其在非同步的信息交流中，如邮件），这意味着个体有更多的时间去思考他们该如何在在线交往中进行自我呈现。当个体有机会管理自我呈现时，将可能更多地呈现出理想化的自我形象，而这种理想化的自我呈现是增进人际亲密性的重要因素。但也有研究者提出，理想化的自我呈现也可能导致亲密关系过度理想化，从而带来消极影响。同时，研究者也关注了呈现对方真实形象对在线浪漫关系不同阶段个体间浪漫关系的影响。例如，沃尔特等人（2001）的研究发现，对于短期浪漫关系而言，在关系之前或之中呈现对方的照片有利于亲密关系的发展；而对于长期浪漫关系来说，对方真实形象（照片）的呈现对浪漫关系的进一步发展不利。

（三）在线恋爱关系中的男女差异

研究者探讨了约会网站上男性和女性的择偶模式和行为特点。研究结果表明，年龄的相似性并不是建立浪漫关系的重要因素，相比而言，教育程度、身体吸引力、社会地位等因素对在线浪漫关系的建立更具预测力。这些因素与进化行为理论的观点是一致的。该理论认为，女性择偶时会寻找社会地位高、资源丰富的男性做配偶，而男性则会寻找身体吸引力强，更有生育能力的女性做配偶。一旦个体选定了特定约会对象，甚至会产生光环效应，即认为对方具备其他好的品质，善良、聪慧等。这种光环效应也出现在了在线异性交往时对交往对象网名的选择偏好上。例如，研究者（Whitty & Buchanan，2010）发现，相比于女性，在线异性交往中男性更愿意接触名字带有身体吸引线索的女性。

在线恋爱关系一旦确定，个体可能会在网上公开恋情。有研究专门探讨了脸谱网上公开恋情的情侣双方对公开恋情的态度和认知（Fox & Warber，2013；Fox，Warber，& Makstaller，2013），结果表明，女性更多地认为公开恋情意味着关系的排他性，而男性较少持这种观念，认为即使公开恋爱关系，也可以继续寻找伴侣。同时，相比于线下恋爱关系，在线恋爱关系中存在更多的监视行为，如浏览对方的档案信息、照片、评论等。相关研究也证实，个体的个性特点能够显著预测其对关系的不确定感和网络监视行为，占有欲强、更焦虑的个体更多地浏览、监视伴侣的网络信息，并倾向于以消极的视角解释模糊信息（Fox & Warber，2014）。

三、在线亲子关系

回顾国内外研究，相比于在线同伴关系和在线恋爱关系，在线亲子关系受到的关注较少。关于互联网对亲子关系的影响问题，研究者存在不一致的见解。

有研究者认为，网络交流的低成本会导致人们花更多的时间独处，和陌生人、弱关系者聊天，而不是投入到更有价值的、与家人朋友面对面的聊天中（Parks & Roberts，1998；Putnam，2001），他们甚至认为在线亲子关系是低级、肤浅的。即便人们通过网络和家人聊天，但仍比不上面对面的沟通交流获得的情感与社会支持（Cummings，Butler，& Kraut，2002）。

也有研究者认为，网络不仅是拓展新的人际关系的工具，同时也能帮助维持现有的人际关系，包括亲子关系。例如，移动技术的发展，使得个体能通过移动终端（如手机）随时随地与家人、朋友联系，从而促进人际关系的维持和发展（Ling，2004；Wajcman et al.，2008）。有研究者（Wajcman，Bittman，& Brown，2008）对手机使用行为的调查发现，个体使用手机的主要功能是和家人、朋友联系，而工作功能相对较小，个体会通过关机等方式维护私人空间，将最为轻松的心情和空间留给朋友和家人。同时，当家庭出现矛盾时，移动技术能够让家庭成员在时间上达成同步，一同解决问题。此外，社交网络同样也能促进家庭成员之间的关系发展。例如，Skype能够让家庭成员之间通过视频联系，降低孩子在外地求学或工作给家长带来的忧虑，也能让孩子了解长辈的健康状况。另一方面，父母会对子女的个人网站进行监督，减少私人信息暴露、会见陌生人的风险行为（吴静，雷雳，2013）。

第四节　在线关系与线下关系的联系

随着在线关系领域研究的深入，其与线下关系的联系受到了研究者越来越多的关注，即在线关系究竟是促进还是抑制了个体线下关系的发展？研究者对于这一问题的解答也不尽一致。一方面，持积极观点（促进说）的研究者认为，网络为人们提供了一个新的交往空间，在这个空间里，人们能够更自由地表达自我并且不会受到来自他人严苛的评判；另一方面，持消极观点（抑制说）的研究者则认为，在线关系更多地表现为一种弱连接，并不能给个体心理的发展带来实质的好处，而且占用了线下关系的时间和空间。本节将主要围绕这一争议话题全面介绍国内外相关理论和实证研究结果。

一、在线关系对线下关系的促进作用

（一）相关理论

促进假说认为，花费时间在网络空间中与朋友交往会提高友谊质量

和幸福感，带来积极的心理效应(Valkenburg & Peter，2011)。

1. 去抑制效应

去抑制效应理论认为，网络交往是一把双刃剑(Suler，2004)，相比于面对面的交往，人们在网络环境中的交往具有匿名性，匿名性使得个体在网络空间中的行为体现出显著的去抑制的特点，个体会更自由地表达真实的情感，会变得更为开放，会更愿意表露关于自己的信息，从而促进心理的健康发展(Joinson，2001)。同时，该理论也提出，匿名性也会导致个体在网上有时表现得过于极端和愤怒，从而对其心理发展造成消极影响(Suler，2004)。

2. 超个体理论

超个体理论认为，网络缺乏社会线索和社会存在感的问题很容易得到解决，而且个体在网络中的交往比面对面交往能够更快地建立和发展亲密的关系。相比于线下的社交圈，线上好友和线上浪漫关系能够提供更好的情感支持和共情(Walther，Slovacek，& Tidwell，2001)。

3. 真实自我呈现

线上交往为个体提供了表露隐私信息的机会，网络为个体表露自我的核心部分提供了一个空间，而这些信息在线下呈现会让他们觉得尴尬(McKenna & Bargh，1998，2000；McKenna et al.，2002)。有研究者发现，对于孤独和焦虑的个体而言，在线下表露自我有一定的难度，而在线上形成一段新的关系对他们来说是一种积极的体验(McKenna，Green，& Gleason，2002)。线上交往过程中的自我表露，尤其是真实自我呈现，对于个体心理的发展具有重要的促进和保护作用。

(二)实证研究

大量的研究表明，人们会在网络空间中建立新的友谊关系和浪漫关系，并且这种关系还会转移到线下生活中。研究发现，2/3 的被试会与在网络中第一次认识的个体发展新的人际关系，其中 7.9% 的个体会发展出新的浪漫关系(Parks & Floyd，1996)。在多人虚拟空间游戏中，76.7% 的游戏用户会在网络中建立新的线上关系，并在线下继续发展，其中 24.5% 是浪漫关系(Utz，2000)。另外，也有研究者发现，个体会在聊天室中发展出真正的友谊关系，并且很多人更喜欢在线上维持这种友谊(Whitty & Gavin，2001)。近年来，随着在线约会和社交网站的出现，发展线上友谊关系和浪漫关系受到了更多人的欢迎(Wolak，Mitchell，&

Finkelhor，2003）。线上交往能够增强已有的朋友间的联系，并且带来更多的电话交流和面对面交流（Kraut et al.，2002）。

线上关系对线下关系的促进作用还表现在，对于孤独、害羞的个体而言，线上关系是一种积极的经验，是对线下关系不足的一个很好的补充。研究发现，用网络获取信息的个体会更容易感到孤独，但是用网络进行聊天和娱乐以及参与网络聊天室活动的个体会感到更少的孤独感（Whitty & McLaughlin，2007）。而害羞的个体则更乐于在线上进行约会并发展亲密关系（Scharlott & Christ，1995）。在学生群体中，那些有问题的学生更容易在网络中发展亲密关系（Wolak，Mitchell，& Finkelhor，2003）。

二、在线关系对线下关系的抑制作用

(一)相关理论

1. 社会存在理论和社会情境线索理论

社会存在理论（social presence theory）和社会情境线索理论（social context cutes theory）最开始是用于解释电话会议中的相关现象，后来逐渐应用于网络交往领域的相关研究中。这两个理论都认为，线上交往由于缺乏非言语线索和副言语线索，个体会感到较低的社会存在感，因此，个体的自我知觉降低而去个体化行为增加。持这两种理论观点的研究者普遍认为，社会存在的减少导致交往变成了与个人无关的活动（Hiltz，Johnson，& Turoff，1986；Short，Williams，& Christie，1976；Sproull & Kiesler，1986）。由于缺乏特定的社会线索，在线交往会变得更具攻击性和去抑制性（如网络过激行为的出现）。根据这种观点，与线下关系相比，线上关系是一种非个人的、消极的经历。

2. 媒介丰富理论

媒介丰富理论于 1986 年被提出，该理论认为媒介丰富包括及时反馈的可得性、传送线索的媒介的容量、自然语言的使用、媒介中的个人焦点。根据媒介丰富理论，线下关系中的交往是提供及时反馈和使用更多交往渠道的最丰富的媒介，而网络交往则没有面对面交往丰富，它缺少许多重要的信息，使得个体在交往时不得不克服更多的模糊性和不确定性因素，同时，线上关系也缺乏一定的个人性（Daft & Lengel，1986）。

3. 替代假说

替代假说认为，个体人际交往活动的时间和空间有限，过多的线上交往必然会挤占或替代个体线下互动和交往活动的时间和空间，因此，线上交往对线下关系会产生一定的消极影响（Valkenburg & Peter，2011）。

(二)实证研究

以往的部分研究也证明了在线关系对线下关系的抑制作用，在线关系会带来一些消极的心理后果，如抑郁和孤独等。有研究者发现，网络交往会导致个体线下友谊质量的下降（Valkenberg & Peter，2011）。也有研究发现，孤独感是导致个体更多地寻求线上好友而非线下好友的一个重要特质，在线下拥有好友较少的青少年会更多地从事网络交往活动（Mesch，2001）。另外，孤独感对线上活动增加的预测作用还表现在，社交焦虑和孤独感高的个体更喜欢通过网络进行人际交往。

在解释在线关系时，研究者也非常关注个体是如何通过网络空间来形成和发展人际关系的，个体会花费多少时间去维持线上关系。研究发现，在线上寻找异性伴侣是一种积极的体验，但是过度地使用这一功能会带来不健康的影响。网络中的性关系成瘾是导致线下关系破裂和离婚的一个重要原因，另外，52％的网络中的性功能用户会对现实的性关系减少兴趣（Schneider，2000）。线上关系中存在的另外一个问题就是网络不忠，网络中的不忠既可以是情感上的不忠也可以是性方面的不忠（Whitty，2005；Whitty & Carr，2005，2006）。

第九章

网络亲社会行为

批判性思考

1. 小高是一名对计算机技术非常感兴趣的大学生，每天都在某论坛上浏览一些技术帖。每当看到有人在论坛上问到一些计算机难题，他都会积极帮忙解答，有时候甚至会去查阅大量资料来帮人解决问题。你身边也有这样的人吗？你认为他们为什么要这么做？

2. 在很多网络平台或社区中，经常会出现一些网络求助内容，如家庭贫困希望得到援助、家人身患重病需要大家捐款等。对于这类网络求助，我们应该怎么办？是不是要毫不犹豫地提供帮助？

3. 网络为信息的传播提供了良好的环境，非常有利于求助信息的扩散，也有利于助人信息的反馈。请问，这是否意味着网络亲社会行为更容易发生也更加普遍呢？

关键术语

亲社会行为，网络亲社会行为，利他主义，进化心理学，移情，社会交换，互惠，社会责任

　　在我们的社会生活中处处可见帮助人的现象，从指路、扶老携幼、义务献血，到见义勇为与歹徒搏斗、抢救遇难儿童，甚至为此付出生命。在网络社会中，我们也可以发现很多善意的行为，对网络社会产生积极的影响，这类行为小到主动回答网友的问题、发布信息和提供帮助，大到打击违法犯罪、救助弱势群体等。有研究者指出，随着互联网的发展和完善，网络已经成为人们寻求帮助和支持的新渠道。在网络背景下出现的这类亲社会行为，对优化网络环境、强化网络道德、增强人们对网

络的信任有着积极的影响，不仅有助于形成和维护网络中人与人之间的良好关系，还能减少和抨击网络中侵犯、欺诈等反社会行为（卢晓红，2006）。

第一节　网络亲社会行为概述

一、网络亲社会行为及有关概念

网络亲社会行为（internet prosocial behavior/online prosocial behavior）通常指的就是在互联网中发生的亲社会行为。亲社会行为主要以助人、分享、谦让、合作、自我牺牲等方式出现，美国发展心理学家艾森伯格等人定义亲社会行为是"倾向于帮助他人或使另一个人或另一个群体得益，行为者不期望得到外在的奖赏。这种行为经常表现为行为者要付出某些代价、自我牺牲或冒险"（Eisenberg，Carlo，Murphy，& Court，1995）。

亲社会行为可能由利他主义引起。利他主义（altruism）指关心他人的利益而不考虑自己的利益（Wispé，1978）。霍夫曼（Hoffman）提出，利他行为是为了促进他人幸福的帮助和分享行为，做出利他行为者并未有意识地关心自己的个人利益。因此利他注意的核心就是自愿帮助他人，而不期望得到任何外部的回报，甚至没有要给人留下好印象的想法。但是亲社会行为不一定都由利他主义引起，它也包括为了某种目的，有所企图的助人行为，所以它是一个比利他行为更宽泛的概念。任何对他人或群体乃至社会有好处的行为都属于亲社会行为。因此我们认为亲社会行为是一种广义上的利他行为，涵盖了利他行为。

跟传统的亲社会行为概念相比较，网络亲社会行为关心的主要是在网络环境中发生的有利于他人的积极行为。彭庆红、樊富珉（2005）提出，网络利他行为是指在网络环境中发生的将使他人受益而行动者本人又没有明显自私动机的自愿行为。构成网络利他行为的要素主要包括：①借助网络媒体；②出于助人的目的；③没有明显的自私动机；④自愿而非强迫的行为。也有研究者指出，网络中的利他行为是指在网络环境中实施的将使他人获益且自身会有一定的物质损失，又没有明显自私动机的自觉自愿行为(王小璐，风笑天，2004)。其中，物质损失是指助人者在帮助他人的过程中花费的网络开销、时间精力，以及虚拟的网络货币等；没有明显的自私动机是指不期望有来自外部的精神的或物质的奖励，但不排除自身因做了好事获得的心理满足感、自我价值实现等内在奖励。

二、网络亲社会行为的表现形式

网络亲社会行为由于发生环境的特别，跟现实中的亲社会行为有所不同。网络环境中的亲社会行为主要表现在以下几个方面(彭庆红，樊富珉，2005；王小璐，风笑天，2004)。

第一，无偿提供信息咨询。免费提供信息这类行为在网络中非常普遍，如在大学校园的论坛上，一些学生经常会自觉地发布一些上课地点、任课教师联系方式、外出乘车路线、校园及周边消费购物指南等信息。一些网页(如百度知道)或者论坛上，会有很多人为陌生人的提问提供最佳答案。

第二，免费提供资源共享。基于网络的资源分享指的是众多的网络用户不求利益，把自己收集的一些资源通过一些平台共享给大家，包括通过网络提供免费电子书籍、软件下载服务等类似的网络服务(表 9-1)。

表 9-1　某论坛以免费提供资源为主题的帖子

发信人	piaoyieool(spring)，信区：SPS
标题	山大社会学、社会保障考研题赠送
发信站	BBS 泉韵心声站
内容	现有 1996—2002 年的社会学考研题电子版(含社会学概论、社会调查方法) 2004 年、2005 年社保试题(注：是两届考生回忆的考题，不是原题)欢迎垂询索取 联系方式：＊＊＊＊＊＊＊@mail. sdu. edu. cn

第三，免费进行技术或方法指导。这个方面主要指的是在网上，某些技术高超者帮助新手学习电脑知识、上网技术、维修出故障的电脑等，学习优秀者传授各种证书考试等方面的经验与技巧，成功就业者传授面

试方法与技巧等。

第四，提供精神安慰或道义支持。网络可以成为积极的情感保护与精神支持场所。例如，网络中存在大量安慰情感失意者、身体残疾者、竞争失败者及心理疾病者特别是具有自杀倾向者的行为。有时候，网络出现某种反对、谴责不当行为的信息，往往引发大量的跟帖，这种道义的支持也属于利他行为的范畴。在网络上，还存在一些非主流的群体，特别是边缘团体中的支持行为，如肥胖症者、同性恋者、酗酒者等。他们在现实生活中往往受到歧视，以个人或者小群体形式在互联网上建立一些非主流主题的聊天室或网站，以逃避现实社会的压力，轻松表达内心的体验和感想。有时，这种边缘群体的内部支持和经验可以起到团体心理咨询相似的作用。有研究表明在线的支持群体提供的社会支持及其起到的作用跟现实生活中的群体相似（Doleazl，1998；Finn，1995；Coulson et al.，2007）。

第五，提供虚拟资源援助。在一些游戏社区以及虚拟交际社区中，当社区其他成员面临"困境"时，一些网民也会慷慨地将"金钱""财物"等虚拟的价值物借给或无偿地支持伙伴。

第六，宣传与发动社会救助。这种利他行为往往与现实社会的真实求助事件相联系，通过网络来宣传、呼吁等，如呼吁帮助疑难病症者，发动资助贫困生的募捐，为生命垂危者义务献血、捐献器官等。20世纪曾轰动一时的清华大学女生铊中毒救助事件，就是通过网络渠道在短时间内确定病因的。

第七，提供网络管理义务服务。很多论坛等网络平台事实上是一个庞大的虚拟社区，由于经费的限制，其管理工作往往是靠一群志愿管理者在维持。版主等网络管理者要花费大量时间、精力，他们的义务服务事实上也是一种典型的利他行为。

三、网络亲社会行为的特点

有研究者通过对网络免费下载资源的网站进行个案访谈和文献研究提出，有必要把网络中的利他行为与现实中的利他行为分离开来（郑丹丹，凌智勇，2005），认为网络亲社会行为并非仅仅是把现实中的利他行为放到网络环境里进行，而是在数字化、电子化等技术的影响下呈现不同于现实生活的独特性质。有学者（卢晓红，2006）提出，网络环境为网络亲社会行为的产生和发展提供了特殊条件，因此人们在网络环境下会比在现实情形下更多地表现出亲社会行为，具体原因为：①网络环境的虚拟性使自我表露程度更高，有利于自我概念的扩展；②网络环境的虚拟性更有利于美化帮助对象，形成对帮助对象的积极评价；③网络环境的超时空性使助人者有更多的机会来行使他的善举，同时获得更多肯定，强化其助人行为；④网络环境的超时空性使助人者从众心理减弱，更主动承担助人责任。同时，网络亲社会行为表现出的社会效用对优化网络道德环境具有不可替代的作用。

可见，网络亲社会行为呈现了一些不同于现实世界亲社会行为的特点，从网络亲社会行为的各方面表现来看，主要有以下几点。

(一)广泛性

首先，网络环境中的亲社会行为是普遍存在的。有学者指出，由于网络社会的特殊性，网络社会中的利他行为出现的频率会高于日常生活中的利他行为（郭玉锦，王欢，2005）。彭庆红、樊富珉（2005）认为网络之所以有助于利他行为发生，原因之一是网络环境的一些特征比现实社会更有利于利他行为的发生。例如，网络的匿名状态固然可能导致一部分网民出现不负责任行为，但是这种匿名性也可以保护求助者与助人者，求助者可以更多地自我表露信息（Mesch，2012），以更好地获得他人的注意、同情或有利于他人更有针对性地施助（Sproull，2011），助人者可以摆脱现实社会中种种复杂的人际困扰等，从仁爱之心等直接动机出发去助人。网络环境中参与者构成的多样性与内容的丰富性均有利于求助者依赖于网络来寻求帮助，而网络也总是能最大限度地满足求助行为。

其次，网络亲社会行为的参与面具有广泛性，基本不受到地域、民族、时间等的限制。由于互联网是一个空前自由、平等、开放的系统，极大地延伸和扩展了人际交流的空间和范围，使得参与网络交流的群体出现了跨越社会地位、收入、出身、种族差异的特点，这决定了参与网络亲社会行为的个体也具有了跨地域、跨民族的广泛性。

(二)及时性

网络利他行为从求助信号的发出，到利他行为反馈的过程基本上可以同步进行。现实生活中，亲社会行为的发生有时要受到情境因素的限制，如求助行为是否被别人觉察、提供帮助者是否方便等，但是在网络世界这种限制就不存在。网络交往的交互性和即时性，以及超越时空的特征，使得网络环境下同一个体可能面临着众多的关系。对于某个求助者发出的求助信息，首先，这种信息是明确的，不会有理解或者觉察错误的问题；其次，网上信息超越空间的传播，瞬间即可到达世界各地，同时看到求助信息的可能会有很多人，能够提供帮助和做出助人行为反应的人可能也会有不止一个，因此网络环境下的求助信息反馈是相对及时的。

(三)公开性

除了网民身份信息匿名外，网络利他行为过程都公开地反映在网络上。开放性的网络交流环境使得大多求助和助人的过程都能够被其他人看到，这样为求助者和助人者都提供了方便。比如，在论坛上，其他人可以通过查看求助和回复来确定该求助信息是否已经得到最好的回答，有同样问题的人也可以从中得到答案而无须再次求助。

(四)非物质性

由于网络空间本身的虚拟性，人们在使用网络进行交流和交往的过程都是通过信息传递来实现的。网络亲社会行为的发生也是如此，助人者和求助者之间传递的不是物质，而是信息。信息传递的便捷性和即时性使得网络中的亲社会行为比起现实世界来，成本有所降低。

同时，网络环境对亲社会行为的激励机制也是非物质性的。如通过信息传递实现的自我奖赏、自我安慰、获得他人认同、对方感谢、互惠互助等，都是对助人者行为的鼓励，进而促使其进行更多的网络亲社会行为。

===== 拓展阅读 =====

网络求助的困境

"网络求助"是在社会保障体系不发达的情势下，网民凭借网络技术和手段向社会寻求帮助的一种新的求助方式(张北坪，2012a)。随着我国网民数量在较短时间内呈几何数量增长，网络求助由此也逐渐演变为当代人求知求助求利的手段。网络求助是对网络的善用，网络独具的方便快捷特点能在短时间内迅速扩展信息的覆盖面，使参与范围得以极大扩展，使参与者更加广泛，为快速救助提供了可能性(张北坪，2012c)。

但目前，网络求助还存在一些问题，经常引起人们的讨论。对于求助者而言，他(她)的困境体现在发布信息的诚信上。求助者只有做到发布的信息完全真实，才能被广大网民所接受、尊重。反观众多的网络求助事件，求助者为获取更快的帮助利用网络的虚拟性，以若干网络 ID 出现，编造或夸大事实，滥用道德诉求，恣意"利用"网民的同情心，导致网络行为失范。如果求助者的求助动机不纯，或者夸大事实真相，无疑会使救助失灵。这违背了诚信的道德要求，也与一个文明和谐社会的要求和标准相去甚远，更是对救助者的极大伤害。但从操作层面来讲，通过网络求助以及随后发生的事情还存在以下几方面的问题(张北坪，2012a)。

首先，救助主体确定难。在一些网络求助事件中，由于信息失真，导致行为失范，泄愤攻击等"网络暴力"现象大量出现。究其本质，就是救助主体难以确定。在救助过程中，通常是一些热心网民在操办具体事宜，因此，它属于典型的民间救助行为。这样的民间救助行为不具有规范性，而且存在很多不确定因素，求助者对救助者的信任程度和救助效果都有问题。也许组织形式，如非政府组织的介入可以帮助明确救助主体，但从网络求助行为的特征看，求助者的主要意图显然不是要通过特定的组织，而是诉诸非特定的"善良"的网络人的帮助。这就使得救助主体的明确存在困难(张北坪，2012b)。

其次，求助者信息验证难。如果网络中流通的信息无法被确定为真实，那么，理性和选择判断就会发生根本性的偏离。在网络技术中，求助者往往隐匿个人信息，甚至远离事实真相，吸引网民关注。正是由于没有一套透明的信息披露和验证程序，救助信息很难保证其真实性，导致交往中的信任危机。

再次，求助相关方所面临的困境。这里的相关方主要是指求助者所在的单位。求助者本人的求助与求助者以自己名义为他人利益提交的求助是两类不同类别的求助。例如，在一些高校中出现的"卖身救母""卖身救父"等事件就属于学生以自身名义为其亲人进行的求助。在这些求助事件中，学校同样也被推向风口浪尖。毕竟学校的责任是有限的，学校不可能包办学生的一切，包括学生家庭的问题。

当学生以自己名义进行网络求助时，并不意味着学校必须负担实际救助的责任。但学校却经常被"道德绑架"，要求承担这样的所谓道德义务，从而受到各方面并不公正的责难。

最后，救助之后的解困。无论是物质还是精神上的帮扶都是求助者期待的，但对于这样的帮扶仅仅是在一段时间或一定层面之内，帮扶终究不能替代求助者自我解困，自我独立。无论是求利型的求助，还是求解型求助，对求助者而言最终都要"断乳"。同时，在物质型网络求助事件中，对于网民的物质捐赠远远超出求助者预期，如在面对重大疾病高昂救治费用面前，求助者通过网络募捐彻底实现解困，且仍剩下大量善款，在这种情况下，对于汇聚众多网民爱心捐助的后期监管与处理问题，同样是一个需要解决的难题。

第二节　网络亲社会行为的发生机制

关于亲社会行为为什么发生，以及在何种情况下会发生等问题，社会心理学家提出了不同的理论解释。作为特定环境中出现的亲社会行为，网络亲社会行为的发生机制也可以基于已有亲社会理论的视角来理解。

一、进化心理学视角

进化心理学指出，生命的本质是基因的保存。我们的基因驱使我们以取得最大限度的生存机会的方式来活动。当我们的祖先去世后，他们的基因继续存活下来。学者理查德·道金斯提出，人类身上带着一种与生俱来的、深刻的、自我服务的本能，具有为陌生人谋取幸福的基因的个体是不会在进化的竞争中存活下来的，生存竞争使"自私"者的基因被不断传递。但是人类自私的基因上却安排了两种特殊的无私，甚至是自我牺牲，这就是对家族的保护和互惠。

首先是保护家族。人类的基因让我们有一种关注亲属的本能，因为他们和我们的基因相似。因此人类会为保留基因的继续存活而爱自己的孩子，将孩子的幸福放在自己的幸福之上，而爱自己孩子的父母比那些忽视孩子的父母更可能将他们的基因传递下去。这样，人们总是关心自己的家人、朋友、邻居，而不是陌生人。人们对和自己关系更近的人做出更多的利他行为。在紧急情况下人们救助对象的排序也能体现这一点，如我们遇事总是先救小孩后救老人，先救家庭成员后救朋友，先救邻居后救陌生人。

其次是互惠。基因上的自私也预先安排了互惠。在规模较小和较封闭的群体中，人们相互作用中的这种互惠性非常突出。在小城镇、小学校或小宿舍里人们在物质上和精神上都互相关心、互相帮助，而在大都市中的人们就显得很冷漠、很孤独，因为那里有许多社会服务机构。显然，互惠是为了群体能更好地生存。

总之，进化心理学理论认为行为由进化遗传特征驱动，亲社会行为的存在也是如此，可以归于自然选择的影响。从亲社会行为增加了人类的基因繁衍的角度来说，它们已经变成了我们生理遗传的一部分。这样就形成了一种假设：亲社会行为由基因决定，并且这种行为的发展是因为它使人类的繁衍更为成功(Pinker，1998)。根据这种假设，我们可以认为网络环境下的亲社会行为发生也是由于遗传因素的作用，这类行为的发生是为了让人类更好地繁衍发展。

二、情绪视角

(一)移情—利他

移情指的是一个人(观察者)在观察到另一个人(被观察者)处于一种情绪状态时，产生与观察者相同的情绪体验，它是一种替代性的情绪情感反应，也就是一个人设身处地为他人着想，识别并体验他人情绪和情感的心理过程。许多研究结果都表明，移情的唤起能引起或产生亲社会行为(Batson，1994)。移情使人们更容易认识到另一个人的需要以平息自己的情绪，这实际上是一种信息传递过程，通过这一过程能建构人们对移情对象在情感上的共鸣反应，所以能促使亲社会行为的发生；同时，移情能建构自己，自己同他人情感体验、他人福利的普遍联系，它是亲社会行为的源泉(寇彧，徐华女，2005)。

移情—利他主义假设是由巴特森(Batson)和他的同事提出来的，他们认为当我们对需要帮助的人产生移情的时候，把自己置于他人的位置，并以那个人的方式体验事件和情绪，也就是说纯粹的利他主义是可能发生的，无论我们会得到什么（Batson，Duncan，& Ackerman，1991）。法布斯等人认为，移情对利他主义行为的影响是通过"移情—同情—利他主义行为"这一模型来实现的（Fabes et al.，1984）。有效的移情是对他人产生同情心的基础，而同情心又是对困境中他人实施利他主义行为的重要条件。

根据这种理论，我们可以认为是移情导致了网络亲社会行为的发生。在网络情境下，助人者首先感知到他人处于困境之中，识别并体验到求助者的情绪和情感，然后才产生了帮助别人的行为。这种助人行为目的就是为了减轻他人的苦恼，而不是为了自己得到什么，所以是一种相对纯粹的利他主义行为。对于在网络中为他人提供情感支持和安慰的助人者来说，这样的移情是必要的。

（二）消极状态缓解

焦虑、紧张、愤怒、沮丧、悲伤、痛苦等情绪都属于消极情绪，此类情绪体验与积极情绪相反，可能会让人产生身体不适感，影响工作和生活的顺利进行，甚至可能造成身心伤害。针对亲社会行为的发生原因，柴尔蒂尼等人提出了消极状态缓解理论（Cialdini et al.，1981）。该理论认为，人们有时会为他人提供帮助，是因为自己心情不好，想借此使自己恢复情绪。换言之，亲社会行为能够充当消除情感的自助手段。已有研究表明，当一个人感到内疚或感到痛苦时，助人行为能帮助他抵消坏情绪。而如果一个首先用其他方法使心境得到了改善（如听了一段幽默的录音），那么，他的助人行为不会发生（Cunningham & Others，1980）。

根据这样的理论假设，可以认为人们在网络中发生亲社会行为是由于当时情绪状态不好，是伤心导致了助人行为，移情并不是必要的成分。即助人者在网络环境里向他人提供帮助的行为只是改善自己情绪状态的一种手段，而不是对求助者的状态产生了同情。

（三）移情式快乐

史密斯等人提出移情式快乐假说来解释亲社会行为，他们认为人们之所以提供帮助，是因为当他们知道自己的行为对求助者产生积极影响时，他们会产生积极的成就感，这种成就某人目标的积极感觉使他们愿意提供帮助(Smith，Keating，& Stotland，1989)。

相比消极情绪缓解理论，移情式快乐假说在解释网络亲社会行为方面很有意义。因为根据网络环境下亲社会行为的表现，很多行为的发生并不一定发生移情或者当时情绪状态不好。例如，在网络中免费提供信息咨询和技术支持的助人者，他们的行为体现了人们想通过自己的助人行为对别人产生积极影响，同时自己也会体验到相应的快乐感或满足感。

三、社会交换视角

社会交换理论是一种关于人类相互作用的理论。这种理论认为，人类的社会行为是受到"社会经济学"导向的。劳勒等人提出，人们对人际关系的感受取决于他们对这段关系的收益与成本的知觉，他们对应得到何种关系的知觉以及从其他人那里得到一段更好的关系的可能性的知觉(Lawler & Thye，1999)。此理论的基本假设是：就像人们在经济市场上试图最大化金钱的获利/损失比率一样，人们在和他人的关系中试图最大化社会收获/付出比率，即只有当回报超过成本时，人们才会助人。人们在交往中交换的不仅是物质和金钱，而且还有社会性的东西，如爱、服务、信息、地位等(Foa & Foa，1975)。

社会交换理论认为，我们在衡量社会关系中的成本与报酬，助人行为可以以多种方式回报，像我们在互利规范中看到的，助人可以增加某人将来回助我们的可能性，帮助某人是对未来的一种投资，社会交换就是某天某人会在你需要的时候帮助你，助人还可以减轻旁观者的压力(Demitrakis et al.，2002)。有研究证据表明，当人们看到他人受难的时候，他们助人的行为至少部分是为了减轻自己的压力。另外，通过帮助他人，我们还可以得到来自他人和社会的赞许和增强自尊心(Eisenberg & Guthie，2002)。

简单来讲，社会交换理论认为真正的利他主义，即当人们做的事情对自身来说代价很高时仍然助人的情况是不存在的。只有当收获大于等于付出时，助人行为才会发生。因此以这种观点来看，网络环境中亲社会行为的发生，一方面对求助者产生了积极的影响；另一方面，助人者同时也得到自己想得到的东西，如感激、自我价值的实现等。当然，由于发生环境的特殊性，物质层面的回报是很少见的。也就是说，网络中的亲社会行为发生，可能也是助人者认为自己处于一种互惠互利的环境中的结果。对于那些在网络中提供免费的资源共享和信息咨询的助人者来说，这种交换理论在解释他们的行为方面有一定意义。

四、社会规范视角

社会规范理论认为，我们经常帮助他人不是因为有意识地计算这种行为能给自己带来什么好处，而是简单地因为我们知道应该这样做。在公交车上为老幼病残者让座，拾到东西交还失主，这是社会行为规范。规范是社会的期待，告诉我们什么是适当的行为，是我们在生活中应尽的责任。社会规范规定着人们在不同情境下的行为方式，指明哪些行为是被社会接受的和受到鼓励的，哪些行为是不允许的或受到谴责的。亲社会行为是有益于社会整体的，所以是被接受的、受到鼓励的和可以得到一定报偿的。研究发现，有两种社会规范在推动助人行为。

第一，互惠规范（reciprocity norm）。社会学家古德纳（Gouldner）指出，人类社会的一个普遍的道德规范就是互惠规范。对于那些帮助过我们的人应该给予回报，也给予帮助，而不是伤害。互惠之所以成为我们社会的规范是出于这样一个假设：在社会生活中每一个人都会遇到困难，都需要他人的帮助。因此，自己帮助他人正是因为当自己遇到困难时会得到他人的帮助。所以从根本上看，助人行为也是为自己着想，即人们认识到社会生活中的相互依赖，于是需要形成一种互惠的机制。对于那些明显有依赖性和没有互惠能力的人，如儿童和确实没有能力的人，他人也承认他们确实没有同等回报能力的人，还有另外一种社会规范推动人们去帮助他们，这就是社会责任。

第二，社会责任规范（social-responsibility norm）。进一步为社会整体和长远利益计，我们的社会规范规定，不管个人之间是否互利，人都应该助人。我们应该帮助那些需要帮助的人，而不考虑交换，这就是社会责任规范（Berkowitz，1972）。因此，人们遵从这一规范不仅为了互利，而且是为了"自身的声誉而采取的合乎社会要求的行为方式"。研究发现，这种出于责任的助人行为经常是在人们匿名或完全不期待任何回报的情况下做出的（Shotl & Stebbins，1983）。网络亲社会行为的一大特点就是匿名性，很多网民在做出助人行为的时候不会公开自己的真实身份，亲社会动机完全是出自内心的责任感。

第三节　网络亲社会行为的影响因素

大量社会心理学研究探索了亲社会行为的诸多影响因素，这些因素可以归结为三类：一是助人者因素，主要包括利他人格、移情能力、心境、年龄等；二是求助者因素，其中包括求助者的人际吸引力和是否存在过错等；三是情境因素，主要包括旁观者效应、亲社会榜样、时间压力、自然环境等。由于现在探讨网络亲社会行为的研究尚有限，所以我们亦从这三个层面探索网络亲社会行为的影响因素，并在此基础之上分析如何促进网络亲社会行为的发生。

一、助人者因素

个人因素是促进亲社会行为的内因，对行为发生起着决定性的作用，在同样外在条件下，由于个体因素不同，有人可能做出助人行为，而有人却可能做不出。社会心理学对助人者个人因素的多方面影响都进行了研究，包括人格特征、性别、文化差异、心情、内疚感、助人能力、宗教信仰等。网络的匿名性，使现实中性别等个人生理特征的影响消失，因此表现出亲社会行为的网络用户也呈现出不同特点。

(一)人口学因素

1. 性别

有研究认为助人者的性别对网络亲社会行为有影响，如华莱士(Wallace)指出，一般情况下，男性更愿意提供计算机和网络知识与技能方面的帮助，女性则更多投入情感上的支持。从别名和电子信箱用户名来判断，主动提供帮助的人几乎清一色为男性。在某些互联网环境下，男性更多地帮助女性表现得尤为明显。例如，在网络游戏中，男性特别喜欢对刚刚加入进来的"女性"进行耐心的帮助，但对那些从名字上来看是男性的加入者则反应冷淡。

2. 年龄

现在关于网络亲社会行为的追踪研究并不多，所以我们对网络亲社会行为在不同人生阶段上的发展并不确定。根据已有对青少年的研究可以发现（马晓辉，雷雳，2011），除了紧急型亲社会行为外，在整个中学阶段，青少年表现出来的各种类型网络亲社会行为倾向基本上都是在不断降低的（图 9-1）。由于网络环境中存在很多的虚假信息，网民无法判断其中的求助信息和求助者是否可靠。青少年在一开始接触网络的时候，由于经验的缺乏和沟通交流的需求，可能表现出较高的亲社会行为水平。但随着年级升高和使用互联网时间的增长，他们逐渐不会再轻易相信网络中的求助信息和求助者，并可能因此而表现出越来越少的网络亲社会行为。

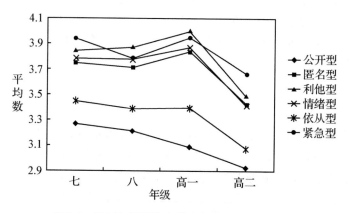

图 9-1　不同年级网络亲社会行为平均数的变化

（二）自我满足

1. 自我奖赏

在对网络亲社会行为进行概念界定时曾指出，网络亲社会行为必须满足助人者"没有明显的自私动机"这一条件，"没有明显的自私动机"主要是指不期望有来自外部的物质报偿，但不排除助人者自身因为做了好事而获得的心理满足感、成就感等内部酬奖。有研究者针对网络亲社会行为对大学生进行了访谈，结果显示网络中助人也会带来自我奖赏：访谈中的绝大多数个案都表示自己在网络中表现出亲社会行为后能得到心理满足感、成就感等自我奖赏，这种自我奖赏有助于提升人的情绪，从而促进个体继续从事网络亲社会行为。同时，许多人表示在多数情况下，满足感和成就感的获得主要来自于社会赞许、他人认同及对方感谢（危敏，2007）。

2. 兴趣动机

兴趣是人们社会性动机的一种，是个人力求认识、探究某种事物或活动的心理倾向，并且常常伴随着积极的情绪体验。人们对自己感兴趣的东西会表现出巨大的积极性，有研究发现很多大学生在网络中做出亲社会行为就是源于自己"对电脑技术有了解，而且很有兴趣"。有人明确表示："我从来不追求什么论坛等级或是在线时间，只是做自己喜欢做的事情。当看到他们（求助者）说问题解决的时候，心里自然会感到满足，自己的能力也得到了体现。"（危敏，2007）还有研究发现，大学生亲社会行为动机水平越高，越有可能做出网络利他行为（刘梦姬，2014）。

(三)道德规范

1. 道德水平

个体的道德认知和情感水平发展越好，就越可能做出亲社会行为。有研究发现，在控制了性别、年龄等人口学变量后，现实生活中个体的亲社会行为与他们在网络中的助人行为呈正相关关系（Wright & Li，2011），这说明个体的道德感和社会责任感也是影响网络亲社会行为的重要因素，很多大学生网民表示他们出于自己的社会道德的需要（蒋雪，2010），在校园网络中发现有需要的同学时都会伸出援助之手。对青少年来说，网络道德认知和情感越积极，网络亲社会行为倾向也就越高（马晓辉，雷雳，2010）。还有研究发现，移情水平与网络亲社会行为存在显著正相关，高移情水平的高中生更易于在网络上表现出亲社会行为（宋凤宁等，2005）。

2. 遵守互惠规范

在对亲社会行为的社会规范理论的解释中曾经提到，有两种规范对亲社会行为很重要，其中之一便是互惠规范，是指人们之间的助人行为应该是相互的，别人帮助了我，那么我也应该帮助别人。在网络中，这种互惠互利的精神鼓励了不少亲社会行为的出现。从网络求助与助人行为发生的连续性与互动性来看，这一次的求助者很可能是下一次的助人者，或者是在同一交流场景中的参与者都是助人者与求助者，这种身份上的迅速转换及重叠可以使助人者设身处地为求助者着想，尽自己所能去帮助他人，有时甚至有可能发展出凭借面对面的互动与沟通才能建立起来的亲密关系并从中获得"社会支持"与"归属感"。

(四)个人能力

对于大多数网络亲社会行为来说，助人所传递的"物质"本质是电子信息，包括知识与经验以及音乐、电影等文件资源。这使得网络亲社会行为的代价较低，交流介质的电子化使网络亲社会行为可以突破时空限制。有访谈研究现实，很多受访者表示上传资源或分享知识不过是举手之劳，因为恰好有这方面的资料。但当这些便利条件不存在时，或者利他成本较高时，利他行为会减少，约有50%的被访者表示没能帮助别人是因为客观条件的限制，如本身技术不行等(丁迈，陈曦，2009)。

二、求助者因素

社会心理学更多强调求助者与助人者的相似性(外表、信仰等)，助人者是否受人喜爱，助人者性别等方面。网络环境的虚拟性消解了求助者的很多身份特征，有研究者指出，在网络亲社会行为的影响因素中，求助者特征的影响相对较弱，网络环境下，求助者的特征不是主要的影响因素，网络的匿名性和虚拟性使得求助者的身份信息模糊，助人者无从判断求助者的情形，网络成员处于一种更为平等的位置上，因此话题、经历与兴趣的相似性就成为促进利他行为产生的主要因素，此外求助文本的表达方式也有一定影响。

(一)语言因素

从社会互动的角度来说，语言是一种相当重要的社会互动形式，人们通过语言传递思想、情感及需求。但是社会心理研究表明，在现实面对面的人际交流中，有声语言的社会意义的传递不到35%；而其余的65%以上都是来自非语言交流的诸项上(侯玉波，2013；迈尔斯，2006)。比如，交流双方说话时的腔调、音量和其他非口语化的信息，如瞪眼、撇嘴、手势、点头等肢体语言，以及交流环境(场所、时间、氛围)等。目前网络上的人际交流几乎没有这样的非语言交流因素，这使得人们的网络交流相对更"文字化"，也就是说，网络交流多半以文本的形式出现。

尽管随着网络带宽的增加和多媒体技术的发展，网络交流的手段会更加丰富，但是文字交流还会是最为主要的一种。因此，网络求助语言的应用是否得体对能否获得帮助有影响，诚恳的语气能提高求助信息的真实性，消除助人者的顾虑和疑惑。这一点跟实际生活中的求助就显得非常不同，因为求助情境和求助对象的不确定性，导致真实生活中求助者很难明确地向所有潜在助人者表示自己的意愿。而在网络环境中，这种不确定性反而促使求助者必须使用明确的语言来表达自己的需求。求助者为了补充单纯文字交流中表达感情的需要，还可以适当地利用一些网络符号(如图标、头像等)来获得更好的效果。

除了求助信息本身的表达外，信息的标题也会影响到信息是否受到关注，进而获得大范围的帮助(丁迈，陈曦，2009)。

(二)相似性因素

人们经常会帮助自己喜欢的人，而人们对他人的喜欢与否从一开始便会受到相似性因素的影响。从访谈研究来看，人际吸引力中的相似性因素仍然对大学生网络亲社会行为的发生有着促进作用，尤其是个人兴趣方面的相似(危敏，2007)。一方面，由于网络包容的信息量太大，人们不可能在有限的时间里浏览所有的信息，必须有所选择，而选择的标准中很重要的一条就是"兴趣相投"；另一方面，人们对自己感兴趣的领域会投入较多的时间和精力，因而对该领域会比较熟悉，客观上就为做出亲社会行为创造了条件。

另外，跟现实社会中亲社会行为不同，对于网络亲社会行为来说，个人生理特征的影响大大弱化。网络中的互动使得人们不需要像在现实生活中那样面对面地亲身参与到互动中来，而是一种"身体不在场"的参与。换言之，当上网者通过电子化的文本进行沟通时，彼此看不到对方的身体，这就使得像性别、外貌、体态等对亲社会行为有影响作用的个人生理特征因素变得模糊，从而弱化了其影响力。

三、情境因素

相对于现实生活中的亲社会行为，网络亲社会行为最大的不同之处便是行为发生的情境不同。由于网络环境自身的某些特征，它比起现实环境来更有利于人们做出亲社会行为。情境因素对亲社会行为的影响主要体现在旁观者效应、亲社会榜样、时间压力和自然环境等几个方面。

（一）旁观者效应

在社会心理学当中，旁观者效应指的是他人的在场会对人们的助人行为产生抑制作用。这主要是因为：第一，在场的人越多，每个人分担到的责任便越少，这种责任的扩散抑制了亲社会行为的发生，因为每个人见危不救的羞耻感、内疚感、责任感都减轻了，即使不介入，受到的谴责和压力也小；第二，他人在场会使人们在采取行动时产生更多的顾虑，担心自己行为不当而遭人嘲笑，因此会更加小心地表现自己以赢得他人积极的评价（俞国良，2012）；第三，有时候在情境不明确的情况下，人们往往参照在场的其他人的态度和行动来做出反应，如果在场的他人中没有一个人能够确定发生的事件，通常大家都会踌躇不前，当作什么事也没有发生，并运用这种"信息"来合理化自己的不作为。

但是在网络空间中几乎不存在所谓的旁观者效应。造成这种零旁观者效应的原因是：在现实生活中，人际互动的主体是实实在在的个人，而在网络空间中，互动的主体则是 ID。每一个网络使用者都以 ID 这样的匿名方式出现，个人可以隐匿部分甚至全部在真实世界中的身份。同时，基于 ID 的互动是一种"身体不在场"参与下的互动，这就使个人可以摆脱外在的压力以及对评价的恐惧。

此外，由于上网者看到一条求助信息时，往往也能够看到只要看到其他人的回复，只要看到尚没有人提供帮助，并且自己又具备助人的能力，就会主动承担帮助求助者的责任，这较好地避免了"责任扩散"的可能性。

（二）亲社会榜样

亲社会榜样会鼓励亲社会行为的发生，这一点无论是在现实生活中还是在网络中都是可以肯定的。在研究中，当被问及"如果经常在网上得到他人的帮助，会不会促使你也尽自己所能去帮助他人"这个问题时，几乎所有大学生都给出了肯定的回答；而且，绝大多数个案都表示在网络上曾经得到过他人的帮助，因此也愿意拿出自己的资源与他人共享或是花时间去解决他人提出的疑问（危敏，2007）。可以看出，网络中他人的助人与利他行为会对大学生的亲社会行为起到强化作用。从开始接触网络到成为网络应用的高手，大多数上网者都曾经或多或少从网络助人与利他行为中受益，他们基于偿还的心理也会对后来的上网者提供帮助。

(三)时间压力

人们在匆忙的时候提供帮助的可能性很小，因为这种情况下的亲社会行为给助人者带来了很大的代价成本。在网络社会中，时间仍然是人们在进行网络亲社会行为决策中的一个重要影响因素。在以往研究中，很多大学生网民都表示网络中表现出亲社会行为的前提是当时有时间或是整个帮助过程耗费的时间较少(危敏，2007；蒋雪，2010)。因此人们投身于网络时并不是没有理性的，而是把网络生活当作现实生活的延伸，对其中的代价会做出理性计算。

最后，对网络亲社会行为来讲，自然环境因素的影响几乎可以忽略不计。网络空间虽然是以现实的物理世界为基础，但却不存在有形的物质实体，而是由数字、图表、文字及其他各种表现现实世界的信息组成的，这样一来就排除了诸如天气、噪声等自然环境因素对亲社会行为的阻碍作用，同时也消除了时空阻隔对亲社会行为实施带来的困难。

除了以上所举的情境因素外，网络环境中参与者构成的多样性与内容的丰富性均有利于求助者依赖于网络来寻求帮助，而网络也总是能最大限度地满足求助行为。网络的即时性与交互性为信息在其中快速、高效地传播提供了一个良好的环境，非常有利于求助信息的扩散，也有利于助人信息的反馈，这带来了亲社会行为的高效率、低成本，因此网络相对于其他环境来说，是亲社会行为发生频率更高的环境。

四、网络亲社会行为的促进

根据有关网络亲社会行为的研究结果，应该如何促进该类行为的发生呢？促进助人行为的一个方法是消除或减少那些阻止助人行为产生的因素。在现实生活中，如果他人在场分散了每一个旁观者的责任感，我们就想办法提高人们的责任感。在网络中，我们可以通过以下几点来促进助人行为。

第一，增强网络成员对网络社区的认同与归属感。从影响网络亲社会行为的因素来看，网民更愿意帮助那些跟自己身份相似的人，有研究也发现网民更喜欢帮助同一所属群体的其他成员(Kendall，2011)。也就是说助人者对网络社区的认同与归属感是亲社会行为发生的内在动机之一，因而建立社区成员对网络社区的归属感十分重要。首先，网络社区提供丰富的资源可以吸引参与者，因此要注重收集和加工网络中的各种资源。同时建设网络社区附载的沟通工具，促进网络成员的自我表露与沟通了解，促进成员间信息的交流和知识的分享。其次，网络社区在追求规模和涉及话题的全面之外，要注重对小圈子氛围的营造，使网络成员可以在社区中获得亲密感受，均可以促进网络亲社会行为的发生（Dobin，2013）。

第二，充分发挥网络社区中榜样的作用。社会心理学的研究表明，亲社会的榜样远比反社会的榜样作用要大，当看到别人助人时，我们更有可能助人。网络中的亲社会行为，观者众多，影响范围比较广，因而我们可以利用榜样教化亲社会行为，充分调动成员积极性，带动网络舆论或知识领袖与成员进行互动，强化沟通的深度和频率，提高成员的忠诚度，促进成员间的情感交流。在榜样作用下，唤起更多的利他行为。

第三，建立适度的激励或反馈机制，把帮助行为归因于利他主义动机。在现实生活中，给人们贴上助人的标签能加强助人的自我意象。克劳特（Kraut）在进行了一项慈善捐助活动后，对一些妇女说："你是慷慨的人。"两周以后，在另一项慈善捐助活动中，这些妇女比那些没有被贴上标签的人更愿意捐献。在网络中也是如此，社区管理者可以考虑对网民的亲社会行为给予适度的激励或反馈，这样可以增加网民的内心满足，促进助人者将自己看作"富有同情心和乐于助人的人"的自我知觉（蒋雪，2010），而这种自我知觉反过来又能促进进一步的亲社会行为。

第四，注重求助技巧。前面我们论述过，在网络环境下求助，沟通的介质一般为语言和文本，能够得到帮助跟求助语言关系密切。通常，网民表示更愿意帮助表述条理清晰、问题明确、语气谦虚诚恳的求助者。因此，从技巧的角度来讲，使用清楚的语言、诚恳的态度、具有吸引力的标题等做法，可以增加获得帮助的机会。

通过以上分析，我们看到网络环境下的亲社会行为呈现了一些与现实亲社会行为不同的特点，影响亲社会行为的因素也发生了某些变化。网络亲社会行为的发生比起现实社会中亲社会行为的发生较少地受到限制，这样就促使了更多人自觉自愿地实施助人行为。人们在网络环境下会比在现实情境下表现出更多利他行为，网络利他行为的社会效用对优化网络道德环境具有不可替代的作用，有助于形成和维护网络中人与人之间的良好关系，促进网络环境的和谐发展。在网民的线上行为对社会影响力逐渐增大的今天，加强与促进网络利他行为的发生，具有重大的现实意义。

第十章

网络偏差行为

1. 传统心理学领域关注的偏差行为是否与数字世界中人们的所有偏差行为有联系、有区别呢？

2. 人们在数字世界中的偏差行为与物理世界中的心理、环境有什么样的联系？网络偏差行为的产生主要是源于自己，还是源于环境？

3. 网络偏差行为的干预措施是否行之有效？结合理论与形成原因你还能想到哪些干预方法？

　　网络偏差行为，网上过激行为，网上骚扰，网络暴力，网络欺负行为，网络欺骗，网络色情，网络侵犯，网络窃取和盗用，视觉冒犯

　　《人民邮电报》的一篇题为"互联网成民众获取信息的主要途径"的报道指出，报告显示，大学生和白领群体的互联网使用率已经接近100％，九成以上大学生和白领群体最主要的信息获取渠道为互联网。人民网的一篇题为"专家：我国有近半数青少年接触过黄色网站"的报道指出，在我国，有48.28％的青少年接触过黄色网站，有42.39％的青少年有收到过含有教唆、引诱等内容的电子邮件。在欧美约有12％～25％的青少年会产生网络欺负、网络攻击等网络过激行为，网络中的这些过激行为可能会导致青少年形成更为严重的其他形式的校园暴力行为，如网络受欺负者携带武器到学校的可能性是其他人的8倍，网络欺负行为的实施者和受害者均更易于产生酒精成瘾和药物成瘾（杨继平等，2014）。据早期对中学生的调查显示，网上过激行为是青少年最突出的网络偏差行为表现形式，占62.8％；浏览色情信息，占40.1％；欺骗行为，占23.8％

（李冬梅，雷雳，邹泓，2008）。根据 CNNIC 2015 年公布的调查报告显示，2014 年有 46.3% 的网民遭遇过网络安全问题，其中电脑或手机中毒或木马、账号或密码被盗情况最为严重，分别达到 26.7% 和 25.3%，网络遭遇的消费欺诈为 12.6%。网民对互联网最反感的方面中网络病毒占 29%，网上收费陷阱占 7.4%，网络入侵和攻击（包括木马）占 17.2%，网上虚假信息占 7.3%，垃圾邮件占 2.6%，诱骗、欺诈钓鱼占 7.6%，网上不良信息占 6.4%，隐私泄露占 6.3%，弹出广告、窗口占 7.2%，恶意软件占 7.9%，这些都属于网络偏差行为（CNNIC，2007）。对大学生的调查结果显示，大学生的网络偏差行为主要为网络职业偏差行为，主要表现为网络抄写答案、引用网上资料不在论文中注明和下载资料拼凑论文（徐文明，2013）。大学生普遍接触过网络色情信息，男大学生比女大学生接触网络色情信息的频次高，内容更多（申琦，2012）。网络偏差行为，无论是对个人还是社会均有较大的危害（杨继平，王兴超，高玲，2015）。

第一节　网络偏差行为概述

一、网络偏差行为的相关概念

要了解网络偏差行为的概念，有必要先了解一下偏差行为。偏差行为（deviant behavior），也称为越轨行为、异常行为或是偏离行为。总体说来，对偏差行为的理解包括以下几个角度：法律、统计学、社会学和心理学。

（一）法律的视角

法律层面对偏差行为的解释是与犯罪行为紧密相关的。作为违反重要的社会规范行为的偏差行为，亦称离轨行为、越轨行为或偏离行为，从法律角度来说也应该属于犯罪学的研究对象之一，可以将偏差行为纳入犯罪学的研究领域。中外学者对偏差行为的界定都试图将人们的行为所违背或偏离的社会规范进行一定的范围限制，即希望明确人们的行为对众多不同层次的社会规范体系中哪一些社会规范的违背或偏离才能被界定为偏差行为，但认识差异较大（曾凯，2010）。

在对未成年人偏差行为进行归纳时，广义上的偏差行为是指违反或背离社会规范、纪律规范和法律规范的行为，因此未成年人的偏差行为分为三类：第一类是犯罪行为，主要包括杀人、严重伤人、抢劫、强奸以及严重盗窃；第二类是违法行为，是指除了上述犯罪行为的其他违法行为，主要包括纠集他人结伙滋事，扰乱治安，殴打他人或强行索要他人财物，传播淫秽读物或音像制品，进行淫乱或色情、卖淫活动，偷窃，赌博等；第三类是违反社会规范的不良行为，主要包括旷课、打架斗殴、辱骂他人、强行向他人索要财物、故意毁坏财物、观看色情制品等（康树华，1999；彭艳玲，2006）。有学者认为偏差行为包括了轻微不顺从、极端不顺从及犯罪行为。

(二)统计学的视角

统计学对偏差行为的理解包含了统计学和法律的层面，认为人们的行为是呈常态分布的，大部分人的行为属于正常，其次为轻微顺从、极端顺从或者轻微不顺从、极端不顺从，极少部分人的行为属于超文化圣贤行为或者反社会犯罪行为（图 10-1）。

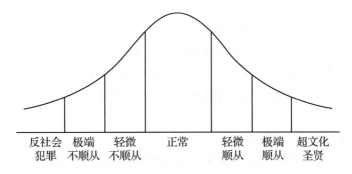

图 10-1 行为的常态分布

(三)社会学的视角

社会学对偏差行为的社会学定义进行了详细的介绍（蒋文兰，2009）。在社会学中，偏差行为又称越轨行为、社会越轨，指社会成员（社会个体、社会群体和社会组织）偏离或违反社会规范的行为。此词首先由杜尔克姆提出，美国社会学家默顿进一步加以发展，提出"失范"的理论。美国学者道格拉斯认为所谓越轨，是指在一个社会中，被社会成员判定为违反其社会准则或价值观念的任何思想和行为，包括犯罪、违法及违反道德规范、社会习俗的所有思想和行为。中国的沙莲香则认为偏差行为是人们在遵守社会规范过程中出现的一种社会现象，是指背离、违反社会规范的行为。

(四)心理学的视角

心理学对偏差行为的理解主要集中于问题行为，也可以称为狭义的偏差行为，即只包括上述根据法律视角划分的三类偏差行为的后两类或者后一类（肖剑鸣，郁贝红，黄睿，2003；沙莲香，1995）。大多数学者都认为偏差行为是消极行为、反常行为，是指由个体的遗传因素和心理状态引起的违反规范的行为，这种行为是对规范行为、对规范状态的偏离，是适应不良的表现（Denegri-Knott，2005；郝敬团，2003；沙莲香，1995）。

可见，心理学是以"适应"作为标准，也就是说，如果个体的行为能够适应其生活环境，就可以界定为正常的范围，反之，便将其归为偏差行为的范畴（刘丽芳，2012）。

二、 偏差行为的产生机制及特点

对偏差行为进行解释的理论有很多，不同研究者从不同的视角寻求对偏差行为的科学解释。归纳起来看，研究偏差行为原因的理论视角主要有三个：生物学或生理学的视角、社会学视角和心理学视角。

(一)生物学或生理学的视角

在早期，学者运用自然主义理论解释偏差行为的产生，认为偏差行为的产生是由于本人机体的某种特性或所处自然环境引起的。生物学家将越轨归因于人的某些生物学特性（如遗传特性、体型、性染色体的构造等）。最早从生理方面寻找偏差行为原因的是意大利犯罪学家龙勃罗梭。他提出了天生犯罪类型说，企图从罪犯身上找到一些异常特征来说明犯罪与生理的联系。他的天生犯罪说问世之后，曾盛极一时，但后来受到来自各方面的抨击而被淘汰。20世纪60年代以来，出现了生物染色体的研究。一些学者发现，监狱的男性犯人中染色体为 XYY 结构的比例较高，并断言找到了偏差行为的生理原因。但后来的研究证明，不少带有 XYY 染色体的男性也同样能过合乎社会规范的生活，所以虽然某些偏差行为(如精神失常者的行为)与生理因素有一定的联系，但大多数偏差行为的发生并不能简单地归于生理原因。

(二)社会学视角

迪尔凯姆等社会学家从社会、社会结构和社会冲突出发，认为"社会整合的加强会使偏差行为减少，社会的解体会使偏差行为增加"。建立在迪尔凯姆论点上的社会解组理论主张，社会秩序、社会稳定和社会整合有益于大家遵守公认的准则，而无秩序、社会分裂会造成犯罪和偏差行为。社会学视角认为越轨行为得以在其中发生、承受以及有时改造的社会环境是越轨的主要原因。由于社会学越轨理论集中于对社会环境的分析，因此又被称为关于情境的理论。社会学中有关偏差行为的流派众多，主要理论包括社会学习理论、标签理论、差异交往理论、社会结构理论、社会互动理论、社会失范理论及芝加哥学派等。主要从个人与社会关系角度研究外部环境对个人偏差行为的影响。

(三)心理学视角

以亚历山大、斯托布及弗洛伊德为代表的犯罪心理学派认为"干出越轨之事可能是为了缓解下意识的犯罪感"。任何个人行为都是个人的需求与自我控制力相互作用的结果。自我控制力弱小有多种原因，如没有经过良好的社会化、个人的人格具有严重缺陷，以及心理失调等。犯罪心理学派主要以奥地利心理学家弗洛伊德为代表的精神分析理论对偏差行为的解释与"挫折—侵犯"理论。弗洛伊德的精神分析理论认为，人的人格由三部分构成，即本我、自我和超我。本我按快乐原则行事，追求自私的满足，但本我的冲动要受到超我和自我的约束。超我是社会中的禁忌、准则和规范在人意识中的反映。超我在人格中起着"检察官"的作用，与之相背就会产生紧张、罪恶感、焦虑和紊乱。自我则代表理性判断的能力，按趋利避害的原则行事，它在本我和自我之间以及本我和外界现实之间起调节作用，使彼此间的冲突降到最低限度。按照弗洛伊德的理论，一个人幼年时期的社会化如果未能正常进行，他的本我会有缺陷，内心也不会树立起正统的道德标准，这个人就会有一种"病态人格"或成为不受道德约束的人，从而产生偏差行为。

心理学视角与上述两种视角不同，心理学理论用精神分析法解释偏差行为，认为本我、自我、超我三者之间构成平衡关系，如果破坏了这种平衡关系，就产生偏差行为。心理学家将偏差归因于偏差者的心理问题—个人特性（如个性类型说、社会学习理论、挫折—攻击理论等）。

（四）偏差行为的特点

偏差行为主要有以下五种特点。

第一，偏差行为具有相对性，即它总是在特定的时间、地点和条件下才成为偏差行为。某一社会或群体中的偏差行为，在另一社会或群体中可能是正常或正当行为。

第二，偏差行为必须是违反了重要的社会规范的行为。在日常生活中，个别人或少数人所具有的特殊爱好、行为特点，只要不与社会规范发生冲突就不属于偏差行为。

第三，偏差行为是多数人不赞成的行为。任何社会或群体的大多数成员在其一生中都会或多或少地发生某种偏差行为。但是，只要人们不一再重复此种行为，就不会被视为偏差行为者。

第四，偏差行为不完全等同于社会问题。只有当某种偏差行为频繁地发生且对社会造成危害，使相当数量的人受到威胁时，才会转化为社会问题。

第五，行为偏差（越轨）的程度以及此种行为受到惩罚的程度取决于该种行为触犯的规范的重要性，即取决于该规范在维系社会与群体上所处的地位。当偏差行为触犯到与社会及其统治者生死攸关的规范时，其越轨程度与所受惩罚必然严重。反之，则较轻。（曾凯，2010）

三、网络偏差行为及其类型

（一）网络偏差行为的含义

在互联网心理学的研究中，网络偏差行为是出现较早，但是研究又相对较少的一个领域。到目前为止，网络偏差行为没有一个公认的定义，判断某种行为是否是网络偏差行为的唯一标准就是通过把这种行为结果和与之类似的现实偏差行为进行类比，然后再确定这种行为是否属于网络偏差行为，如网上过激行为（flaming）、儿童色情（child pornography）、软件版权(soft ware piracy)和欺骗(deception)。我国学者把网络偏差行为界定为网络使用者在使用网络过程中发生的，各种不能适应正常的网络生活而产生的，有违甚至破坏网络规范的偏差行为的总称，包括网络过激行为、欺骗行为、网络色情活动、网络侵犯/黑客、网络盗窃、视觉冒犯等行为(罗伏生，张珊明，沈丹，罗匡，2011)。

有学者提出认为可以把网络偏差行为作为偏差行为的新的表现形式(Schuen，2001)。但是网络偏差行为是否只是现实生活偏差行为的一种表现还存在争议。

互联网是一个充满自由、没有障碍和约束的地方。虽然人们在网上会表现一些道德和规则，但是由于没有了人与人直接的、面对面的接触，人们在网上的道德意识就会减弱，野蛮行为则会增多(Heim，1993)。

例如，在现实生活中，盗版是违法的，但是一项调查显示67％的用户在下载盗版软件时认为这是一种正常的行为，并没有考虑是否侵权的问题。据美国 Expicio 公司对 2014 年非法下载的统计，发现在 2014 年期间仅《华尔街之狼》一部电影的非法下载次数就达到了 3003 万次。这种行为和现实的入室行窃在道德上是等价的，都应该受到谴责。然而，大多数的互联网用户并没有把这种行为和入室行窃等同起来。因此，网上和现实生活中的道德、规范和文明可能存在差异，网络偏差行为是否只是现实生活偏差行为的另外一种表现形式还有待于进一步的研究。

(二)网络偏差行为的分类

由于研究视角不同，研究者对于网络偏差行为的理解不同，因此对网络偏差行为的分类也不同，同时研究者对于网络偏差行为的表现形式的认识也有差异。研究者根据一定的标准划分网络偏差行为的类型。概括起来，主要包括如下几个划分标准。

1. 根据网络攻击行为的研究范围划分

网上攻击行为可以分为两类：狭义的网上攻击行为和广义的网上攻击行为。狭义的网上攻击行为就是指在互联网环境中，互联网一方的使用者对互联网另一方使用者通过"言语"方式的有意伤害行为；广义的网上攻击行为不仅包括对互联网使用者的攻击，同时也包括直接针对互联网，如黑客行为和各种计算机犯罪(张国华，雷雳，2006)。

2. 根据网络偏差行为的对象划分

网络偏差行为可分为三类(林志长等，2005)。第一，互联网社会中言词上的偏差行为。聊天室、网络游戏、论坛中，经常出现针对他人的粗俗下流的谩骂、造谣中伤、恶意诽谤等行为；第二，损害他人人身权利、财产权的偏差行为，常见的形式是非法截获、篡改、删除他人电子邮件，攻击公民通信自由和通信秘密，利用互联网进行盗窃、诈骗、敲诈勒索，利于计算机实施诈骗、窃取他人账号和密码，窃取企业商业秘密、贪污挪用公款、损害个人隐私和名誉权、版权等；第三，利用技术以计算机为对象的偏差行为(Mitechell et al，2012)。这类行为主要是指技术性破坏，包括黑客入侵和计算机病毒破坏。

3. 根据网络偏差行为不同的研究方法划分

网络偏差行为分为两类：一类是宏观水平的网络偏差行为，另一类是微观水平的网络偏差行为(Denegri-Knott & Taylor，2005)。宏观水平的网络偏差行为包括忽略软件和音乐版权、黑客行为、截取金融信息、发送恶性病毒和发送色情、恋童癖图像等。微观水平的网络偏差行为除了过激行为以外，还包括促使不当话题讨论的行为(如促进厌食)、过多的、不自然的、广泛深刻的自我暴露和欺骗性的交往。也有研究者(Suler，1999)认为在聊天室中的偏差行为还包括窃取他人身份(以他人的身份进入聊天室说话)、过度地谈论性、夸张行为、不断敲击返回键、在屏幕上不断弹跳等。

4. 根据互联网用户网络行为的主动性划分

网络偏差行为分为两类：第一类是互联网用户积极主动进行的偏差行为，如过激行为、黑客行为、发送垃圾邮件等；第二类是消极的网络偏差行为。在总结"虚拟社区"中攻击行为的表现形式时，曾经提到这种网络偏差行为，这类网络偏差行为主要是指在网上对他人不予理睬、不予回复，如不回复电子邮件、不回复留言和信息等(Garbasz，1997)。

5. 根据网络偏差行为表现的严重程度划分

网络偏差行为分为轻微的网络偏差行为和严重的网络偏差行为。轻微的网络偏差行为属于不良行为，包括互联网新手由于不熟悉互联网环境而出现的一些行为、由于文化冲突引起的行为、恶作剧等。严重的网络偏差行为是互联网混乱真正的制造者，它又可以分为两类：具有侵犯身份的网络偏差行为和具有侵犯语言的网络偏差行为。前者包括黑客、网络盗窃等，后者主要包括由于语言冲突而产生的偏差行为(王红娟，2010；洪章，2009)。

6. 根据互联网用户与其他用户的互动性划分

网络偏差行为分为与他人互动的网络偏差行为和独自进行的网络偏差行为。与他人互动的网络偏差行为是指互联网用户在网上与其他用户互动过程中表现出来的网络偏差行为，如网上过激行为和欺骗等。单独进行的网络偏差行为是指互联网用户在网上没有参与到与他人互动的、单独进行的网络偏差行为，如浏览色情网站和未经允许下载正版软件等。

第二节　网络偏差行为的形式与测评

有研究者认为青少年在虚拟社区的偏差行为可以分为 6 种：撒谎、冲动、暴戾、淫逸、黑客、网上交友与网上聊天(何小明，2003)。还有人认为病理性互联网使用、互联网焦虑、互联网恐惧和互联网孤独也属于网络偏差行为的表现形式(张胜勇，2003)。根据研究结果，有学者把网络成瘾分成五类：网络色情成瘾、网络关系成瘾、网络强迫行为、信息超载和计算机成瘾(Young，1999)。这一分类得到了其他学者的认同和采用。我国学者采用了因素分析的方法，将同质的上网内容归并为一个纬度，将上网偏好分成学习偏好、休闲娱乐偏好、交际偏好。

广义上的网络偏差行为包括网上过激行为、欺骗、网络色情行为、虚拟强奸、滥用权力、恶意灌水、发送垃圾邮件或广告、网络信息的泄露、消极攻击、网络犯罪等(李冬梅，雷雳，邹泓，2008；Holt，Blevins，& Burkert，2010)。

国内目前主要考察了 4 类大学生网络偏差行为：①网络偏激行为，包括网络骚扰行为、网络欺负行为和网络暴力行为；②网络欺骗，指通过蓄意地改变身份，从而有利于获得期望的结果或者达到某个状态和个人目的；③网络色情活动，包括制作或传播色情图片、色情音像材料、色情文本材料或参与色情互动活动等；④网络侵犯，指制作或传播网络病毒、黑客、网络盗窃虚拟或现实财产等(罗伏生，张珊明，沈丹，罗匡，2011)。

归纳起来，我们认为网络偏差行为最主要的表现形式包括网络过激行为、网络欺骗行为、网络色情行为、网络侵犯行为、网络窃取和盗用行为、视觉侵犯行为等。

一、网络偏差行为的主要形式

(一)网络过激行为

在网络偏差行为研究中最受关注的就是网上过激行为(flaming online)。最初过激行为是指能激怒人的口语和书面语言，后来被用于表示互联网上的消极或反社会行为(Joinson，2003)。但是由于缺少对过激行为明确的定义，因此研究者对这个词的理解也是仁者见仁，智者见智。有人认为网上过激行为是指由去抑制引起的，敌意的，使用亵渎、淫秽或侮辱性词语伤害某人或某个团体的行为(Alonzo & Aiken，2004)。还有人认为网络过激行为是一种网上人或团体之间的，以书写语言为形式的，用来激怒、侮辱或伤害他人的行为(Garbasz，1997)。有学者这样描述网络过激行为的操作性定义：不礼貌的语言、喜欢发誓或调情、总是惊呼或大叫、向他人表露自己的私人感觉、说话极端。

在互联网心理学研究领域，还有三个概念和网络过激行为的意义比较相近——网络骚扰、网络暴力和网络欺负行为。研究者在其研究中将网络欺负、网络攻击等行为归为网络过激行为(杨继平，王兴超，杨力，2014)。

网络骚扰是采用威胁或其他方式的攻击行为，通过网络发送给受害人或在网上发布受害人信息，他人可以通过网络浏览该内容，同时容易引发极端的网络探讨或者极端的行为，其主要危害是产生网络骚扰事件以及其后引发的网络行为会导致受害人不安或者害怕(Mitchell et al.，2014)。网络骚扰也包括了邮件中、聊天室里各种各样的以文字形式出现的、与性有关的暴力行为，对网上他人故意的、明显的攻击，如对他人进行粗鲁的、下流的评价或者故意使别人尴尬(Finkelhor et al.，2000 ；Mitchell et al.，2004)。它与发送令人讨厌的、淫秽的、恐吓的或者骂人的邮件有关系。网络骚扰包括了在公共信息论坛上张贴私人信息，从而导致各种各样的令人厌烦的网上和实际生活中的骚扰。网络骚扰也包括了模仿受害者姓名、以受害者名义进行网络偏差行为、损害受害者名誉、猥亵和破坏受害者朋友和商务关系的行为。

网络暴力是指个体对他人或者社会团体有害的暴力网络活动。网络暴力不会在受害者身体方面有直接的表现，但是受害者却可以感受到这种活动的暴力性，并产生长期的心理创伤。国内有研究者认为，网络暴力是一种通过网络行为沉重打击人们精神的软暴力，它主要体现在通过网络(微博)上的语言，对一种事件、现象或对某个人、某个部门进行攻击，或者发布信息制造轰动效应，达到诋毁目的，从而引起无数人的追随与围观，引发众人参与网络事件(戚鸣，2011)。网络暴力的产生虽然时间不长，但是危害大、影响范围广，而且蔓延趋势严重。

近年来，研究者也对网络欺负行为进行了研究，贝斯利提出了网络欺负的概念，他认为网络欺负行为包括个人或团体通过使用信息和交流技术，如通过电子邮件、手机、文本信息等张贴伤害他人和诽谤他人帖子等方式进行的，以伤害他人为目的的蓄意的、重复的和敌意的行为。网络骚扰和网络欺负往往重叠，因为两者的定义有同样的元素(Lindsay & Krysik，2012)。网络欺负研究对象通常是青少年，而网络骚扰的研究群体更多是成年人。网络骚扰中的受害者通常情况下可能对肇事者一无所知，而网络欺负的始作俑者无论是在线上还是线下都有迹可循。对于两者的严重程度，网络欺负行为相比于网络骚扰行为相对罕见，有更为深远的负面影响(O'Keeffe & Clarke-Pearson，2011)

综上所述，网络欺负行为的研究对象主要是儿童和青少年，而网络过激行为、网络骚扰和网络暴力针对的对象更为普遍。调查显示，我国青少年的网络欺负行为主要有 7 种形式：情绪失控、网络骚扰、网络盯梢、网络诋毁、网络伪装身份、披露隐私、在线孤立。

(二)网络欺骗行为

网络欺骗(deception on the internet)的两种基本策略是掩饰和模拟，通常采用伪造可靠的信息诱骗受害人。更为广泛的概念包括被动的掩饰，隐瞒对方需要知道的信息，采取如上的策略迫使受害人动摇信念并发生行为改变。

网络欺骗是网络偏差行为的一种重要表现形式。有的欺骗是完全的欺骗，给他人造成错误的印象，这些互联网用户把自己隐藏在面具背后。

还有一些欺骗行为是高技巧性地对自己网上身份的操作，这和现实生活中自我表露的不断调整有直接关系。欺骗不仅体现在网恋中，或者个人对个人的网上接触，同时，网络欺骗也发生在论坛、聊天室中。

互联网是一个可以尝试不同身份和个性的地方，在 MUDS（Multi User Dungeons）当中互联网改变性别的现象经常发生。女性在网上把自己说成是男性，去体验更多的权力感；男性把自己说成是女性，想获得更多的关注。其实男性和女性在网上使用的语言各具特点：女性更容易道歉、更愿意使用能加强语气的副词和带有强烈情绪色彩的词汇；男性使用的词语更粗俗、更愿意使用长的句子（Thomson & Murachver，2001）。那些在网上对性过于感兴趣的"女性"，在现实生活中更可能是男性，其动机可能是希望获得他人的注意。另外，网络欺骗行为可能与信任有很大关系（Joinson，2003）。除了改变性别以外，还有人编造自己的经历来引起他人的关注。网络交往的匿名性，为人们选择性地呈现自我身份提供了新的机会，从而在客观上导致了网络欺骗行为的增多。网络欺骗行为分为隐瞒身份、类别型欺骗、扮演他人、恶作剧四种类型。其中，隐瞒身份是指有意地隐瞒、省略个人身份信息的行为，如一个人使用匿名或假名；类别型欺骗指虚假提供某种特定类型的形象，如转换性别和错误地表达自己；扮演他人是指把自己装扮成另一个用户；恶作剧是指提出挑衅性问题或发表无意义的言论来干扰谈话。

相关研究表明网络欺骗行为非常普遍。研究者通过对 320 名聊天室用户的研究，发现在这类群体中普遍存在着网络欺骗行为，61.5%的网民谎报年龄，49%的网民谎报职业，36%的网民谎报收入，23%的网民谎报性别。其中，男性多在有关个人社会经济地位方面的话题上说谎，而女性说谎则更多是出于安全考虑。其他研究也发现，27.5%的网民在网络交往中故意夸大个人魅力，22.5%谎报年龄，17.5%谎报职业、居住情况、教育等个人资料，15%故意矫饰个人兴趣（爱好或宗教）。但也有研究表明网络欺骗只是少数人的行为。如研究指出，有89%的网民在网络交往中，没有在自己的年龄、性别和工作上说谎；还有研究者通过对 257 名讨论组用户的在线调查发现，有73%的被访者认为线上欺骗行为很多，但只有29%承认自己有过网络欺骗行为。

心理成熟、理性的个体在经历不同阶段的社会化过程中，可以成功渡过不同形式的认同危机。然而，仍有一部分个体，在社会化过程中，对具有约束性的人际关系抗拒抵触，内心深处渴望参与团体的互动与交流，这种渴望得不到满足则会成为精神紧张的根源。他们在网络中虚构捏造了新的身份，从虚拟世界中得到满足，转而逃避现实中出现的问题和矛盾，沉溺于网络世界的同时逐渐与现实脱轨，分不清现实和网络到底哪个才是更真实的自己，造成与他人正常人际交往的角色障碍，甚至产生自闭障碍和人格分裂(卢玥，2014)。

(三)网络色情行为

网络色情(cyber obscenity/pornography)是最近比较受关注的领域。计算机的迅速发展使色情内容也有了新的发展形式，美国《时代》杂志曾经指出有 83.5% 的网页都有色情图片。网络色情活动分为两种：儿童色情活动(属于违法活动)、主流色情活动(合法的活动)。儿童色情活动在许多国家都是违法活动，互联网的出现使得儿童能够轻易地在网上获得儿童色情信息。有学者将网络色情经历分为了 6 种：过度使用、因为过度使用网络色情资源导致的家庭矛盾、因为不想暴露而产生的抑郁、形成了一种错误的性兴趣、使用非法色情信息和不当的暴露(Mitchell et al.，2005)。

互联网上的色情内容有很多形式：色情图片、色情动画短片、色情电影、色情有声故事、色情文本故事等(Akdeniz，1997)。一些互联网色情资料是免费的，任何互联网用户都可以得到这些资料，这使得网上色情行为更加容易。

色情网站在我国的发展可以分为三个阶段。第一阶段在 1999 年之前，这一时期互联网刚刚普及，国人对淫秽色情网站的概念比较模糊，那时的色情网站还是以国外的一些网站为主，由于网络搜索引擎的滞后，加上淫秽色情网站缺少相应的广告推广，用户要想浏览淫秽色情网站必须事先知道网站的域名或地址，对大多数人来说，色情网站还是个未知的领域。第二阶段是 1999 年年初至 2001 年年末，这一时期色情网站处于摸索阶段，这时候的国内网站已经开始在网页中夹带一些淫秽色情图片、小说等，这时候的色情网还不是以经营性为主，大多是出于个人爱好或寻求感官刺激需要。色情网站的规模较小，网站的浏览量也不大，还没有涉及经济效益。第三阶段是从 2002 年开始到现在，这一时期色情网站处于一个大发展阶段。随着网络搜索功能的增强增大，色情网站得到了空间的推广。由于上网人员的激增，网络上的广告效应也被开发商发掘出来，加之一些以科普为名义的情色文学、图片的推广，以及性知识普及的偏差，色情网站从最初的个人爱好与交流，快速演变为网络牟利的工具。

与欧美国家网络色情犯罪人群多是有道德缺陷的人不同，我国的网络色情犯罪群体主要集中在青少年身上，特别是集中在在校生或刚毕业的大学生中。青少年不仅是网络色情的受害者，也成为施害者（杨智平，2011）。

（四）网络侵犯行为

网络侵犯(cyber trespass)是指黑客侵犯其他互联网用户的私人空间。在黑客的几种类型中，乌托邦是其中重要的一种。乌托邦是指那些具有攻击性和破坏性的黑客运用自己的知识对他们的目标（可能是个人也可能是一个组织）造成伤害，但是他们认为这种行为是对社会有益的。网络侵犯行为是指在网络社会中，在违背他人意愿和不要求双方同时在场的情况下，通过符号互动或其他技术手段，以非身体接触方式伤害他人为目的的一种行为（余建华，2012）。

有学者将黑客分为四种。第一种是蓄意传播病毒的黑客。这些病毒通过网络传播，使电脑的某种或某些功能瘫痪，从而给用户造成恐慌。但是如果付钱给他们的话，这些病毒就可以被消灭。第二种是蓄意的操纵数据，如网页。按照黑客们的希望，这些网页就会代表某个个人或机构，但是这些网页却不是真正的个人或机构的网页。例如，在英国的一次大选中，黑客控制了几个政党的网页。第三种是网络间谍，这类黑客通过计算机网络破译代号和密码，他们的主要目的就是获取一些机密信息或内容。第四种是网络恐怖主义，这些黑客采用各种方式对某个部门进行攻击，结果令整个部门处于停滞状态，从而破坏商务活动甚至是全部的经济活动。

全国遭到黑客非法入侵的个人电脑使用者从 2000 年 1 月的 12% 急剧增加到 2002 年 7 月底的 77%。截至 2015 年，一跨国黑客团体专门针对全球约 30 个国家的银行和金融企业发起网络攻击并盗取银行账户资金，总金额高达 10 亿美元。另据美国媒体报道，LOT 波兰航空公司的地勤系统在 2015 年 6 月遭黑客攻击，无法制订飞行计划及航班，造成至少 10 个航班停飞，超过 1400 名乘客被迫滞留在波兰华沙肖邦机场。

(五)网络窃取和盗用行为

网络窃取和盗用指从未经许可擅自翻印、复制他人的出版物，到非法使用他人的专利、商标，盗用他人的商业秘密，以及窃取软件和数据等。网络盗窃可以分为两类。第一类是指对智力资产的挪用，如复制或复录音乐或音像制品并在网上传播。第二类是指对于财富或者虚拟财富的盗窃。应用互联网技术为基础使用伪造的邮件，以及其他的沟通方式，使受害人产生信任感(James，2005)，这样的犯罪行为每年涉及的犯罪金额达数百万(Anti-Phishing Working Group，2012)，被害人不仅损失个人财产，其信息安全也面临再次威胁，侵害者可能会出卖受害人的个人信息而再次攫取不法资金。

(六)视觉冒犯行为

视觉冒犯是指在聊天室、论坛等中存在的一种比较常见的网络偏差行为：极端的灌水形式——刷屏或者是视觉上的侵犯。刷屏是指几乎每个帖子都以无内容、无意义的文字、字符这种简单的形式回答发帖者，这是灌水的一种极端表现形式。另外，刷屏也包括了个体反复复制同一段内容，并让这些内容不停滚动在聊天窗口或者聊天室。

除了上述的网络偏差行为以外，还有发送垃圾邮件、促进不当话题等表现形式。据第七次(2014)未成年人互联网运用报告中统计，在 2013—2014 年有 78.2％的城市未成年人和 78.5％的农村未成年人承认在上网的过程中遭遇网络"不良信息"，其中不良信息的主要来源以广告为主。

二、网络偏差行为的测评

目前对网络偏差行为的研究主要侧重于理论研究，实证研究相对较少，研究方法比较简单。目前的研究方法主要是观察法、文本分析法和调查法。研究者通过观察互联网用户在网络的表现，并且主要通过分析他们的文本信息(在网上说的话和帖子等)来确认是否出现网络偏差行为。

　　问卷调查法包括在线调查和纸笔调查，研究者通过问卷的方式获取互联网用户网络偏差行为的信息。使用问卷进行调查时，研究者的问卷内容各不相同。但是目前对网络偏差行为的问卷调查相对简单。例如，有研究者只泛泛地对互联网上让人讨厌的行为进行调查，另有研究者（Dianel，2005）也只是就"是否有过网络偏差行为"进行调查。因此，对网络偏差行为的问卷调查法，其内容比较简单、概括，没有对各类网络偏差行为进行深入的研究分析。

　　有研究者编制了关于网络色情行为的问卷，这是目前为止，比较正式的一个关于网络偏差行为的量表（O'Brien & Webster，2007）。奥伯里恩和韦伯斯特先对监狱中 60 名有过网络性侵犯行为的被试进行了调查，然后又以监狱中 123 名有过网络色情行为（向儿童发送一些淫秽信息）的侵犯者为被试，编制了互联网行为与态度问卷（Internet Behaviours and Attitudes Questionnaire，IBAQ）。互联网行为与态度问卷包括 34 个题目，分为两个维度：歪曲的观念（distorted thinking，16 个题目，$\alpha =$ 0.92）和自我管理（self-management：18 个题目，$\alpha =$ 0.89）。

　　虽然奥伯里恩和韦伯斯特对网络色情行为进行了较为深入的研究，但是他们编制的量表仍然存在一些问题。第一，他们以监狱中的人员为被试，根据这些被试编制的量表具有特殊性。因此该量表是否适用于普通被试需要进一步验证。第二，虽然他们编制的量表名称是"互联网行为与态度问卷"，但是该量表主要涉及的是网络色情行为。因此，这个量表测量的内容是比较单一的。

　　《青少年网络偏差行为量表》是以某市七年级、八年级、高一、高二为对象进行编制的。该量表主要是针对青少年，包含三个基本维度，共 35 个项目：其中网络过激行为的项目 20 个，网络色情行为项目 9 个，网络欺骗行为项目 5 个。评分从 1（从未如此）到 5（一直如此），得分越高，出现的网络偏差行为越多。其中，网络过激行为、网络色情行为、网络欺骗行为分量表和总量表的 α 系数分别为：0.90、0.94、0.79 和 0.91。三个维度中网络过激行为又细分为 4 个维度，包括攻击性、敌意、冲突、易怒。其中，攻击性、易怒、敌意、冲突 4 个维度和总量表的 α 系数分别为：0.81、0.78、0.78、0.77 和 0.90。通过文献检索发现，以大学生为对象的网络偏差行为测量工具还未见有报告。因此，编制大学生网络偏差行为问卷显得非常迫切而必要。

张婷(2014)在其研究中以 638 名大学生为被试编制网络偏差行为的大学生问卷，分为网络使用偏差行为、网络言语偏差行为、网络色情行为以及网络交往偏差行为 4 个维度，量表的内部一致性 α 系数为 0.90，各维度的 α 系数在 0.76～0.86。本问卷的分半信度为 0.83，各维度的分半信度在 0.72～0.84，具有良好的效度。

======= 拓展阅读 =======

网络色情行为对青少年的影响

青少年会从暴露的性描写内容中学习性行为，以往的研究结果显示青少年认为露骨的性描写内容可以作为其知识的来源，但是与此同时也会扭曲他们的性想象。有研究以 2001 名台湾青少年为被试证明了色情描写内容与性行为的关系。该研究指出接触色情描写内容会增加青少年接受和从事性行为的可能性。

在以 718 名瑞典高中生为研究对象的研究中，检验了青少年性生活与色情消费的关系。研究结果显示：98％的男生、76％的女生报告说自己曾有过色情消费，整个被试群体中有 75％的个体报告自己曾有过性行为，71％的个体报告自己在第一次性行为中使用了避孕措施。另外，71％青少年认为自己的同伴会受到性描写内容的影响，而仅有 29％的个体报告自己的性行为会受到性描写内容的影响。同时，在本研究中还得出，那些经常接触性描写内容的青少年发生第一次性行为的年龄，比那些不经常接触的青少年要早。在以后的研究中研究者也证实了，接触色情描写内容的青少年会从事一系列的性行为，并且其中一些性行为被认为是存在危险与问题的，如在性行为中服用毒品和酒精。

目前关于网络色情行为对青少年自我概念和身体意象的影响的文献还很有限。但是这并不表明青少年的网络色情行为不会对其自我概念和身体意象造成影响。研究者指出与他人在网上交流会提高青少年的自尊水平。网络会通过三个重要的方面来影响青少年的自尊感：控制环境的能力、获得别人的认可、得到别人的接纳。这些因素在青少年频繁使用网络时都能得到很好的满足。

　　研究者（Löfgren-Martenson & Martenson，2010）对网上色情行为是如何影响青年人接受传统的性别角色这一问题进行研究，这项研究由单独采访和焦点小组组成。一共有 51 名被试，年龄分布在 14～20 岁，均来自瑞典南部的学校。该项研究揭示了与青少年自我概念有关的一系列主题，其中之一便是年轻的男性没有像女性那样对性描写材料中的女性感兴趣。一个女性被试描述这一主题时说："那些男生对隆胸感到厌倦甚至讨厌，对整形也感到视觉疲劳。"

　　该项研究解释了其他的一些相关结果。研究者描述了在涉及性描写的材料中被加强了的对身体类型和性表现的色情描写。这种描写会使男性与女性参与者创造出不切实际和过度关注的期望。男性对于自己的性能力有担心，女性对自己的身体形象会有担心（Löfgren-Martenson & Martenson，2010）。例如，该研究中得出男性会担心自己能否像自己看过的色情行为中的男性那样表现出自己的性能力。而女性，更担心自己能否展现出如自己看过的色情资料中的女性那样拥有理想的身材。

　　该研究的另两个主题也比较有意思。首先，当被试的自信心提高的时候，其对色情材料的需求就会降低。其次，当被试能够发展出与他人，特别是朋友和家庭的良好关系的时候，其对色情文学的掌控能力就会提高。一个男性被试说："跟别人交流是非常重要的，朋友非常重要。"

　　许多研究都证实了性描写材料会对青少年社会性发展、依恋关系、人际关系产生影响。例如，研究者（Mesch，2009）以 2004 名 13～18 岁的青少年为研究对象，描述了色情文学消费者的社会性特征。运用质性研究发现，那些具有较高水平社会联结和互动的青少年相比于其水平较低的同伴更不易去消费色情材料（Mesch，2009）。另外，研究发现色情消费很大程度上与低程度的社会融合有关，特别是与宗教、学校、社会和家庭的融合。此研究还发现色情消费与学校中的攻击行为存在统计学上的显著相关，高程度的消费水平与高水平的欺负行为相联系（Mesch，2009）。

　　最后，还有研究者发表的一项研究以焦点小组的研究形式研究了 12～18 岁青少年发送色情短信，或者通过手机服务发送色情文本或色情图片的情况。在三个焦点小组中，被试被问及描述自己在什么样的环境下会发送色情信息，以及当时自己的选择是什么样的。回馈回来的答案被分为三种情况：第一，作为爱人之间的信息交换，特别是年轻人在不想有身体接触的情况下；第二，作为爱人之间的信息交换，但是这种信息后来被发送到这种关系之外的人那里；第三，作为一种从一个青少年到另一个青少年那儿的信息交换，这种交换是为了促进浪漫关系的形成。被试对这种交流方式的态度差异很大，从认为这种方式比身体关系更安全到认为这是一种很危险的行为甚至存在潜在的违法行为。

第三节 网络偏差行为的产生和影响

下面主要介绍几种专门针对网络偏差行为而提出的理论。这些关于网络偏差行为产生的理论大致从互联网媒介层面、互联网团体层面、互联网个体层面以及个体与互联网交互作用的层面进行探讨。

一、网络偏差行为的产生机制

(一)互联网媒介层面

网络偏差行为的第一类理论从互联网媒介层面入手，认为网络偏差行为的出现是因为网络自身的特征。在这类理论当中，线索滤掉理论(Cues-Filtered-out)最有代表性。线索滤掉理论主要包括社会缺场、社会线索减少和去个性化。2011年之后提出道德推脱理论对网络检查行为的影响。

肖特(Short)在1976年最早提出了社会在场(social presence)的概念，是指在CMC过程中，由于交流双方看不到对方，因此导致了很多线索的缺乏和流失。由于网络超空间的特征，网上交际是以身体缺场为前提的，这和传统面对面(FTF)的人际交往是不同的。媒介富有理论、社会信息加工模型和社会线索减少模型也提出了类似的观点。

因为身体缺场，和面对面的人际互动相比，网络人际互动缺少了很多线索，这将导致个体在互动情境中对判断互动目标、语气和内容能力的降低，就会出现更多的去抑制行为和极端行为。去抑制性是指在网络条件下，由于网络匿名性和不完善的规范，导致个体对自我和他人感知的变化，从而使得受约束行为的阈限降低，导致偏差行为的出现。

这类理论从网络自身的特点出发，认为网络偏差行为是由于网络的特点造成的，然而它夸大了媒介的作用，忽视了个体在网络偏差行为过程中的主体性，因此这种理论是片面的。

(二)互联网团体层面

第二类理论从互联网团体层面出发，从互联网用户与网上团体的关系角度去解释网络偏差行为。里尔(Lea)等人在 1992 提出的社会认同理论(social identity)认为偏差行为可以表现为两种：标准化的偏差行为和依赖于情境的偏差行为。在某些特殊的互联网团体中，偏差行为是一个标准，也就是说在这些团体中，所有的团体成员均表现出偏差行为，只有表现出网络偏差行为的个体，才能成为团体的一员。然而，里尔的观点只限于描述性的解释，偏差行为是因为要遵循团体标准，而这个标准又是从观察到的行为当中推测出来的，陷入了循环解释的圈子。在一些特殊的互联网团体中，偏差行为是一个标准，即只有个体表现出网络偏差行为，才能融入团体，成为团体中的一名成员(Joinson，2003)。

(三)互联网个体层面

第三类理论则从互联网个体层面解释网络偏差行为的出现。双自我意识理论(dual self-awareness)指出 CMC 会对私我意识和公我意识产生不同的影响。双自我意识理论对偏差行为的解释正是建立在这个基础上。公我意识高度个体关注他人对自己的评价，私我意识高的个体关注自己内心标准、体验和观点。在互联网使用过程中，个体公我意识降低，私我意识增强。个体降低了对他人评价的关心，而更关注自己的态度、感觉和标准。结果就导致了偏差行为的出现。在互联网使用过程中，个体公我意识降低，私我意识增强，结果就导致了偏差行为的出现(李冬梅，雷雳，邹泓，2008)。

(四)个体与互联网交互作用层面

线索滤掉理论、社会认同理论和双自我意识理论都不能完整地解释网络偏差行为的产生，如果把网络的特点与个体的目标、动机和需要等综合起来，探讨它们对自我意识和责任感的影响，这样可能解释得更为清晰(Joinson，2003)。因此，应用个人—情境(person-situation)交互作用理论来解释网络偏差行为可能更加有效。

二、网络偏差行为形成的原因

在网络偏差行为的形成原因上，张胜勇(2003)曾做过详细的总结，他从网络信息技术的特点、个人上网的心理特点、家庭、学校教育、国家和社会五个方面阐述了造成中学生网络偏差行为的原因。

(一)网络信息技术的特点

1. 虚拟性

网络交往行为得以依附的空间是一种不同于现实物理空间的电子网络空间。网络交往行为存在于以数字化的形式而存在的信息关系结构之中，它既不依附于一般的社会交往所必须依附的特定的物理实体或时空位置，也不存在于物质生产或能量流动的过程之中，而是奠基在以光速运动化世界的环境之中，网络交往行为也就成了一种虚拟的交往行为，现实社会人际交往所依附的特定时空位置在网络交往中就被电子空间所取代。

2. 隐蔽性

网络交往行为必须依赖于各种各样的网络图标、数字或符号作为其交往行为的中介，并且这些数字、符号、图标可以依据个人的需要填写或随意加以修改。网络空间作为一种符号化的图像和信息的存储库这样一种最基本的特征，实际上也就决定了人们在网络空间中的交往行为在本质上就是一种以符号为中介的互动。在现实生活中，我们往往倾向于参考一个人的言语、动作等来判断他的言行，而在网上凭借的只是随意创造的一个代号或符号，使用者可以任意隐匿在真实世界中的性别、年龄、学历、职业乃至地位、身份，并决定自己想要扮演的角色。网络世界塑造出来的自我形象很可能与现实世界完全不同，这便形成了虚拟社会中人与人之间交往所特有的规则和交往方式。

3. 开放性

在现实的社会生活中，人们的信息交流很可能会受到居住的地域、自身的经济地位、身体条件等种种的束缚。然而网络的发展改变了这一现象，网络使整个世界开始紧密地联系在一起，庞大的地球在某种意义上已经成为尽在眼前的"地球村"。进入网络就犹如进入了信息的海洋，在网上，五花八门的信息扑面而来，并且各种信息的流通是完全自由的。网民可以最大限度地根据自己的意愿去做自己希望的事，任何观点、言论、思想在这里都能找到自己的位置。在这个独立的电脑网络空间中，任何人在任何地点都可以自由地表达其观点，无论这种观点是多么的奇异，都不会受到压制而被迫保持沉默或一致。

4. 互动性和平等性

在网络技术出现以前，大众媒体的信息传播方式是单向的，这种单向性的信息传输方式基本上垄断了人们的信息来源，在很大程度上造成了人们心理与行为上难以参与的不平等性。现在通过网络技术，人们实现了在信息发送、传播和接受时的实时互动的操作方式，上网者既是信息的接受者，同时又是信息的发布者和传播者，使接收和传播信息的过程变成了双向的沟通方式，而不是以往的那种单向的传播方式。如今，只要条件具备，无论是谁都可以上网，都可以以符号的形式出现在虚拟世界里，在这里没有权威，没有特权。这种非中心、网络化的特性打破了传统的信息垄断，在网上，人们不仅可以主动获取自己需要的各种信息，而且可以成为信息的发布者、评论员或反馈者，自由参与网上的交流活动，因此在网上人们可以无所顾忌、畅所欲言，自由地表达自我，这种参与性和交互性使得个体真正体会到自由沟通的平等地位，真正地体现了平等性。

5. 超时空性

现实社会中的人际互动总是发生在一个具体的情境中，具有较强的时空实在性。互联网被比喻为"信息高速公路"，只要一上网，即使是在万里之外，人们也可以打破地域的界限，突破现实中国家、民族、社会制度、文化背景等限制，"当面"讨论问题、交流思想、获取信息，在很大程度上克服了时空距离，而且网络还能将声音、文字、动画、图像等多维信息以极快的速度并行传播，能在短短几分钟甚至几秒钟之内到达世界的每一个角落，使人们首次在真正意义上突破和超越时空的限制，实现"天涯若比邻"的理想境界。

6. 跨文化性

在现实社会中，人们的交往行为和后果总是要遵循一定的社会规范，而在网络空间中，由于多媒体技术的采用，它跨越了国家、民族、文化、地域的界限，可以使不同的文化形态、思想观念在网络上生动地表现出来，将全世界各个国家和地区联系起来，促使不同文化形态、思想观念的个体在网络上相互理解、相互沟通、相互交融或相互冲突。

(二)个人上网的心理特点

1. 猎奇心理

追求感官刺激,"猎奇"也是一种求知,但通过这种方式得到的"知识"却并不都是积极、健康的。随着社会的进步发展,中学生已经越来越不能满足传统的信息传播方式,他们渴望用自己的眼睛、耳朵来感知这个世界,而计算机网络无疑为此提供了一个契机。因此当网络走进人们生活的时候,部分中学生上网的目的就是猎奇。当有人出于各种目的提供这样的信息时,有些中学生网民成天就沉浸于搜寻这些信息之中,于是也就有了网络信息收集成瘾、网络色情成瘾等网络偏差行为的产生。

2. 发泄欲求

现在的青少年学习压力较大,生活较为单调,但是他们的情感却十分丰富,渴望情感自由、言论自由。当他们处于一种有话不能说或不方便说,有感情无法自由抒发、自由表达的时候,就会在内心形成一种压抑感,进而产生一种发泄的欲求,也就会自然地诉诸自由的、开放的同时又具有隐蔽性的网络。现实生活中的青少年(特别是一些性格内向者)由于社交面不广,不善社交或缺乏社交技巧,缺少与人交流,但他们又渴望与人交流,与人聊天、对话,于是他们会热衷于上网聊天、交友,与网上知音进行观念上的沟通和情感上的交流,获得安慰、支持,宣泄平时压抑的情绪,从而迷恋上网络。

3. 逃避现实的解脱

大部分青少年随着年龄的增长,在现实生活中都会遇到这样或那样的挫折、困难,总会遇到各种困惑,包括学习、情感、人际等方面,这些都会令他们感到难以应对。但令人遗憾的是,部分学生在现实中面对困惑或挫折时,不是努力在现实中寻求解决,而是采取逃避的策略,这是一种人格上的不成熟,这种不成熟也使得网络这个虚拟的空间成为他们逃避现实、寻求自我解脱的一个良好的渠道和环境。在网络上的种种倾诉其实是对网络的倾诉,是一种摆脱现实、解脱困境的自我幻想。这种情况也反映出部分中学生人际关系的不协调,不愿意找同学、朋友谈心、聊天,不愿意接受父母、老师的开导,宁愿去和一个幻想中的"知音"倾诉心声。

4. 自我表现与自我肯定的心理

现在的青少年表现欲望较为强烈，渴望得到他人的尊重和认同。但在现实生活中，许多中学生由于受到各个方面条件的限制，没有机会或不敢在公开场合表现自我，发表自己的意见、观点及自己的真实想法，而网络为他们提供了这样一个自我表现的平台。他们轻视权威、喜欢尝试、需要自我表达，以形成一个独立意识的"自我"。而网络提供给他们一个无须讲究师道尊严，可以一吐为快的场所，所以他们非常乐意甚至沉迷在网上有选择地、最佳化地表现自我。

5. 补偿心理

由于主客观条件的限制和障碍，使个人的目标无法实现时，设法以新的目标代替原有目标，以现在的成功体验去弥补原有失败的痛苦，在心理学上称为补偿心理。网络依据自身的属性向网民提供了一个巨大的虚拟空间，通过他们的热情参与，补偿现实中受到的心理挫折。在现实的生活中，特别是一些学习成绩不如意的学生很难得到他人的肯定和认同，或者说是自己对学习不够自信时，他们就会把目光转向网络，因为在网络上，一名普通的学生可以超越时空限制成为他想成为的任何角色，并通过扮演这些角色来实现自身价值，获得心理上的补偿。

(三)家庭方面的成因

家庭不和或家庭解体带来的消极影响。家庭不和主要是指父母关系紧张，家庭解体主要是指父母离异或一方去世而导致家庭结构的不完整。一个完整而和谐的家庭是每个青少年身心健康发展的必要条件。调查显示，部分学生之所以会出现网络偏差行为，是由于在家里得不到父母亲的关爱；家长的教育态度与教养方式不当，现在中国在对孩子的教育方面，有的家长对孩子过分溺爱，不懂得该如何教育、引导孩子，有的则是要求过高，过分严厉甚至简单粗暴，缺乏与孩子的沟通与交流，还有一些是因为学生的基本心理需要在家庭里得不到满足而产生的逆反心理导致青少年把注意力转向网络；家长对网络知识了解太少，不能对孩子的上网行为进行有效的监控，因为各种原因父母亲可能对网络缺乏了解，当自己的孩子在熟练地敲着键盘，孩子在网上玩些什么、看些什么，他们一无所知，即使想干涉也无从下手。

(四)学校教育方面的成因

学校对青少年出现的网络偏差行为重视不够，没能提出或指定有效的防范措施。现在各个学校都面临着巨大的升学压力，各个学校往往都把时间与精力放在抓教学质量，抓学生的学习成绩上，对于学生中出现的网络偏差行为没能给予足够的重视，也没能组织人员加以研究，没能提出有针对性的有效防范措施，有的只是采取治标不治本的方法。另外，现在各个学校虽普遍开设了计算机网络课程，但主要是传授网络技术知识而很少涉及网络道德教育；中学教师队伍的知识有待于更新，整体素质有待于提高，特别是网络方面的知识。

(五)国家和社会方面的原因

互联网在中国的诞生、发展到逐渐普及，时间毕竟还不长，如何对这一新事物加以有效的管理和监控，我国政府虽然做出了大量工作，但还存在一些不足。从网络立法来看，目前我国有关网络方面的法律法规尚不能满足网络迅猛发展的需要；从网络技术来看，网络技术有待于更新、改进，必须利用技术手段对进入我国的信息进行必要的"过滤"，防止不良信息对青少年的危害；从网络管理来看，我国在网络管理方面尚存在许多不足，如监管的力度不够，各职能部门权责不清、相互推诿等，特别是对青少年行为影响较大的网吧管理不善。

三、网络偏差行为产生的影响

网络偏差行为产生的影响主要体现在对个人的影响、对人际关系的影响以及对社会的影响三个方面。

(一)对个人的影响

1. 学习成绩下降

青少年尚处于身心发展阶段，无论是生理机制还是心理机制都尚未完善，尤其是他们还缺乏必要的判断能力，是非观念模糊，同时自我约束、自我控制的能力偏弱，加上其反叛性强，好奇心重，因而极易沉湎于网络之中，苦苦不能自拔。长此以往，青少年就会逐渐排斥和脱离原来的学习生活环境，最为直接的表现就是学习情绪低落、学习的愉悦感和兴趣丧失最后荒废学业。

2. 引发人格障碍

由于在网络的虚拟社区里，人们是以匿名或化名的方式进行网络交往，因而它无法规范人们言论的真实性，甚至也公开承认或认可交往者的虚假言论。这使许多网民抱着游戏般的心态参与网上交往，不仅自己撒谎面不改色，而且对他人的言论也是毫无信任感可言。网上交往产生的人际信任危机直接影响到网民的现实人际交往，导致现实交往中对他人真诚性的怀疑和自身真诚性的缺乏，进而影响自己与他人良好人际关系的建立与发展。同时交往角色的虚拟性也可能使网民去除承担任何责任的心理负担，因而可能在网上表现得异常真实和坦率，而一旦网上经常性的表现逐渐得到强化并固定下来后，并与现实具有很大差异时，就会出现网民个体的双重人格或多重人格现象，而现实人格与虚拟人格如果频繁地转换，必然会出现心理危机，导致人格障碍。

3. 身心健康受损

个人若长期沉迷于网络，身心会受到严重损伤。有研究显示，长时间上网会使大脑中的一种名为多巴胺的化学物质水平升高，这种类似于肾上腺素的物质短时间内会令人高度兴奋，但其后则令人更加颓废、消沉。长时间上网对人的眼睛伤害很大，视力会明显下降；会使颈部、肩部、后背、腰部、关节经常疼痛不适，容易造成颈椎病或椎间盘突出。上网过多，占用大量时间，还容易造成睡眠严重不足、食欲下降、体重减轻、生物钟紊乱、精力不足、思维迟缓等。

(二)对人际关系的影响

1. 情感冷漠

情感交往也是不少网民网上交往的一个主要方面。由于在现实生活中，网民的情感并不能无拘无束地表露，总要受到他人及社会的"匡正"，同时，不管自己喜欢与否，个体总是要面对自身生存的情感氛围，现实生活往往不能满足个体情感的需要。而在网络世界里，网上交往角色的虚拟性、隐蔽性使网民可以少有拘束地放纵自己的情感，他们可以在网上大肆调情。这一方面有可能给真诚的一方造成严重的情感挫折，另一方面也不利于自身情感的健康发展。此外，网络世界是由高科技构筑的虚拟空间，这种传播体系强调的是高速、海量、生动与精确，最缺少的是现实生活中的人情味，这种在一些游戏中体现得尤为突出。当青少年长期沉迷于这种惊险刺激的网络游戏而流连忘返时，基本的感情判断就会逐渐淡化，人性的东西就会逐渐减少。

2. 人际交往水平下降

网上人际交往是以网络为中介，以文字、数字、符号、图标为载体的人际交往，这种交往使角色心理具有明显的非直接性，描述的是精心包装过的心理自我，而这种心理自我往往与现实自我有着很大的差异。过于关注人机对话，淡化了个人对社会及他人的交往，从而使许多有着网络偏差行为的个体都有一种反常行为。有的个体感到，只有在网上交往才能得到自如感，才能充分发挥个体内在的智慧、幽默等交际潜力，渴望间接交往，因而失去对周围现实环境的感受力和积极参与意识，从而也导致了许多网民出现缄默、孤僻、冷漠、紧张、不合群、缺乏责任感及欺诈心理等，从而导致个体心灵的更加封闭。

(三)对社会的影响

1. 道德失落

网络交往是一种虚拟交往，这在客观上淡化了交往主体的责任心，并对传统的道德价值观形成冲击。传统交往中应遵循的"真诚""守信""责任"等价值标准并未在网上获得普遍的认同，相反，随意交往、自得其乐、为我所用、不计后果等观念在网上大为流行，部分网民若长时间沉浸于网上，必然会受到这些观念的影响，从而造成道德的失落。

2. 出现违法犯罪

受到网络的负面影响，有的网民还会出现违法犯罪现象。从犯罪心理学的角度来看，有的网民因上网开销很大，又没有额外的经济来源，当行囊空空时，有时就会发生敲诈、盗窃、抢劫等违法犯罪事件；有的网民看了网络色情图片、小说、影视等内容后，因一时的冲动而产生模仿尝试念头。

第四节 网络偏差行为的干预

由于网络偏差行为研究刚刚起步，因此对网络偏差行为干预的研究也很少，更多的是描述性建议，还没有开始实际的干预。目前对网络偏差行为的干预，应该主要从以下方面入手。

一、从互联网层面入手

加强对计算机网络的监督和管理，加大网络立法力度。具体来说，首先，就是要加强网络法律法规建设，随着网络的发展，世界各国都已经开始加强网络的立法工作，加强对网络的管理及加大对网络犯罪的打击力度。自 1994 年以来，我国政府先后颁布了《中华人民共和国计算机信息系统安全保护条例》《中华人民共和国计算机信息网络国际联网管理暂行规定》《中华人民共和国信息网络国际联网入口通道管理办法》《中国公用计算机互联网管理办法》《互联网信息服务管理办法》《维护互联网安全的决定》等法律法规，并进行修改、补充和完善，结合网络这一特殊的思想阵地，制定有关网上管制法规，内容应包括网上信息发布规范、网上信息审查和监管、知识产权的保护等，真正做到有章可循，有法可依。在网络的立法过程中，我们可以借鉴其他一些国家的做法，加强对网络的立法工作。例如，美国作为世界信息技术革命的发源地，充分利用其在资金、技术、人才等方面的优势，大力推动信息技术的开发与应用，这使得美国不仅在信息技术方面一直位居于世界前列，而且在对信息社会的立法管理方面也居于世界的领先地位。在美国，面对日益泛滥的网络不良信息，美国政府制定了不少相应的政策和法规。其次，要加强网络技术开发，确保网络安全。截至 2015 年 5 月中旬，北京市在开展网络淫秽色情专项治理"净网"行动中，组织网管、文化、新闻出版、广电、工商、网安、通信、治安管理、文化执法等部门主动出击，细化部署，明确责任，严厉打击网络违法违规行为。先后清理淫秽色情信息 10 万余条；责令 120 家网站删除淫秽色情内容链接；查禁淫秽色情网络小说近400 部；对 31 家网站进行了行政处罚，罚款 42 万余元，抓获犯罪分子 45人；关闭各类违法网站 800 余家，有效遏制了淫秽色情信息的传播。

尽管互联网是"虚拟"的，但只要改进技术，充分发挥科学技术本身的自我控制能力，采取技术防范措施是可以防止有害信息进入网络的。目前各国政府为抵御各种有害信息，都相应采取了一些加强技术安全的防范措施，如利用防火墙的隔离作用及信息的加密功能来中止和预防对个人信息安全的侵害；利用技术规范惩罚网上的不法侵害行为，如可以利用吊销侵害者户头、抑制其使用权限的办法对其行为进行约束；大力开发过滤软件，可以阻止有害于道德及社会秩序的信息、有损于国家或个人的伪信息、有些个人不需要的信息的进入等。在网络信息的监管方面，张胜勇（2003）提出的具体做法有以下几点。首先，要各大网站加强对个人网页的监管力度，在韩国的一项研究中发现，如果用自己已有的社交账户（如在新浪门户网站可以用微博账号登录）发表对政治新闻的评论的网民，比实名制（如仅新浪门户实名注册账户）的网民发表的评论言辞更温和，表现出更少的过激行为。因此门户网站可以将评论系统的登录方式改为社交账户登录，而社交网站的账户采取实名制方式。其次，建立"网站分级系统"，像电影分级那样，不同年龄的人可以登录不同级别的网站。再次，要加强对网吧的管理。最后，要充实"网上警察"队伍，加强对辖区派出所治安民警的网络技术培训，提高他们对网吧各种安全操作系统的检测能力，发挥他们对网吧的治安巡逻作用，而且要针对中学生在上网中出现的诸多偏差行为，进行法制宣传和法制教育。此外，学校、家长要共同负担起帮助教育学生的社会责任，各地可以聘请学生家长和社会各界热心教育的人士，作为网吧等互联网上网服务营业场所的义务监督员，监督网吧等互联网上网服务营业场所的经营行为。

二、从学校管理入手

从个体和个体所在的学校、家庭与同伴群体着手，引导个体形成正确的网络规范观念，表现出良好的上网行为。另外，也要从社会方面入手，倡导一种文明的网络文化（行为模式、价值观、代际继承物），从而作为宏观的干预措施对网络偏差行为产生积极影响。

第一，教师要加速知识的更新和提升，在信息大潮中扮演"舵手"的角色。在传统的教育教学过程中，教育者比受教育者拥有更高的技能和学识，因而能够享有较高的威信并得到受教育者的尊重，有利于教学目标的实现。然而，随着网络时代的到来，这种高高在上的教育方式已经难以成行，现在的受教育者的知识和技能（特别是知识面和网络技术）未必就不如教育者，因此作为教育者应适应形势的发展，与时俱进，在继承和发扬优良传统的基础上，增加教育的科技含量，在网络的大潮中当好"舵手"的角色。这就要求教育工作者不仅要用先进的理论武装头脑，熟悉教育教学业务，同时还须掌握先进的科学技术和管理方法，熟悉网络技术，树立依靠科技增强教育工作生命力的观念。在网络时代，教育工作者必须加紧充电，增强科技意识，具备科技眼光，熟练地掌握微机操作、网络技术和软件应用知识，自觉地把网络技术应用于教育工作实践中，使教育工作更深入、更扎实、更有效。

第二，强化教育和引导，提高中学生的自律能力和免疫力。在互联网这个信息的海洋中，只有当青少年个体提高了自身免疫力，增强了自身素质，才能在这片海洋中健康安全地畅游。信息教育的目的就在于培养青少年获取信息、处理信息和创造信息的能力，使广大学生能正确认识信息网络并合理运用它，特别是要教导学生遵循网络的"游戏规则"，争做优秀的网民，并同形形色色的有害信息做斗争。应加强网德教育，培养青少年正确使用网络的观念。研究发现道德认同会对大学生的网络偏差行为产生显著的负向影响，培养青少年的道德认同感能够减少他们的网络偏差行为（杨继平，王兴超，高玲，2015）。在网络时代，坚持正确的思想道德教育仍然是不可或缺的，但要转变传统的思想教育模式，适应网络时代的特点，其方式是教育者与受教育者之间的关系应该是平等的、互动的，其内容重点是培养他们的是非判断能力，增强其道德判断力，让中学生形成对网络道德的正确认识，养成道德自律。另外，学校不仅应该在德育课中增加网上道德教育，使中学生树立正确的上网观念，文明上网，自觉抵制网络的不良影响，还应该把这种教育贯穿于计算机和网络教学过程，在潜移默化中使中学生自觉地规范自己的网上行为。

第三，开辟德育虚拟阵地。互联网是一个充斥着各种思想和观念的虚拟世界，对于中学的教育工作而言，是一个全新而又富有挑战的全新领域。针对信息网络鱼龙混杂、良莠不齐的现象，迫切需要建立校园主流网站，占领网络阵地，利用网络资源，开辟网络教育功能，加强针对青少年的教育和引导。据统计，我国绝大部分中学生在平时上网过程中都关注过学校的校园网站，65.2%的学生登录学校校园网站的频率约为1周/次。在访谈中大部分学生认为校园网站版面设计过于单调，不符合他们的兴趣爱好（张攀，2012）。为青少年打造具有吸引力的校园网站并提供充足的网络资讯势必会减少青少年对其他网页的浏览时间。

班级既是青少年学习生活的主要场所，也是他们沟通感情、思想的主要活动组织。青少年的心理与行为受同伴的影响非常显著，如果拥有良好的班级文化氛围，青少年网络偏差行为必将有所缓解。具体做法有：

利用教师的专栏板报、主题班会、班级网页等文化载体大力倡导文明理性用网的网络道德观念；推选班级里计算机高手和喜好者做技术顾问，用正规化、正面性的角色确认与角色期待，将这部分可能存在网络偏差行为的学生引导到正确的轨道上来，变为网络道德规范的积极践行者和示范者，并通过他们的改变为其他同学做出良好的榜样，给其他同学带来积极的影响；开展形式活泼、内容多样的计算机操作，网页制作和其他创造设计的比赛活动，让大多数学生从比赛过程和获胜中领略使用计算机互联网学习和创造的乐趣，满足部分计算机高手显示才能的需要，推动青少年学生的计算机网络兴趣由单纯的玩耍娱乐、自我炫耀向提高学习能力和创新能力的层次升华，形成文明、理性、高效用网的自觉追求和良好风气。此外，班级应多开展丰富多彩的第二课程活动。在建立班级公共的网络空间对中学生进行干预，有助于减少中学生在网络上的不良人际交往，网络对于学习的负面影响也会有所下降(李孜佳，2010)。

三、从家庭教育入手

在对高中生的研究中发现家庭成功性、控制性越高，其子女越容易出现网络问题，这是因为成功性是指将一般性活动(如上学和工作)变为成就性或竞争性活动的程度。一般来说，家庭过于重视其成员在竞争中获得成功，对其成员过高期望，会使被期望的个体体会到过多的焦虑、抑郁，一旦接触网络更容易发生网络依赖，从而显示高网络问题发生概率及成瘾倾向性。家庭控制性是指使用固定家规和程序来安排家庭生活的程度。一般说来，控制性高的家庭能培养个体形成较高的自控能力，使个体比较自觉地遵守社会规范和道德准则。但任何事物的适用情况都有个度的问题，超过了个体的承受能力，则会适得其反，家庭控制性也是这样。控制性过高的家庭，可能会使个体产生强烈的压抑感、不自由感，而这种负性感觉一旦找到解脱的途径，个体就可能对这种途径形成依赖。同时对于性别的差异，父母监控状况也有所不同，父母对于女生使用网络的知晓度高于男生，男生对于家长的消极控制与反馈高于女生。根据男女性征的差别，女生更倾向于自我表露，与家长的沟通意愿更强大，父母可以获得相对多的信息，相对于女生，父母更多关心男生的消极行为，因此父母对于男生更多是强调行为控制，容易激发男生的叛逆心理，引起更多的问题，因此适当的监控方式应该是强调心理控制而不是行为控制。

　　因为网络正好具有自由运用、平等交流的特点，受家庭高控制性影响而压抑感强烈的高中生更有可能选择上网来释放受压抑的个性，体验随心所欲的自由感，所以，总体上家庭控制性越高，网络问题的发生概率及成瘾倾向也越高（李永占，2007）。

　　父母的教养方式对青少年心理和行为的发展具有一定影响。研究发现，母亲拒绝型、过度保护型的教养方式以及父亲拒绝型的教养方式均与初中生网络欺负行为呈正相关。表明消极的父母教养方式对子女网络欺负行为有一定的助长作用，并且母亲对子女的影响更大。而积极的父母教养方式（如父母情感温暖型的教养方式）与网络欺负行为间不存在显著相关，这与以往研究结果一致。在考察父母教养方式与中学生网上过激行为的关系时发现，父母教养方式的积极方面与网上过激行为相关不显著，而父母教养方式的消极方面与网上过激行为存在显著正相关（李冬梅，2008）。以初中生为被试的研究发现，父亲拒绝、父亲过度保护、母亲拒绝、母亲过度保护都与网上过激行为及网上攻击、网上易怒、网上敌意、网上冲突显著正相关；而父亲温暖、母亲温暖与网上过激行为及网上攻击、网上易怒、网上敌意、网上冲突相关均不显著（范翠英，2012）。父母拒绝型的教养方式被子女感知到得越多，子女发生网络欺负行为的频率越高，母亲过度保护型的教养方式被子女感知到得越多，子女发生网络欺负行为的频率越高，被父母过度干涉和控制的孩子会在网络世界中寻求自主、摆脱父母的约束，特别是处于青春期的初中生，更容易出现违反规则的网络欺负行为（胡阳，2014）。当感知到父母过多的干涉，可能会使青少年认为父母不能信任自己有能力独立解决问题（刘文婧，许志星，邹泓，2012），从而失去自信，转而向网络寻求掌控感和慰藉，出现网络依赖和偏差行为。从这个角度说，良好的父母监控应该发挥其知晓度的重要作用，避免过于严厉的管束和责罚，给予孩子更多自主的空间，因此良好的亲子沟通能够很好地防止青少年子女的冲动性网络使用，父母对子女过度网络使用的反馈和网络使用内容的规则制定能有效阻止冲动性网络使用的概率，父母如果进行参与和支持性活动可以降低网瘾形成的可能性。

四、开展网上心理咨询

　　与传统的心理咨询相比，网上心理咨询具有相对程度的隐蔽性、保

密性，可以免除学生的思想顾虑及心理负担。学生既可以进行在线心理
咨询，也可以在心理咨询信箱里留言寻求解答。老师可以就学生在情感、
学习、工作、生活和人际关系等方面遇到的矛盾和困顿进行解答和开导，
并介绍一些如何处理人际关系、如何自我调节等方面的知识和做法，帮
助学生正确地认识现实，树立积极的人生态度，培养健全的人格（张胜
勇，2003）。

PART 4

第四编

网络与群体

第十一章

网络社会认同

1. 吃饭前，很多年轻人都会拿出手机进行拍照，传到微信或微博上，这样做是为了显摆吗？
2. 网络游戏中，男性使用女性游戏人物，或者女性使用男性游戏人物，是否会改变游戏者的线下行为，让男性变"娘"，或者女性变"man"？
3. 在2011年阿拉伯之春和伦敦街头骚乱中，社交媒体真的如新闻报道的那样是动乱的罪魁祸首吗？社交媒体在当今的社会运动中到底发挥了什么作用？

社会认同，自我分类，社会比较，SIDE模型，去个性化，去个体化，认同表演，内群体效应，外群体效应，群体间，社交媒体

每个人都会受到自己所在的群体和团体的影响。在很多情况下，人们的态度和行为都得用他们所在的社会群体来解释，这是因为群体的种族、宗教、阶层等社会特征内化，成为该群体成员"自我概念"的一部分。这不是什么坏事，人性使然，这种被内化了的群体性的自我概念就是社会认同(social identity)。自从泰弗尔(Tajfel)和特纳(Turner)于1979年构建了社会认同理论，将这种同群体相关的自我概念定义为社会认同，用来解释社会分类、群体冲突与社会歧视，研究者逐渐将这一理论发展应用到心理学的各个领域，网络心理学就是其中之一。本章希望为读者提供一个完整的理论脉络，告诉读者这个缤纷复杂的网络世界中的社会认同有何特点。

第一节 社会认同的形成

一、社会认同的缘起

1979 年的一天，泰弗尔发表了一篇短文，声称在生活中很多地方，人们不是作为单独的个体进行行动，而是作为群体的一员。这篇短文正式打开了人们对社会认知研究的大门。根据泰弗尔随后的研究，社会认同的形成与发展通常有两种途径，其一是自我分类，其二是社会比较。

自我分类（self-categorization）（Turner，Hogg，Oakes，Reicher，& Wetherell，1987）指的是人们能够根据信仰、态度和行为等一系列社会特征将自己和其他人划分到某个类别的人群中去。"我是谁"是一个人们常问的问题，但是很多人回答不上。然而，了解自我分类理论的人能够轻易回答这个问题，他们会从个体所归属的社会类别中寻求答案。比如，"我是一个心理学家"，那么这就表明"我"属于研究心理学的这么一拨人。这个分类信息还能透漏出"我"是做什么的，"我"会参与什么活动等丰富的信息。通过自我分类，不同类别的人就可以互相比较。比如，"心理学家"这类人是不同于其他人，或其他专家的，这就为社会比较奠定了基础。

为了更好地评价自我，人们需要同他人进行比较，这就是社会比较（self-comparison）。它指的是将各群体的人同自己进行比较，然后将人们的特征划分为相似的或不同的特征，或者称作群体内特征或群体外特征。根据特纳的研究，人们在进行群体间比较时，积极区分原则发挥了主导作用。那么什么是积极区分原则呢？在进行群体间比较的过程中，人们往往会从具有社会价值的、能够从最大程度上放大本群体优势的角度上去考虑群体间的差异，并对群体内成员给予积极性评价。这样，就将好的特征同内群体相关联，产生了群体认同，并随之产生了内群体偏好和外群体偏见。举个例子，苹果用户往往认为自己很酷，很前卫，认为 Windows 的 PC 用户沉闷无趣，落后于时代潮流。苹果用户在同一般 PC 用户进行社会比较的时候，给予了自己积极的评价，产生了社会认同和内群体偏好，提高了自己的自尊，对 PC 用户产生了群体偏见。这个社会比较的过程同时强化了苹果用户之间的相似性和苹果 PC 用户之间的不同性。

社会认同可以被看作是对一对相反需求的调和：同化与区分。这两者任何一面都是过犹不及，正常的个体会尽量避免让自我概念过于个性化，否则会孤立自己，同时也会避免让自己过于群体化，否则会过于大众化。

通过同化，个体会认同自己是群体的一员；通过区分，个体则会认同自己作为一个个体的独特性。这两者都是自我概念的重要组成成分，前者就是社会认同，而后者则是自我认同。这里我们需要对这两种理论进行区分。自我认同理论，也称作角色认同理论（Stryker，1968），认为社会通过影响自我对人们的行为产生影响（Hogg，Terry，& White，1995）。它采用的是符号互动观点，认为象征性符号是社会结构当中比较稳固的成分，是通过个体之间的社会交互逐渐构建起来的。人们通过自己的角色和定位，知晓自己是谁，需要做什么。比如，奥巴马是一个丈夫，一个父亲，一个总统。而社会认同理论强调的则是个体所属的社会团体，而并非角色。根据社会认同理论（Turner，1985），人们喜欢根据性别、职业、社会阶层、兴趣等把不同的人概括抽象成不同的类别，如男人与女人，高富帅与白富美，贵族与工人。虽然这两种理论都可以用来解释社会建构出的自我，如何调节社会结构对个体行为的影响（Hogg，Terry，& White，1995），但是社会认同理论更加强调个体作为群体成员的身份以及群体间关系。再从社会认同的角度看奥巴马，他所认同的社会群体是美国中产阶级，基督教徒。

自我归类、社会比较和群体认同这三个核心概念，运用社会认同理论来解释各种社会行为时，还有三个需要考虑的前提条件（Tajfel & Turner，1986）。第一，个体总是希望获取正向的社会认同；第二，根据评估，社会认同可能是积极的，也可能是消极的；第三，社会认同的评定是基于内群体与外群体之间的社会比较而产生的。当社会认同是消极的，个体就会采取积极有效的策略来获取积极的社会认同。最后，要彻底理解社会认同与互联网行为之间的关系，我们还需要了解社会认同的影响。赵志裕（2005）通过对 1997 年香港回归时期香港人的社会认同进行研究，发现社会认同能够提高个体自尊。个体通过社会比较，从各方面评价各社会群体的优劣，根据评价的优劣，再尽力将自己纳入较为优越的群体当中，并把该群体良好的自我特征吸纳到自我概念当中，成为自我的一个组成部分，从而提高自尊。此外，赵志裕（2005）还发现，社会认同能够促进个体的归属感和安全感，增强个体存在的意义。人们通常采用三种策略来获得更高的社会认同：个体流动性、社会创造性以及社会竞争。个体流动性指的是，个体尝试离开一个低阶层社会群体，进入一个高阶层群体。社会创造性指的是，个体重新定义社会比较的维度，从而提高对自己群体的正面评价。社会竞争指的是处于劣势的群体不同优势群体，而同相对而言更加劣势的群体进行比较，从而获取群体成员自尊的提升。

二、社会认同的去个体化机制

研究线上社会认同往往避不开去个体化行为（deindividuated behavior）。因此，这里我们需要专门讲一讲去个体化行为。社会心理学家研究了很多能导致去个体化行为的因素（Guerin，2003），但这当中最关键的要数匿名性。虽然研究匿名性的文献很多，但是匿名性对社会认同的影响是什么，在社会认同的形成过程中发挥了怎样的作用，却一直没有定论（Lea，Spears，& de Groot，2001）。在这场旷日持久的争论中，逐渐产生了两个截然相反的模型：去个体化模型（deindividuation model）和社会认同的 SIDE 模型（social identity model of deindividuation effects）。

这两套框架当中，去个体化模型显然更有历史。早在 1952 年，著名心理学家费斯廷格（Festinger）就提出了去个体化的理论雏形。他认为，个体加入群体之后，个体认同会慢慢损失，个体行为的思考模式会逐渐倾向于从群体出发，这样，代表个体本身的独特性就慢慢消失淡化，最后只剩下群体性。而一旦失去个体特征，由于自我身份的消失（Zimbardo，1969），违背社会规范的惩罚机制（社会指责和社会排斥）也就消失了（Mann，Newton，& Innes，1982），因此，个体在群体中的行为会比独处的时候，变得更有侵略性，更易违背既定的社会行为规范。匿名情形会加速个体丧失自我评价，失去独立自我意识，这会加重个体的侵略性行为（Diener，1980）。比如，在迪纳尔（Diener）的一个经典实验研究中发现，穿上化妆服，身份获得掩盖的孩子，在集体行动时会比单独行动时更容易偷偷多拿分配的糖果。在很多网络环境下，如网络论坛和虚拟游戏中，个体都是匿名的，看不见发言者的性别、年龄、长相等身份特征。在这种匿名环境下，个体更容易具有暴力和侵略等反社会倾向。有研究（Douglas & McGarcy，2001）发现在网络匿名情形下，被试在网络聊天室或者 MSN 聊天的时候，更容易发送具有敌意或威胁性的信息，并且更易怒。另外，网络匿名情形下，年轻人，特别是年轻男性，还更容易发送带有性的信息。当然，这也是网络匿名环境下，同伴欺负频频发生的原因。

社会认同的 SIDE 模型同样也关注群体对个体行为的影响，但是 SIDE 更多关注的是正面积极的部分，它建立在对去个体化理论批判的基础之上。SIDE 模型是线上社会认同研究中涉及的最为重要的社会认同理论模型，它有认知和策略两个维度，分别对应于匿名性的两个维度：他人对自己的匿名和自己对他人的匿名。认知维度是从自我归类理论的核心概念发展而来，它认为社会比较可以导致去个性化（depersonalization），强调其他人对自我认知的影响。这里，去个性化同去个体化(deindividuation)有很大的不同，后者指的是个体意识的丧失（Lea et al.，1998；Postmes，2010），而前者则承认了个体意识的作用，认为去个性化过程是个体意识到群体重要性，自我概念从个体认同逐渐转移到群体认同的这么一个过程。随着转移的加深，个体会变得越来越遵守社会规范，而匿名情形(群体成员对个体的匿名)的出现更会加速整个去个性化的过程。这是因为匿名情形会模糊个体间的差异，这会降低个体具体信息的传递，但一般不会降低社会归类信息的传递。比如，网络上的匿名，个体信息一般很难被辨识，但是通过网名以及基本的语言特征，我们还是能够辨识出这个人的性别和职业。

为了让读者更好地了解 SIDE 模型的认知维度，我们将认知维度的三个基本步骤画在了图 11-1 当中，它们分别是：①哪种认同更为显著突出；②匿名的影响；③心理和行为的结果。如图 11-1 所示，如果群体特征对个体更有价值，那么匿名就会加速去个性化，提高社会认同；如果个体特征更有意义，那么匿名就会降低群体地位，个体认同就会变得更加突出。

SIDE 的策略维度不同于认知维度，认知维度强调的是自我归类，关注的是诸如匿名等环境因素是如何影响个体对群体的认知，而策略维

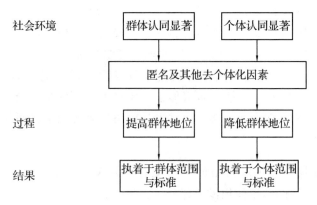

图 11-1 社会认同的 SIDE 模型：认知维度

度强调的则是自我表达，以及如何策略性地根据不同的"观众"来表达。克莱恩等人进一步扩展了社会认同策略维度的概念，并重新将其定义为认同表演（identity performance）（Klein，Spears，& Reicher，2007）。根据克莱恩等人的理论，认同表演指的是通过一系列具有目的性的行为，来展示某种特定的社会认同，包括一系列的策略性手段。这些策略可以有很多种形式，如根据观众的不同来选择不同的表达行为，或是改变自己的形象。同认知维度不一样，策略维度不是自动形成的，而是通过对观众的反应进行预估而表现出来的行为（Spears，2001）。通过对认知维度和策略维度有了一个初步的了解，我们就可以利用该理论去探索并解释网络上的各种行为了。

第二节　计算机传播中的社会认同效应

随着计算机技术的迅猛发展，线上传播工具也是日新月异，以至于理论研究无法紧随其后。尽管很多探索新媒体的研究也给予了我们重要的知识，但是这些研究中的大多数只是研究了一种现象，成为技术驱动型，没有深入形成理论框架。SIDE 模型是迄今为止在计算机传播领域应用最为广泛的理论框架。斯皮尔（Spear）和里尔（Lea）这两个社会认同方面的权威，在最近两本互联网心理学的专著中对此有过系统性的论述。互联网传播最大的特征就是匿名性，这同 SIDE 模型的关注点不谋而合，因此本节我们把关注点转移到 SIDE 模型在互联网心理学中的应用。虽然随着网络技术的快速发展，匿名情形的程度有所减弱，但是匿名特征并没有彻底消失，并且还会在相当一段时间内存在，只不过不同的网站，不同的互联网应用当中匿名情形发生的程度不同而已。斯皮尔采用社会认同的 SIDE 模型作为框架，解释互联网上群体性的社会心理过程与行为，将其基本效应归纳为内群体效应和外群体效应。其他所有的效应都是在这两个效应之上的扩展（Spear，2007，2011，2015）。

一、内群体效应

研究者关心的内群体效应主要是指群体内的社会影响，我们这里着重说明怎样把赖歇尔（Reicher）的群体极化范式应用到计算机传播这个领域。根据自我归类理论，"群体极化现象"是群体服从的一种表现，群体中的个体会把行为调整到群体中大多数成员所处的那个方向的最极端。个体对群体的服从不仅仅是因为内群体的聚合，同外群体保持不同性也是一部分原因。

首先，研究者操控了群体重要性和匿名性这两个因素，来观察它们对群体服从行为的影响。该实验的被试都是心理学专业的本科生，研究者将其分为四组，各组学生都会对一系列的话题进行讨论，研究者在讨论后会对讨论进行评价。群体重要性这个因素分为两种情况，一种是群体身份重要，研究者告诉被试学生只对他们的心理学专业这个身份感兴趣，并只对团体总体进行评价；另一种是个体身份重要，研究者告诉学生他们对讨论交流中个体的人格差异感兴趣。匿名因素也有两个水平，第一个水平是可识别，所有被试坐在一间房间内通过计算机交流，互相可见；第二个水平是匿名，被试进入隔离的房间，通过计算机交流讨论。在四组被试中，研究者发现，当群体身份重要，且个体匿名的时候，群体极化现象的水平最高，个体最容易服从群体准则，这个结果是同 SIDE 模型的预测一致的。在随后的研究中，研究者还想验证上述的效应是否是由纯粹的内群体影响造成的，其中是否混杂了个体的认知启动效应。于是，研究者重新设计了一个 2×2 实验，匿名性因素保持不变，另外加入启动性因素。研究者给予其中两组被试正性启动，给予另两组中性启动。结果显示，匿名情形下的群体服从效果更为明显，而正性启动与中性启动的被试之间没有差异。

这两个研究，以及后来的研究（Sassenburg & Boos，2003）表明，匿名有助于个体遵守群体规范，特别是在群体认同显著的情况下。当然，SIDE 模型还可以用来解释其他内群体效应，如网络匿名下的过激行为。

二、外群体效应

SIDE 的策略维度认为，当个体身份对外群体成员可见时，个体将减少与群内规则一致却受外群体反对的行为；相反，当其身份对内群体成员可见时，个体将增加与群内规则一致却受外群体反对的行为。但当群体成员面对强大的外群体，并且群体规则被外群成员所反对时，群体规则行为的表达有可能受到阻碍。因此群体成员就需要某种"力量"促进群体规则行为的表达，去个性化操作在某种程度上能够提供这种"力量"。也就是说，当个体有明显的社会认同时，去个性化操作（匿名）将影响认同行为的表达，这就是 SIDE 的策略维度。

波斯特美与斯皮尔研究了网络环境下 SIDE 模型的群体间效应。根据 SIDE 模型的去个性化过程，他们提出，在群体身份显著重要，群体边界清晰可见的前提下，网络匿名性能够加速群体间的不同化和群体内的相似性。在第一个实验中，斯皮尔分别在英国曼彻斯特和荷兰阿姆斯特丹各召集了一批学生被试，每组 3 人，随机分配到两种实验情况中，一种是去个性化条件，这时两个国家的被试互相对另外一组匿名，个体的名字用从 A 到 M 的字母代替，另一种是个性化条件，这时两个国家的被试互相可见，个体名字用自己的名和照片，这里所有的照片都进行了统一化，并告诉被试可以被外群体看到。各组讨论的话题经过了提前验证，能够确保实验产生组间差异。实验开始后被试开始采用一种线上文字传输会议系统进行讨论。实验的结果正如预测的一样，去个性化的组别（匿名组）在讨论中产生了组间分歧，而个性化的组别在讨论中意见趋于一致。波斯特美与斯皮尔（2002）的第二个实验让被试相信自己在同两组人进行交流，一组是 3 个内群体成员，他们同样是心理系的学生，另一组是 3 个外群体成员，他们是社会系和商学院的学生，但实际这些人是都是计算机自动反馈。实验的结果同另一个实验结果接近，个性化条件下，讨论结果趋于达成一致，去个性化条件下，讨论结果一致性程度较差，但没有不同。这同 SIDE 的预测大致相同，在去个性化条件下，个体更认同内群体，更容易产生负面的外群体偏见。

李的研究采用了一种新颖的方式进行去个性化,也在群组讨论中发现了类似的效应(Lee, 2004)。在去个性化组,她使用相同的网络化身来代表所有个体,在个性化组,她使用不同的网络化身代表不同的被试。在去个性化组,个体更倾向于服从群体规范。李随后又在实验中安排来自英国和丹麦两个国家的被试做了相似的组间讨论实验,结果同 SIDE 模型的预期相符合,当国籍重要时(在讨论前的测试中,该话题在英国、丹麦两国之间具有明显的国别差异),匿名性能够产生更强的去个体化效应,这反过来能够产生更多的群体吸引力和群体聚合力。可视条件下,被试之间能够提高个人吸引力,但对群体吸引力的增强没有作用(Lee, 2007)。

第三节　社会认同与网络群体间效应

SIDE 模型最初的设计是为了分析计算机传播中的社会影响效应,但随着计算机传播技术的飞跃式发展,研究者发现其实 SIDE 可以被用来分析更广泛的社会心理过程。这一节里,我们探讨 SIDE 模型的一些延伸效应,并应用其来解释互联网上最为核心的群体间效应。权力与地位是群体心理学中研究的一个热点,也是 SIDE 模型最初与网络心理学的重要交叉点。斯皮尔首先研究了网络对群体间权力地位的效应,又结合性别对群体间地位的效应进行了深入分析,最后探讨了线上集体行动。

一、网络社会认同中的权力与地位

集体行动是弱势群体抵抗强势群体的重要手段。因此,在开始讨论之前,我们先介绍一下 CMC 的特点,以及它同集体行动之间的一些基本关系。首先,集体行动的一个重要特点就是他人在场并参与行动,这是因为个体可以互相支持,互相影响,获得力量。然而,在 CMC 环境中个体的身体是分隔开的,这样他们之间就无法互相支持,就会产生脆弱感。不仅如此,由于 CMC 环境下更容易被监控,因此这种脆弱感会更加强烈。然而另外一方面,CMC 环境也为弱势群体抵抗强势群体提供了一些有利条件,因为网络不仅可以让群体内成员更容易互相联系,在网络舆论上支持对方，还可以让地理上相隔千里的群体内成员迅速组织起来快速行动(Postmes & Brunsting，2002)。很明显，CMC 既能够对弱势群体的集体行动产生负面影响(隔离与脆弱感)，也能够对其产生正面影响(更强的联系与连通性)。那么，哪一种效应在 CMC 中起到了主导作用呢？

斯皮尔等人通过两个实验回答了这个问题(Spear, Lea, Postmes, & Wolbert，2011)。斯皮尔首先修改了赖歇尔和勒温(Reicher, & Levine，1994)的实验范式，评估计算机网络是否是传递社会支持的一个有效媒介，它的效果同生活中其他人在场的支持效果相比如何？该实验范式假定，学生的有些行为符合学生的群体规范但会受到老师惩罚，如打小抄，而有些行为既符合学生的群体规范，也不违背老师的要求，如学生聚会。在实验中老师是强势的外群体，而学生是弱势的内群体。实验中，学生 3 人一组对给予的话题进行讨论，话题主要是能够引起心理系学生群体规范的话题，如奖学金、学习成绩、参加社会活动等。通过对这些话题进行讨论，学生可以表达对内群体和外群体规则的认同和不满。讨论后，学生需要填写 4 个量表，包括社会支持量表、被教师惩罚的不符合学生规范量表、被教师惩罚的符合学生规范的量表、被教师接受的符合学生规范的量表。斯皮尔采用的是一个 2×2 双因素实验设计。第一个因素是计算机通信的有无，第二个因素是是否可以看到内群体的其他成员。实验房间中有 3 台联网的计算机和一个文字交流的会议系统。在不可见的情况下，个体被一块 2 米高的木板隔开，互相看不见，在有计算机通信的情况下，个体在会议系统上跟其他成员交流，在没有计算机通信的情况下，个体单独思考该话题，不能与其他人进行交流。最后的结果显示，计算机通信能够为个体提供社会支持：在有计算机通信的情况下，个体在教师惩罚但符合学生群体规范量表上的得分显著较高。同时，可以看到其他成员这个维度上并没有对群体内社会支持产生显著影响。

斯皮尔随后又进行了一个单因素实验，这次所有的被试都被隔离开来，不在同一个房间。实验开始前，主试告诉被试，实验的目的是考察学生的生活态度。试验第一阶段，被试通过计算机在网上讨论一系列问题，其中包括大规模考试和长时间参加实验做被试这两个主要问题和其他一些干扰项。在讨论时，所有被试收到的都是其他讨论成员虚构的讨论反馈，这些反馈都是反对考试，认为参加实验做被试没用，讨论中个人身份是保密的。接着进入实验第二阶段，被试需要填写一份问卷，问卷上需要写上名字，主试告诉被试可以根据问卷进行讨论。结果显示，在网上得到支持的实验组更可能去批评这项学校政策。这两个实验证明了计算机网络能够通过传播弱势群体内的社会支持来反抗强势外群体，即使是在个体互相隔离的情况下，该效应依然显著。

那么，我们是否可以就此宣称互联网是一种可以缩小线下权力与地位差距的工具呢？根据 SIDE 的认知维度（Postmes，Spear，& Lea，1998），互联网不仅不会将个体从所属的社会群体中解放出来，反而会让个体更加遵从他所属的那个群体的规则。根据第二节内群体与外群体效应的讨论，我们可以发现，互联网，特别是匿名情形下的互联网，会让个体更加遵守群体规范，会让群体间的界限更加清晰，更加明朗。因此，以下这些说法是不对的：社会群体之间的地位在线上更平等了！社会群体之间的权力差异在线上大大缩小了！社会弱势群体可以利用网络操控虚拟身份，把自己从较低社会阶层的社会结构和社会污名中解放出来！

二、网络社会认同中的性别与地位

长期以来，性别都从属于地位：女性弱势，男性统治。那么，互联网的出现能否改变这一情况呢？女性的权利是否会被解放出来呢？女性在互联网上是否会变得更加自信呢？斯皮尔、里尔和波斯特美根据 SIDE 模型的认知和策略维度，从两个方面进行了探讨。

在认知维度上，斯皮尔等人认为男女性别地位的差距在互联网上依然存在，没有发生改变，这同 SIDE 模型之前讲到的效应相符。斯皮尔等人通过两个重要的实验验证了这一结论。第一个实验是一个三因素实验设计，第一个因素是性别是否可知，通过赋予被试诸如"男性 2 号""女性 11 号"这样的网名，让一半被试的性别可知；第二个因素是个人信息是否可知，主试会提供一半被试的个人档案资料，但没有任何视觉信息（没有照片）；第三个因素是讨论主题，一半的讨论主题是女性擅长的（个人关系和情感），一半的主题则是男性擅长的（计算机，政治等）。实验结果证实了 SIDE 模型的预期，当个体性别可知，但没有个人信息，讨论主题是男性擅长时，男性在讨论中表现出了最高的统治地位。但是，当主题换做女性擅长时，效应发生了翻转。这说明匿名网络环境对改变性别地位差异没有什么帮助。

在现今的网络环境下，很多网络交流工具都能够看到对方。包括 Skype 和一些智能手机都能够提供即时视频通信服务。第一个实验虽然已经能够说明问题，但是实验被试之间都不能看到对方。视频通信不仅可以提供更多的性别信息，还能提供丰富的个体信息。那么，在视频通信的情况下，网络地位差距是否会缩小呢？根据 SIDE，当性别信息更加丰富时，社会分类效果应该更加显著。为了验证这一推测，斯皮尔等人就此开展了第二个实验。这是一个双因素实验。他们分别从英国和荷兰召集 2 个被试(共 4 人，这里需要说明荷兰人与英国人长相没有什么区别)，两组被试都是男女各 1 人。第一个实验因素就是视频通信对文字通信，一半的实验情况下采用视频通信，另一半采用文字通信。第二个因素是话题，一半的话题是国家相关("大家都说英国菜难吃是有道理的")，一半的话题是性别相关("女性有了解他人想法的特长，因此同男性相比是更好的领导者""电视节目中的体育节目过多了")。通过对这些话题的讨论，对方可以很容易识别出性别与国别。实验结果表明，在性别可识别的讨论中，如果可以互相看到对方，群体凝聚性会得到提升；然而在国别可识别的讨论中，不可以看到对方的情形才能提升群体凝聚力。这就说明，当视频能够提供更多社会分类信息时，视频通信才能够增强群体凝聚力和吸引力，反之，则不可。总的来说，这两个实验验证了 SIDE 模型的预期，网络不能消除性别分化，相反，在网络上如果出现照片或视频，男女之间的性别地位差异更会得到加强。另外，通过性别这个社会分类的研究，我们还可以推断种族、年龄在网络上具有同样的效应。

网络虽然不能消除男女之间的地位差异，但同时也为女性提供了一种可以操控自己身份形象的工具。根据 SIDE 的策略维度，在网络上，女性可以隐匿自己的性别，甚至使用中性、男性性别来避免自己处于不利地位。这种策略很重要。在很多网络论坛上，男性在讨论中依旧占据主导地位。如果你在讨论中透露出你是女性，那么你的声音就不会被重视，甚至被忽略。斯皮尔等人对此做了个实验想要证明女性在网络上"改变性别"的行为。在实验中，被试(男女)需要在一个封闭的小房间内，在网络聊天室上同其他人进行讨论。在每次讨论前，他们需要选择一个头像来代表自己。讨论分成很多话题，每次讨论前，被试都需要选择一个不同的头像。讨论中，他们可以互相看到对方的头像。头像库中的 12 个头像是按照性别进行设计，从非常男性(如超人)到非常女性。结果表明，女性会根据讨论话题的不同来选择头像：当话题是男性专长时，她们会选择中性或男性头像，当话题是女性专长时，她们会重新选择女性头像。然而，对于男性，无论是什么话题，他们都会选择男性头像。这个结果说明女性会利用网络匿名的特性来保护自己，回避女性的弱势地位。但是，从女性整体的层面上来讲，这种做法可能会让女性整体上在网络世界里更加边缘化。

三、社会认同与线上集体行动

自从阿拉伯之春运动爆发以来，集体行动成了网络心理学研究的热点之一。斯皮尔在 2015 年刚刚出版的《传播技术心理学手册》中对这个问题进行了深入的讨论，这也是 SIDE 模型在本章中的最后一个理论关注点。现代很多人都认为新传播技术的发展，能够促进专制国家通过革命性的集体行动实现民主化。虽然乍一看觉得挺对，但是稍作思索却发现事实远非那么简单。就拿 2011 年的伦敦街头骚乱和阿拉伯之春来说，这两起事件中大家都想当然地觉得社交媒体在群众动员中发挥了巨大作用，但若是仔细追究起来，却发现很难确认它到底发挥了什么作用。大家只是觉得骚乱的起因是通信技术过于发达普及，从而促进了群众动员和动乱组织（Anderson，2011；Bohannon，2012）。但事实确实如此吗？在伦敦街头骚乱中，起初人们猜测暴乱是通过推特和脸谱网进行组织的，但这个猜测很快就被证伪（Postmes，van Bezouw，Täuber，& Van de Sande，2013）。同样，在埃及动乱中，由于政府即时关停了互联网和短信服务，运动中后期的群众动员也极不可能是通过社交媒体完成的（Dunn，2011）。那么互联网在现今世界的集体行动中的作用到底是什么呢？为了分析互联网工具在当代集体行动中的作用，布伦斯丁与波斯特美对比能够预测线上与线下集体行动的社会心理因素。他们发现这些因素并没有很大不同。这就说明，互联网在当今集体行动中的作用并不是决定性的（Postmes，2007；Postmes et al，2013）。

虽然互联网的作用不是决定性的，但是互联网对当代集体行动的发展起到了推波助澜的作用。斯比尔和波斯特美认为影响集体行动的预测因素有三个：共同的社会认同，行动效能感，以及愤怒和不公平感（Van Zomeren，Postmes，& Spears，2008）。而互联网及新通信手段则是通过影响这三个因素，来影响集体行动的，而互联网本身并不能直接导致集体行动。

  首先，根据 SIDE 的认知维度，线上传播的特征能够直接影响社会认同感，如匿名性。近期的一个田野实验证实了 SIDE 的匿名效应能够预测现实生活中的集体行动。研究者（Chan，2010）研究了群众是如何响应教会号召进行捐款的。这是一个 2×2 的田野实验研究，第一个因素是群众获得通知的方式，有两种，要么通过电子邮件获得通知，也就是匿名情形，要么面对面被通知，也就是个体化情形。第二个因素是社会认同的重要性，也有两个水平，一种是在通知中强调了基督教重要性，另一种没有强调。实验结果同 SIDE 的预测一致，在匿名情形下（电子邮件通知），加强了基督教社会认同时，人们的捐款最多。很显然，计算机通信虽然在空间上隔离，在交流中匿名，但是可以激活强身份认同，从而产生内群体服从和集体行动。另外，随着社交媒体的发展，个体在集体行动中的主动性增强，个体可以决定什么时候行动，以什么方式行动，个体社交网络在社会运动组织中的重要性在加强（Castells，2013），与之相反，社会运动中组织机构和组织架构的重要性在下降。这场集体行动组织重心的转移，一方面，降低了集体行动的门槛，让个人认同的表达能够决定集体行动（Bennett & Segerberg，2012），另一方面，造成了集体行动变成了自下而上的突发现象。在集体行动中，一个个体能发动多少群众，这取决于他们能够在多大程度上整合利用广泛存在于个体社会网络中共同的社会认同。发生在葡萄牙 2011 年 3 月 12 日的一场大规模示威证明了这一点。在没有任何工会组织的参与下，起初只有 3 人在脸谱网上发起这个运动，他们随机选择了一天，写下了他们的宣言，结果就在 10 个城市成功发动了 30 万人，这是康乃馨革命之后的最大示威。他们成功的关键就是口号中利用了当时存在于西班牙和意大利的一个广泛存在的共同社会认同"濒危代"。

  其次，社交媒体能够在很多方面影响自我效能感。通过显示"我们"有多少人，社交媒体能够改变权力关系。比如，在阿拉伯之春中，社交媒体没有发挥关键组织作用，但是它却让民众意识到有很多人对政府很不满。当无权力和被压制群体意识到"我们"人很多时，自我效能感就得到了有效提升。SIDE 的策略研究表明，内群体之间的交流能力能够提升群体内的社会支持，并能提升自我效能感（Spears，Lea，Corneliusse，Postmes，& Ter Haar，2002）。但是，对于埃及来讲，关停互联网反而起到了适得其反的作用，这等于向民众传达了一个信息，这次运动的规模让政府有些招架不住，这更加激发了底层民众的自我效能感。

最后，传播技术能够点燃或影响集体情感。有研究研究了推特在谣言传播中的作用。大家都知道，集体骚动往往是被一个特定的能影响集体情感的事件引发。在伦敦骚乱中，警方虐待 16 岁女孩被认为是点燃骚动的导火索。关于这个事件的谣言流传了一天半（高峰时段在推特上每小时转发 70 次）且没有任何反驳。但是仅凭此就推断是社交媒体点燃了骚动的火焰似乎有些武断。因为该研究还发现，推特上比较明显的错误谣言很快就能得到平息。尽管现阶段大家对社交媒体如何影响集体情绪的机制还不是特别清楚，但是有一点很清楚，那就是社交媒体可以对在网上表达和分享的情绪产生强烈影响。

第四节　社会认同在新媒体中的新应用

在计算机传播学领域当中，研究社会认同的文章不多，结合新媒体研究社会认同的文章就更加屈指可数。我们在谷歌学术，PROQUEST，ERIC 等多个学术搜索引擎上搜索"社会认同""互联网""社交媒体""SIDE"等关键词，共发现了 6 篇相关文献，其中有 3 篇采用了 SIDE 社会认同模型。按照新媒体的类型对这些文献进行分类，1 篇研究社交网站，1 篇研究网络购物，2 篇研究网络虚拟游戏，2 篇研究网络合作学习。在此我们按照新媒体的类型对文献进行了分类，希望对新的研究能有所启迪。

一、社交网站中的社会认同

社交网站（SNSs）（如脸谱网，推特，Instagram，Snapchat 等）的兴起，允许个体在线上展现自己，同朋友交互，建立或维持同他人的联系。现今，脸谱网的用户数已经超越 22 亿人，超过全球人口总数的 1/3；而刚刚兴起的 Instagram 和 Snapchat 的用户量则呈现指数级增长趋势，分别超过了 3 亿和 2 亿。这些用户中绝大多数是中学生和大学生，他们中的绝大多数人每天都要登录社交网站，每天持续在线时间都在半小时以上。

自我展现（self-presentation）是社交媒体研究中关注的重点。通过社交媒体上的自我展现，个体不仅能够建构出自我认同，也能够建构出社会认同。那么，SIDE 模型在这种新的 CMC 环境下，还是否适用呢？弗林（Flynn）的博士论文就以 SIDE 模型为框架探讨了脸谱网的使用对理想身材群体规则的影响。根据 SIDE 模型，他设计出一个 $2\times2\times2$ 的三因素组间实验，第一个因素是给被试观看呈现理想身材脸谱网的个人主页（一半看，另一半没看），第二个因素是给被试看评论（一半看支持评论，另一半是看批评评论），第三个因素是高群体认同和低群体认同。实验共收集了 501 个被试，被试看完照片和评论后可以留下自己的评论意见。实验结果同 SIDE 模型的预期不符，群体认同这个因素并没有对个体遵从群体规则产生影响。脸谱网上理想身材照片与评论均对个体的"身体映象"（body image）没有任何主效应。这篇文章是在考察 SIDE 模型的认知维度，虽然结果不符合预期，但我们觉得 SIDE 模型的策略维度在社交媒体上仍然有较大的空间可以研究，因为社交网站上的自我呈现很多是策略性的，这同 SIDE 的策略维度不谋而合，关键是做出合理的假设并设计一个巧妙的实验来对其进行验证。

二、 象征性消费中的社会认同

市场学方面的研究表明，购买某件产品或反对购买某件产品往往反映了某个人的社会认同。比如，化妆品反映了女性的社会认同，国人支持国货反映了对国家和民族的社会认同。另外，象征性消费是创造自我概念的一种方式。社交网站为人们通过象征消费构建社会认同提供了一个绝佳的平台。

现实生活中，年轻人会利用商品作为道具或活动服装来拍照上传分享，从而构建他们的社会认同。比如，某个女生通过手机拍摄上传了一张穿着普拉达（PRADA）品牌鞋子的照片，那么她试图构建的社会认同就是职业女性和女强人，因为普拉达的品牌文化和品牌定位就是职业女强人。通过在社交网站上分享这张照片，她通常会得到朋友圈的赞扬与认可，从而巩固了她的社会认同。

那么，企业该如何利用社交网站来扩大象征性消费，从而扩大企业销量呢？我们试图通过一个例子来进行说明。这个例子就是耐克。耐克公司搭建了 NIKE$^+$ 这个社交平台。大家可以通过它发布有关跑步的动机、挑战和建议。NIKE$^+$在首页上显示该社交平台拥有为数众多的使用者，通过显示"我们"有多少人，这能够提升跑步者的自我效能感，从而加入该社区，更快地形成"跑步者"(runner)的社会认同。

加入NIKE$^+$后，人们可以找到具有近似习惯的人，一起跑步，并把跑步的信息分享到NIKE$^+$这个社交平台上。根据自我分类理论，这促使了内群体与外群体的形成。跑步内群体的形成会生成群体规则，个体会更加遵从这个跑步规则，从而增加跑步活动量。另外，通过分享平台分享跑步信息，群体之间会进行比较，这样也会促进跑步活动，从而扩大耐克鞋的销量。

三、网络游戏中的社会认同

虚拟游戏世界是一个定义宽泛的术语，它是一种持久性、多用户的、用3D虚拟形象表示用户的游戏。在虚拟环境中，用户可以使用虚拟人物同环境交互，也可以使用虚拟人物同其他用户交互。它可以模拟真实世界中发生的事情，为用户提供一个近似于现实的环境。这些虚拟世界往往包含工具，用户可以通过它创建和共享内容(如新型的头像或虚拟不动产)。

虚拟游戏中最有名的代表就是"第二人生"，见拓展阅读。大型多人在线游戏，如"魔兽世界"可以被看作是虚拟游戏的一种。在大型多人在线游戏中，由于游戏会为用户设置一系列的活动与目标，因此用户行为更具导向性。游戏者在游戏中会互相协作，形成暂时或者永久同盟关系，来完成自己设定的目标。

研究者(O'Connor，Longman，White，& Obst，2015)通过访谈研究了大型多人在线游戏"魔兽世界"当中的社会认同。结果发现，用户在游戏中普遍体验到了一种社会归属感，产生了一种社会认同，如游戏者、魔兽玩家和游戏社区成员，并且游戏用户之间产生了社会支持(能够互相关怀，并从其他人那里获取资源)，有些用户甚至提供情感支持。

虚拟化身对用户线下社会认同和社会行为能够产生巨大影响。这是最近研究的一个热点。李和帕克发现"第二人生"里面的虚拟人物几乎都是白人，因此对该现象展开了研究，探讨了白人为主导的虚拟世界是否威胁到边缘化的少数族裔的社会认同(Lee & Park，2011)。他们开展了两个实验，试验中要求被试阅读"第二人生"中的居民档案（研究者做的虚拟档案），白人和非白人被试被随机要求阅读一套白人"第二人生"的档案或者一套其他族裔的"第二人生"档案，在阅读完档案之后，被试需要通过"第二人生"的界面创造出一个虚拟人物形象。实验一的结果显示，非白人被试在阅读完白人"第二人生"档案后会产生较低的社会认同、归属感和游戏意向，实验二的结果进一步证实了实验一，实验二发现被试在看完白人档案后，在创造虚拟游戏人物的肤色时感到受到限制，不能自由控制。这说明被试对种族的社会认同受到了威胁。

另外，研究者还发现游戏中的虚拟化身能够对线下的行为与认知产生一系列的效应。不论男性、女性，只要选择女性虚拟表征，语言表达会女性化；不论男性、女性，如果使用的虚拟表征形象很诱人，那么与同伴在一起的行为举止会变得更亲密；女性使用男性虚拟表征后，数学能力会变得更好一些。

四、合作学习的社会认同

SIDE 模型在教育实践，特别是在合作学习领域中有着广泛的应用。从 1997 年开始，李和波斯特美就开始应用 SIDE 模型来帮助学生进行合作学习。当时，来自英国曼彻斯特和荷兰阿姆斯特丹的两批学生参加了该研究。研究者给学生 6 个星期来完成一个学习任务，要求他们通过计算机系统在线上来完成合作学习任务。通过先期培训，该研究将合作学习分作两种情况，一种情况是学生通过培训获得共同的社会认同，另一种情况是合作开始时没有共同的社会认同，结果表明获得共同社会认同组的学习效果要明显好于没有共同社会认同的组别。最近，有更多的研究结果支持 SIDE 模型的预测：匿名情形下课堂上的学生合作比身份可辨识情况下的合作学习更容易成功（Tanis & Postmes，2008）。

===== **拓展阅读** =====

高度社会化的网络虚拟游戏——"第二人生"

"第二人生"是林登（Linden）实验室开发的一款虚拟网络社交游戏，它虚构了一个网上的虚拟世界，游戏玩家在游戏里叫"居民"，可以通过可运动的虚拟化身互相交互。截至 2015 年，每月在线活跃用户数为 90 万人。游戏中，虚拟化身的形象是一个人类，游戏者可以自行打造化身的各种社会属性，如男女，高矮胖瘦，穿着打扮等。"第二人生"里有一套 3D 建模工具，任何居民都可以利用它配以适当的技艺建造虚拟建筑、风景、交通工具、家具、机器等，这些东西可以使用，可以交换，可以出售。居民们可以参加个人或集体活动，会碰到其他的居民，可以社交和相互交易虚拟财产和服务。"第二人生"的游戏世界还拥有一个虚拟经济，发行了林登币，居民可以相互交易虚拟财产和服务，这包括虚拟的工具，游戏里设置的虚拟土地等，通过交易积累的林登币可以按一定比例换取美元。因此，网友们不再觉得这是在玩虚拟的游戏，而是游戏里的成功可以真实地改变他现实世界中的生活。比如，你在游戏里面是一位坐拥 3 亿林登币的大富翁，那么当你把虚拟财产换成美元时，你在现实中就成了一名百万富翁。另外，为了使这个虚拟游戏更加逼真，用户还可以向外打电话，接受在线教育等。

人们近来注意到，"第二人生"中的形象主要是以年轻白人为主，其中大部分白人的形象还都非常漂亮。由于人们经常采用游戏化身来表现自己的群体认同与群体属性，心理学家（Lea & Park，2011）为了研究这种白人形象主导的虚拟世界会对游戏玩家的社会认同产生怎样的影响，设计了两个实验。实验中，被试需要阅读"第二人生"游戏当中虚拟居民的虚拟档案。白人被试与非白人被试被随机分配到两个实验条件当中，一种实验情况是白人档案占主导地位，另一种实验情况是档案的种族分布均匀。读取档案后，参加者在"第二人生"的游戏界面中自由选择游戏化身。实验 1（N = 59）的结果显示，暴露在白人占主导地位的实验条件中的非白人被试，与那些暴露在种族多元化条件当中的非白人被试相比，归属感和参加"第二人生"游戏的意愿显著处于较低水平。实验 2（N = 64）表明，暴露在白人占主导地位实验条件下的被试明显高估了"第二人生"游戏中的白人用户群数。结果还显示，暴露于白人占主导地位实验条件下的被试，在选择虚拟形象的肤色时感到受到了更大的限制。这个研究说明有色人种在参加白人形象占据主导地位的游戏中，会使自己的社会认同受到威胁，从而产生隔离感等负面情绪。

第十二章

网络群体性行为

批判性思考

1. 在网络上，有人可以表达关爱和同情需求来缓解痛苦或减轻压力，或者可以帮助他人进行行为评估或做决策的意见、建议和信息反馈。这就是"网络社会支持"，你认为它是传统社会支持的"翻版""补充"还是"替代"呢？
2. 网络究竟是催生"歧视与偏见"的"沃土"，还是埋葬它的"坟墓"？你听闻过这方面的例子吗？
3. 与传统集群行为相比，网络集群行为对社会的影响是"更胜一筹"还是"略逊三分"？
4. 你是否相信微信上的点赞和留言有朝一日能够准确反映人们的心理健康状况？

关键术语

网络社会支持，网络歧视，网络偏见，网络仇恨，网络排斥，网络集群行为

当今社会，互联网早已深入人们生活的各个方面。传统模式中的群体互动需要将人们聚集在同一个时空之下，这种召集往往需要消耗很多的资源。然而，通过互联网我们可以很轻松地召集处于不同时区和地域的人一起开会、座谈，不仅省时省力，而且快捷有效。或许正因互联网带给人们的这些便利，网络群体性行为已经受到大量网络心理学研究者的关注。本章我们将从积极（网络社会支持）、消极（网络歧视、偏见、仇恨、排斥）和中性（网络集群行为）三个角度来阐述几种典型的网络群体性行为，最后会简要介绍互联网对人类行为的预测。

第一节　网络社会支持

一、网络社会支持的概述

（一）网络社会支持的类型

网络社会支持（online social support）是一种常见的在线互动行为，有研究表明每年大约有 30％ 的成年人会通过网络获得健康信息的社会支持（DeAndrea & Anthony，2013）。网络社会支持具有易得性、可潜水、便易性（随时发表意见）、超个人、匿名性等特征，并且它比传统的线下社会支持更具吸引力（Walther & Boyd，2002）。有研究者甚至认为网络社会支持已经是传统社会支持的良好替代（Chung，2013a）。

目前关于网络社会支持的界定尚未一致，梁晓燕（2008）采用社会支持的心理—认知取向的界定方法，将网络社会支持定义为"基于虚拟空间的交往中，人们在情感、信息交流和物质交换的过程中被理解、尊重时获得的认同感和归属感"。这一界定将网络社会支持看成是一种认同感和归属感，属于是个体对社会支持可得性与充足性的认知。据此，梁晓燕和刘华山（2010）认为网络社会支持可以依据支持内容的特点依次划分为：友伴支持、信息支持、情感支持和工具性支持。其中友伴支持反映了对友伴的需求；信息支持反映了通过网络与人交往的过程中，对自己关注信息的获得；情感支持反映了通过网络展现自己的过程中，对于他人回应与认同的感知；工具性支持反映了在网络环境得到的物质帮助。

其他研究者（Lin & Bhattacherjee，2009）认为网络社会支持与传统社会支持的界定一样，并用经典的社会支持定义来界定网络社会支持，即社会支持是用言语或非言语的方式传递情绪、信息或参考，以此来帮助他人降低不安或压力的活动。尽管这种界定方式将网络社会支持看成是一种行为（而梁晓燕的界定将其看成一种认知），但是从采用的测量工具来看，他们认为网络社会支持可以分为 4 个维度——情绪情感支持、信息支持、工具性支持和社会化性质的支持（Lin & Bhattacherjee，

2009）。这种划分与梁晓燕的划分类似，但稍有区别，梁晓燕的划分角度是支持的接受者，而他们的划分更多的是站在支持发出者的角度。从内容上，在这四类中，情绪情感支持主要反映了可以缓解痛苦或减轻压力的关爱、同情的表达；信息支持反映了可以帮助他人进行行为评估或做决策的意见、建议和信息反馈；工具性的支持主要是对个体所需的财产或物质的帮助；而社会化支持体现了陪伴以及对他人所做决定的口头支持。因此，从内容上看，社会性支持的界定和梁晓燕的友伴支持应该属于同一类。由此，我们可以认为这两种界定尽管视角不同，但是都可以看成是心理—认知取向的界定方式。

此外，群际互动层面的网络社会支持更多地反映了健康网站的人际互动中（癌症患者互助网站、减肥经验论坛、老年人健康论坛）。为此，有研究者（Coulson，2005）认为健康网络论坛中的网络社会支持可以分为信息支持、情感支持、尊重支持、人际网络支持和实际帮助。信息支持反映的是有关健康信息的交流与分享；情感支持与上面的划分类似，也是一种情绪表达；尊重支持则反映了对健康论坛中其他成员的鼓励与赞扬；人际网络支持侧重于人际关系的建立与维持；实际帮助反映了可以给论坛内其他成员带来好处的各种实际活动。这种划分实际上也可看成是心理—认知取向的划分标准。

但是，即使在心理—认知取向的界定方向中，研究者对网络社会支持类型划分也未达成一致。方紫薇（2010）认为在互联网中不存在工具性支持或者工具性支持在互联网中非常少，据此，她将网络社会支持划分为厘清问题与资讯提供、情绪支持与疏解和接纳鼓励。这三类分别反映的是，帮助他人厘清问题的所在以及提供信息和解决问题的方法；帮助他人减轻不安与烦恼；以及关怀、肯定与鼓励。

在心理—认知取向的框架下，不同研究者对网络社会支持从不同的角度给出了一些界定方法和分类依据，但是在实际网络群际行为中，各类网络社会支持的作用并非等同。有研究对中国老年网络使用者的访谈中发现，中国老年人感受到在社交网站和健康论坛中最主要的是信息支持，而在即时通信中情感支持和工具性支持更多（Xie，2008）。也有研究者对美国58个健康论坛中1500篇推特文章进行了为期2个月的追踪内容分析，结果发现在健康网站中信息支持、情感支持和工具性支持是三种主要的网络社会支持。有研究表明在健康论坛中信息支持是最主要的。尽管这些研究结论并非完全一致，但是不难发现的是，上述几个研究都反映了在社交网站或在线论坛中信息支持是一种非常重要的社会支持类型(Coulson，2005)。诚然，这一结果也反映了网络中的弱联结主要起到了信息传递的作用，也符合弱联结理论(Granovetter，1983)的相关论述。

心理—认知取向的网络社会支持界定将网络社会支持看成是一种认知结果，但是也有研究者从过程的视角认为网络社会支持是一种认知、感知和加工处理的过程(LaCoursiere，2001)。拉库希尔（LaCoursiere）认为，网络社会支持是指，"该过程是人们通过电子交互或利用电子交互的各种方式，建立、参与或发展寻求医疗卫生、健康感知和心理社会性发展能力的积极结果的过程。网络社会支持包括所有传统社会支持的方式，同时也有着虚拟环境中独特的实体、意义和差别，网络社会支持仅存在与计算机为媒介的沟通中"。此外，拉库希尔还认为网络社会支持是一个发展的、动态的过程，且在不同时间点存在起伏波动。

(二)网络社会支持的过程

拉库希尔基于其对网络社会支持的界定，提出了网络社会支持的理论模型(图 12-1)用以阐述网络社会支持的形成、演化和作用(LaCoursiere，2001)。

在这一理论中，网络社会支持和链接(Linking)是两个核心概念，其中网络社会支持的概念上文已有阐述。该理论中网络社会支持是一种积极反馈现象，即积极的支持体验可以促进个体获得积极的发展结果，这种积极结果也会作为一种动机反作用于个体，促使个体寻求更多的网络社会支持以进一步改变健康状况。网络社会支持包括三类过滤器：感知过滤器、认知过滤器和交互过滤器。感知过滤器指的是对个体寻求支持的感受和情绪状态。网络社会支持是以情绪状态为中介的，同时情绪状态受到个体感受性的影响，并中介了个体感受性与获得的支持的关系。认知过滤器指的是信息加工。交互过滤器是对所有已获得信息的评估。

链接是另一个核心概念，它指的是一种将已有的观念、信息有意识地提取并构建信息之间关联的有意识或无意识的过程，它是网络社会支持的最终结果。如图 12-1 所示，链接并不仅仅是反映联结、交互以及个人综合的过程，同时也清晰地反映了网络社会支持与本地同步网络设备的关系。链接也是一种个人综合的过程，它将由网络社会支持所引发的有关他人的觉察、产生的心理联结和对自我内部和自我与他人关系的深度洞察结果综合在一起。

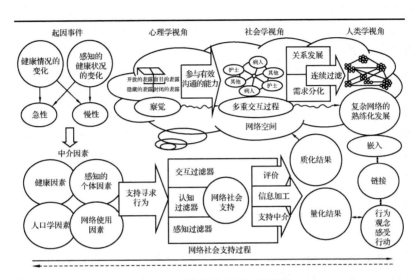

图 12-1　网络社会支持理论模式

除了这两个核心概念外，理论还包括其他一些概念和关系。

起因事件包括两个方面：健康状况的变化和感知的健康状况的变化。这两种变化均有慢性和急性两类。

中介因素包括 4 个方面：健康因素、人口学因素、感知的个体因素和网络使用因素。健康因素包括健康状况、临床诊断、药物使用、生活质量、功能状况以及病源性、发展性和医源性因素；人口学因素主要包括性别、年龄、婚姻状况、种族（民族）、社会经济地位；感知的个体因素主要指各种心理、社会和文化环境的因素，包括压力、不安、应对能力、性别社会化、无力感、协同感、病人经历、鼓励、社会孤立、污名等；网络使用因素包括网络使用的经验、舒适度、类型以及之前的健康求助行为。

起因事件和各种中介因素一同影响支持寻求行为，进而影响网络社会支持。

网络社会支持的结果分为量和质两个方面。量化结果涉及健康状况、健康的感知和心理社会性发展三个方面。主要表现在行为、观念、感受和行动四个方面的改变，如生活质量提高、希望感的获得、压力或抑郁等状况的减轻等。而质化结果主要体现在网络空间中。该理论将这一方面的结果又分成三个视角：心理学视角、社会学视角和人类学视角。这三种视角所解释的结果又呈现递进的关系。首先在心理学视角下，质化结果表现为对自我与他人在表露过程中的觉察程度。如图 12-1 所示，觉察程度可以分成 4 种：开放的表露——对自我与他人完全觉察；封闭的表露——对自我与他人均没有完全觉察；隐藏的表露——对自我完全觉察但是对他人去没有完全觉察；盲目的表露——对他人完全觉察但是对自我却没有。这四种觉察程度的表露又通过参与有效沟通的能力间接影响下一阶段——多重交互过程。质化结果从社会学沟通的角度被看成是一个多重交互的过程。这一过程反映了社会支持可以有不同的交互形式，如图中所示的病人—病人之间、病人—护士之间和护士—护士之间。多重交互的网络社会支持形式由于关系的发展和个体需要的差异，可以进一步形成更为复杂的网络形式。从人类学视角下，个体并不永远属于唯一的群体，由于人际关系的存在，个体可以通过不同群体传递和接受信息，由此也就形成了一个信息沟通的网络。随着网络形式的发展，嵌入过程应运而生，并且这一过程影响着网络环境中的社会结构。嵌入以卷入、采纳和扩散三个过程为特点。其中卷入是新加入网站的个体持续地参与网络社会支持；采纳过程是个体在反复参与网络社会支持活动后，对网络社会支持产生的一种信任；扩散过程是个体之间的信息传递或尝试传递的过程。

最后，不论是量化结果还是质化结果都会作用于最终结果——链接。

过程视角下的网络社会支持的界定方式和理论建构，从发展和互动的角度为理解网络社会支持提供了一个新的研究视角。并且这一理论也被一些研究者应用与实践(LaCoursiere, 2001)。

二、网络社会支持的影响因素

已有研究发现许多因素会影响个体的网络社会支持行为或感知。综合来看可将这些因素分为人口学因素、个体身心因素和环境因素三个部分。

(一)人口学因素

人口学因素主要包括性别和年龄(年级)两个方面。在性别方面,已有研究发现男大学生的网络社会支持显著高于女大学生(池思晓,龚文进,2011)。梁晓燕(2008)对中学生、职高(高职)生和大学生的调查中发现,在普通中学生中,女生的情感支持显著高于男生,而男生的工具性支持显著高于女生,在信息支持、友伴支持和网络社会支持总分上未发现显著性别差异;在职高(高职)生中男性的信息支持、工具性支持和网络社会支持总分上显著高于女生,但是在友伴支持和情感支持上性别差异不显著;而在大学生中,男生的信息支持、友伴支持、工具性支持和网络社会支持总分上显著高于女生,在情感支持上不存在性别差异。尽管研究结论并不完全一致,但是我们可以看到在网络工具性支持方面男生优于女生。

在年龄(年级)上,研究者发现年轻人比年长者使用互联网寻求社会支持更多(Baams,Jonas,Utz,Bos,& van der Vuurst,2011)。研究者认为更多地关注个人隐私以及网络技能低,以及很多网站的设计并不适合老年人使用,是老年人较少使用网络社会支持的原因(Nef,Ganea,Müri,& Mosimann,2013)。梁晓燕(2008)对中学生、职高(高职)和大学生网络社会支持调查中发现,普通中学生的各类网络社会支持,即网络社会支持总分并没有显著的年级差异,仅在工具性支持上,八年级学生略高于七年级学生;而在职高(高职)的学生中表现出职高一年级学生在友伴支持、情感支持和支持总分上显著高于职高二年级和高职一二年级的学生;而在大学生中却表现出大三、大四的学生在信息支持、友伴支持、工具性支持和网络社会支持总分上高于大一、大二学生。这种不一致的结论可能与不同类型的学业训练有关。此外我们也可认为网络社会支持的年龄差异或许在较大的年龄跨度上(青少年和中老年)存在差异,而在相隔接近的年龄跨度上差异并不明显。

(二)个体身心因素

网络社会支持更多地发生在各种健康有关的社交网站或论坛中,亦如拉库希尔的网络社会支持理论模型中提到的,个体寻求网络社会支持的起因是个体感受到自己健康状况发生了变化(LaCoursiere,2001)。首先，已有研究发现患有进食障碍或厌食症（Aardoom，Dingemans，Boogaard，& Van Furth，2014；Rodgers，Skowron，& Chabrol，2012）、帕金森综合征（Attard & Coulson，2012）、乳腺癌（Bender，Katz，Ferris，& Jadad，2013；Blank & Adams-Blodnieks，2007）、肥胖（Hwang，Etchegaray，Sciamanna，Bernstam，& Thomas，2014）、生育问题（Malik & Coulson，2008）、中风、糖尿病、癌症、关节炎（Owen et al.，2010）的患者会到相应的健康网站进行求助行为，同时互联网中也有大量涉及上述疾病的健康论坛或社交网站给患者提供帮助。

其次，从心理方面看，个体的心理特征、行为表现和心理健康等是影响网络社会支持的主要因素。心理特征主要包括人格特质和动机两个方面。在人格方面，丁道群和沈模卫（2005）考察了16PF人格特质与网络社会支持的关系，结果发现兴奋性可以显著预测网络主观支持、网络客观支持和网络支持的利用度；幻想性可以正向预测网络主观支持。研究者（Swickert，Hittner，Harris，& Herring，2002）也考察了大五人格与网络社会支持的关系，发现神经质对感知到的网络社会支持有反向影响，而宜人性则为正向影响。在动机方面，不少研究者在计划行为理论和技术接受模型的理论框架下探讨了网络社会支持的使用动机。例如，有研究发现网络支持的需求程度、在线自我效能、对网络社会支持的信任以及对网络社会支持的意识是影响个体在网络中寻求社会支持的因素（Bender，Katz，Ferris，& Jadad，2013）；网络使用的频繁度、网络使用动机以及个体对网络沟通利弊的感知可以通过网络人际关系间接影响网络社会支持（Leimeister，Schweizer，Leimeister，& Krcmar，2008）。也有研究表明，前重度厌食症患者访问健康网站的主要动机是获得减肥方面的知识和建议（Rodgers，Skowron，& Chabrol，2012）。

在行为方面，研究发现（网络）人际信任、（网络）自我表露、网络自我效能可以预测网络社会支持。例如，研究发现人际信任对网络社会支持有较强的预测作用（Beaudoin & Tao，2007）。研究还表明网络自我表露对网络社会支持的影响表现在三个方面：①对于支持接受者来说，网络自我表露可以使他们对网络中其他成员表露自己的经历和目前的不利处境，从而和他们建立一种交易关系，进而吸引更多的社会支持；②对于表露输出方而言，与接受者相互的网络自我表露用于阐述他们对于相似情境的成功应对方式是否适用于接受者；③网络自我表露可以用来分享一种相互间的社会友谊关系(Tichon & Shapiro，2003)。对于网络自我效能，研究者发现其可以通过网络社会支持结果预期间接影响网络社会支持的寻求行为、对网络社会支持的信心以及感知到的网络社会支持(Eastin & LaRose，2005；Lin & Bhattacherjee，2009)。

在心理健康方面，日常压力(Frison & Eggermont，2015)、抑郁(Horgan，McCarthy，& Sweeney，2013)会引起个体在互联网上寻求社会支持。此外特质移情(赵欢欢，张和云，刘勤学，王福兴，周宗奎，2012)、现实利他(郑显亮，2013)也是网络社会支持的有效影响因素。个体的情绪沟通能力在网络情绪支持的表达与乳腺癌患者生活满意度的关系，以及网络情绪社会支持的获得与癌症病情关切的关系中起调节作用(Yoo & Namkoong et al.，2014)。

(三)环境因素

环境因素主要包括社会环境因素和网络环境因素。在社会环境因素中，研究者发现移民时间和移民者对线下社会支持的可获得性，对网络社会支持的寻求有显著预测作用，具体而言，移民时间越久的人越不倾向于在网络社区中寻求社会支持，而传统线下社会支持可获得性越低的移民者，越倾向于在互联网中寻求社会支持(Chen & Choi，2011)。文化因素也是一种影响网络社会支持的因素，一项中美跨文化研究发现，在中国被试群体中，网络社会支持倾向既可以直接预测也可以通过认知信任和情感信任间接预测在线的公民知识分享行为，而在美国被试群体中，网络社会支持倾向对在线公民知识分享行为的影响仅是通过情感信任这一间接作用完成(Xu，Li，& Shao，2012)。如果我们将网络社会支持看成是一种个体在网络环境中相互表露和分享的行为，而社会文化会影响个体的网络自我表露的内容(谢笑春，孙晓军，周宗奎，2013)，那么我们也可以推测社会文化也会影响个体在寻求和给予网络社会支持的过程中自我表露的内容。

网络社会支持既然是发生在互联网环境中，那么网络环境也应是一个不可忽视的影响因素。如上文所述，若将网络社会支持看成是一种网络自我表露或在线分享行为，由于网络的匿名性、安全性、信息的敏感性以及个体与网络中其他成员的互动会影响个体的网络自我表露(谢笑春等，2013)，那么，因此也可以推断这些因素会对个体的网络社会支持行为产生影响。例如，有类似研究发现个体的网络人际关系越紧密、对线下社会支持越不满意，则越倾向于在网络互助团体中寻求社会支持(Chung，2013a)，匿名性、近乎同步的沟通、虚拟身份和在线使用时长，可以影响虚拟社区人际关系的维持(Green-Hamann，Eichhorn，& Sherblom，2011)。此外也有研究发现社交网站的特点，如友谊关系和个人特质的分享会影响网络情感支持(Chung，2013b)。

另有研究发现家庭环境对网络社会支持的效果有显著的影响，在和睦的家庭环境下，网络社会支持与女性乳腺癌患者问题积极应对呈正相关，而在不良的家庭环境中则为负相关；在鼓励表达情绪的家庭环境中，网络社会支持与情绪应对呈正相关，而在对情绪表达呈漠视、抑制的家庭环境中，这一关系则转变为负相关(Yoo & Shah et al.，2014)。

三、网络社会支持的影响后效

正如拉库希尔所说，网络社会支持是一种"建立、参与或发展寻求医疗卫生、健康感知和心理社会性发展能力的积极结果的过程"(LaCoursiere，2001)，因此网络社会支持的影响后效就可以反映在对身心健康的作用上。此外也有一些研究发现网络社会支持有助于提高和改善个体的心理社会性发展，如改善人际关系等(Mikal，Rice，Abeyta，& DeVilbiss，2013)。

(一)对身心健康的影响

在身体健康方面，许多研究表明，人们通过访问健康主题的论坛或社交网站可以获得所需的健康保健、卫生医疗方面的知识(Aardoom et al.，2014；Attard & Coulson，2012)。网络社会支持对心理健康的影响主要表现在，个体可以通过社会支持网站或网络互助团体表达或宣泄情绪，寻求问题解决的策略(Chung，2010)，所获得社会支持有利于降低压力、缓解抑郁并改善不良的应对方式(Beaudoin & Tao，2007；Frison & Eggermont，2015)。一项关于网络社会支持的元分析表明，参与网络社会支持小组可以降低抑郁、提高生活质量和增加管理自身健康的自我效能感(Rains & Young，2009)。一项对香港青少年的调查中发现，网络社会支持可以有效缓解负性生活事件对青少年的消极影响(Leung，2007)。亦有研究发现高社交焦虑者通过网络寻求社会支持可以有效提高其主观幸福感，然而他们通过传统线下寻求社会支持却无法提高幸福感（Indian & Grieve，2014）。梁晓燕（2008）对中国青少年和大学生的研究发现，网络社会支持可以通过影响青少年和大学生网络使用时的非适应性认知，间接影响青少年和大学生的生活满意度、自尊和孤独感，并且线下社会支持在网络社会支持对生活满意度、自尊和孤独感的作用中起调节作用。另有研究者发现与社交网站中朋友的社会支持性沟通，可以通过增加积极情绪间接提高个体的生活满意度（Oh，Ozkaya，& LaRose，2014）。此外，也有研究发现烟民访问健康网站有助于他们有效戒烟（Shahab & McEwen，2009）。

（二）对心理社会性发展的影响

个体通过社会支持网站寻求或提供帮助可以帮助其建立和增加对该网站的虚拟认同感（Blanchard，2008），并且有利于维持和增进与网站中其他个体的人际关系和信任水平（Chung，2010）。例如，丁道群和沈模卫（2005）发现网络社会支持可以增加个体的网络人际信任；孙晓军等人的研究进一步发现网络社会支持可以通过网络自我效能间接影响网络人际信任，并且这一中介模型受到自尊的调节作用，高自尊者的中介作用强于低自尊者（孙晓军，赵竞，周宗奎，谢笑春，童媛添，2015）。另有研究表明，听众对博客作者的支持性的留言有助于提高博客作者的自尊、人际信任以及自我理解，并且这种支持性留言可以反过来鼓励博客作者有更多的自我表露（Ko，Wang，& Xu，2013）。赵欢欢等人（2012）的研究发现网络社会支持越高的大学生网络利他水平也越高。对于移民而言，来自在线民族团体的社会支持可以有效缓解移民的生活问题和情绪问题（Ye，2006）。最后，也有研究者发现家长通过访问亲子教育网站获取有关养育子女的支持性信息（Nieuwboer，Fukkink，& Hermanns，2013）。

第二节　网络群体性消极行为

互联网中的人际交往并非都是积极的和安全的。互联网的各种特点在给人们提供便捷的同时也为诸多消极行为埋下了隐患。在群体行为层面，研究者对网络消极行为的讨论大多集中在网络排斥、网络偏见与歧视这两个方面。

一、网络排斥

排斥通常被定义成是一种被忽视或排除在外的现象，排斥现象的发生往往没有多余的解释或明显的消极注意（Williams，2007）。威廉姆斯（Williams）等人认为网络排斥是一种发生在虚拟空间中的被忽视或排除在外的现象，它可以发生在各种网络环境中，如电子邮件、手机短信、网络聊天等，并且比传统社会排斥更具模糊性（Williams，Cheung，& Choi，2000）。

（一）网络排斥的影响

网络排斥对个体会造成许多负面影响，威廉姆斯等人认为当个体遭受网络排斥后会降低其归属感、控制感、存在意义和自尊，并且遭受网络排斥的个体也更容易产生服从权威的现象（Williams et al.，2000）。有研究者还发现网络排斥的消极后果还受到其他变量的影响，如高社交焦虑的人受到排斥后的体验更强烈（Karlen & Daniels，2011）。在自尊方面，网络排斥对 8～9 岁儿童的影响高于对 13～14 岁青少年和 20 岁以上成年人的影响；在归属感方面，网络排斥对 13～14 岁青少年和 20 岁以上成年人的影响高于对 8～9 岁儿童的影响；在存在意义方面，网络排斥对 8～9 岁儿童和 20 岁以上成年人的影响高于对 13～14 岁青少年的影响；而在控制感方面网络排斥的影响不存在年龄差异（Abrams，Weick，Thomas，Colbe，& Franklin，2011）。

一项对青少年和成年初期个体遭受网络排斥的研究中发现，不论是青少年还是成年初期个体，在遭受网络排斥后自尊和关系价值都会被削弱，在青少年群体中，网络排斥还会造成烦躁、羞愧和愤怒情绪的提高，而在成年初期群体中，网络排斥对个体的影响并不明显（Gross，2009）。通过上述研究不难发现，网络排斥对年龄较低的儿童青少年的影响更为严重，这可能是由于儿童青少年对同伴的评价和意见更为看重（Ruggieri，Bendixen，Gabriel，& Alsaker，2013）。

（二）网络排斥的影响因素

谢奇曼（Schechtman，2008）认为影响网络排斥的因素可以分为媒体特征、信息特点、个体特征和人际特点 4 个方面。

1. 媒体特征

媒体特征主要包括沟通频率、符号、传播速度、沟通平行性和再加工性 5 个方面。

沟通频率。大量的跨地域和跨时间的沟通中，人们都将较低的沟通频率看成是阻碍沟通的因素。因此谢奇曼假设：低频沟通对反馈的削弱会使个体体验到更高的网络排斥。

符号。在网络沟通中符号指的是媒体允许的信息编码方式的数量。根据媒体丰富性理论，"高符号媒体"指的是人们可以在该媒体中利用多种线索、语言进行沟通。因此，谢奇曼假设：通过"高符号"媒体所传递的沉默比通过"低符号"媒体传递的沉默会令个体感受到更高的网络排斥体验。

传播速度。网络信息的传播速度是网络沟通媒体的一个重要特征。谢奇曼假设：人们把网络沟通的快速反馈看得更重要。人们在低速信息反馈的网络沟通中会比高速反馈的沟通中体验到更多的网络排斥体验。

沟通平行性。网络中沟通平行性指的是媒体的广度，即同时传递有效信息的数量。谢奇曼假设：个体在高平行性媒体中的沉默中体验的网络排斥感会比在低平行性媒体中的沉默中体验的网络排斥感高。

再加工性。再加工性指的是在沟通中和沟通结束后人们可以对沟通中的信息重新检查的可能性。对信息的再加工可以使个体加深对沟通信息的理解。因此谢奇曼假设：在高再加工性的网络沟通中的沉默会使人们体验到更高的网络排斥体验。

2. 信息特点

信息特点包括三个部分：信息传播的频率和数量、信息传播的时机和信息内容特点。

信息传播的频率和数量。如果某个体总是在网络沟通中获得大量信息，一旦这一现象停止，就说明该个体对他的同伴已不再重要。因此，网络信息传播量的改变会影响个体的网络排斥体验。

信息传播的时机。该特点指的是在信息发出后，多久可以收到反馈会影响个体的网络排斥体验。沟通中的个体如果在一定时间内没有收到信息反馈就会体验到一种被忽视感。如有研究表明，在手机短信沟通中，超过 8 分钟没有收到反馈信息就会产生消极体验（Smith & Williams，2004）。因此，网络信息传播时间的改变会影响个体的网络排斥体验。

信息内容特点。沟通信息中对某个体的否认或拒绝的内容会令其感到受排斥。某个人没有收到一条面向所有人的信息也会产生排斥体验。

3. 个体特征

个体的信任倾向会影响个体所感受到的网络排斥体验。信任水平高的个体会对他们的体验产生合理化解释，并降低他们所感受到的排斥体验。具体而言，信任倾向会调节信息特点对网络排斥体验的作用，会调节媒体特征对网络排斥体验的作用。

4. 人际特点

人际特点包括三个方面：对沟通对象（造成排斥体验的沉默源）的人际信任、人际关系维持的时间和人际关系的深度。

对沟通对象的人际信任。增加对沉默源的人际信任可以调节信息特点对网络排斥体验的作用，增加对沉默源的人际信任可以调节媒体特点对网络排斥体验的作用。

人际关系维持的时间。与沉默源人际关系的时间长度会调节信息特点对网络排斥体验的作用，与沉默源人际关系的时间长度会调节媒体特征对网络排斥体验的作用。

人际关系的深度。对沉默源的理解程度会调节信息特点对网络排斥体验的作用，对沉默源的理解程度会调节媒体特点对网络排斥体验的作用。

此外，也有研究者基于网络接近性理论和去个体化—社会认同模型总结相应的研究并解释网络排斥发生的原因（程莹，成年，李至，李岩梅，2014）。具体而言，网络接近性理论认为，网络沟通的顺畅、信息丰富可以令沟通者产生亲近感，反之则有疏离感。这一理论与谢奇曼提到的沟通频率和传播速度类似（Schechtman，2008）。如研究者发现的"疑似排斥"体验就是由于网络沟通不畅造成的（Williams et al.，2002；程莹等，2014）。个体化—社会认同模型认为网络中的匿名特征和非语言线索缺失，令个体化信息和情境线索极度匮乏，使个体对有关群体成员身份的线索更敏感。网络中群体身份的凸显更容易造成排斥现象，并且由于增大的群体差异，使得污名化群体成员在遭受排斥后的消极体验更为强烈（程莹等，2014）。

二、网络偏见与歧视

(一)网络偏见与歧视的形式和特点

社会心理学中将偏见定义为"人们脱离客观事实而建立起来的对人、事、物的消极认知与态度"，通常情况下，偏见是仅仅依据某些社会群体的成员身份而对其形成的一种态度，并且多数情况下是不正确的否定或带有敌意（俞国良，2013）。鉴于研究者将歧视知觉定义为个体感受到自己所属的群体受到不公正的消极性或伤害性的对待（刘霞，赵景欣，师保国，2011），我们可以认为歧视是一种对外群体成员的一种不公正的消极性或伤害性的对待。很多网络行为与线下相应的行为有着密切的联系，甚至一些网络行为就是个体线下行为在网络空间的复演。依据上述对传统意义上偏见和歧视的界定，我们可以认为，网络偏见是个体在网络环境中，脱离客观事实而建立起的对人、事、物的消极认知与态度，或个体将已形成的在脱离客观事实而建立起来的对人、事、物的消极认知与态度在网络环境中传播的行为。网络歧视是个体在网络环境中形成的对外群体成员的不公正的消极性或伤害性的对待。

从定义上，网络偏见和网络歧视有着密切联系，两者也往往是相伴而生。目前国内关于网络偏见和网络歧视的研究十分匮乏，国外关于这块的研究多数集中在种族歧视和偏见。研究者（Tynes，Umaña-Taylor，Rose，Lin，& Anderson，2012）认为网络种族歧视包括通过符号、声音、图像、文本以及地理表征表达的因种族问题贬损或排斥某个个体的现象。网络种族歧视可以发生在社交网站、聊天室、论坛、网页、短信、网络歌曲、网络视频和网络游戏之中（Tynes et al.，2012）。如一项实验研究给白人大学生分别在电脑上呈现黑人头像、白人头像和机器人头像（中性刺激），令他们在这些图像中选择喜好的头像，以及可以成为他人网络游戏中伙伴的或网络虚拟教练的头像。结果表明，白人大学生更喜欢白人头像，并且喜欢将白人头像作为自己的网络游戏伙伴和虚拟教练，尤其是那些种族偏见高的白人学生，他们对机器人的偏好度都显著高于对黑人头像的偏好度。这一研究说明网络空间已经成了种族歧视的另一场所（Daniels，2013）。

艾米采一翰博格（Amichai-Hamburger，2013）认为网络偏见或歧视具有四个特点，或与四种网络特征有关。第一是匿名性，匿名性会增加个体在网络交往中产生偏见。第二是隐私觉察，隐私觉察也可以增加网络偏见行为的产生。例如，个体会在其个人主页或博客上发表带有偏见性的内容，尽管这一行为与其现实生活中的认同有密切联系，然而发表在互联网上，会令其感到这是一种私密性行为。第三是合法性，网络中新兴的新闻传播渠道（微博、博客）比传统正规的新闻传播渠道包含更多的带有偏见性信息，同时那些具有偏见观念的个体会对新兴传播渠道中的信息更感兴趣，这主要是由于这类的新闻更符合他们的胃口。第四是永久性（或存档可查性），网络偏见性信息一旦发表就很难彻底清除痕迹。

网络歧视和网络偏见对受害者的身心会造成严重的伤害。一项关于网络种族歧视的研究表明，受到网络种族歧视的个体抑郁和焦虑情绪会明显上升，且这种伤害对女性的影响尤为严重（Tynes et al.，2012）。

鉴于网络种族歧视和偏见的严重影响，目前研究者更多地关注如何降低网络种族歧视和偏见的发生。一些研究基于接触理论指出，经常进行跨群体性的网络沟通可以有效降低群体间的偏见和歧视。

(二)网络偏见与歧视的影响

接触理论（contact theory）认为不同群体间的成员若要实现良好沟通，就必须表现出相同的社会地位以及在各自都认为是重要的任务上产生合作（Amichai-Hamburger，Hasler，& Shani-Sherman，2015）。该理论认为平等的地位、合作共同的目标、自主和潜在的熟悉性是降低群体间偏见和歧视的基本前提（Amichai-Hamburger，2013）。有学者认为网络环境的匿名性、外表可控性、互动的可控性、寻找相似的个体、高准入性与参与性、平等性和娱乐性可以有助于不同群体间的成员在网络上实现良好沟通（Amichai-Hamburger et al.，2015）。匿名性可以有效帮助个体隐去个体特征，并重塑符合自己愿望的个人特点，此外还可以有效降低跨群体成员交往中的焦虑情绪。由于网络环境中物理线索的缺乏，个体可以有效地控制呈现的信息内容。互联网给网络用户提供了一个安全的、属于自己"领土"的视角来观察世界的平台，这可以令网络用户在表达之前有效地编辑自己所要说的每一句话。庞大的网络空间和较高程度的准入性和参与性可以让网络用户很容易地找到"志同道合"的人，以及建立或参与自己感兴趣的社交网站或博客空间。网络的平等性则是允许不同社会经济地位的个体在网络上拥有相同的发表言论的机会。网络空间的娱乐性指的是不同群体的成员可以通过如网络游戏等娱乐的方式表达和转移原本尖锐的群际冲突。接触理论认为，群际偏见降低的作用过程包含着复杂的作用机制，即跨群体间的接触所营造的有利条件，如平等的地位、合作共同的目标、自主、潜在的熟悉性对外群体偏见的降低会受到第三变量(中介变量/调节变量)的影响。调节变量可以是群体认同和群体突显性，中介变量包括认知、情绪、行为三大部分，具体见图 12-2（Amichai-Hamburger，2013）。

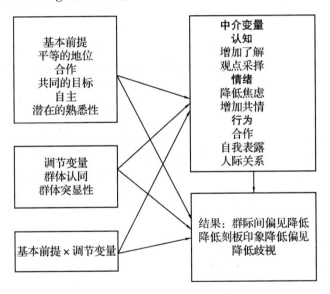

图 12-2 群际接触理论作用图

一些基于接触理论的实证研究在一定程度上证实了上述论断。如研究表明，不同群体间的成员在网络游戏中合作时间达到 12 分钟就可以削弱他们对外群体成员的偏见（Adachi，Hodson，Willoughby，& Zanette，2014），并且在网络沟通中，跨群体间成员之间沟通时间越久，对外群体成员的偏见也就越低（Walther，Hoter，Ganayem，& Shonfeld，2014），而且这种偏见的降低并不仅仅体现在对外群体中单个个体的偏见，也包括对该群体的整体偏见(Lev-On & Lissitsa，2015)。也有研究发现民族认同和自尊会缓冲种族歧视带来的消极影响(Tynes et al.，2012)。此外一些相关的网站和降低种族偏见或民族冲突研究计划也是基于接触理论展开的，如消失的界限（Dissolving Boundaries，http：//www.dissolvingboundaries.org）、多元文化与技术中心（Center for Multiculturalism and Technology，http：//tak.macam.ac.il）、天涯若比邻（Feeling Close from a Distance）、阿拉伯—犹太对话计划（Project for Arab-Jewish Dialogue）、好邻居（Good Neighbors Blog)等(Amichai-Hamburger，2013)。

第三节　网络集群行为

社会学中将集群行为定义为"在相对自发的、不可预料的、无组织的以及不稳定的情况下，对某一共同影响或刺激产生反应的行为"（乐国安，薛婷，2011)。在互联网高速发展的 21 世纪，人们对某一事件的集中关切以及不仅仅局限于传统的线下活动，人们对问题的看法、议论已经悄然转移到网络平台。例如，2010 年中日钓鱼岛撞船事件发生后，国内网民在互联网上利用留言、评论、转发等各种方式谴责日本对我国主权的侵犯行为。这一现象往往被称为"网络集群行为"，近年来随着类似现象的增多，学术界对其的关注度也不断提高。

一、网络集群行为的概述

(一)网络集群行为的概念与特点

如上文所述的中日撞船事件后的网民谴责行为，有学者将其称为"网络集群行为"，也有人称之为"网络群体性事件"。鉴于对这两个术语界定模糊的现象，我国学者乐国安对这两个术语的内涵与外延进行深入辨析后，将网络集群行为定义为"一定数量的、相对无组织的网民针对某一共同影响或刺激，在网络环境中或受网络传播影响的群体性努力"。网络集群行为既包括网络上的言语或行为表达，同时也包含涉及现实行为的群体活动，并将后者统称为"网络群体性事件"。网络群体性事件包括因网络传播引发、发展或恶化，或是通过网络传播动员或组织起来的现实集群行为。乐国安认为网络群体性事件可以作为网络集群行为整体框架中的一个影响或发展程度较高的子类。

基于对传统集群行为的研究和对网络集群行为特点的分析，乐国安等人（2010）认为网络集群行为具有三个关键特征：共同关注点、共同信念和共同行为，三者呈逐层递进的关系。此外，揭萍和熊美保（2007）还认为网络集群行为具有虚拟性、广域性、变异超长性、身份不确定性、虚实互动性和法规滞后性六个特征。虚拟性指个体在网络上可以虚拟出一个不同于现实中的身份与特征，因此网络集群行为也就有了虚拟性，但其社会效应却真实存在。广域性指网络集群行为影响范围广泛。变异超长性指参与网络集群行为的个体难以受到现实行为规范和约束，表现出超出正常范围的行为。身份不确定性难以确定指网络集群行为中个体的真实身份。虚实互动性指网络集群行为与线下行为往往存在交集。法规滞后性指目前国内有关网络集群行为的相关法律法规尚不完善。

（二）网络集群行为的类型

首先，关于网络集群行为的类型划分，乐国安等人（2010）基于上述三个关键特征对网络集群行为进行分类，具体来说，他们将网络集群行为分为基于共同关注点的网络集群行为、基于共同信念的网络集群行为和基于共同行动目标的网络集群行为。

基于共同关注点的网络集群行为的主要特点是，网民针对一定事件刺激形成各自的潜在态度、意见或说法。这种网络集群行为既可以看成是一个单独的类型，也可以看成是网络集群行为发展的初期阶段。该类型的典型例子是各种网络流言、谣言和网络舆情。

基于共同信念的网络集群行为的主要特点是，网民群体针对特定事件或关注点达成一定的共识，但只限于形成统一的信念或语言表达，并没有涉及实际的行动（主要表现为现实行动）。如网络舆论、网络舆论暴力和网络审判都是该类的典型事例。

基于共同行动目标的网络集群行为可以进一步分为仅限于网络上的行动和涉及现实行为的行动，后者也称为"网络群体性事件"。

仅限于网络上的行为的特点是具有较为明确的行动目标和实际行动，行动多是自发的、无组织性的，并且最初只限于网上，但却可能引发各种形式的现实集群行为。这类行动包括"人肉搜索"、网络恶搞、"网络追杀令"和网络集会等。

涉及现实行为的行动又可以进一步分为由网络传播引发现实集群行为、因网络传播而进一步发展的或恶化的现实集群行为和利用网络传播动员或组织的现实集群行为。前两个子类的特点是有明确的行动目标，并且行动延伸到现实生活中，但相对来说，仍以自发性和无组织性为主要特征，维持时间短。最后一类利用网络传播动员或组织的现实集群行为的特点是有明确的行动目标，相对具有一定的组织性，并且具有有意识的资源动员特征。

其次，尹慧（2011）从网络集群行为的生成、抗争关系中的主客体和网络的社会动员性三个角度对网络集群行为的类型进行划分。

从网络集群行为生成的角度可以分成四类。一是由网络舆论引发的，由大量网民在网络平台上就当前社会政治等焦点问题发表个人意见，利用网络传播信息，进行策划、组织、传播集结信息而引发群体性事件。二是在群体性事件的发展过程中，由于多种原因致使信息公开程度和透明度不够，网络媒介没有发挥正面的疏导和化解作用，就会使网络中谣言、偏激情绪性言语等不适当信息泛滥。更严重的是在谣言和传言的误导下，一些不明真相的个体可能会参与到支持受害者的实际行动中，使本来可控的群体性事件在短时间内恶化或失控。三是由于利益受损群体利用网络发动的，部分利益受损群体或个人在正常渠道维护自身利益受挫后，便通过网络、论坛、博客、短信等方式传播、号召和鼓动相同境遇的人集聚，从而引发网络群体事件。四是由于国内外敌对势力利用网络酝酿、发起的网络集群行为。

从抗争的主客体关系的角度也可以分为四类：群体舆论对个体抗争，一个群体对另一群体，网民对政策和网络文化阵营对现有文化权利体系。

从网络的社会动员性的角度可以分成四类。一是焦点型动员模式，是指网络群体事件是由一件或系列焦点事件引发和导致。二是诱发型动员模式，指并不显著的事件或问题通过互联网等大众传播媒介，影响范围和人数迅速扩大，逐渐演变为网络群体事件。三是泄愤型动员模式，指动员者或参与者宣扬正义感或受到了不公平的待遇，通过互联网等进行广泛的宣泄、谴责而引起的网络群体事件。四是公关型动员模式，特定组织或机构为了谋取自身利益，通过专业机构或利用网络舆论领袖发布议题从而引起广泛关注，引起网络群体事件。

二、网络集群行为的演化机制

在传统集群行为的研究中，价值累加理论（Smelser，1962）认为导致和促进集群行为有 6 个必要非充分条件。①结构性紧张——使人们感到压抑、紧张的社会结构或背景。②环境条件——有利于产生集群行为的周围环境。③诱发因素——集群行为产生的导火索。④普遍情绪或共同信念——人们对自己的处境形成的某种共同的集体信念。⑤行动动员——领头人物的出现并鼓励他人采取行动。⑥社会控制机制——社会控制机制的软弱无力或失败，以致无法阻止集群行为的发生。乐国安和薛婷（2011）基于价值累加理论提出了网络集群行为的理论解释模型（图 12-3）。

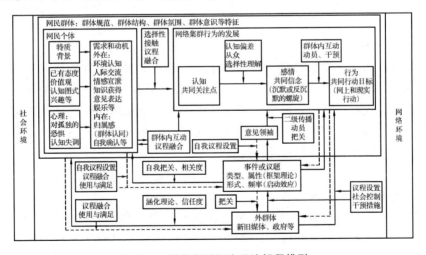

图 12-3　网络集群行为理论解释模型

注：箭头表示事件发展趋势、各元素相互间的关系和各个阶段可能涉及的机制和理论。其中虚线箭头反映了网民的主体作用，这是网络集群行为和传播的一个主要特点。

（一）结构性紧张

我国正处于社会转型期，诸多问题导致社会矛盾激化，使得处于相对弱势地位的大众产生对现实的不满和对各类强势群体的敌对仇视心态。大众在现实社会中的各种不平衡感和被剥夺感会促使其产生各种外显或内隐的需求和动机，这是大众进入网络和参与网络群体事件的根本原因。网络的各种特征又为满足人们宣泄的欲望和缓解紧张的要求提供了理想的工具和渠道。

(二)环境条件

此处的环境条件包括宏观的网络环境和中观的网络群体环境，这是特定类型的网络集群事件发生发展的重要决定或影响因素。

其中宏观网络环境指网络环境所具有的各种特征，通过强化、满足人们的某种心理或需求而为网络集群行为的产生创造条件，如网络的匿名性和社会线索缺失的特点。如研究发现在线讨论的程度在政治认同、愤怒、集体效能感、道德水平与集群行为倾向的关系中起调节作用(Alberici & Milesi, 2013)。而中观的网络群体环境指的是人们对孤独感的本能恐惧和对社会归属的共同需求决定了群体环境会对个体言行产生影响。

(三)诱发因素

诱发因素主要是指能够引起普遍关注或是引发公共舆论或共同行为的网上及现实中的事件或议题。网络技术的"分权"、网络把关的弱化以及网络强大的传播力，促进了网民自我议程设置和网络议程的环形流动模式的出现，这在彰显网民主体性的同时也容易对网络流言、网络暴力等网络集群现象起到推波助澜的作用。

(四)普遍情绪或共同信念

网络集群行为涉及的普遍情绪或共同信念主要包括两个方面意义。一方面是网民在现实环境、网络环境和群体环境的影响下形成的某些共同的态度、情感或心理特征，这是微观、中观和宏观因素交互作用的结果，也是网络集群行为发生的重要前因变量(乐国安，薛婷，2011)。研究表明，在网络讨论程度高的情况下，政治认同越强、集体效能感越高越容易产生集群事件的行为倾向(Alberici & Milesi, 2013)。此外，研究者对脸谱网中信息传播的研究中还指出，社交网站中信息传播的有效性更多是受到不同背景人的共同关注(Ugander, Backstrom, Marlow, &

Kleinberg，2012）。另一方面，网民具有的共同信念和情绪也是一种典型的网络集群行为，或是网络集群行为发展过程的一个重要阶段。它既是网民与环境交互作用的结果，同时也是联系着由对问题的共同关注到采取共同行为的重要过渡阶段。如受群体互动、外部干预和事件发展等因素的影响，网络舆论可能升级为人肉搜索，甚至各类现实集群行为（东国安，薛婷，2011）。

（五）行动动员

网络环境中的领头人物的影响作用主要指的是众多"意见领袖"对网络舆情、网络舆论甚至人肉搜索等各类网络集群行为及其发展各阶段的影响。一方面，"意见领袖"的观点被少数活跃分子接受，并通过网络进一步传播，而网络的重新赋权也给予普通网民更多的舆论引导能力。另一方面，网络的复杂性也使得意见领袖的影响程度不但取决于其人格特征、知识阅历、文字表达能力、活跃程度和良好声誉等自身特征，同时也取决于特定的社区和群体环境、网络环境，甚至是现实的社会环境等。

（六）社会控制机制

网络集群行为相较于传统线下集群行为更多地受到舆论和传播的影响，媒体的控制作用也就更为突出。网络传播的广泛性、开放性、匿名性也给网络集群行为的社会控制增加了难度和挑战。

三、网络集群行为的社会功能与问题

网络集群行为的社会功能主要体现在其话语的作用上。网络创造了一个不同阶层、不同职业、不同文化程度、不同社会背景的公民共同参与的空间，真正成为多元话语的集散地，其中最为重要的是公民意识的觉醒、公民身份的认同、公民参与的逐步实现，这是集群行为社会功能的重要体现（路俊卫，秦志希，2011）。

具体而言，路俊卫和秦志希[1]（2011）认为网络集群行为的社会功能体现在三个方面。第一，就公众话语权来看，网络话语传播的开放性和多

---

[1] 原文是网络群体性事件的社会功能。本章根据前文乐国安等人的对网络群体性事件和网络集群行为的界定，认为网络群体性事件是网络集群行为的一个子集。因此在这里我们使用高级概念"网络集群行为"以便做到全章统一。全章其他类似地方也做相同处理，不一一标注。——笔者注

元性打破了传统媒体话语资源垄断的局面，成为普通民众自我赋权的重要途径，公民获得信息的成本大大降低，对于社会事务的知情能力大大提高，同时公民通过直接介入信息的生产，进行意见的诉求和情感的表达，甚至主动设置公共议题议程，实现着话语的表达权。第二，网络构筑了公民对公共问题展开讨论的公共领域。第三，网络集群行为对公民基本权利的满足，促使公众公民素养和公民意识的提高。从更为宏观的角度，网络对公民话语权和知情权的赋予促进了我国民主化的进程，如对一些重大活动或重要案件公开审判进行微博直播等。

我们在推进网络集群行为对社会的积极功能的同时，也要警惕和避免网络集群行为的消极行为，如"多数人的暴政""街头政治"和"网络大字报"等现象的发生(胡正荣，2012)。也有研究者指出，网络集群行为中滥用个人信息和威胁个人隐私等现象也经常发生(周松青，2013)，如典型的"人肉搜索"。这些现象往往打着推进民主的旗号，但是在实际行动中却表现出对社会正常秩序和民主进程的严重破坏，甚至更为严重的是一旦被不法分子或敌对势力利用，会对国家安全造成严重威胁。对个人信息的滥用和个人隐私的泄露对当事人身心健康和正常生活造成严重影响。因此，公民在辨析和参与网络活动之前要对该活动有一个理性的分析，在参与的过程中要合理合法，将活动的程度和范围控制在一定的"度"中。

综上，我们不难发现，互联网的"双刃剑"作用在网络群体性事件中体现得淋漓尽致。唐太宗曾不止一次提到"水能载舟，亦能覆舟"的道理。在当今信息化高度发达的社会，在互联网的大潮中，如何有效地利用其推进社会的进步、个人的发展，并同时预防其对正常社会秩序的冲击，这需要法律的完善、制度的健全，更重要的是需要卷入这场大潮中的每一个个体都拥有理性的头脑。

===== **拓展阅读** =====

社交网络与突尼斯革命

现代的政治运动与公民互联网的使用有着密切的联系，正如2010年年底至2011年年初爆发的突尼斯革命，脸谱网在这场革命中所起的催化剂作用不可忽视。

突尼斯革命的起因是一名长期遭受不公正对待的突尼斯无业青

年的自焚事件。2010年12月，一个名叫穆罕穆德·布亚齐兹的突尼斯青年在一次与政府执法人员的交涉中发生了冲突，由于布亚齐兹经营的店铺没有得到政府的经营执照，政府执法人员采用强暴的方式没收布亚齐兹的经营器材。由于布亚齐兹生活贫困，且长期遭受政府执法人员的强行索贿要求，并且多次申诉无果，于是，在这一次冲突后，布亚齐兹选择了在政府办公大楼前自焚以示抗议。在自焚事件发生后，有关布亚齐兹自焚的视频、图片等信息被迅速曝光于互联网，并且被大规模转发。事件发生后的第二天，突尼斯的西迪布济德市就爆发了抗议高物价和高失业率的大规模游行，并且市民与警察发生冲突，十多人被捕，事件持续几天后才逐渐平息。

一项研究分析了互联网在这次事件中的具体作用（Marzouki, Skandrani-Marzouki, Béjaoui, Hammoudi, & Bellaj, 2012）。该研究采用网络调查的方式，对333名网民在突尼斯事件发生后的互联网使用进行了调查。通过本文分析发现"脸谱网"等17个词汇在突尼斯事件发生后成为网络热点词汇。研究者进一步对这17个词汇采用聚类分析的方法，得出脸谱网在这次事件中承担的功能。聚类分析共得到三类结果：政治功能（角色、重要、突尼斯、事件），该功能主要是指脸谱网在这次事件中扮演的政治操作的作用，如有调查者称"脸谱网在政治事件中扮演重要的角色……"；信息功能（沟通、允许、手段、突尼斯、突尼斯人、播放、传播、帮助），这一功能主要指脸谱网在这次事件中对于事件信息的传播速度远胜于其他媒体；媒体平台功能（媒体、人们、视频），这一功能指脸谱网对事件真实性的还原，并且使人们相信事件的真实性，最终推动人们参与到政治革命之中。

研究者进一步对三种功能的交互动态作用的分析后指出，在整个事件的发生和发展过程中脸谱网融合了政治功能、信息功能和媒体平台功能的作用，成了这场政治运动中不可忽视的推动力量。

第四节　网民心理的预测

人类在互联网上正进行着广泛且高效的互动。科学家认为互联网在人类互动中扮演的作用不仅仅是一个平台或媒介，互联网同时也可以看成是一个"体温计"或"地震仪"，人类可以通过互联网预测未来将要发生的事情。一些研究已经发现网络使用痕迹可以预测某些心理特征和行为表现，甚至还可以预测经济的发展。

首先，在对人类心理行为的预测上，科学家发现网络使用特点可以预测人格特质（Kosinski，Stillwell，& Graepel，2013；Li，Yan，& Zhu，2013；Wu，Michal，& David，2015）。伍等人的研究发现大五人格特质（他评测验）的平均预测效度是 0.49，朋友的预测效度是 0.45，家人的预测效度 0.50，夫妻之间的预测效度是 0.58，而根据个体在脸谱网上点"赞"的次数对大五人格的预测效度却可以高达 0.56，这不仅高于平均预测水平，甚至高于朋友和家人的预测水平，仅次于夫妻之间的预测（Wu et al.，2015）。尽管听起来有点匪夷所思，但其他类似研究也有相似证明。李（Li）等人对我国大学生人人网的使用情况与大五人格特质的关系分析中发现，采用人人网使用特征的数据对大五人格的预测能力高于自评问卷的预测能力（Li et al.，2013）。李的研究发现人人网中网友数量与尽责性和外向性呈正相关，与神经质呈负相关；更新状态的数量与开放性呈正相关；对个人主页的非转发性评论与开放性和外向性呈正相关。上述研究说明网络使用特征对人格的预测作用在东西方文化下均有效果（Li et al.，2013）。

其次，在对用户情绪变化的预测上，来自《科学》（Science）的一篇研究报告表明，人们在微博上发表的状态可以预测人类一天内不同时间点的情绪特点及其变化趋势（Golder & Macy，2011）。该研究以 2008 年 2 月至 2009 年 4 月在推特上建立账号的博主为被试，从每个博主收集 400 条公开发表的信息为分析内容。在统一每个博主地理位置的时差后，采用昼夜连续记录的方式收集每天中每小时的数据。采用文本分析的方式提取积极和消极情绪词。结果发现博主的积极情绪在清晨（5～7 点）呈上升趋势，并在 7 点前后达到局部高峰，此后呈缓慢持续下降，到晚间再度上升；而消极情绪在清晨时最低。一周内不同日期情绪变化的趋势也不同，休息日的积极情绪整体高于工作日，且休息日积极情绪清晨高峰也比工作日延迟约 2 小时。这一结果在欧美非及东南亚均呈现一致性结果。也有研究者对"9·11 事件"后网民的博客内容的分析发现，"9·11 事件"后，发现博客中的消极情绪增加、认知卷入度和社会性卷入度增加、言语中表现出的心理距离增大。然而在 2 周后，情绪和社会参照恢复至基线水平，接下来的 6 周内心理距离也恢复至基线水平(Cohn, Mehl, & Pennebaker, 2004)。

再次，除了对人格和情绪的预测作用外，研究者还发现网络使用特点对物质使用、价值观、自我调节、抑郁、冲动、生活满意度、身体健康状况等均具有较强的预测作用(Kosinski et al., 2013; Wu et al., 2015)。塞利格曼等人基于幸福五元素理论(PERMA 理论)构建相应词库，再根据推特平台上用户的自然语言和地点信息绘出美国幸福地图(Seligman, 2012)。幸福五元素理论指的是积极情绪、投入、人际关系、意义和成就。这些是幸福人生的五个重要组成部分，也是幸福的人所应具备的五种特征。

最后，对于经济发展的预测，研究者发现通过脸谱网计算的总体国民幸福指数(Gross National Happiness Index)可以有效预测股票上升的趋势(Karabulut, 2013; Siganos, Vagenas-Nanos, & Verwijmeren, 2014)。研究发现，总体国民幸福指数每增加一个单位，第二天的股市会有 11.23 个基本点的涨幅(Karabulut, 2013)，总体国民幸福指数与股票的交易额和收益波动呈负相关关系(Siganos et al., 2014)。

通过上述研究实例不难发现，互联网或者大数据对人类的心理与行为具有一定的预测作用，人类或许可以通过大数据分析完善或调整各项计划。但是我们却发现，这些预测几乎都是"相关研究"的结果，而从科学意义上相关研究是无法揭示事物之间深层的因果关系的，那么这些结果是否真的准确无误呢？或许会有人对此持这样的观点——在大数据时代，知道"是什么"就够了，没必要知道"为什么"。此外，大数据尽管从量上十分庞大，但是从质的角度上，这些"简单"的数字和图表是否能准确地揭示人类复杂的心理机制，还有待深入探讨。

PART 5

第五编

网络与文化

第十三章

网络游戏与网络音乐

批判性思考

1. 网络游戏是互联网时代新生的游戏方式，它与传统游戏相比具有哪些特点？这些特点又是如何使网络游戏牢牢吸引玩家的眼球呢？

2. 对于网络游戏，人们最直接的反应就是玩游戏会产生消极不良影响，那么网络游戏可能给用户带来积极影响吗？网络游戏可能对使用者产生哪些积极影响呢？

3. 青少年作为网络游戏使用的主要群体，同时也是网络游戏成瘾的重要人群。青少年网络游戏成瘾的主要原因可能有哪些？又该如何预防和干预？

关键术语

游戏，网络游戏，网络游戏产业，暴力网络游戏，攻击性，亲社会行为，教育游戏，网络游戏成瘾，音乐，网络音乐，网络音乐产业，教育价值

第一节 网络游戏概述

CNNIC 将网络游戏（online games）定义为以电脑为客户端，互联网络为数据传输介质，必须通过 TCP/IP 协议实现多个用户同时参与的游戏产品，用户可以通过对游戏中人物角色或者场景的操作实现娱乐、交流的目的。网络游戏以计算机及其附属设备为物质载体，以游戏玩家为受

体，以游戏制作者选定的文化为背景，依靠数字化等手段在虚拟的空间传播特定的思维方式和行为方式(高英彤，刘艳姝，2007)。作为电子游戏与互联网结合而成的一种新型娱乐方式，网络游戏借助互联网这样一种先进的沟通和交流工具来实现对于现实生活的再现或想象，在本质上是游戏的具体形式。

网络游戏有别于传统游戏。所谓传统游戏，是指在同一时间内在同一地点，有几个或者一些人参与互动的游戏项目(王梁，武晓伟，2006)。网络游戏和传统游戏都是人与人互动的游戏，只不过前者以网络为媒介，而后者不需要以网络为媒介。随着网络社会的到来，网络游戏产业也获得了迅猛的发展。相对于传统游戏，网络游戏能突破地域空间的限制、监督相对宽松、认同标准相对单一，这使它能够很好地满足用户特别是青少年群体的需求，成为广大网民热衷的休闲娱乐方式。

一、网络游戏的类型

游戏产品按照不同维度分类有所不同，CNNIC 发布的《2013 年度中国网民游戏行为调查研究报告》按照中国游戏市场特点，参考游戏产品的"使用方式"以及"产品形式"，将游戏划分为四类：客户端网络游戏、手机游戏、网页游戏和单机游戏(图 13-1)。

客户端网络游戏。指用户需要下载客户端到电脑上，并且需要登录账号和密码上网玩的游戏，如英雄联盟、魔兽世界、征途等。

手机游戏。用户使用手机下载或在线玩的游戏。手机游戏可以分为两类。第一类，手机单机游戏，指不需要连接互联网的游戏，如神庙逃离、愤怒的小鸟、水果忍者等。第二类为手机网络游戏，指需要连接互联网才能玩的游戏，如三国杀、QQ 斗地主等。

网页游戏。业界对于网页游戏并没有统一的定义以及分类，CNNIC定义网页游戏为用户不需要安装客户端，打开网页直接玩的游戏，如丝路英雄、农场、餐厅等游戏。

单机游戏。单机游戏的英文名称是 console game，指仅使用一台计算机或者其他游戏平台，无须互联网支持就可以独立运行的电脑游戏或电子游戏。

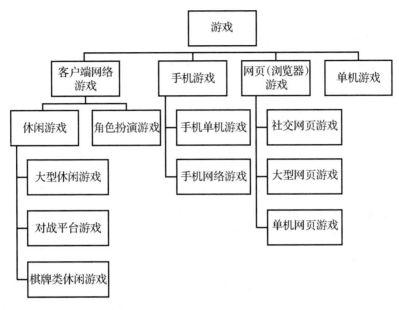

图 13-1　网络游戏分类示意图

二、网络游戏的特点

从技术层面上看，网络游戏采用最先进的技术手段，呈现虚幻逼真的情景，将虚幻世界展示得美轮美奂，令人心旷神怡、流连忘返。网络游戏中运用的三维(3D)技术，可以演绎出壮观的场面、优美的画面和动听的音乐，游戏玩家则以数据化的虚拟身份来展示或想象主体身临其境的状态。网络游戏所营造的空间为玩家提供了一种更直观精细、更接近真实世界的认知方式，使玩家在游戏世界中产生更为真切的感觉。

从心理需求层面看，网络游戏将网络和传统电子游戏相结合，具有以往单机游戏所不具备的人际互动性、情节开放性、更大的情感卷入等特点(郑宏明，孙延军，2006)。研究者(Griffiths，2004)认为，玩家之所以喜欢玩网络游戏，是因为他们在玩游戏的时候既可以进行社会交往，也可以独自玩耍、享受暴力带来的乐趣、没完没了地玩下去，而且可以在游戏过程中进行探险、策略性思考和角色建构等。还有研究者(王小林，2008)指出，网络游戏吸引玩家的心理因素在于网络游戏具有平等性、合作性、竞争性和赏识性。

三、网络游戏产业的发展

互联网普及程度的提高带动了网络游戏的迅猛发展，因为大多数互联网用户都花大量时间玩网络游戏（Wong，Wong，& Canaday，2003）。CNNIC 发布的《第 36 次中国网络游戏用户调研报告》显示，截至 2015 年 6 月，网民中网络游戏用户规模达到 3.80 亿，较 2014 年年底增长了 1436 万人，占整体网民的 56.9％，其中手机网络游戏用户规模为 2.67 亿，较 2014 年底增长了 1876 万人，占手机网民的 45％。在众多的互联网应用中，网络游戏深受青少年网民的喜爱，高居各类网络应用使用率的第 7 位。总体来看，网络游戏在 2015 年上半年整体依旧保持快速发展并逐渐呈现多样化趋势，而不同的游戏类型其多样化趋势亦不完全相同。

目前，网络游戏作为一种新型产业正处于高速发展期。根据文化部发布的《2011 中国网络游戏市场年度报告》显示，2011 年中国网络游戏市场规模（互联网游戏和移动互联网游戏市场）为 468.5 亿元，同比增长 34.4％。其中，移动互联网游戏用户数量突破 5000 万人，同比增长 46％。网页游戏市场规模继续保持高速增长，规模达 49.3 亿元，同比增长 102.1％；移动网游市场规模 38.7 亿元，同比增长 51.2％。《2011 中国网络游戏市场年度报告》预测，未来几年网络游戏市场规模将继续增长，仍将是中国网络游戏发展的"机遇期"。

中国产业信息网发布的《2013—2018 年中国网络游戏行业市场深度研究及投资前景评估报告》显示，网络游戏市场是中国游戏市场的主要组成部分，2012 年网络游戏市场销售收入为 569.6 亿元。随着互联网和计算机技术的快速发展，全球网络游戏市场也得到了较快增长。全球网络游戏市场规模已从 2007 年的 78.97 亿美元增长至 2011 年的 167.96 亿美元，增长了 1.13 倍，年均复合增长率为 20.76％，未来几年全球网络游戏行业将继续保持较快发展的态势，预计 2016 年全球网络游戏市场规模将达到 313.94 亿美元。此外，由于宽带业务使用的增加，网络游戏玩家数量还将呈现快速增长的势头，网络游戏用户的增长仍然高于网络游戏发展规模的增长，这也从一个侧面反映出网游市场仍处于快速发展的成长期。网络游戏产业将对全球经济的发展产生越来越重要的影响，而且网络游戏的发展对计算机科学和信息技术等相关学科领域的发展都能起到积极推动作用。

第二节　网络游戏使用的前因与后果

一、网络游戏使用的影响因素

目前对网络游戏使用的影响因素研究较多，主要可以归纳为个体自身因素（年龄和性别）、人格特征、心理需求、游戏动机、对游戏角色的态度和认同 5 个方面。

（一）年龄和性别

从人口学变量来看，网络游戏的用户群体主要是青少年、男性、学生，这与网络游戏成瘾的人群分布特点相似（贺金波，郭永玉，向远明，2008）。CNNIC 发布的《2013 年度中国网民游戏行为调查研究报告》显示，整体来看，网民中游戏用户主要集中在 10～39 岁，其中 20～29 岁用户占比最高。在性别方面，客户端网络游戏用户性别差异最为突出，男性占81.6％，是女性用户的 4 倍。相比之下，手机游戏用户和网页游戏用户的性别差异要小一些，男性用户接近女性用户的 2 倍。客户端游戏主要为大型多人对战游戏，游戏多以完成任务、闯关为主，更具挑战性，因此对于男性用户更具吸引力。而手机游戏和网页游戏则相对更偏休闲性，因此在女性用户中的渗透程度明显较高。

有研究者（Griffiths，Davies，＆ Chappell，2004）对 540 名网络游戏玩家进行了调查，发现 81％的网络游戏玩家为男性，此外他们还比较了青少年和成人在玩网络游戏方面的差异。结果表明，青少年网络游戏玩家更偏爱暴力网络游戏，男性玩家更多，并且更少在游戏中改变他们的性别角色，更可能牺牲学习、工作时间来玩网络游戏。该研究还发现，玩家的年龄越小，每周游戏的时间就越长，4％的玩家报告一周玩游戏的时间超过 70 小时。通常来说，年龄越小的青少年网络游戏卷入程度越高，男性青少年比女性青少年玩网络游戏时间更多，也更容易出现网络游戏成瘾（Smahel，Blinka，＆ Ledabyl，2008）。

有研究发现，96.8％的 18 岁以下男性青少年玩大型多人在线角色扮演游戏（MMORPGs）。男性玩家的游戏成就动机显著高于女性玩家，而女性玩家的人际关系动机显著高于男性。但研究者同时也指出，男性玩家社交动机与女性相似，只是他们在这种关系中寻求的东西不同而已。还有调查发现，网络游戏成瘾水平较高的学生倾向于花更多的时间在网络游戏上，特别是男性青少年更容易受到网络游戏的诱惑（Yee，2006）。追踪研究也发现，男性玩家平均每周的游戏时间为 13.6 小时，显著多于女性。同样地，男生的平均网络游戏成瘾分数也要高于女生（Lemmens，Valkenburg，& Peter，2011）。

以往研究认为，网络游戏玩家以男性青少年为主，但调查显示，网络游戏玩家的构成已趋于多样化，年龄跨度和性别构成发生了变化（Williams & Skoric，2005）。虽然男性青少年玩网络游戏的比例仍然高于女性，但随着为女性青少年设计的网络游戏数量的增加，女性青少年玩家也在逐渐增加（Cole & Griffiths，2007）。因此，未来的网络游戏研究应增加对女性青少年玩家的关注。

（二）人格特征

人格是心理特征的整合统一体，是一个相对稳定的结构组织，在不同时空背景下影响人的外显和内隐行为模式的心理特性。人格的发展是青少年心理发展的一个重要内容，良好人格的形成对个体毕生的成长和发展有重要意义。有学者（柳铭心，雷雳，2006）指出，人格是决定个体选择、从事某种网络活动的一个重要因素。与网络游戏玩家的外显特征（年龄和性别）相比，内在特征（人格和动机）可能才是影响个体游戏行为的更为关键的变量。

有研究表明，与非网络游戏玩家相比，网络游戏玩家报告了更高的开放性、责任心和外向性分数。原因可能在于，这三种人格特质在人际竞争时具有一定的优势，使玩家更容易在网络游戏的竞争中取得成功（Teng，2008）。网络游戏爱好者与非网络游戏爱好者在怀疑性、世故性和实验性三种人格特质上的差异显著，偏好不同网络游戏类型的玩家具有不同的人格特征（赵丹丹，2007），而不同人格类型的玩家在网络游戏中也会表现出不同的行为偏好（张广磊，邓光辉，2009）。对网络游戏成瘾玩家与非成瘾玩家的比较研究也发现，成瘾玩家的自我调节、功能失调冲动和宜人性水平更低，表明这些人格特质可能是网络游戏成瘾发展和维持的重要因素(Collins，Freeman，& Chamarro-Premuzic，2012)。

(三)心理需求

"压力—需求理论"认为，内部需要动机的产生来自于外部的压力状态，环境的压力会引发得到(或避免)某种东西的渴望。研究表明，青少年对网络游戏的心理需求程度与其对网络游戏的使用程度显著相关(才源源，崔丽娟，李昕，2007)。网络游戏吸引游戏者的根本原因，是网络游戏满足了游戏者的心理需求。网络游戏中各种心理需求的满足也从某种程度上反映了现实生活中该种需求的缺失。在现实人际交往中遇到障碍的人更加渴望紧密接触网络及网络游戏(Szalvatiz，1999)。有学者(Suler，2001)在阐述网络成瘾的原因时指出，网络可以满足人类不同层次的心理需求，此即为网络行为的动机来源，并认为较低层次的心理需求可定义为"缺失性需求"，而高层次心理需求可定义为"满足性需求"。缺失性需求和满足性需求被认为是网络行为的心理需求的两个维度。

我国学者(才源源，崔丽娟，李昕，2007)的研究表明，青少年网络游戏心理需求由现实情感的补偿与发泄、人际交往与团队归属、成就体验三个维度组成。这一结果得到了其他研究者的证实。对我国中学生网络游戏行为的心理需求分析发现，青少年网络游戏心理需求由对现实状况的补偿、人际交往与团队归属、成就体验三个维度组成(李菁，2009)。对网络游戏行为的心理因素分析也发现，网络游戏的心理因素主要是成就体验、缓解压力与宣泄、寻求刺激、逃避现实和交往与归属五个维度构成(滕洪昌，王晓庆，2010)。

(四)游戏动机

有学者(Jansz & Tanis，2007)指出，资深的网络游戏玩家通常具有很强的竞争动机，而网络游戏恰好满足了他们对于竞争的需要，因此他们会更加投入到网络游戏当中。游戏动机是网络游戏的心理学研究的重要方向。有调查发现，网络游戏最令玩家愉悦和重要的方面就是其人际交往的特点——玩家可以在这个虚拟世界里帮助他人、结交新朋友，进行社会交往(Griffiths，Davies，& Chappell，2004)。《2013 年度中国网民游戏行为调查研究报告》也显示，客户端网络游戏用户游戏的最主要原因是为了和朋友互动，比例超过六成，游戏社交性、互动性尤为重要。手机游戏用户最主要的游戏原因是消磨时间，比例高达 76.8%。

有学者指出，以青少年为代表的玩家其游戏动机比较多元化（如成就感、社会化、沉浸在虚拟世界等）（Billieux，van der Linden，Achab，& Thorens，2013）。还有研究者指出，玩家的网络游戏动机主要是体验控制感和成为英雄的快感与成就感，以及人际沟通和情感交流等（Griffiths，Davies，& Chappell，2004；Yee，2007；Cole & Griffiths，2007），这些观点得到了其他研究的支持。有研究者（Yee，2007）在因素分析的基础上提出了成就感、社交和沉浸感三种最主要的游戏动机因素，也有研究表明最佳体验的实现是网络游戏行为的关键动机（Choi & Kim，2004）。

玩家在网络游戏行为过程中可能受到各种内在动机和外在动机的影响，它们共同决定了网络游戏行为的启动、执行和延续。张红霞和谢毅（2008）在一项研究中将内在动机归纳为交换利益、享受乐趣、自我效能、社会交际和超越现实；外在动机则包括时间限制、主观规范和游戏涉入度。青少年网络游戏的基本内在动机能够促进沉醉动机的形成，而沉醉是提高游戏意向的内在动机，主观规范和游戏卷入程度是分别降低和提高游戏意向的外在动机。此外，内部动机和外部动机对游戏意向的影响存在交互作用。另一项对玩家的游戏动机与真实的游戏行为之间的关系研究表明，团队合作和竞争两种游戏动机是最重要的游戏动机，游戏动机（如成就感和逃避现实）与问题性网络游戏行为有关（Billieux，van der Linden，Achab，& Thorens，2013）。

（五）对游戏角色的态度和认同

网络游戏（尤其是 MMORPGs）为玩家营造了一个独立于外部世界的三维虚拟空间，玩家身处其中能够做任何想做的事情，设想虚构人物的角色并完全控制其行为。通过选择与自我相一致的游戏角色，为玩家提供了试验和探索自我认同的机会，其后果是对游戏角色的态度和认同。所谓网络游戏态度，是指玩家对网络游戏行为的积极或消极感受（Hsu & Lu，2004）。根据技术接受模型（Davis，1989），玩家的态度是其信念（有用感、易用感）与网络游戏使用意向之间重要的中介变量。这一点得到了大量实证研究的支持（Hsu & Lu，2004；Lee & Tsai，2010；Boyle，Connolly，Hainey，& Boyle，2012）。研究表明，玩家对游戏角色的态度在网络游戏成瘾过程中起到重要作用，成瘾玩家认为自己的游戏角色与众不同，更希望能在现实生活中像游戏角色那样行事(Smahel，Blinka，& Ledabyl，2008)。

二、网络游戏使用的影响后果

近年来网络游戏得到了迅猛发展，成为继"电子游戏"(video games)后最受欢迎的游戏活动。但目前大多数比较流行的网络游戏都带有攻击内容和暴力倾向，如英雄联盟、反恐精英和魔兽争霸等。此外，网络游戏成瘾也成为人们关注的热点问题。学者们也开始关注网络游戏带来的某些积极影响，并探索网络游戏在教育教学和实践中的应用。

(一)网络游戏的消极影响

自 20 世纪 80 年代起，研究者开始使用电子游戏作为刺激材料，研究其对人类攻击性的影响(赵永乐，何莹，郑涌，2011)。现在，有关暴力网络游戏对攻击的影响成为研究的焦点。研究表明，暴力游戏会引起游戏玩家的不良生理反应(刘桂芹，张大均，2010；郭晓丽，江光荣，2007)、启动攻击性认知、情绪和行为(Anderson & Dill，2000；李婧洁，张卫，甄霜菊，梁娟，章聪，2008)、提升其内隐攻击性(陈美芬，陈舜蓬，2005)，游戏中频繁出现的暴力会使得用户敏感性降低，对现实生活中的暴力采取漠视的态度(Bushman & Huesmann，2006)，也可能让青少年对暴力行为更加宽容，并使青少年改变"暴力行为是不好的"观念，攻击现实生活中的攻击行为并且减少助人行为(Anderson，2004)。

对暴力游戏的横向和纵向研究结果大致相同(Bushman & Huesmann，2006；魏华，张丛丽，周宗奎，金琼，田媛，2010)。研究发现，网络游戏的攻击和暴力内容在短期内可能导致对暴力脱敏(郭晓丽，江光荣，朱旭，2009)以及敌意倾向的提高(Bushman & Anderson，2002；刘桂芹，张大均，2010)，并唤起个体的攻击倾向，启动个体已有的攻击性图式、认知，提高个体的生理唤醒、自动引发对观察到的攻击性行为的模仿(Kevin & Catherine，2005)，其长期效应可能导致个体习得攻击性图式和攻击性信念，减少被试对攻击性行为的消极感受(Bushman & Huesmann，2006)。对暴力游戏与攻击性关系的元分析也表明，暴力游戏增加了被试在现实生活和实验室情境中的攻击性认知、情绪、生理唤起及行为(Anderson & Bushman，2001)，其他的消极影响还包括降低同情心与亲社会倾向等(Anderson et al.，2010)。对有些青少年来说，暴力网络游戏甚至会促使他们做出一些犯罪行为(Kevin & Catherine, 2005; Gentile et al. , 2009)。

此外，虽然网络游戏不像对烟、酒、毒品等物质的依赖力量大，但在虚拟游戏的刺激下，青少年会感受到在现实世界体会不到的快感，无法抑制游戏带来的乐趣，很多青少年会出现网络游戏成瘾(Gentile et al. , 2009)。通常来说，网络游戏使人成瘾的因素包括想完成游戏的动力、竞争的动力、提高操作技巧的动力、渴望探险的动力、获得高得分的动力。网络游戏成瘾者常常在虚拟世界的象征中去"实现"对权力、财富等需求的满足，并逐步代替现实中的有效行为，从而导致他们情绪低落、志趣丧失、生物钟紊乱、烦躁不安、丧失人际交往的能力等（Peters & Malesky, 2008)，从而对玩家的心理健康产生消极影响(南洪钧，钱俊平，吴俊杰，2011)。针对暴力网络游戏可能对青少年心理发展产生的不良影响，有学者从政府、游戏开发商和运营商、学校和家长等几个方面提出了干预措施(刘桂芹，张大均，2010)。

(二)网络游戏的积极影响

目前绝大多数研究者认为网络游戏会对用户产生消极作用，但也有少数研究表明网络游戏可能对青少年产生积极影响。网络游戏之所以盛行，跟它能够满足人们的心理需求是分不开的。有研究者指出，网络游戏可以让用户宣泄在现实生活中产生的不良情绪，满足缺失型需要(Suler, 2001)。此外，网络游戏可以让玩家舒缓压力、放松身心，达到宣泄郁闷的目的。同时，在网络游戏中还可以和其他玩家交流(Greitemeyer & Osswald, 2010)，接触到许多在现实生活中无法碰到的人和事，增加对他人和社会的了解，锻炼自己的社会交往能力。在很多社交性的亲社会型网络游戏(甚至是合作性的暴力游戏)中，青少年可以通过团队合作来学习协作的技巧，培养团队合作意识、集体主义观念以及亲社会行为(Greitemeyer & Osswald, 2010)，增加共情并减少攻击性行为(Greitemeyer, Agthe, Turner, & Gschwendtner, 2012)，有些研究甚至发现接触攻击性媒体会对个体产生积极影响(Adachi & Willoughby, 2011)。

此外，网络游戏还可以为青少年提供丰富的角色扮演机会，使得青少年可以通过体验不同的角色来更好地把握现实生活中的角色选择和定位。国外的很多研究都表明，适量玩网络游戏可以培养孩子的收集、整理、分析、计划、创新等方面的能力(Gentile et al. , 2009)，帮助玩家从压力和紧张中恢复过来，促进心理健康和社会性发展(Greitemeyer & Os-swald，2010)。总的来说，网络游戏影响的具体性质和强度取决于游戏量、游戏内容、游戏情境、空间结构和游戏技巧(赵永乐，何莹，郑涌，2011；Gentile et al.，2009)。网络游戏对青少年成长有一定的积极作用，适当的游戏方式能够起到促进他们社会化进程的作用。

目前国内外已经有很多教育工作者在探讨网络游戏在教学(尚俊杰，庄绍勇，2009)和实践(张祺，雷体南，李静，2011)中的应用。合理利用网络游戏这种寓教于乐的方式，无疑会提高学生的学习兴趣，进而促进他们的学业发展。但这个领域的研究还集中在教育学技术和应用方面，教育心理学领域还很欠缺此方面的基础研究。今后需要进一步探讨网络游戏对于教育心理和学习心理的影响，为应用领域提供基础和参考。此外，不同类型的网络游戏对青少年的积极影响是不同的，还需要进一步提供各种类型游戏的特点及其对青少年的作用机制，以获得更多科学结论并提出详细而有效的干预和引导健康游戏的建议。

第三节 网络游戏成瘾及其干预

近年来，一些研究者开始使用"成瘾"一词来描述网络游戏的过度使用现象(Yee，2006)。他们认为，网络游戏成瘾(internet game addition)是与网络成瘾相似的一种成瘾现象，它在生理和心理层面上影响了人们的日常生活。比如，网络游戏成瘾后的影响包括远离现实世界、妨碍人际关系、降低学习成绩、失去时间感。网络游戏成瘾作为网络成瘾的一个重要类型，一般是指不可抑制地、反复地、长时间玩网络游戏，并且沉迷于其中而难以自拔，极度地依赖网络游戏所带来的心理和生理上的快感，并可能造成个体明显的身体、心理、社会功能受损的一种上网行为(余祖伟，孙配贞，2012)。

一、网络游戏成瘾的现状和特点

近年来，全球网络游戏注册用户数量急剧攀升，网络游戏带来的"第二人生"已然成为众多网游爱好者的一种新的生活方式，由此导致的网络游戏过度使用成了一个严重的全球性问题。一项市场调查表明，接近9％的玩家过度玩大型多人在线角色扮演游戏（MMORPGs）（ESA，2005）。在美国，大约有45％的MMORPG用户每周游戏时间超过20小时，超过50％的年轻人连续玩MMROPGs超过10小时（Ng & Wiemer-Hastings，2005）。在亚洲，2.4％的韩国年轻人成为过度游戏用户（Faiola，2006）。6％的中国台湾大学生认为自己对互联网活动产生了依赖，包括在线游戏（Chou & Hsiao，2000）。

有学者（Charltont & Danforth，2007）指出，不同诊断标准得到的网络游戏成瘾比率为1.8％～38.7％。最近的一项研究表明，韩国青少年的网络成瘾比例约为2.7％（Seok & DaCosta，2012）。总的来说，近年研究的中学生网络游戏成瘾率大体来说在2％～15％（余祖伟，申荷永，2010）。余祖伟等人（2010）对广州市中学生的调查结果表明，中学生网络游戏成瘾检出率为3.2％。佐斌和马红宇（2010）对全国几个城市的大规模调查结果表明，79.3％的青少年网民玩过网络游戏，成瘾比例为3.2％。

网络游戏设计大都根据青少年喜欢好奇、冒险的心理特点，场面惊险刺激，游戏一关接着一关，引导着青少年用户不停地玩下去。在这个过程中，自我控制能力还未发展到成熟阶段的青少年就容易沉迷其中而不能自拔，导致网络游戏成瘾。因此，当前青少年网络成瘾绝大多数属于网络游戏成瘾。青少年网络游戏成瘾的主要症状包括对网络游戏不可遏制的渴望、耐受性增强、矛盾与自责心理、戒断的反复性以及生理上的症状（佐斌，马红宇，2010）。对中学生网络游戏成瘾行为特征进行的研究发现，网络游戏成瘾在性别、学校类型、班级类型、上网时间、上网频率、家庭结构、学习成绩、父母文化程度上存在显著差异（余祖伟，申荷永，2010）。

二、网络游戏成瘾的诊断

鉴于网络游戏成瘾影响的突出性和严重性，新出版的《精神疾病诊断与统计手册》第五版（DSM-V）第一次将网络游戏成瘾纳入其中，表明网络游戏成瘾已正式被认可为一种新的成瘾性疾病（任楚远等，2014）。网络游戏成瘾的诊断标准通常是研究者基于不同的理论基础，或是在网络成瘾的诊断标准的基础上发展起来的，通过界定网络游戏成瘾的特点和成分确定网络游戏成瘾的标准。

目前国内应用的测量工具，主要有美国学者杨以 DSM-IV 中病理性赌博(pathological gambling)的诊断指标为基础编制的网络成瘾量表(Internet Addiction Scale)，中国学者黄雅慧(2004)编制的线上游戏成瘾量表，崔丽娟(2006)采用安戈夫方法研究得出的网络游戏成瘾量表，黄思旅、甘怡群(2006)编订的青少年网络游戏成瘾量表，雷雳和杨洋(2007)编制的青少年病理性互联网使用量表(APIUS)，李欢欢、王力和王嘉琦(2008)编制的大学生网络游戏认知—成瘾量表，马庆国和戴珅懿(2011)最近编制的"网络游戏成瘾界定量表"，以及国外研究者根据 DSM-V 关于网络游戏成瘾的定义编制的简版网络游戏障碍量表(Internet Gaming Disorder Scale)(Pontes & Griffiths，2015)(参见第十七章)。

三、网络游戏成瘾的预防、干预和治疗

如前所述，沉迷于网络游戏不仅会影响青少年的身心健康，同时也会影响他们的心理和社会性发展的各个方面(Longman，O'Connor，& Obst，2009)。因此，网络游戏被不少社会人士和家长贴上了"暴力、低俗、电子毒品"的标签，在他们眼中网络游戏属于"精神鸦片"，坚决反对青少年接触网络游戏。近年来，青少年的网络游戏行为逐渐受到国家各级教育行政部门和社会各界的高度重视，为了引导未成年人"玩健康的游戏"和"健康地玩游戏"，文化部网络游戏内容审查委员会、中国教育学会中小学信息技术教育委员会和中国青少年网络协会于 2010 年联合发布了《未成年人健康参与网络游戏提示》，倡议社会各界行动起来，从主动控制青少年网络游戏时间、不参与可能花费大量时间的游戏、注意保护个人信息、不要将游戏当作精神寄托、养成积极健康的游戏心态等五个方面促进未成年人健康游戏和成长。有学者指出(雷雳，2012)，健康上网对青少年个体的成长和发展乃至个人潜能的发挥，都可能具有非常重要的作用。从网络游戏的角度来说，少玩网络游戏或者多玩健康的网络游戏，养成健康的网络游戏行为方式，才能有效预防网络游戏成瘾，同时从网络游戏过程中吸取有益因素。

心理学家很早就开始关注网络游戏成瘾问题，也开展了大量的研究(参见第十七章)。在目前的网络游戏成瘾矫治领域，心理治疗是一个重要的分支。目前对青少年网络游戏成瘾的干预和治疗措施主要有药物治疗和心理治疗。药物主要有抗抑郁药和心境稳定药，心理治疗主要包括

认知行为疗法、森田疗法和家庭治疗等（Young，2009）。此外，在具体应用领域中还经常会采用构建积极的网络活动平台、启用防沉迷系统、对网络游戏实行宵禁、使用过滤软件、生理反馈法、团体辅导法、家庭教育等多种干预措施。随着研究的深入，学者们开始从生物—心理—社会综合模式的角度综合考察网络游戏成瘾现象，因此也有越来越多的研究者采用综合模式来进行网络游戏成瘾的干预和矫治，但目前采用综合模式矫治网络游戏成瘾的研究还远少于矫治一般性网络成瘾的研究。

=== **拓展阅读** ===

如何对网络游戏产业进行规范管理？

如何降低网络游戏的负面影响，使网络游戏开发商和运营商在追逐经济利益的同时兼顾其应有的社会责任，是网络时代各国面临的共同难题。我国对网络游戏产业的政府管理经历了从态度、管理体制到具体管理行为的一系列变化，管理体系从无到有、从打压到支持、从管制到扶植，目前已经初步形成。这一过程也是政府管理和产业发展、社会需求互动的一个过程（刘胜枝，张小凡，2015）。

鉴于网络游戏带来很多社会问题，特别是对青少年的影响，起初社会民众对待游戏的态度比较抵制，政府管理部门也曾一度有过压制、禁止游戏市场发展的行为，最明显的就是当时因青少年问题大力查处游戏室、网吧，限制网吧的牌照发放等。2000年，文化部等7部委联合执行《关于电子游戏场所治理的通知》，其中明确规定凡是面向国内游戏机零配件的生产、经营、销售和进口活动一律停止。2002年，由信息产业部、公安部、文化部和国家工商行政管理总局联合颁发的《互联网上网服务营业场所管理办法》（国务院令第363号），允许包括网吧在内的游戏经营场所合法经营"健康"游戏，但要严格管理，并开始对网吧实行许可证制度。

后来，随着网络游戏市场规模、产值和网络游戏玩家的飞速增长，网络游戏行业的高速发展使政府看到了网络游戏行业这一新的经济增长点，于是开始出台一系列积极扶植和引导网络游戏市场发展的政策。2003年，文化部发布《互联网文化管理暂行规定》，对互联网文化经营单位的注册资金提出要求，将"游戏产品"明确归属为"互联网文化产品"，还将"网络游戏出版"纳入"互联网文化活动"的范畴。2004 年，新闻出版总署颁发了《关于实施"中华民族网络游戏出版工程"的通知》，开始了对民族网络游戏的扶持，鼓励自主研发设计网络游戏。2005 年，文化部联合信息产业部发布了《关于网络游戏发展和管理的若干意见》，对网络游戏的市场现状进行总结，提出发展目标，并采取多方措施为网络游戏健康发展护航。此外，为更好地扶持网络游戏尤其是本土游戏的发展，政府还从税收优惠、专项补贴等方面进行扶持。

2009 年 10 月 9 日，新闻出版总署、国家版权局和全国"扫黄打非"工作小组办公室出台了《关于贯彻落实国务院〈"三定"规定〉和中央编办有关解释，进一步加强网络游戏前置审批和进口网络游戏审批管理的通知》，其主要内容是明确管辖权，指定新闻出版总署是中央和国务院授权的唯一负责网游前置审批和进口网游审批的政府部门。另外，规定外资禁入，确定新闻出版总署负责审批境外著作权人授权的进口网络游戏。2010 年文化部发布的《网络游戏管理暂行办法》，首次系统地对网络游戏的娱乐内容、市场主体、经营活动、法律责任等做出明确的规定，对长期以来较模糊的相关概念也予以明确解释，这表明政府对网络游戏的监管正走向规范化、合法化。

除对网络游戏进行常规性的审查管理外，政府管理部门也一直在采取专项行动，对不健康的网络游戏进行查处，如对"黑帮"主题、色情游戏等进行整治，使得网络游戏市场有所好转。同时，高度关注网络游戏对青少年价值观的不良影响，保护网络游戏玩家的身心健康。2007 年 4 月 11 日，新闻出版总署等 8 部委联合发布了《关于保护未成年人身心健康实施网络游戏防沉迷系统的通知》，要求各网游运营商在网络游戏中安装防沉迷系统。2010 年 2 月 5 日，文化部指导下的网络游戏未成年人家长监护工程启动首批试点。2011 年 3 月 1日起正式实施，有助于加强家长对未成年人参与网络游戏的监护，引导未成年人健康、绿色参与网络游戏，构建和谐家庭关系的行业自律行动。

预防和干预未成年人网络游戏成瘾，需要形成一个有效的"政府监管、行业自律、家长参与、舆论监督"的综合保护体系。但目前中国的网络游戏规制模式主要是以政府机构为主导，网络游戏行业缺乏对青少年玩家应该承担的责任和义务的行业自律与自制，而学校、家庭和其他社会力量的关注度和参与程度不高。官倩、高英彤和王家曦在《美国网络游戏规制体系析论》一文中对美国的网络游戏规制体系进行了阐述，可作为我国的借鉴和参考。文章指出，美国以保护未成年人玩家身心健康为目标，以网络游戏企业经济利益与社会利益的平衡为着眼点，形成了以法律和行政规制为基础，以行业自我规制为依托，以学校和家庭的积极参与和正向引导为重要保障的规制体系，值得参考借鉴。图1展示的是美国网络游戏的规制系统，各个规制主体的权与利的博弈，直接作用于网络游戏的法律、规则和政策。如此一来，有效确保了美国网络游戏在市场机制条件下的健康发展，不以牺牲未成年人利益为代价，在一定程度上有效地规避了未成年人受不适宜内容影响的风险，减少了网络游戏成瘾的发生。

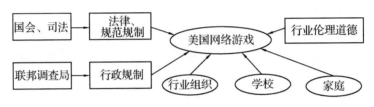

图1　美国网络游戏的规制系统

第四节　网络音乐

网络音乐是网络产业与音乐产业、信息产业与文化产业的融合和跨越发展的产物。《文化部关于网络音乐发展和管理的若干意见》首次明确了网络音乐的内涵，指出网络音乐是音乐产品通过互联网、移动通信网等各种有线和无线方式传播的音乐，其主要特点是形成了数字化的音乐产品制作、传播和消费模式，主要由两个部分组成：一是通过电信互联网提供在电脑终端下载或者播放的互联网在线音乐，二是无线网络运营商通过无线增值服务提供在手机终端播放的无线音乐，又被称为移动音乐。这种定义与尹娟娟和雷雳(2009)对数字音乐的概念界定相似。他们按照播放终端的不同，将网络音乐分为在线音乐(以PC为终端)和移动音乐(以手机为终端)。

一、网络音乐产业的发展

随着互联网宽带的普及以及手机移动互联网的迅速发展，网络音乐成为深受网民喜爱的一种互联网服务。CNNIC发布的《第36次中国网络游戏用户调研报告》显示，截至2015年6月，网民中网络音乐用户规模达到4.80亿，网民使用率高达72.0%。手机网络音乐用户规模为3.86亿，网民使用率高达65.0%。在众多的互联网应用中，网络音乐均高居各类网络应用使用率的第4位。

随着网络技术的突飞猛进和市场需求的强劲增长，全球网络音乐市场也得到了快速发展。文化部发布的《2013中国网络音乐市场年度报告》显示，截至2013年年底，我国网络音乐市场收入规模达到74.1亿元，比2012年增长63.2%。其中，仅在线音乐市场规模就达到43.6亿元（包含在线演艺收入），比2012年增长140%。酷狗音乐、QQ音乐、酷我音乐和天天动听都占有较高的市场份额。网络音乐为传统音乐企业的转型和数字娱乐企业的发展带来了重大的机遇和挑战，同时它对促进我国网络文化产业的发展，丰富人民群众的文化娱乐生活起到了积极作用。但是，当前我国网络音乐市场仍存在着许多不容忽视的问题。为此，文化部在继2005年联合信息产业部发布《关于网络游戏发展和管理的若干意见》之后，2006年年底又发布了《文化部关于网络音乐发展和管理的若干意见》，为网络音乐产业的健康发展提供了法律保障。

二、网络音乐使用的结构和特点

需要指出的是，喜欢音乐的人很多，但青少年似乎对音乐尤为喜爱，这与青少年的身心发展特点有很大关系。音乐不仅可以缓解青少年动荡不稳的情绪，为他们的消极情绪提供一个出口，以此促进青少年的心理健康和培养青少年应对各种消极情绪的能力。音乐还可以满足青少年的高层心理需要，如借助音乐展示他们的个性，在以音乐为中介建立的小团体中得到支持和友谊等。因此，音乐成了青少年十分热衷的娱乐方式之一（尹娟娟，雷雳，2009）。调查表明（王珠珠，李素丽，尚俊杰，2013），通过网络下载是大多数青少年获得自己喜欢的音乐的方式；青少年了解音乐资讯的主要途径也是网络（53.2%），其次是通过朋友推荐（24.1%）、传统媒体广播电视（15%）以及书刊杂志（6.5%）；在网络音乐的使用习惯方面，大多数青少年是选择在休息的时候听音乐（82.0%），这样起到了放松身心的效果；青少年喜欢音乐的类型多为流行音乐，这种情况也和青少年的年龄特征等相关。

有研究者（尹娟娟，雷雳，2011）考察了青少年网络音乐使用的基本特点，结果发现，青少年的网络音乐使用可以由三个方面构成，即"音乐信息""音乐社交""音乐欣赏"。"音乐信息"包括搜索歌星的信息、浏览音乐新闻和图片、浏览音乐排行榜等活动，青少年从这些活动中获得音乐的一些娱乐信息。"音乐社交"包括参加网上音乐聊天室、参与音乐社区和论坛等活动，青少年通过参与这些服务，结交朋友、获得友谊和归属感。"音乐欣赏"包括在互联网上下载音乐、在线听歌等活动，主要与音乐本身有关。

青少年对其网络音乐使用在"从未使用"至"总是使用"的5级评分中，青少年使用最多的是音乐欣赏，其次是音乐信息，最后是音乐社交（图13-2）。

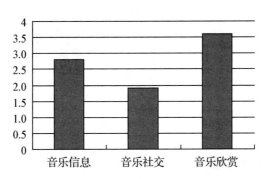

图 13-2　青少年网上音乐使用的描述

从该研究的结果中看出，青少年经常使用的网络音乐服务是音乐欣赏和音乐信息。音乐欣赏主要是在线听歌、下载音乐等活动。青少年喜爱音乐，以前只能是听磁带、听唱片、看电视，但随着互联网技术的发展，网络音乐逐渐取代传统的音乐形式，在互联网上听歌、下载或直接在手机上听音乐已经成为青少年新的聆听音乐方式。

很多青少年都有自己喜欢的歌星、喜欢的音乐风格，在无聊或者情绪低落时就可能会使用音乐信息，一方面了解相关的娱乐信息，另一方面可以打发时间，调节情绪。

音乐社交是青少年使用较少使用的一项服务，可能是因为互联网中关于社交服务的活动不仅局限于网上音乐使用中，其他的一些互联网服务中也存在，如 QQ 聊天、电子博客、电子邮箱等，而这些服务与社区论坛等服务相比使用起来更方便、更直接。所以，青少年使用音乐社交更少一些。

有学者曾指出，以 PC 为终端的在线音乐与传统的音乐产品相比，有其自身的优势。首先，经济性，传统音乐产品是经过层层的制销环节进行价值增值活动，而在线音乐通过"网络"这一载体，就可以直接通过软件公司在网上流通，成本大大低于传统的 CD、磁带等音乐产品。其次，在线听音乐方便快捷，只要点击相关的网站，就可以随时聆听和欣赏自己喜爱的歌曲。最后，在线音乐的产品相当丰富，无论老歌、新歌，还是古典的、流行的，各种时间的音乐应有尽有，选择性很强(尹娟娟，雷霓，2009)。也有学者在比较网络音乐与传统音乐的区别后，指出网络音乐具有多样性、重复性和再现性、远程性、大众的自主性、主动性与参与性、开放性和交互性、共享性等多方面特点(王国良，2007)。

三、网络音乐使用的影响

不管是为了消遣、分散注意力还是改善心境状态，很多人都从早到晚听着音乐，尤其是随着网络音乐的流行，这种情况变得更为普遍。音乐对人的心理和行为具有重要的影响。音乐不仅可以陶冶人的情感，使人达到共情或找到情绪的发泄口，而且还可以起到教育和激励作用。但是相对于传统音乐，网民们更喜欢网络音乐。网络音乐具有明快的节奏、舒缓流畅的旋律、多变的风格，再加上方便收听，且可以随意搜索、更新自己喜爱的歌曲，因而深受广大网民的喜爱。网络音乐已经成为网络生活中不可或缺的一部分，因此，网民的心理和行为势必会受到网络音乐的影响。以下分别从认知、情绪、行为方面介绍网络音乐对网民可能产生的影响。

(一)认知

研究表明，音乐与个体记忆的形成、自传体记忆和情景信息的回忆有关，音乐在建构自传体记忆用以判断自己和他人的过程中具有重要作用(Jäncke，2008)。另外，不同的人喜欢听不同类型的音乐，音乐偏爱可以作为一种表现自我概念和评价他人身份的识别标志，是自我解释、自我表现的载体。研究发现，个体的音乐偏好可能反映其人格、教育背景、社会经济状况、品德及智力水平，音乐还可以揭示一个人在社会中的地位(Yang & Li，2013)。而且，每一种音乐风格或每一首歌都有自己的意境和思想，聆听者在自己偏爱的音乐中达到共情，找到自己的影子，借以塑造和表现自我概念。网络音乐多样化的风格和变化多样的形式，能够满足不同听者的审美需要，从而逐渐形成独有的身心意识和审美观念。此外，人们听的音乐类型会影响到其他人对其人格和外貌的判断。在人际交往中，音乐服务偏好会成为一种判断线索，因为人们对某些特定类型的音乐(Lastinger，2011)及其听众(Rentfrow & Gosling，2006)持有刻板印象。在网络环境下，网站所有者的吸引力也与其播放的音乐类型有关(Yang & Li，2013)。

需要指出的是，目前的网络流行音乐铺天盖地、鱼龙混杂、良莠不齐，其中很多是低俗、肤浅的，品位高尚和底蕴深厚的作品极少。如果缺乏辨别和抵抗力，对任何网络音乐都"全盘接受"，那既可能影响音乐素养的提升，还可能因为靡靡之音与多愁善感的心境"共鸣"而导致自我认知偏差，思想颓废，悲观厌世。

(二)情绪

大多数人听音乐是因为音乐能够诱发或调节个体情绪(Perlovsky，2010)。著名的瑞典音乐心理学家尤斯林等人的大范围调查结果显示：85%的听众出于放松的目的听音乐，80%的听众出于娱乐的目的听音乐，快乐、平静、怀旧、爱、兴趣和渴望是最为常见的音乐情绪(Juslin et al.，2011)。

好的音乐可以愉悦人的身心，达到以情动人的目的。网民们通过聆听与个人风格相适宜的音乐，表达自己真实的情感。网络音乐能够让广大用户在紧张枯燥的学习和生活中放松身心，获得心灵的慰藉，从而以愉快的心情投入学习和生活，更加积极向上地面对生活和学习压力，不断促进身心健康发展和综合素质的提升。网络音乐往往诱发了个体的快乐体验，可有效缓解不良情绪。但网络不良歌曲也可能对情绪情感产生消极影响。在经济利益的驱使下，部分网络音乐过度商业化的倾向使音乐传播者、创作者背离了对真善美的追求，降低了音乐作品的艺术魅力和价值，可能对网民的情绪情感和价值观产生不良影响。

(三)行为

有的音乐能够愉悦人的身心,陶冶人的情操,并且被广泛应用于心理与行为障碍的治疗。音乐治疗是目前国际上较有影响的一种新型有效的心理治疗方法,在临床实践中各种技术不断趋于完善,在心理治疗和医学治疗等领域发挥着重要作用(徐进,2015)。但有的音乐也给人带来负面影响,如增加攻击性、叛逆性、容忍种族歧视和性别歧视,使人喜欢做一些风险行为,如吸毒、入室行窃、自杀等。在网络空间,网络音乐还可能与网民的一些不良网络行为存在一定关系。特别是一些说唱和摇滚等节奏比较强烈的音乐,可能会影响网络用户的一些网上问题行为,如网上过激行为、网上欺骗、黑客等。

四、网络音乐的教育价值

网络音乐作为音乐文化的重要组成部分,它的出现丰富了人们的音乐文化活动,并在与传统音乐教育的碰撞与融合中,逐渐改变着人们的音乐教育观念,在音乐审美取向、音乐价值追求等方面深刻影响着当前的音乐教育。网络音乐充实了音乐教育的内容,促进了音乐教育手段和途径的多元发展,也潜移默化地影响着音乐教育的内在关系结构,给音乐教育赋予了新的理解。网络音乐作为音乐教育的一种要素,以内容和手段的形式在不同方面、不同程度上影响着学生。如何发挥网络音乐积极教育的作用,克服其不良教育影响,这势必要成为当前音乐教育领域引人深思的问题。

有研究者(陈飞,李璐,2014)对网络音乐在中学音乐教育中的价值进行了分析和总结,认为网络音乐可能改变音乐教育观念,彰显音乐教育的时代性;充实音乐教学内容,提高学生学习兴趣;丰富音乐教学形式,拓宽音乐学习路径;形成客观评价机制,保证评价科学准确;降低教学资源成本,资源获取快捷便利。但网络音乐在发挥其教育价值的同时也给当前的中学音乐教育带来新的问题,这些问题不仅表现在音乐教育的内容、结构、手段、教学关系、评价等方面的改变,也冲击着当前师生对音乐教育的理解。因此,要正确认识网络音乐的本体价值,开发其教育价值,科学、合理地运用网络音乐开展音乐教育,全面提升音乐教育质量。

第十四章

网络信息与学习

1. 如果你想外出旅游，并且需要知道关于酒店住房的信息，你会怎样获取信息呢？如果你求助于网络，上网查询之后，会发现有数不胜数的"攻略"，你怎样辨别信息的真假以及如何进行选择？

2. 你有过在网上学习一个课程或者技能的经历吗？如 python 编程、街舞入门等。你利用网络学习的动机强烈吗？在学习过程中你有怎样的策略？与在课堂学习相比，你觉得哪种效果会更好？

3. 你在网络学习的过程中遇到过困难吗？例如，娱乐网页对你的吸引，QQ 好友的消息对你注意力的影响等。这些会对你的学习效果产生负性影响吗？遇到这种情况你是怎么克服的？

网络环境，网络信息搜索，网络信息加工，网络信息决策，网络学习，网络学习动机，网络学习策略，网络学习过程，网络学习效果，网络学习障碍

第一节　网络与信息

关于互联网建构的空间有何特点，很多不同学科的专家都进行了分析，心理学家也不例外。心理学研究者(Joinson et al., 2003；Piazza & Bering, 2009；Suler & Phillips, 1998)着重分析了网络空间对人们心理与行为具有特殊寓意的特性。关于网络信息与学习，我们可以从网络信息

资源及环境、网络信息搜索、网络信息加工、网络信息选择与决策 4 个方面来认识。

一、网络信息资源及环境

(一)网络信息资源

网络信息资源是指通过计算机网络可以利用的各种信息资源的总和(Gamal & Kim，2011)。换句话说，它是指把以符号、文字、图像、声音、动画等多种形式的信息存储在光、磁等非纸质介质的载体中，并通过网络通信、计算机或终端等方式再现出来的各种资源。网络信息资源融合的对象就是在网络上传播的各种不同介质、不同种类的资源。

1. 网络信息资源自身的特点

网络信息资源的建设与配置作为我国信息化建设的一个核心领域，既具有其媒体形态上的多样性，也具有其内容上的复杂性。

其形态上的多样性表现在：目前互联网数据库已逾万个，图书馆目录、参考工具书、全文资料、图形和影像信息、计算机软件信息等各种类型信息资源存储并流通于互联网网络系统中，形成了一个丰富多彩、潜力无限的高速信息网络世界。

其内容上的复杂性表现在：网络信息资源与其他传统资源一样，同属经济资源的范畴，具有作为生产要素的人类需求性、稀缺性、使用方向的可选择性等经济学特征；信息资源开发使用具有较强的时效性；信息资源配置中存在着市场失灵现象等。因而应当充分地运用政策学、法学、经济学、管理学等学科原理，综合分析与研究网络信息资源建设与配置问题。

2. 网络信息资源融合

关于网络信息资源的融合利用问题，张登军(2014)指出，网络信息资源融合就是为了满足和适应当代信息发展需求，给用户提供更高级的信息服务，将各种各样的互联网信息、转化的电子信息以及处理后的加工信息进行有序、有机、全面、系统、有效地揭示和关联。

实际上，网络信息资源融合是指利用数据转换、数据关联等关键技术，将在互联网传播的不同介质、不同种类的资源进行揭示和关联，形成有机联系的过程。网络信息资源的融合是利用计算机网络系统将分散的、杂乱无章的网络信息资源以统一的方式集中揭示，实现了网络信息资源的合理组织和快速定位，并呈现给用户。

　　要注意的是，网络信息资源的融合并不等同于网络信息资源的整合。网络信息资源的整合是指在外力的作用下，将不同的网络信息资源集中到一起，将原来参差不齐的网络资源趋向一致，将原来不协调的网络资源协调一致，便于利用，而一旦失去外力作用，各种网络信息资源将恢复到不协调的状态。而网络信息资源的融合是指各种网络信息资源在本质上就是可融的，不存在外力的作用。

(二)网络环境

　　网络环境是指将分布在不同地点的多个多媒体计算机物理上互联，依据某种协议互相通信后，实现软件、硬件及其网络文化共享的系统(Zuckerberg，Bosworth，Cox，Sanghvi，& Cahill，2012)。

　　环境总是与一定的空间或范围有关，有小有大。从小的角度看，网络环境可以理解为"学习者在追求学习目标和问题解决的活动中，可以使用多样的工具和信息资源并相互合作和支持的场所"；从大的角度去理解，网络环境可以包括整个虚拟的现实世界，即赛伯空间(cyberspace)。也就是说，网络环境不仅仅是指网络资源与网络工具发生作用的地点，还可以包括学习氛围、学习者的动机状态、人际关系，教学策略等非物理形态。从教学设计的角度看，网络环境更多的是指网络资源与网络工具的组合。

二、网络信息搜索

　　2012 年 11 月底，国际互联网协会(Internet Society)发布 2012 全球互联网用户调查报告，表明 98％ 的用户认为互联网对于其学习知识和接受教育不可或缺，超过 80％的用户同意互联网在自己的个人生活以及社会中扮演着积极角色，近 75％的用户十分同意能够在网络上搜索到他们感兴趣的信息。互联网承载着海量数据，成为前所未有的人类信息资源宝库，促进了当代信息社会的加速发展。互联网的普及使人们的日常生活更加便利和高效，但同时也使人们面临新的挑战。互联网规模越来越大，结构越来越复杂，海量数据正形成一座信息围城，让有价值的信息变得越来越难以被搜索，造成用户信息负荷过载问题。甚至，在迷宫似的网络空间里，面对海量信息进行搜索时用户会产生焦虑情绪（冯雪梅，2008）。

近年来，信息搜索行为的研究方向正逐渐从以系统为中心转向以用户认知为中心（Hsieh-Yee，2001），开始关注用户的认知活动、情感状态等在信息搜索过程中的作用。尤其是，认知心理学对信息搜索行为思维活动的研究表明，网络信息搜索行为包括一系列复杂的认知操作活动（Dinet，Chevalier，& Tricot，2012），如对问题进行心理表征，确定关键词，选取搜索策略，做出信息相关性判断等。而这些认知操作活动会受到个体年龄、认知方式和能力、情感状态、任务类型和难度等的影响，进而影响搜索表现和效率（Dinet et al.，2012；Dommes，Chevalier，& Lia，2011；Hsieh-Yee，2001；Sharit，Hernández，Czaja，& Pirolli，2008；冯雪梅，2008）。

（一）网络信息搜索中的用户因素

1. 认知能力

认知能力指个体接收、加工、储存和应用信息的能力。目前，大部分研究考察老年人由于年龄的增长，认知能力下降，和成人形成对比研究。研究发现词汇能力、记忆容量、注意和知觉速度能够显著预测搜索表现（Sharit et al.，2004）。研究认为网络信息搜索行为对用户的工作记忆、空间能力、推理能力有很高的要求，随着年龄的增长，老年人的认知执行功能下降，尤其是工作记忆容量、认知灵活性、推理能力等的下降，导致了老年人搜索表现不佳（Sharit et al.，2008）。认知灵活性在年龄差异和形成搜索问题数量的关系之间起调节作用，即老年人增长的词汇能力不能弥补认知灵活性的下降，而产生新的搜索关键词（Dommes et al.，2011）。这与先前研究的结论不一致，先前研究认为工作记忆容量和空间能力与搜索表现相关不显著，但发现词语流畅性和认知干扰与成功搜索显著相关（Hsieh-Yee，2001）。

2. 认知风格

认知风格对信息搜索过程的影响是指个体在某种程度上会采用一致的信息处理策略（柯青，王秀峰，2011），主要有两种表现风格：①分析式认知风格，即在信息加工时，场独立型个体善于进行知觉分析，不易受背景信息干扰；②整体式认知风格，即场依存型个体的知觉容易受所处的环境的影响，会依赖外部的环境信息进行加工。

研究表明，不同认知风格对网络信息搜索行为影响不同，整体式认知风格个体更倾向于浏览关键词，大范围使用网络探索，经常会受到相关材料的干扰(Ford & Miller，1996)。焦点控制也影响用户的导航行为，如场独立型个体焦点控制强，更频繁地使用链接和返回按钮(Kim，2005)。这与之前的研究结果——场依存型个体更频繁地使用链接和返回按钮(Kim & Allen，2002)相反。

3. 情感因素

用户进行网络信息搜索之前，可能会处于一种不确定、困惑、焦虑等负性情绪状态(Kuhlthau，1991)，而用户的负性情绪和神经倾向性会阻碍成功的信息搜索行为。用户可以通过控制自己的情绪状态，表现出平静、放松和低神经质倾向，这可能会增加对信息搜索欲望的满意感，进而促使个体在信息搜索过程中克服更多的困难(Halder，Roy，& Chakraborty，1970)。情感控制会影响关键词的使用，不能有效控制情感的用户倾向于使用更多的关键词，并且搜索的准确性和回忆率等显著低于有效情感控制用户(Kim，2005)。情感控制和任务对搜索行为有显著影响，但对搜索表现没有显著影响(Kim，2008)。

信息搜索行为中的情感成分会影响信息加工过程，影响用户对不同结构的知觉以及搜索过程中的情感状态或体验和结果(Kao，Lei，& Sun，2008)。并且，在某种程度上，有意识或无意识的情感状态或体验决定信息搜索行为的方式以及选择的改变(Flavián-Blanco，Gurrea-Sarasa，& Orús-Sanclemente，2011)。

4. 先前知识经验

网络经验和领域知识贯穿于整个搜索过程，影响用户的搜索表现和效率。网络经验指网龄、使用频率以及在网络上从事的活动等(李恒，2006)。研究发现网络经验丰富的用户(专家)与新手在定位网站上有显著差异，通常他们能够更快、更有效率地完成任务(Large & Beheshti，2000)。已有神经科学证据表明，在信息搜索过程中专家比新手的脑功能区域激活更多(Small，Moody，Siddarth，& Bookheimer，2009)。

领域知识是指关于搜索主题的知识，拥有丰富领域知识的用户被视为学科专家，在进行信息搜索行为时通常比新手有更充分的准备和计划，也会更高效地完成搜索活动(Ford，Miller，& Moss，2005)研究表明专家在信息搜索过程中通过整合其他知识来形成特定的概念，并且在头脑中建立的图式有助于解决信息问题(Wildemuth，2004)。此外，有研究者表明这种能力可以从一个领域迁移到另一个领域(Vibert et al.，2009)。网络经验和领域知识结合形成专家效应，对用户的网络信息搜索行为产生影响，专家通常使用他们喜欢的搜索引擎和复杂的搜索策略，对搜索到的全文进行信息加工(Hsieh-Yee，2001)。

除以上影响因素外，自我效能、人格等个体变量也会对网络信息搜索行为产生影响。低自我效能个体根据不同目标付出不同努力，而高自我效能个体不改变他们的努力水平(如时间)，依然比低自我效能个体有更好的搜索表现(Kuo，Chu，Hsu，& Hsieh，2004)。研究表明，网络信息搜索行为与大五人格特质中的外倾性、开放性和一致性正相关，和神经质负相关(Halder et al.，1970)。

(二)网络信息搜索中的信息环境因素

1. 网络信息资源

网络信息的发布具有很大的自由性和随意性，政府、企业、学校、社会团体及个体都可以在网上发布信息。由于网络信息的发布缺乏规范，其可靠性、权威性和利用价值受到质疑(王淑群，2006)。网络信息资源分散、无序、时常更换，用户很难判断网络上有多少信息同用户需求有关，搜索评价标准无法确定。搜索引擎往往返回符合检索条件的所有信息，使检索结果的重复率增加。除此之外，网络信息表征的合理程度将会影响用户利用信息的效率。

2. 网络工具及设施

搜索引擎大多采用自建的分类体系，具有很大的随意性，网络信息分类与学科及知识体系之间缺乏必要的内在联系。各种搜索工具覆盖范围有限，检索功能不够完善，主要表现为检索点不能从多个方面对检索问题进行限制，只能就某一个或几个关键词进行笼统的检索。此外，网络上的信息存放地址会频繁转换和更名，根据搜索引擎不一定能搜索到相应的内容。

(三)网络信息搜索中的社会情境因素

信息认知观认为，用户的一切信息活动都是在一定情境中完成，信息搜索行为也不例外。信息搜索行为是一种获取信息后再将其转化为知识的过程。而在此过程中，用户作为处在社会、组织、特定文化背景下，与周围时刻发生作用的一个整体，社会情境必定会影响用户在搜索语言、策略和信息资源等方面的选取。

社会情境对网络信息搜索的影响主要表现在两个方面：一是信息搜索需求的社会性，用户的信息需求来源于在工作和社会生活中遇到的问题；二是信息搜索过程的社会性，在用户通过信息搜索系统解决问题时，除用户的领域知识、搜索技能和经验之外，用户的常识能力、思维特征、操作习惯以及文化价值观等都会对其搜索过程产生影响，而以上因素大多都是用户在与社会情境不断进行交互而产生的结果，并且用户新汲取的知识同时也会影响周围社会情境的变化。

总之，网络信息搜索是日常生活中获取信息的重要途径，而且还具有多维度和多结构特性，包含一系列复杂的认知操作活动。虽然先前研究者从认知交互、问题解决和决策等角度，提出了一些认知模型解释用户在信息搜索过程中的作用，探讨了用户、网络环境和社会情境因素对网络信息搜索行为的影响，但目前有关网络信息搜索认知模型研究仍处于建构阶段，未来还需要与系统主导的信息检索模型进行融合，才有可能将认知信息搜索模型应用到现实生活中，优化网络的服务功能。

三、网络信息加工

根据认知心理学的观点，学习就是一个信息加工的过程。作为信息加工的结果，使个体获得了知识并储存在记忆中。为了便于理解和说明人脑内部的信息加工过程，心理学家根据大量的研究结果，提出了有关学习的信息加工过程的一些模型。加涅（Gagné，1985）提出了一个信息加工模型，该模型代表着认知心理学家对信息加工过程的一般观点，包含了三个成分：信息存储库、认知加工过程和元认知。

而随着网络的流行，如何对互联网上纷杂的信息进行加工成为了一个值得研究的问题，庆幸的是，信息科学和计算机科学的发展为心理学的研究提供了技术支持。尤其是在大数据时代，针对互联网上各种有关的用户数据、网站评论，我们可以预测人类行为，甚至股票市场（赖凯声，陈浩，乐国安，董颖红，2014）。

近年来，由于互联网上存在着大量在线文本，信息科学将目光聚集到对在线文本的情感分析，并推动了计算社会科学等交叉学科的诞生（Cioffi-Revilla，2010）。有研究者就发现，利用脸谱网上的帖子做文本分析可以部分预测用户的自我监控水平（He，Glas，Kosinski，Stillwell，& Veldkamp，2014）。在大数据时代，通过搜集互联网上各种在线文本进行分析，获得了许多令人惊喜的结果。有研究者搜集了几个香港主要社交网络上近一年的文本内容，发现可以通过对它们进行情感分析，提前8～15天预测关于政府的民意调查结果（Fu & Chan，2013）。另有人从全球范围收集了84个国家中240万推特用户超过5亿条的实时消息，时间跨度为两年，发现在一天和一周中的情绪变化模式具有跨文化一致性，即早上出现积极情绪的峰值，周末的积极情绪水平高于工作日，周末的积极情绪早高峰较工作日晚将近2小时（Golder & Macy，2011）。由此可见，我们可以利用信息科学和计算机科学的技术，分析出各种精细的数据，再利用心理学的理论去解释这些数据的结果。

四、网络信息选择与决策

想象着如果你想去欧洲旅游，并且需要知道关于酒店住房的信息。可是，你的朋友和家人都没有去过欧洲，所以他们也不能给你提供充足的信息。在这个时候，你就需要到互联网上进行搜索。你在搜索引擎中输入关键词，谷歌或者百度就会出现旅行社的网页，留言板、聊天室、博客以及论坛。刚开始，你会为有如此多的信息而感到兴奋，可是当你一一浏览过这些内容之后就立刻感到了困惑，因为这些信息往往都是互相矛盾的，干扰着你的选择。因此，如何在冗杂的信息中进行选择，什么样的信息应该相信？这是我们需要思考的问题。

互联网为消费者实施购买行为前的选择打开了一个巨大的窗口（Brown，Broderick，& Lee，2007）。除了可以在官方赞助的网站上获取信息外，我们还可以通过诸如我的空间或者脸谱网这样的社交网站上的留言板、博客、聊天室、论坛上获取足够多的反馈信息和产品评估（Dellarocas，2003）。消费者非常依赖于这些平台来分享和交换关于产品使用的观点和经验，也就是说，他们很乐于参与电子化的口头交流（"电子口碑"，Electronic Word of Mouth，eWoM）（Dwyer，2007）。

因为电子口碑在消费者进行购买决策时的重要性越来越大，研究者开始探索在基于网页观点平台的电子口碑中，隐藏在消费者进行购买决策时的动机是什么（Hennig-Thurau，Gwinner，Walsh，& Gremler，2004），决定进行网络评论的动机是什么（Park & Lee，2009），负性网络信息、品牌形象、信息长度和品牌态度的交互效应（Chiou & Cheng，2003），电子口碑的价值（Dwyer，2007），负性消费者评论，功利性和非功利性产品之间的交互作用（Sen & Lerman，2007），电子口碑和对电影的批判性评论的不同效应（Chakravarty，Liu，& Mazumdar，2010），以及电子口碑影响消费者购买决定的联结程度、同质性和信息来源可靠度（Brown et al.，2007；Godes & Mayzlin，2004）。

尽管这些研究描述了电子口碑的前身和结果，但是一个更重要的问题是消费者是否相信电子口碑的来源和环境。也就是说，消费者是否相信在线评论信息并且按照上面的指示去做（Urban，Amyx，& Lorenzon，2009）。对电子口碑的信任是对电子口碑态度的基础。正如研究者（Mayzlin，2006）指出的那样，营销人员会利用一些虚假评论来影响消费者对产品的评价，但是消费者越来越意识到他们的这种做法。尽管少量的研究关注了电子口碑的可信赖性，但是有研究者指出，同行特点会促使在网络决策过程中电子口碑信任的建立，购买动机起到了调节作用（Smith，Menon，& Sivakumar，2005）。

决策是每个人每天必须进行的活动，利用网络信息资源进行决策越来越普及。信息决策是一个信息分析与利用的过程，信息资源贯穿决策的始终。随着信息技术网络化，网络信息资源日益影响网民的决策效率。在当今信息社会，网络信息构成信息的重要组成部分，网络信息决策也就成为决策的重要组成部分，研究网络信息决策的效率具有广泛的实际用途。例如，可以促进用户利用网络信息资源效率化，提高网络用户的信息能力，有效降低网络用户的信息风险，切实提升决策者的决策品质（汪传雷，周小玲，2010）。

第二节　网络与学习

在传统课堂学习的环境下，教师通过面对面的教学形式来引导课程的教学，学生通过与同伴或者老师的互动与讨论来吸收具体的课程知识。总的来说，在这样一个环境下，教师扮演了一个权威的角色。对于研究者来说，就很难知道学生是否是积极热情的参与者。学生需要完成教师布置的任务以及通过考试拿到学分。可是，研究者并不知道这样一种学习方法是否适合所有人。不过可以肯定的是，尽管存在时间、空间以及课堂规模的限制，传统的课堂教学模式仍然是规范的（Liu，Chen，Sun，Wible，& Kuo，2010）。

近年来，网络学习在教育领域中越来越占据主导地位，它为学习者提供了丰富的虚拟网络资源，使人们可以在这里不断变化自己的想法和获取信息，通过与其他学习者和教师等各种各样的人互动，来创造一个协同增效效应（synergies）（Cela，Sicilia，& Sánchez，2014）。网络学习环境为学生的学习提供了便捷灵活的条件，学生可以在不同的时间地点进行学习，也可以根据自己的节奏来制订计划（Hwang，Sung，Hung，Huang，& Tsai，2012）。如今，在线课程吸引了许多在校大学生（Giannakos & Vlamos，2013），并且被认为是一个普遍的、简单的学习工具。

大型开放式网络课程（Massive Open Online Courses，MOOC）为互联网学习带来了巨大的价值，它成功实现了高端的知识交换，各学科间的交流学习以及特别教育的学习模式——任何学习类型的信息都可以通过网络传播，它让每个人都能免费获取来自名牌大学的资源，可以在任何地方、用任何设备进行学习。由于工具资源多元化、课程易于使用、课程受众面广、课程参与自主性较高等优点，MOOC 的价值越来越大，不少人认为 MOOC 的时代已经到来（Pappano，2012）。

传统的学习中，学习动机、学习策略、学习过程和学习效果都是研究者关注的变量。在网络学习中，这些变量依然存在。

一、网络学习动机

动机是激励和维持人的行动，并使行动导向某一目标，以满足个体某种需要的内部动因。学习动机作为学业成就的主要影响因素之一（Ayub，2010；Christiana，2009），在教育理论和心理学研究中占有重要的地位。

随着网络的普及和人们对终身学习思想的广泛接受，网络教育迅速成为现代教育的重要形式之一。在美国，通过网络进行学习的人数正以每年300％以上的速度增长（Tyler-Smith，2006），而我国通过网络接受教育的人数也越来越多。

网络教育的成功依赖多种因素，而动机是决定网络学习者学习成功与否、辍学概率的重要因素之一（Paas，Tuovinen，Van Merrienboer，& Darabi，2005）。研究表明，在网络教育中，学生的动机是学生具有问题最多的领域（Menager-Beeley，2001）。学习任务在网络学习环境中的呈现，对学生的动机和坚持性提出了更高的要求（Frankola，2001）。因此选择网络教育的学生如果要成功完成课程学习，需要更高水平的动机（Sankaran & Bui，2001）。研究发现，一些动机变量影响一般的学习，但另一些影响网络学习者的表现和满意度的动机变量对网络学习环境来说是特异性的（Vafa，1999）。

(一)网络学习动机的分析

对网络学习动机的研究分析，在研究方法上既注重实证研究又注重理论分析，其主要特点表现在以下几个方面。

1. 多种教育实验设计的运用

教育实验室是对网络学习动机所采用的主要研究方法。例如，有研究者采用单因素被试间设计，比较了网络学习方式和传统面授学习方式中，学生动机水平对学习成绩的影响（Sankaran & Bui，2001），另有人比较了网络学习中组织好的案例教学和自由探索教学对学习的影响（Paas et al.，2005），还有人（Spence，2004）采用多因素混合实验设计，研究了网络学习和传统面授学习中对数学课件的卷入与学生的动机、成绩、性别等之间的关系。

2. 问卷的编制

利用问卷的测量方法也是对网络学习动机研究的重要方法，具体是引用或自编问卷测量网络学习动机水平及其文化差异、学习者特征差异，确定网络学习者的学习策略取向等。还有研究者（Menager-Beeley，2001）采用包括兴趣、重要性和有用性3个维度12个项目的动机测量问卷测量了网络教育中学生的动机，以识别动机低下的学生，还有研究者（Lim，2004）借鉴教学材料动机问卷（IMMS）和学习动机策略问卷（MSLQ）编制问卷调查了美国学生和韩国学生的网络学习动机及其文化差异、学习者特征差异。另有研究者用教学材料动机问卷和学习动机策略问卷对人力资源开发专业网络课程学生进行了动机调查（Kupritz，2003）。

3. 理论探讨及分析

研究者对网络学习动机的研究，不仅重视采用实验法和测量法等进行实证研究，同时也重视理论上的探讨和分析。具体主要是采用理论探讨或文献分析与理论探讨相结合的方法来研究网络学习中动机与文化的关系，诊断网络学习中的动机问题的方法，提高网络学习动机的策略等。有研究者（Clem，2004）以动机系统理论（Ford，1992）为框架说明网络学习中动机的各个成分都受到文化的影响，另有研究者（Lin，1999）用一个具体的事例来展示了怎样使用CANE（Commitment and Necessary Effort）模型（Clark，1998）来诊断网络学习中学生的动机问题，并寻找合适的解决途径和方法，有研究者（Kawachi，2003）从理论上探讨了网络学习中激发学生动机的策略。

关于网络学习动机的相关研究的领域相对集中，主要在对学习动机与学习成绩之间关系、学习动机与学习策略之间关系的研究两个方面。

（二）学习动机与学习成绩

网络学习动机与学习成绩之间的关系，不同的研究得出的结论不同。研究发现，网络学习中，高动机的学生与低动机的学生学习成绩之间并没有表现出显著差异（Martens，Gulikers，& Bastiaens，2004）；有研究者（Waschull，2005）则研究发现动机可以预测网络课程学习的成功。研究也发现学生对课程的完成和高期望激发了学生的动机，学习动机显著影响学习成绩（Shih & Gamon，2001）。在网络学习中，动机越高学习成绩越好，而且网络学习中动机水平和学习成绩之间的相关系数要比在传统面授学习中高

(Sankaran & Bui，2001)。这可能是因为在网络学习环境中，学生接受教育需要他们忍受许多牺牲，动机是影响他们学习表现的驱动因素。

(三)学习动机与学习策略

在网络学习动机与学习策略的相关研究中，大部分研究发现使用不同学习策略的学生的动机水平不同，反之亦然。研究发现，网络学习动机在两种拖延水平(平时分段学习与考试前临时集中学习)之间存在显著差异，拖延行为水平越高的学生的学习动机越低(Romano，Wallace，Helmick，Carey，& Adkins，2005)。在网络学习中高动机的学生比低动机的学生并没有表现出更多的行为，但他们具有更多的好奇心，他们的行为更具有探索性(Martens et al.，2004)。有人检验了网络教学中自我调节学习策略对学习者的动机感知的影响，结果显示，含自我调节学习策略(自我观察、自我评价学习效果)的网络教学设计会使学生对学习更加负责、更加内部取向、更加敢于挑战，对学习材料价值的评价更高，对课程理解、学习成就更加自信(Chang，2005)。研究发现，网络学习中的动机测验分数与学习策略测验分数之间呈高相关，高动机的学生倾向于使用深层学习策略(Sankaran & Bui，2001)。

我们认为，网络教育研究者、管理者和实践者应该在认真借鉴国外网络学习动机研究的趋势和成果的基础上，积极开展对我国网络教育中学习动机等方面的科学研究，以更好地提高我国网络教育的质量和促进我国网络教育的发展。

二、网络学习策略

随着计算机网络和通信技术的发展，网络作为现代远程教育的重要教学载体，受到教育工作者越来越多的关注。与传统教育相区别，网络学习强调"任何人在任何时间、任何地点可以学习任何知识"的教育理念，但在具体教育活动中"学什么""怎么学"一直是困扰教育工作者的难题，尤其是当学习者面对海量的网络信息，如何将网络信息转化为个体的知识经验，成为教育工作者必须首先解决的问题。因此，认真探讨学习者的网络学习策略，可以帮助成人学习者提高学习的成功率，有助于网络教育工作者针对学习者不同的学习策略组织和设计网络课程，提升网络教育的教育教学质量。

当代教育学家和心理学家从不同角度或根据不同标准对学习策略进行了分类。例如，加涅根据学习的进程把学习策略分为选择性注意策略、编码策略、记忆策略、检索策略和思考策略；也有研究者（Dansereau，1985）根据作用和功能将学习策略分为基础策略和辅助性策略等。

过去这些年里，越来越多的互联网接入使学生进入网络接受学习的数量快速增长（Greenland & Moore，2014）。与传统的在教室里进行面对面学习不同（Artino & Jones，2012），网络学习依赖于在一个虚拟环境下的同步和异步的互动和交流（Ku & Chang，2011）。网络课程与传统的教学方式相比有如下的优势。首先，基于网页的学习为那些在日程表和空间地理位置不便的学习者提供了便利性和可得性（Waschull，2001）。其次，与那些在传统课堂上学习的学生相比，在网上学习的学生能够有更多机会获取更多的资源，以及更多机会的合作（McGaghie, Issenberg, Cohen, Barsuk, & Wayne，2011）。与面对面课堂不同的是，网络环境要优于同步化的教学，因为网络学习提供了异步化学习的机会，时间和空间都不再是障碍（Ku & Chang，2011）。有研究者还基于过去的量化研究方法和文献综述，编制了成年女性的学习策略量表（FALSS）并应用到了微博当中（Chu，2014）。

（一）自我调节策略与学业成就

尽管网络学习存在上述的优点，但是成功地进行网络学习需要学习者在学习过程中有自动化和积极的管理调整自己状态的能力（Wang, Shannon, & Ross，2013）。进行在线学习的学习者需要非常独立，因为网络环境下的学习是一个自我导向的学习（Serdyukov & Hill，2013）。因此，与传统课堂下的学习者相比，在线学习者对于控制、管理、计划他们的学习行为的能力更强（Ally，2004）。这种管理过程被称为自我调节的学习（Self-Regulation Learning，SRL）（Zimmerman，2008）。

关于自我调节学习和学业成就的关系，社会认知的理论认为自我调节学习需要三个重要特质之间的交互作用：①自我观察（监控自己的行为）是这些过程中最重要的一环；②自我判断（对自己成绩的评估）；③自我反应（个人对结果的反应）（Zimmerman，1989）。更重要的是，这种观点认为自我调节的学习不仅仅是一个混合的特质，还会因为学业成功体验而受影响甚至加强（Zimmerman，1989）。学生会利用大量认知的、元认知的以及资源管理策略作为他们 SRL 的一部分(Puzziferro,2008)。认知策略指的是帮助学习者在表面水平上获取知识的一种期望,元认知策略指的是监控、计划和管理学习的意识(Yukselturk & Bulut,2007),资源管理策略指的是学生利用他们身边的一切资源,如同伴(Puzziferro,2008)。自我调节策略通过帮助学习者以一个结构化和方法学的方式来影响学习结果。策略是 SRL 加工的一部分,并且可以作为一种特殊的技能来教导学生将它应用到实践中去(Zimmerman,1989)。在传统学习环境中,SRL策略的应用可以典型地预测更高的学业成就(Wang et al.,2013)。

随着越来越多的学生开始利用网络课程,研究者对于如何预测网络学习的成功展开了研究。研究指出,时间管理、元认知、工作条例、批判性思维策略与网络学业成就有显著正相关,同伴互动学习起到了调节作用(Broadbent & Poon,2015)。

(二)网络学习中的互动

在最近的一项关于距离和网络学习的元分析研究中,有研究者质性地考察了三种形式互动的重要性:学生之间的互动、学生和教学者之间的互动、学生和课程内容的互动(Bernard et al.,2009)。他们的研究证实了这三种互动形式在学生学习中的重要性。表 14-1 是结果的一个总结。每一种形式都有一个显著的正向平均效应量,从学生—教学者互动的 $+0.32$ 到学生之间互动的 $+0.49$。学生之间的互动和学生与课程内容之间的互动都要显著高于学生与教学者之间的互动。

表 14-1 互动种类的加权平均成绩效应量

互动种类	k(均值)	g+(adj.)(马氏距离)	SE(标准差)
学生—学生	10	0.49	0.08
学生—教学者	44	0.32	0.04
学生—内容	20	0.46	0.05
总和	74	0.38	0.03
Q(被试间)		7.05*	

注:* P<0.05,* * P<0.01。

三、网络学习过程

在多媒体教学的研究热潮中,许多学者对多媒体环境下的学习过程进行了深入探索。在这一时期的研究中，理查德·梅耶（Richard Mayer）的研究十分有代表性。他结合工作记忆模型（Baddeley，2003）、双重编码理论（Pavio，1986）、认知负荷理论（Chandler & Sweller，1991）等，在总结自己10余年实验研究的基础上，提出了多媒体学习的认知理论。

（一）多媒体学习模型的三个基本假设

梅耶指出，按照人的心理工作方式设计的多媒体信息将更可能产生有意义的学习。在某些多媒体学习的设计中，把学习者看作单通道、无容量限制和被动加工系统的观点，被证明是与认知科学的研究结论冲突的。因此，梅耶针对其多媒体学习理论提出了三个基本假设。①双通道假设：人们对视觉表征与听觉表征的材料分别拥有单独的信息加工通道，这与工作记忆模型和双重编码理论基本一致。②容量有限假设：人们在每一个通道上一次加工的信息数量是有限的，这与工作记忆模型和认知负荷理论基本一致。③主动加工假设：人们为了对经验建立起一致的心理表征，会主动参与认知加工，这种主动的加工包括形成注意、组织新进入的信息和将新进入的信息与其他知识进行整合。

（二）多媒体认知的三个基本过程

梅耶认为，学习应是知识建构的过程，学习者作为信息的主动加工者和意义的主动建构者，其目标不应停留于记忆和保持，更重要的是形成理解和迁移。在多媒体学习中，学习者的认知活动主要包括选择、组织和整合三个基本过程。

1. 选择过程

学习者需要注意经过眼、耳进入信息加工系统的视觉和言语信息中的有关内容。从呈现的言语信息中，学习者选择重要的词语进行言语表征（选择语词），其结果是建构命题表征或语词库；从呈现的视觉信息中，学习者选择重要的图像进行视觉表征（选择图像），其结果是建构表象表征或图像库。

2. 组织过程

当学习者选择了视觉和言语材料之后，就会把进入工作记忆中的信息组织成一个连贯的整体。学习者对语词库进行重新组织（组织语词），形成关于语词中所描述情境的言语心理模型，这一过程发生在言语短时记忆中。学习者对图像库进行重新组织（组织图像），形成关于图像中所描述情境的视觉心理模型。

3. 整合过程

学习者需要在两类模型之间建立联系，并将组织的信息与记忆中已有的、熟悉的知识结构联系起来。为使整合过程得以发生，视觉信息必须保持在视觉短时记忆中，同时，相应的言语信息需要保持在言语短时记忆中。然而，短时记忆的容量是有限的，因此视觉与言语信息的整合将受到记忆负荷的限制。

需要指出的是，在多媒体信息的加工过程中，以上三个过程并非总是以线性的顺序发生的。

(三)从认知因素到非认知因素

研究者认为，以梅耶为代表的多媒体学习的研究者主要关注多媒体学习中的言语信息和视觉信息的安排以及呈现方式，因此存在一定的狭隘性(Samaras & Giouvanakis，2006)。新一代的多媒体学习研究正在关注学习者的知识基础、学习风格、学习动机、学习态度等非认知因素对学习过程的影响。例如，有研究者(Hede，2002)在梅耶的多媒体学习认知模型的基础上，提出了一个多媒体学习效应的综合模型，将多媒体学习的过程归结为多媒体信息输入、认知加工、学习动力、知识与学习四类要素，其中的学习动力要素包括了动机、学习风格和认知参与度等。另有研究者(Astleitner & Wiesner，2004)在借鉴其他研究成果(Hede，2002)的基础上，提出了一个多媒体学习与动机的整合模型，该模型通过将多媒体学习中的动机加工活动与心理资源管理成分相结合，实现了对梅耶的多媒体学习理论的扩展。

四、网络学习效果

研究者调查显示，在2007年的秋天，美国有超过1790万的人参与了教育机构的学位授予仪式。在这些学生当中，又有超过390万的人参加了一个或多个在线课程。在线人数占了总人数的21.9％。从2002年的秋天到2007年的秋天，在线人数以一个平均每年19.7％的增长率增长，从2002年的160万增加到了2007年的390万(Allen & Seaman，2008)。随着在线课程人数的极速增长，那么关于学生与传统课堂的表现相比，在线课堂的学生的学习效果是否会更好这个问题随之而来。

研究者(Russell，1999)参考了 355 个研究报告，来检验在线课堂和传统课堂的学生之间的学习效果是否有显著差异。但是他发现大部分的研究在关于学生学习效果在这两种不同情境下并没有统计意义上的差异。但是，近来的研究在关于课程完成和学习成绩上得出了不一致的结论。研究者(Brady，2001；Carr，2000；Mishra，2004)，发现在在线课堂上，课程完成率与传统课堂相比普遍偏低。研究者(Roach，2002)发现一些教育机构报告出在线课堂学习的完成率至少和传统课堂一样，甚至要更高。

(一)课程完成率

关于传统课堂学习和在线课堂学习的课程完成率的比较是各有说辞(Carr，2000)。一些研究表明，课程完成率在这两种情境下的确有所不同(McLaren，2004；Paden，2006；Roach，2002)。有研究者 (Waschull，2001)发现在线课程完成率和传统课程完成率并没有显著差异。有人(Nelson，2006)比较了美国特拉华技术社区学院的课程在传统情境上和网络情境上的课程完成率，发现了课程完成率在传统课堂和网络课堂之间有显著性差异。补充分析显示，与传统课堂(18.4％)相比，更多的学生(23％)会在网络课堂中放弃学习。

研究者(Carr，2000)指出，虽然一些大学报告出了网络课堂中高达80％的辍学率，但是课程完成率不应该在大学当中比较，因为不同大学之间报告课程完成率是不同的。一些大学把开学初选课和中间退选的时期也算进去了，而有的大学没有把这一段时间算进去。由于没有一个固定的标准，这种在大学之间的比较不能得到一个正确的结果。但是，不管我们是否能比较不同大学之间的课程完成率，研究课程完成率都是比较有用的，因为它们可以为大学管理者制定课堂规模，学习章节的数量，评估学生的学习结果提供一定的参考建议(McLaren，2004)。

(二)学生的表现

前面提到，研究者(Russell，1999)参考了 355 个研究报告，来检验在线课堂和传统课堂的学生之间的学习效果是否有显著差异，但是研究者发现大部分的研究在关于学生学习效果在这两种不同情境下并没有统计意义上的差异。研究者(Clark，1994)指出，主要是教学方法而不是传播媒介的使用影响了学生的学习。

大量研究都支持上述观点(Clark，1994；Gagne & Shepherd，2001；McLaren，2004)。可是，也有一些研究发现了传播知识的媒介形式不同，学生的学习成绩会有显著差异(Faux & Black-Hughes，2000；Paden，2006)。有人(Paden，2006)发现了学生的学习成绩在传统课堂环境下和在线学习的环境下有显著差异。另有人(Faux & Black-Hughes，2000)研究了学生在学习一个社会工作课程的时候，不同的传播形式对他们的成绩是否有影响，结果发现了他们在后测分数上有显著差异。补充分析显示，学生在在线课堂的成绩没有传统课堂的成绩好。

在线课程人数的增长是显而易见的，许多研究者也认为未来的高等教育会与网络课程的形式联系得更紧密(Palloff & Pratt，2003；Seidman，2005)。所以传统课堂和网络课堂下课程完成率是否有显著差异？学生的学业成就是否依赖于课程传播的方式？这些问题的答案无论对于科研工作者还是教育者都是非常重要的。

====== 拓展阅读 ======

网络学习新形式 MOOC

MOOC，即大型开放式网络课程。2012 年，美国的顶尖大学陆续设立网络学习平台，在网上提供免费课程，Coursera、Udacity、edX 三大课程提供商的兴起，给更多学生提供了系统学习的可能。2013 年 2 月，新加坡国立大学与美国公司 Coursera 合作，加入大型开放式网络课程平台。新加坡国立大学是第一所与Coursera 达成合作协议的新加坡大学，它在 2014 年率先通过该公司平台推出量子物理学和古典音乐创作的课程。这三个大平台的课程全部针对高等教育，并且像真正的大学一样，有一套自己的学习和管理系统。再者，它们的课程都是免费的。

以 Coursera 为例，这家公司原本已和包括美国哥伦比亚大学、普林斯顿大学等全球 33 所学府合作。2013 年 2 月，公司再宣布有另外 29 所大学加入他们的阵容。

一、历史

(一)理论基础

虽然大量公开免费线上教学课程是 2000 年之后才发展出来的

概念，其理论基础深植于资讯时代之前，最远可追溯至 20 世纪 60 年代。1961 年 4 月 22 日巴克敏斯特·富勒针对教育科技的工业化规模发表了一个演讲。1962 年，美国发明家道格拉斯·恩格尔巴特向史丹福研究中心提出一个研究"扩大人类智力之概念纲领"，并在其中强调使用电脑辅助学习的可能性。在此计划书里，恩格尔巴特提倡电脑个人化，并解释使用个人电脑搭配电脑间的网络为何将造成巨大、扩及世界规模的交换资讯潮。

（二）早期时期

2007 年 8 月大卫·怀利在美国犹他州州立大学教授早期的大型开放式网络课程，或称为大型开放式网络课程原型，一个开放给全球有兴趣学习的人来参与的研究生课程。在成为开放课程之前，这门课本来只有 5 个研究生选修，后来变成有 50 个来自 8 个国家的学生选修。

（三）发展时期

2011 年秋天大型开放式网络课程有重大突破：超过 160，000 人透过赛巴斯汀·索恩新成立的知识实验室（现称 Udacity）参与索恩和彼得·诺威格开设的人工智能课程。

2012 年，美国的顶尖大学陆续设立网络学习平台，在网上提供免费课程，Coursera、Udacity、edX 三大课程提供商的兴起，给更多学生提供了系统学习的可能。

2013 年 2 月，新加坡国立大学与美国公司 Coursera 合作，加入大型开放式网络课程平台。

二、课程特征

MOOC 的特征主要表现为以下几个方面。

工具资源多元化：MOOC 课程整合多种社交网络工具和多种形式的数字化资源，形成多元化的学习工具和丰富的课程资源。

课程易于使用：突破传统课程时间、空间的限制，依托互联网世界各地的学习者在家即学到国内外著名高校课程。

课程受众面广：突破传统课程人数限制，能够满足大规模课程学习者学习。

课程参与自主性：MOOC 课程具有较高的入学率，同时也具有较高的辍学率，这就需要学习者具有较强的自主学习能力才能按时完成课程学习内容。

第三节 网络学习障碍及干预

一、网络学习障碍特征表现

随着信息技术的迅猛发展，尤其是多媒体技术的不断革新，网络学习以其灵活、便捷、交互性强、无时空限制、资源丰富等特点为生活节奏快、没有固定时间学习的人群带来了革命性的新型学习方式，利用网络进行学习已经成为许多人的首要选择(Moore & Kearsley，2011)。而现实中网络学习者却会面临没有高质量的学习材料、缺乏对计算机的使用技巧等问题，随之而来便会产生网络学习障碍。这些问题不但影响网络学习者的学习效果，更有碍于网络学习的良性发展。因此，我们需要了解网络学习障碍的特征表现，然后再针对具体问题进行干预。

(一)学习者自控能力

学习者由于容易受网络环境中的其他因素影响，学习精力不集中，因此不能有效地提高网络学习绩效(Becker，Newton，& Sawang，2013)。年轻人已经成为进行网络学习的主要人群(Palfrey & Gasser，2013)。这类人群恰是伴随互联网共同成长的一代，他们对各种网络现象更敏感，注意力更容易被分散，用于网络学习的时间占整个使用网络时间的比例过低，缺乏有效的学习时间管理，不能集中精力进行学习。

(二)学习动机不明确

学习者学习目的容易摇摆不定，学习动机不坚定，遇到学习困难就无法完成学习任务。学习目的不明确，缺乏持续性的学习动机，是当前网络学习者的又一特征。因此，在面对学习难题时，他们往往没有持久的学习驱动力，不能坚持容易退缩，无法继续进行网络学习(Lim，2004)。

(三)学习者依赖心理强

受传统学习观念的影响，学习者并没有充分利用方便快捷的网络交流方式，在网络学习中仍不善于交流互动，学习疑问容易被搁置。对学习疑问的解决仍有依赖心理和被动接受心理（Hannay & Newvine，2006）。在网络学习中，面对学习疑问，他们经常不知所措，不能就面临的学习问题进行互动研讨，问题多被搁置，影响学习效果。

(四)学习者网络资源获取和知识管理能力弱

面对浩大的网络资源，学习者不能高效加以利用，纷杂的学习资源对网络学习反而造成了副作用（冯雪梅，2008）。学习者面对分布凌乱的网络资源不能快速高效地获取信息，对已获得的信息也不能加以利用，并且不具备知识管理能力，获取及处理信息的难度较大，只能依靠专业论坛和搜索引擎为主要的信息处理工具作为网络学习辅助工具。

(五)用于网络学习的软硬件环境较差

网络学习中基本的学习平台不完备，网络学习教程质量差，影响网络学习者学习效果。现有的网络学习平台或者限制过多、门槛较高，或者流于形式、缺少实质内容，没有无障碍的内容丰富网络学习平台；现有的网络教程质量偏低，不能与网络学习者的需求相适应等，外部学习环境不能满足学习者要求。

二、网络学习障碍形成原因

尽管网络在教学形式、过程交互、资源共享、信息综合等方面有着传统教学媒介无法比拟的优势，网络环境下的教学也存在着一系列问题，特别是容易产生学习者的网络学习障碍。问题主要来自三个方面：学习者控制、网络迷失和认知超载，这三个方面相互关联，彼此影响，成为影响学习者在网上学习的主要困难和障碍，严重制约了学习者在网上学习的效果。因此，有必要对此问题进行系统的分析和研究。

(一)学习者控制问题

学习者控制（learner control）是网络学习的一个基本前提，指的是学习者在学习的过程中能自己掌控课程的进度、顺序、内容及反馈（Steinberg，1989）。网络可满足学习者对其学习内容、学习时间与路径的不同控制需求，增加互动学习与个别化学习的机会，提高成就感，同时通过自我控制学习内容及顺序提高学习效率。

　　然而，进行长时间自觉的学习者控制有着很大的困难。相对传统学习，学习者在网络学习中注意力更容易不集中，特别是当对学习任务不感兴趣时，常会浏览其他与学习内容无关的内容或网页，与同伴交谈，东张西望，有的干脆就放弃学习任务在网上浏览其他网页等情况普遍存在(Muilenburg & Berge，2005)。网络环境下，由于缺少教师面对面的提示和辅导，资源的组织和管理又是通过超链接的网状组织方式，也很容易导致学习者漫无目标的学习。

(二)网络迷失问题

　　网络迷失(lost in the net)是指面对网络丰富的信息资源，学习者失去或分不清方向，表现为面对网络无所适从，不知道从何着手，不知从何处找到自己需要的信息，或者是对信息的甄别能力不高，使用的信息过期或无效(Camerini，Diviani，& Tardini，2010)。这可以说是学习者控制问题的衍生问题，如何降低学习者的网络迷失已成为网络教学研究的一个重要课题。由于过多的信息内容及链接结构型态，学习者容易在纵横交错的知识网络中迷失方向、不知去处，因而需要耗费更多的学习时间进行学习活动，进而导致学习挫折的问题产生。迷失容易造成学习者有限注意资源的消耗，严重影响学习效果，甚至会导致认知超载的情形。

(三)认知超载问题

　　学习者的工作记忆容量有限，而问题解决和学习过程中的各种认知加工活动均需消耗认知资源，若所有活动所需的资源总量超过个体拥有的资源总量，就会引起资源的分配不足，从而影响个体学习或问题解决的效率，这种情况被称为认知超载(cognitive overload)(Mayer & Moreno，2003)。

　　尽管认知负载问题也不是网络学习的专有问题，但在网络学习中表现得更为突出。由于网络学习中学习者要面对的信息量较传统教学来说更为庞大，在过分强调自主学习的情况下，学习者容易因认知负荷过重而产生信息焦虑的问题(Valentino，Hutchings，Banks，& Davis，2008)。此外，由于学习者在面对每一个节点时都必须做"学什么""往哪里去"的判断，因此在学习过程中，必须耗费大量的心力，也造成了认知负荷过重。

三、网络学习障碍的干预

网络学习障碍研究是一个受很多因素影响的复杂研究。而目前的网络学习障碍研究缺乏全面的、系统的研究体系。缓解网络学习障碍的途径之一就是要寻求学习者个体、认知、外部环境之间的平衡。当前的问题尤以外部环境不能适应学习者学习需要的矛盾最为突出，因此我们对学习者自身及外部环境的改进方面提出了几点对策和建议。

（一）增强在线交互和学习凝聚力

在线交互是一种发生在两个或多个参与者之间，由媒体提供反馈、技术提供界面的同步或异步交流（Muirhead & Juwah，2004）。由于受传统学习观念的影响，学习者习惯了被动接受、不愿交流的学习习惯。网络学习的特点是快速、高效、与时俱进。在学习的同时保持与外部信息的紧密联系，可以实现知识的快速转化（张豪锋，李春燕，2009）。交流的过程也是对知识重构、转化、提升的过程，通过交流可以增强学习者对所学知识的认同感，增强对学习成员的信任度，将个体无意识学习过程真正转化为网络化的学习过程。同时通过交流互动还可以避免学习者孤立感的产生，增强学习凝聚力，强化团队协作意识。

（二）强化对网络认知和网络学习素养的培养

学习者网络认知水平低、学习素养差，是当前网络学习者的普遍现象（Becker et al.，2013）。强化认知水平和学习素养必须从内外两方面入手：对于学习者本身而言，要树立正确的网络学习观，充分认识到网络学习优势，对网络学习产生认同感，进而弥补自身计算机使用技巧、网络学习技巧等方面的不足，逐步适应网络学习方式；对于外部环境而言，要尽量设计开发出易于交流互动的环境和资源，要尽量避免因技术条件限制给学习者带来的不必要的学习障碍。这就对网络学习环境的设计者和网络学习资源的开发者提出了更高的要求。

（三）建立无障碍网络学习平台

网络学习平台为网络学习者提供了学习环境和场所。网络学习平台能最大限度地发挥互联网的作用，提升学习者的绩效，避免网络学习障碍的产生。但现有的网络学习平台数量较少，不能满足学习者需要，且由于诸多原因设置了很多门槛和障碍，使得学习者很难自由地访问。而那些无障碍的学习平台多为论坛，其功能单一，流于形式。学习者很难找到畅通无阻的学习平台。学习者应该利用技术工具中介，更有效地与学习环境中的信息资源和学习社群进行互动（张豪锋，孙颖，2008），以促进学习者的学习绩效。现阶段可以依托高校资源网，首先打破高校间的资源不能互访的限制，建立遍及整个网络的学习平台，将高校间单独使用的网络学习资源加以整合，使得互联网真正做到资源互联、共享。

网络学习障碍的研究受到多方面因素的影响，它将随着网络学习自身的改变以及外部学习环境的发展而不断变化。尤其是网络学习对新技术的依赖程度较高，而引领网络学习的媒体技术、通信技术发展速度之快，可能会对网络学习者造成新的学习障碍，所以研究克服网络学习障碍的对策，必定是一个不断深化的过程。

第十五章

网络心理咨询

批判性思考

1. 网络心理咨询存在的虚假性和非语言信息相对缺乏是否可以通过网络视频咨询来克服？相比面对面咨询，网络咨询是否还是不能使人体验到同等的亲密性，以及同等的自我表露？
2. 我们是否应该运用网络进行心理咨询？网络心理咨询的效果是否优于传统面询形式？在网络心理咨询环境中，我们是否有可能在来访者和咨询师/治疗师之间建立像面询一样的治疗关系？
3. 网络心理咨询与传统的面对面咨询相比，在伦理建设上有什么特殊的要求？网络心理咨询师如何应对网络心理咨询中的伦理问题？

关键术语

　　网络咨询形式，网络心理健康信息资源，网络利弊，咨询关系，咨询目标，目标聚焦，网络心理咨询的效果，网络心理咨询的利弊，网络心理咨询，网络心理咨询伦理，伦理建设，保密原则，知情同意权

　　随着网络的快速发展与普及，网络心理咨询也出现在大众的视野中。依托网络为媒介的网络心理咨询与传统的面对面心理咨询会有哪些异同呢？

第一节　网络心理咨询的类型与特点

一、网络心理咨询的类型

(一)基于心理咨询的形式

　　基于心理咨询的形式，网络心理咨询可分为邮件咨询、网上团体咨

询、网上支持团体以及网上心理健康信息资源。

1. 邮件咨询

邮件咨询提供了一种简短的叙事方式，使来访者围绕问题的焦点进行探索性表达。来访者将心理困扰以邮件形式发送给心理咨询师，心理咨询师针对来访者问题，在限定时间内予以解答。通过这种方式，来访者对自己的问题比以往有了更清楚的了解。邮件形式的叙事治疗比通过邮件进行叙事复杂得多，且在线叙事也涉及正式叙事治疗中的很多技能。邮件咨询有时也用来配合其他形式的心理咨询和药物治疗。越来越多的人喜欢通过网络获得心理援助，这一方式是目前大多数机构与网站常采用的服务形式之一，优点是咨询师有充足的时间考虑并给予详尽解答，缺陷是不能及时回复，而且只有当来访者对电脑适应，习惯通过网络进行沟通，才能取得理想的效果。

2. 网上团体咨询

网上团体咨询是以咨询师为领导者，其他成员通过邮件进行信息交流的过程，也可以通过视频或聊天室进行沟通。网络团体咨询的优势在于，它可以跨越空间，把不同的个体聚集在一起分享经验。网络团体咨询也有其缺点，由于网络的匿名性和随意性，个体间容易产生误解或消极影响的扩散，这些可能会误导来访者，有时网络会突然中断，这会挫伤来访者的积极性。因此网络团体咨询必须要由有一定经验的专业心理咨询师来引导。

网络团体咨询有一个特殊形式——在线家庭治疗。在线家庭治疗可以用于面询的辅助治疗。有些家庭成员由于地理位置不方便面询，网络就成为他们理想的沟通方式。家庭治疗从预约、实施到追踪都通过网上来实现。隐私和保密对在线家庭治疗来讲是非常重要的，因为保护隐私对于支持和维护良好的沟通氛围有着重要的作用。

3. 网上支持团体

网络支持团体包含广泛的人群，涉及问题的种类丰富，这是因为网络可以将不同地区、不同信仰的人联络在一起。这些支持性的团体在特定的时间聚在一起，交流、交换意见。咨询师或专业指导人员在网络支持团体中起着非常重要的作用，他们能够使团体的焦点指向问题的解决和应对，而非专业人员是做不到的。但是担任网络团体的领导者是一件很有难度的事情，因为团体是开放的，成员是随时变动的，有的人可能只是旁观，有的人参与又是断断续续的，所以要求咨询师在担任领导者前，必须有参与网络支持小组的经验。另外，对于网上一些垃圾邮件、敌意评论或欺诈信息要提前做好防范措施，如可以采用会员密码制等。

4. 网上心理健康信息资源

网上心理健康信息资源包括传统的心理健康专业工作人员发放的一些手册，或者通过电话等方式给求助者提供的各种各样的信息和转介服务，也包括如今网上人们互相交流的一些心理健康问题方面的信息，以及非专业人士提供的信息。随着网络应用的推广，许多人逐渐习惯于从网上获取一些有关职业、家庭等敏感问题的信息。尽管网上这些信息不很正式并缺乏依据，但是了解其他人处理同类问题的经验，对自己是有帮助的。

网络信息资源可能存在信息过剩的问题，研究者（Sampson，1998）认为咨询师应当提供可靠和有效的网络心理评估和信息资源，使没有经过任何专业培训的求助者也能有效地使用这些资源。专业人员提出的建议应当详细具体，避免使来访者迷失在网络中。具体来讲，咨询师应指导来访者学会评估网络信息的质量，同时提供一些具体的网址供他们选择。

咨询师的影响力是各种网络咨询模式共同存在的问题。这是由于传统心理咨询中咨询师居家效应的消失，因为面询中咨询师的办公室是一种权威的象征。所以，习惯于传统治疗情境的咨询师在网络咨询中需要调适，由于居家效应的消失，网络来访者对咨询过程的重视程度可能不如面询。咨询师需要不断提高网络表达能力、组织能力和促进沟通的能力，以此来树立自己的威信，促进网络咨询的顺利进行。

（二）基于干预途径

基于干预途径，网络心理咨询可分为以网络为基础的干预，在线咨询和治疗，通过网络操作的治疗软件以及其他的在线治疗措施。

1. 以网络为基础的干预

以网络为基础的干预可分为以网络为基础的教育措施、自我督导的以网络为基础的治疗措施、人员辅助的以网络为基础的治疗措施。

以网络为基础的教育措施通常是指一些包含心理健康信息的数据网站。它们并不要求和用户沟通，而是致力于提供一些信息。自我督导和人员辅助的以网络为基础的治疗措施都是基于网络治疗模型的交流和参与的结构模式。它们的目的是促进来访者认知和行为改变。两者的关键区别在于是否需要额外的人员辅助。典型的自我督导的以网络为基础的治疗措施是由一些模型组成，通过这些模型，用户可以自我交流（如moodgym）。人员辅助的以网络为基础的治疗措施需要一些人力辅助，包括一些提醒措施、与心理治疗师邮件联系以及参与一些论坛或公告栏的讨论。

2. 在线咨询和治疗

在线咨询是经过训练的专业咨询师通过网络向来访者进行治疗干预的过程。可以通过邮件、短信往来以及视频会议来进行咨询。这是一种由电脑辅助的人与人的交流，其目的在于通过干预促进来访者认知和行为的良性转变。

3. 通过网络操作的治疗软件

通过网络操作的治疗软件通过机器人模拟、基于规则的系统、游戏以及 3D 虚拟环境来进行治疗。因为反馈给客户的信息是自动记入系统，人员辅助不足或很少。机器人模拟包括 eliza，1966 年设计的一个可以通过识别输入文本关键词来反馈问题的程序。很快，类似于"第二人生"的虚拟环境被用来治疗焦虑和恐惧症。

4. 其他的在线治疗措施

其他的在线治疗措施包含一些来源于社交网络、在线帮助小组、博客、播客或在线评估的心理辅导。社交网络、帮助小组和播客能够让人分享个人经历以及得到同龄人的帮助。这类流行的社交网站，如脸谱网推动了一些，如 plm 等基于健康的社交网站的发展。在网上，一些有不同健康问题的人通过分享自己的故事和资源来相互帮助。对于这些网站的有效性研究已经出现。

（三）基于咨询师介入程度

基于咨询师介入程度，网络心理咨询可分为浅度介入、中度介入和深度介入。

1. 浅度介入——陪伴、跟随、无条件尊重和接纳

这一类的网络心理咨询，咨询师主动介入程度比较浅，主要提供的是一种情感支持和中立的态度。咨询师尽量少主动提供帮助，而是提供温暖、接纳，以一种非评判的态度进行跟随，使来访者安全地卸掉心中

沉重的情绪包袱，自己恢复行动力量，解决自己面临的问题。这在情绪疏导层面，尤其是严重的情绪危机干预方面应用最广泛。

2. 中度介入——倾听，帮助来访者自我探讨、理清思路、发现问题的根源

这一类咨询，咨询师有一定深度的介入。这不仅要咨询师有基本的理解接纳态度，还需要咨询师更深入地介入，让来访者的情绪具体化，通过澄清、释义、内容归纳和情感反馈等种种倾听的专业手段，引导和帮助来访者发现和聚焦主要问题。咨询师的工作仅止于协助来访者看清问题的实质，发挥来访者自身的力量去面对和解决自己的问题。相当于咨询师在他自我探讨的路上陪同一程，一旦引导来访者看清问题，并且相信自己可以去解决时，咨询师就及时明智地退出。

3. 深度介入——引导深入探讨，促进来访者的心理发生比较深刻的成长变化

这一类的心理咨询，咨询师对来访者问题有很深的介入，不仅要经历情感的接纳支持，对基本情况的了解和澄清，同时当来访者现有的知识和观念达不到一定的深度，难以解决问题时，咨询师通过更加深入地提问、质询、解释、提供信息等深入探讨的手段，促使来访者对自己的困境获得深刻的顿悟，获得心理成长，使问题得到解决。

这一类的介入在引导来访者洞察问题的实质，促使发生心理上的深刻改变，获得较快成长方面特别重要。至于介入多深，并没有一个固定的模式，往往在双方互动的过程中，根据问题的范围、难易和来访者的开放程度，咨询师被邀请介入的情况而定。

(四)基于咨询师与来访者之间的互动方式

基于咨询师与来访者之间的互动方式，网络心理咨询可分为文本互动型、语音互动型、视频互动型。

文本互动型是指咨访双方利用即时聊天软件（QQ、MSN、微信等）、聊天室、电子邮件、网络论坛、博客等进行文本交流互动。

语音互动型主要指通过网络（网络电话、微信语音、QQ 语音等）实现语音交流互动。

视频互动型主要指网络视频会谈、聊天室视频会谈。

（五）基于咨询涉及的人数

基于咨询涉及的人数，网络心理咨询可分为自助咨询、个体咨询和团体咨询。

自助咨询主要是指人机对话，即由来访者与计算机通过问答的形式直接完成，无须咨询师参与，完全由计算机智能操作，当然这只能进行特定的、简单的心理咨询。

个体咨询是指来访者是单个的个体（当然咨询师可能是一个人，也可能是多个人）。

团体咨询是指来访者有多个人，如一个家庭。传统心理咨询一般是"一对一"，即一个咨询师对应一个来访者。在网络心理咨询中，既可以一对一，也可一对多（一个咨询师对应多个来访者），也可以"多对一"（多个咨询师对应一个来访者），还可以多对多（多个咨询师对应多个来访者）。

（六）基于时间周期

基于时间周期，网络心理咨询可分为即时性咨询和非即时性咨询。

即时性网络心理咨询是指咨询师与来访者的交流是同步进行的，咨访双方同时使用网络通信工具（QQ、MSN、微信、聊天室等），在同一时间进行交流互动，包括即时文本交流、即时网络语音交流和视频交流等。

非即时性网络心理咨询也叫延迟性网络心理咨询，是指咨询师与来访者的交流不是同步进行的，具有时间滞后性。最常见是电子邮件，还有论坛、博客的发帖、文字留言等。通常是一方向另一方发送邮件、帖子或者文字留言，另一方要打开固定的邮箱等网络交流工具才能看到并回复。

二、网络心理咨询的特点

在网络心理咨询中，咨询师与来访者不再是坐在一起进行沟通交流，而是以网络为媒介、通过文字或语音等方式进行咨询。因此，不同于传统的面对面心理咨询，在网络心理咨询中会出现一些具有特殊性的问题。

(一)咨询师的自我介绍

在面对面心理咨询中，来访者能够通过样貌、衣着等信息快速直观地对于咨询师的情况做出一个大致的判断。而在网络心理咨询中，由于这些信息的缺失，有时可能会让来访者感到一些不舒服，或者给予来访者大量可供想象或者代入的留白，使得来访者更容易发生移情。咨询师可以通过在咨询正式开始前或在来访者提出要求时，进行简单的自我介绍来尽量避免上述情况的产生，给予来访者一个更加真实、具体的形象。

(二)网络用语或特殊符号的运用

在网络交流中，很有趣的一点就是大家会使用一些当下流行的网络用语或者特殊的符号组成表情来进行交流，在网络心理咨询中难免也会碰到来访者运用这种方式来表达自己的感受。首先，咨询师如果遇到比较陌生的词语或者符号表情，要及时查清意思或者询问来访者，避免错误理解来访者的意思。其次，咨询师不要主动地使用过多的特殊网络用语，以免引起来访者的误解或者对咨询师专业性、职业性的质疑。最后，可以根据来访者的表达习惯适当运用网络用语，拉进关系距离，但注意网络用语也是有时效性和代沟的，可能不同年龄段的来访者所熟知的网络用语是不同的，要谨慎选用。

(三)分心情况

当咨询师和来访者一对一、面对面地坐在咨询室中时，来访者似乎更容易专注投入当下的咨询中。而当双方隔着电脑屏幕和网络分坐在不同的地方时，咨询师却很难帮来访者抵挡住众多的干扰和诱惑。来访者可能会在打字的间隙浏览网页上的新闻，也可能会顺便接听一个刚好打进来的电话，还有可能要和刚刚进屋的家人解释自己正在进行网络心理咨询……当咨询师发现来访者多次出现延时回复、长时间无回复、回复突然变得简短等异常情况时，要及时主动联系询问来访者。如果存在分心的情况，可以就此事与来访者进行沟通和讨论，重申咨询设置问题，要求来访者在咨询期间尽量保证专注度，也可以考虑换一个来访者更加方便、干扰较少的时段和环境进行咨询，如晚上的私人时间等。此外，在咨询过程中，咨询师应该绝对避免上述分心情况，否则会影响来访者对咨询师的信任、阻碍咨询关系的建立甚至使来访者提前结束咨询。

(四)咨访双方回复不及时

在进行网络心理咨询时，很有可能会出现的一个情况就是双方回复不及时，对话与对话之间的时间间隔很长。导致这种情况的原因有很多种，咨询师要主动与来访者进行沟通和解决问题。如果是网络信号不稳定或突然中断造成的，咨询师可以协助来访者解决基础的网络技术问题，或者直接电话联系来访者，看是否更改咨询时间或者改为电话咨询。如果是来访者打字速度较慢或者存在读、写、身体残疾等导致打字困难的情况，咨询师在了解情况后可以调整自己对于谈话的预期速度，耐心等待来访者，并且对来访者在表达上面的不易给予共情和鼓励。如果是由于来访者经常打完一句话后不断斟酌修改，咨询师可以引导来访者更加自由顺畅地表达，或者就这个问题与来访者进行讨论，促进来访者从这一角度对自我进行探索。还有一种可能性是双方都在等待对方继续说话，在这种情况下咨询师可以和来访者进行约定，通过简短的话语如"嗯，我在等你说"来代替沉默的等待，避免今后再次发生这种误会。

(五)聊天记录的运用

聊天记录是网络文字心理咨询所特有的，好好利用可以发挥妙用。对于咨询师来说，可以浏览聊天记录来对咨询过程进行回顾，还可以通过搜索关键词查找到来访者曾讨论过的某一问题再次进行分析，这一优点是面对面心理咨询所不具有的。对于来访者来说，在咨询过程中经常需要面对咨询师提出的一些新的具有挑战性的想法，当这些想法化为文字呈现在屏幕上时，来访者可以更加直观地看到它并进行思考，而不像面对面咨询中那样需要咨询师一遍遍地重复强调。在咨询结束后，来访者也可以通过重温聊天记录来强化巩固咨询效果，这种简便的方法使得他们更有可能花时间去对咨询中谈及的一些问题进行重复的思考和消化。

(六)文字表达方面

在一次 50 分钟左右的面对面咨询中，咨询师和来访者双方可以就大量的信息进行沟通。而在相同时间内的网络心理咨询(尤其是文字咨询)中，双方通过敲击键盘所传达出的信息量就会大大的减少。因此，这就要求咨询师在进行表达时一定要简练，不要有太多无谓的赘述，多使用口语化词汇，并且拼写和语法都要尽量正确流畅，减少来访者在理解上的困难。咨询师还可以多进行一些行为化的表达来弥补非言语信息的缺失，如"听到你的变化我很高兴，如果你在我对面的话一定可以看到我的笑容""你一定哭得很伤心，想递给你纸巾擦擦眼泪"等，这种表达方式也会更利于共情的表达。在咨询中，如果文本样式可以自己设置，咨询师还可以通过改变字体颜色、大小等方式来突出当前对话中的一些重点内容，引起来访者的重视。

(七) 遗忘和更换咨询时间

不同于面对面心理咨询，由于不需要特意外出、不直接面见咨询师本人等原因，网络心理咨询在生活中的"存在感"似乎更低，更容易被来访者遗忘、忽视或者频繁地更改咨询时间。对于这个问题，咨询师首先要有一个明确的认识和正常平和的心态，其次可以在两次咨询间隔中联系并提醒来访者下一次咨询的时间，尽量避免上述问题的发生。

第二节　网络心理咨询的过程和技术

网络心理咨询的过程和技术与面对面心理咨询的过程和技术既相似又有所不同。由于目前国内网络心理咨询的主流方式仍以即时文字网络心理咨询为主，并且视频语音网络咨询与面对面心理咨询有诸多相似之处，所以本章主要围绕即时文字网络心理咨询进行介绍。

一、网络心理咨询的适用性

不同于传统的面对面心理咨询，由于交流平台和交流方式的限制，网络心理咨询对来访者和咨询师双方都有着更特别的要求。第一，咨访双方对于这种新兴的咨询模式的效果要具备信心。第二，具备网络交流能力，如掌握基本的操作电脑技能、能够流畅打字等。这一点对于在日常生活中经常使用电脑的人群并非难事，但对于某些年龄较大或接触电脑较少的群体来说则有些困难。第三，具备良好的文字表达能力。由于网络心理咨询通常通过文字来进行，在沟通中缺少双方的语音、表情、行为等关键性非言语信息，此时文字表达能力的强弱就直接关系到信息把握的准确与否。

进行网络心理咨询的咨询师不仅要掌握心理咨询的基本理论和技能，还要具备随机应变的能力，善于处理咨询中发生的各类突发状况，如网络突然中断等。

由于很多主观和客观原因的限制（如担心接受咨询而引起周围人议论、在口语表达或听力方面有缺陷、所在区域没有心理咨询机构等），有很多来访者不便于接受面对面心理咨询，然而他们可以通过网络心理咨询来解决问题。

二、网络心理咨询的结构

通过研究者对即时文字网络心理咨询的初步实践（周蜜，宗敏，贾晓明，2012），网络心理咨询过程被划分为 4 个阶段，即初始阶段、过渡阶段、工作阶段和结束阶段。

(一)初始阶段

1. 首次咨询

首次咨询的任务主要有如下四点：第一，咨询师的自我介绍及引入性教育；第二，收集来访者信息；第三，评估来访者是否适合网络心理咨询以及与咨询师是否匹配；第四，讨论后续咨询及转介等事宜。

(1)咨询师的自我介绍及引入性教育

不同于面对面心理咨询，在开始网络心理咨询时，通常需要咨访双方先打个招呼，确认一下彼此都处于在线状态，再开始进行后续内容。咨询师应该主动向来访者进行自我介绍，内容包括姓名、年龄、专业资质、从业机构等，这一点在网络心理咨询中是非常重要而且是必要的。由于国内心理咨询尤其是网络心理咨询尚不成熟，民众对其了解程度普遍不高，所以咨询师有必要对网络心理咨询进行一个简单的引入性教育，包括保密性、咨询中对咨访双方的责任权利、与面对面心理咨询相比可能存在的一些限制等。此外，咨询师还可以对所涉及的其他咨询设置问题与来访者进行沟通，如咨询的时间一般为每周一次、来访者尽量在私密性较好的时间空间内进行咨询以及收费标准等。

（2）收集来访者信息

首次咨询中最主要的内容就是收集来访者的信息，尽可能了解来访者前来咨询的原因、存在的问题和症状等，以便于开展后面的工作。

（3）评估来访者是否适合网络心理咨询以及与咨询师是否匹配

在前文中关于网络心理咨询的适用性已经讲过，碍于种种限制，网络心理咨询并非对所有的来访者以及所有的心理问题都有帮助，因此咨询师一定要对适用性进行评估。咨询师对来访者的问题进行初步判断后，还需要对自己的能力与来访者问题的匹配度进行评估，看自己是否有能力帮助来访者更好地解决问题、得到成长。当然，评估是双向的，来访者自身也会对咨询关系的信任度、咨询师的能力资质等方面有着自己的评判和要求。

（4）讨论后续咨询及转介等事宜

评估后，可以在首次咨询的结尾时与来访者共同协商是否需要续约、转介或者结束咨询。

2. 建立咨询关系

咨询关系在心理咨询中有着举足轻重的地位。在网络心理咨询中，可以利用昵称、文本设置等方面来促进咨询关系的建立，同时这些方面的变化也能够体现咨询关系的进展。

（1）如何促进咨询关系的建立

昵称可以体现出一个人的人格特质、当下的心情等，不同的昵称传达出的信息是不同的。咨询师要尽量选用亲切、中性的昵称，传递给来访者一种积极、可亲近、可信赖的信号，并且不要随意更改昵称，否则会破坏整个咨询过程的连贯感以及体现出咨询师状态上可能存在的不稳定感。

在文本设置方面，咨询师所选用字体的颜色、大小等要尽量与来访者匹配，不要字体过大或过小，使得来访者产生不舒服的感觉。

上文所提到的自我介绍也是促进咨询关系建立的一种方式，它能够使得来访者对咨询师有更多的了解，消除陌生感，拉近距离。

通过简短的回应如"嗯""我在听"等向来访者表达自己对他的关注和倾听的状态，传达"在场感"。

(2)如何体现咨询关系的变化

昵称不仅能够将咨询师的心态变化传递给来访者，咨询师也可以利用来访者的昵称变化来觉察到来访者的情绪起伏以及对咨询的态度。此外，来访者的签名档内容也值得咨询师给予关注，更多地了解来访者生活状态，有时还可以就此与来访者进行交流和讨论。

当咨访双方文本设置的字体颜色、大小越来越协调一致时，也能够反映出咨询关系的逐步稳固。

排除网络信号、本身打字速度等因素之外，如果来访者的回复非常及时，并且内容较多、能够完整的表达时，我们就能够感受到来访者的信任感和倾诉欲。反之，如果来访者回复较慢、内容非常简略时，我们则需要考虑是否是由于咨询关系尚未建立好。

打字时不可避免的一种情况就是拼写错别字、发生笔误。有研究者表明，笔误的更正越来越少表示咨询关系建立得较为安全（Wright，2002）

(二)过渡阶段

过渡阶段一般为初始阶段与工作阶段之间的 1～2 次咨询（贾晓明等，2013），主要的任务是推进咨询进程和确立咨询目标。

1. 推进咨询过程

当咨询关系顺利建立之后，要逐步引导来访者围绕求助问题进行更加深入的开放和自我探索，以便咨询师抓住来访者求助问题的核心所在，针对症结进行下一步的工作。

2. 确立咨询目标

确立咨询目标的过程与其在面对面心理咨询的过程基本一致，主要包括收集信息、评估问题和概念化、与来访者共同协商咨询目标这三部分。值得注意的是，咨询目标并非是恒定不变的，而是处于动态变化中的，随着咨询进程的推进，可能会有新问题不断出现，咨询师要不断地对新问题与已有问题、新问题与已有咨询目标之间的关系进行评估和衡量，需要时可以重新与来访者协商咨询目标，以尽量保证当前咨询目标是对来访者解决问题、个人成长最有帮助的。

(三)工作阶段

有了咨询目标，咨询便可转入工作阶段，咨访双方围绕目标共同协作。工作阶段的主要任务有如下四个。

1. 目标聚焦

随着咨询关系的不断巩固，以及经过前期咨询师对来访者求助问题的评估，当进入工作阶段后，咨访双方应该共同聚焦于来访者的某个问题进行更加深入的探索。上文中提到当来访者不断提出新问题的时候，咨询师要对此进行评估，对解决核心问题有益的可以纳入讨论范围，若与核心问题无关则需要和来访者沟通，再次明确咨询目标。此外，当这种情况出现时，咨询师也需要考虑是否是由于咨询关系不够安全所造成的来访者的阻抗。

2. 选择适宜的干预手段

针对同一问题，不同的流派有不同的观点与解决方法，不同的咨询师基于自己的专业能力和受训经验也可以选择不同的干预手段，没有哪一种方案是绝对正确或者绝对错误的。但必须要注意的一点就是，所选择的干预手段一定要与当前的咨询情况相匹配，适合于来访者本人、求助问题以及双方的咨询关系。

3. 咨询的实践效果

心理咨询的长远目标之一就是要让来访者更好地适应现实生活，因此咨询的效果绝对不能仅仅停留于咨询室内，一定要将改变实践于现实，逐步提高来访者的适应力。在咨询过程中，咨询师一般可以通过留家庭作业的形式要求来访者在现实生活中做出一些尝试性的改变，并且在下一次咨询时要对此进行讨论和探索，检验咨询的实践效果。

4. 加深来访者的卷入程度

随着暴露程度的逐步深入，咨询师需要保证来访者对当前咨询的卷入度维持在较高的水平，以避免阻抗或者脱落等情况发生。可以通过以下几点来加深来访者的卷入程度：不断巩固咨询关系，让来访者体验到安全感与被接纳感；聚焦于已设定的目标，与来访者回顾已经发生的改变和取得的进步，并适当表达自己的感受，鼓励来访者继续咨询；提前与来访者约定下一次咨询的时间等。

（四）结束阶段

当咨询目标达成，咨询便可以转向结束阶段。

1. 主要任务

在咨询结束前，咨询师应与来访者一起回顾整个咨询历程，对比咨询前后的认识、行为、感受等方面上的变化，重提其中一些较为关键的信息，便于今后来访者遇到问题时自己应用理论去解决。

对于结束咨询关系，有些来访者可能会产生焦虑情绪，咨询师可以与来访者讨论这种感受，而并非压抑。此外，来访者的焦虑可能不仅源于对咨询师的依赖，还源于对自己能力的不信任。所以咨询师应帮助来访者建立支持体系，和来访者一起积极挖掘自身的资源，让来访者在结束咨询关系后也可以较为顺畅地过渡到现实中，并且可以依靠自身和支持系统的能力去面对今后的问题。

对于未能在此次咨询中解决的问题，咨询师也可以与来访者进行讨论，保护来访者的求助动机和改变意愿，引导来访者利用已学到的知识尝试自己去解决问题。

最后，咨询师要引导来访者对咨询的现实效应有一个合理的期望，如咨询带来的改变很小或者发生缓慢、类似的问题会再次出现、自己的行为有所退步等，让来访者对可能出现的挫折有心理准备，并且鼓励来访者不断改变进步。

2. 如何结束

上文多次强调咨询关系的重要性、加深卷入等，都是为了尽量避免来访者中途脱落、提前结束咨询关系。除此之外，咨询师还应该在咨询前期就告知来访者结束阶段的重要性，引起来访者的重视。

如果之前已经约定好咨询的总次数，可以在最后 2～3 次咨询时告知来访者咨询即将结束，把最后一次咨询用于结束会谈。

如果之前没有约定好咨询的总次数，也可以在咨询目标即将达成前或达成后与来访者讨论结束事宜。

需要注意的是，咨询的结束阶段要尽量平稳的度过，可以通过拉大咨询时间间隔、减少咨询频率的方式来进行，避免太过于仓促或突然的结束咨询，给来访者造成负面的影响。

三、网络心理咨询的技术

无论是面对面心理咨询还是网络心理咨询，来访者求助的问题没有明显区别，因此两者所使用的技术也是相通的。然而不同于面对面心理咨询的是，网络心理咨询对咨询师的要求更高，需要咨询室具备足够多的经验，来应对这种形式中所缺失的一些重要信息，如来访者的语气、表情等。

(一)卷入技术

在咨询过程中，从始至终都需要注意的一个问题就是要不断加深来访者的卷入程度。从咨询开始的第一分钟，咨询师就要运用共情等技术与来访者建立咨询关系，真诚热情地面对来访者，放下评判和指责，无条件地接纳来访者，让来访者体会到在这个安全、温暖的空间里，他是被时刻关注与倾听、被尊重与被理解的。来访者的卷入程度会直接影响到咨询是否会提前中断以及咨询效果如何等问题。

来访者：我上周和朋友去酒吧玩，喝了点酒之后就和邻桌的人起了冲突，我们人多，就把对面一个男孩打伤了，我怕摊上事儿，就赶紧跑了。

咨询师：嗯，我在听。

来访者：那男孩脸被打到了，应该还挺重的，可能会影响他之后几天上学或者上班了。

咨询师：你能体会到这件事给那个男孩带来了很大的伤害和生活上的影响，似乎有一些歉意和内疚。

(二)阶段性推进技术

在每次咨询开始前，咨询师和来访者双方要共同协商本次咨询的主要内容，围绕核心内容了解问题细节。在来访者进行表达的时候，咨询师可以通过反应性倾听及时强化来访者，鼓励来访者积极参与咨询过程，进行更加深层的自我探索。

咨询师：上周过得怎么样？

来访者：还不错，感觉过得不再那么糟糕了。

咨询师：嗯，你的心情有所好转了，这是一个很好的变化。那么我们今天从哪儿开始谈起呢？

来访者：还是表达自己吧……我觉得我并不喜欢表达自己，有时候我觉得向别人表达自己的感受是一件很累的事情……我有时真的不想和别人说话。

咨询师：嗯，自我表达，这个问题很值得我们一起来谈谈。

咨询师："向别人表达自己的感受是一件很累的事情"，这是一种什么样的感受？

来访者：我觉得自己很难掌控这件事情，我不知道别人会对我的话有什么样的想法。

咨询师：有点无力的感觉。

来访者：嗯对，我觉得自己有时候有点脆弱，我很害怕因为自己的话，让别人不喜欢我……

（三）有助益的冲突

在咨询过程中，来访者可能会表现出一些他认知上存在的偏差、错误，或者是一些自身言行相矛盾的地方。咨询师可以通过指出来访者存在的问题，并与相应的咨询技术和心理教育相结合，促使来访者重新思考，进而激发改变动机。这种冲突一定要是有助益于来访者自我成长的，而不是单纯的指责、批评或者发泄个人感情。发生冲突的时机很关键，需要咨询师结合具体情况和自身经验来进行判断。在一段咨询关系中，通常是支持与冲突并存的。如果关系中冲突数量过多、程度过于激烈，很可能会引起来访者的阻抗甚至提前中断咨询。但是如果双方的对话太过于平和，类似于一般的聊天谈话，可能会模糊咨询的性质，难以实质性解决来访者的问题。因此咨询师需要在支持与冲突中寻找到一个平衡点，将咨询维持在一个对来访者最有帮助的状态下。

来访者：我妈妈经常说我，她说我不应该为自己所遇到的这些事情而闷闷不乐、心情很差。

咨询师：不，情绪不好并不是你的错。你只是感受到了你的情绪，没有人可以评判哪些情绪是你应该有的，哪些情绪是你不应该有的。

来访者：嗯？

(四)治疗/教育/训练技术

当发生有助益的冲突后，咨询师与来访者便可以此为重点，进行下一步的咨询。通常咨询师会对来访者进行心理教育，教授理论知识和应对技巧，提供给来访者更多可能的选择。在面对面心理咨询中常用的一些技术通常也适用于网络心理咨询，尤其是认知行为疗法和合理情绪行为疗法等，可以通过文字将技术的核心内容更好地传达给来访者。

新的信息会给来访者在认知、行为等方面带来一定的冲击性和挑战性，很有可能会导致来访者短暂的沉默。这种沉默对于来访者是很有帮助的，尤其是在网络心理咨询中，保留在屏幕上的信息内容会更加直观而强有力地撼动旧观念、强化新观念，加强心理教育的影响力。

来访者：比如，在学校有时候碰到同学，她们没有和我打招呼，我就会觉得她们不喜欢我，很不开心，而且会一直想这件事情，有时会持续很多天。

咨询师：你觉得她们不和你打招呼是因为不喜欢你，所以你有些难过。

来访者：对。我就会一直想大家都不喜欢我，我很孤独，越想越伤心。十次遇到这种事儿，我可能有八次都会自己钻牛角尖，就出不来。

咨询师：你也并不总是那么想，那其他的时候你会怎么想这件事情？

来访者：有时候我心情好，可能这件事儿就过去了，觉得人家就是没打招呼而已，可能她没看见我或者心里想着别的事儿呢没注意到我，我也不会难过。

咨询师：同样一件事情，因为你自己不同的解读，就引发了不同的情绪，是这样么？

来访者：(沉默)好像是这样的，好像只是我自己的想法不同而已。

(五)阶段性总结技术

在咨询过程中，不仅在每次咨询的结束时要对当次咨询进行总结，还可以在进行完一段心理教育后对新教授的理论、技巧进行总结，或者在取得阶段性改变时进行总结。善于运用总结技术，可以使咨访双方持续聚焦于当前的工作内容，关注并鼓励来访者已经取得的进步，还可以将所教授的内容浓缩成更为简练、好记、易实行的原则便于来访者自己学习强化。

咨询师：今天的咨询时间还剩下 3 分钟，我们来一起总结一下好吗？

来访者：嗯嗯，好的。

咨询师：我们今天谈到了你对你的领导很不满，他总是随意更改本周的日程安排，完全不考虑你的事情和你的感受。

来访者：嗯，对，我感觉我不被尊重，这种感觉很不好，而我一直在忍耐。

来访者：但我现在想要去告诉他，我并不希望他一直这样做。

来访者：虽然我还没有采取实际行动，但我已经有这种想法了。

咨询师：嗯，是的，我看到了你的改变。

咨询师：而且我们还回顾了之前留给你的家庭作业，你感觉到这种情绪日记很有效，能够帮助你看到情绪对你的影响。

来访者：是的，我觉得这个情绪日记对我很有帮助，我这周还想要继续记录下去。

咨询师：很好。我们还有什么遗漏的、没有总结到的么？

来访者：嗯，没有了，我们都总结到了。看得出来你真的很用心地在听我说话。

咨询师：嗯，是的。

第三节　网络心理咨询的疗效

网络心理咨询应用的飞速发展，推动着人们对于网络心理咨询效果的研究。在网络心理咨询研究者和实践者的积极努力下，围绕网络心理咨询的效果以及网络心理咨询与面对面心理咨询效果的比较等方面积累了丰富的研究资料。

一、网络心理咨询的效果研究

(一)同性恋个体咨询、网上支持小组、网上互助小组

有研究者详述了他将网络用于男女同性恋者的过程（Shernoff，2000）。该研究证明网络对于实务工作者来说是很实用的，而且它也便于

与经常旅行的人维持关系。不管是男同性恋者或女同性恋者，在面询中他们都会感到被排斥和歧视，而网络为那些担心被歧视而不愿寻求咨询的人以及那些身处异地的人提供了方便。许多感觉到孤独和被排斥的个体都愿意通过网络寻求社会支持。

关于孤独症患者家长邮件小组的研究分析了来自此支持团体的 6000多条邮件信息，结果表明通过 CMC，个体可以传递和感受人际的温暖。参与者通过一些特殊的人物或表情造型，来传递身体的接触或面部表情，如微笑、皱眉等（Huws et al.，2001）。

有人研究了一个由心理健康专业人员发起的网上自助小组，对其中参与者的自我报告的两万多条信息进行了评估，结果表明，非同步的网络公告栏上的对话是有效的（Hsiung，2000）。虽然网络支持小组可能会产生诸如误解的扩散等一些消极影响，但通过一位专业的心理健康工作人员的监督和管理，可以消除这些潜在的问题。一位受过训练的专业人员能够识别负性机制，并且在适当的时候进行干预，从而避免负面影响，维持组员间的相互支持。

在一项包括 4 对学校心理学家和教师的研究中，通过邮件咨询促进了以患者中心的会诊，无论是教师还是心理学家都认识到会诊中的邮件减轻了教师的孤独感，增进了教师与学生工作的知识（Kruger，Struzziero，Kaplan et al.，2001）。

以上研究表明通过网络可以建立良好的治疗关系，虽然这些研究比较简单，但是确实表明可以通过 CMC 进行心理治疗。下面我们将涉足进食障碍的治疗，这一领域的研究揭示了网络治疗的潜在益处。

(二)通过 CMC 进行进食障碍和躯体形象困扰的治疗

文献研究中，人们关注的焦点之一是通过 CMC 进行进食障碍的治疗。很多人认为进食障碍这么复杂和困难的问题，面对面心理咨询都是很困难的，在线干预恐怕更难生效，但是若干研究表明通过 CMC 可以治疗进食障碍。

有研究者聚焦于研究进食障碍者的电子支持小组（Electronic Support Group，ESG）（Winzelberg，Eppstein，Eldredge et al.，2000）。经过 3 个

月的时间，研究者分析了 306 条来自 ESG 的信息，结果表明，这个小组的成员使用了与面对面心理咨询小组相似的帮助策略。成员间互相提供感情的支持、信息和反馈，每个人都是自身问题的专家。但很有趣的是，三分之二的信息发布的时间都在早上 6 点到下午 7 点，这期间来访者进行面询是很方便的，但是他们却选择了网络。有人调查了用邮件配合厌食性神经症的面对面心理治疗，结果发现病人很愿意接受这种治疗方式（Yager，2001）。将邮件用于暴食症的诊断与治疗中也得到了相同的结果，19 个符合 DSM 暴食症诊断标准的来访者在经过 3 个月的邮件治疗后，抑郁值、暴食症状及严重程度都有所减轻（Robinson & Serfaty，2001）。

研究者（Robinson et al.，2001）对 23 个患有神经性厌食症的患者进行邮件咨询，3 个月的追踪结果表明患者在症状、主诉问题和抑郁方面均有显著改善。

研究者对 33 个有超重问题的来访者通过自我监督日记、邮件、论坛等形式进行了行为治疗，与 32 个具有相同问题但只能接受指导性网络信息治疗的来访者相比，行为治疗组的减肥效果显著优于对照组。

研究者对 56 个具有不满自己躯体形象、有不良进食方式以及超重等问题的女性，以软件和在线论坛反馈的方式进行了治疗，结果显示，与控制组相比，在干预结束后以及随后的追踪中，实验组在结果变量上均有显著改善。

以上研究确实表明各种形式的网络咨询对进食障碍者确实有很大的帮助。如果网络咨询对进食障碍是有效的，没有理由相信其他问题不能够采取这样的方式。当然，尽管我们现在还不能决定什么样的个体不适合网络治疗，什么样的问题不适合网络咨询。但是毕竟研究者开始通过周密的设计，对这些问题进行系统的研究。

(三)监狱犯人的心理咨询

有研究者报道了矫治心理学家将视频健康系统用于监狱同室犯人的心理咨询（Peyrot，2000）。该系统采用滞后一秒钟的视听系统。当同室犯人感到很愤怒、很挫败时，视听系统不能及时发现并做相应的处理，这时会出现一些问题，如来访者感到强烈的无助或被咨询师抛弃的感觉。

但是一些问题严重的同室者报道他们还是很满意的，尽管由于网络传输速度缓慢和分辨率低的问题，挫败和愤怒的早期表现不易被精神病学家发现，但是难以对付的犯人愿意接受这种方式，这证明了扩大网络服务的潜在可能，鼓励了网络心理咨询扩展到其他不便面询的人群。

(四)情绪困扰的青少年的研究

研究者指导了 18 位有严重情绪障碍的青少年使用 CMC，然后对 CMC 和面对面沟通进行对比，结果证明 CMC 能够激发情绪障碍的青少年充满感情的、亲密的文字互动(Zimmerman，1987)。在网络环境下他们更愿意以一种积极的方式面对和解决自己的情感问题。研究者还研究了书写模式的作用，结果发现使用文字处理器的青少年比手写者更愿意建立关系和表述自己的心理活动(Zimmerman，1989)。

我国台湾学者张均恒、王智弘(2009)在即时文字网络咨询中运用认知疗法对抑郁情绪患者进行治疗，不仅中度抑郁情绪者状况得到缓解，还对重度抑郁情绪者有支持作用。

研究者(Spek et al.，2007)的综述研究发现网络心理咨询对于治疗焦虑有很好的结果，而对抑郁却没有。然而另一项研究(Anderson & Cuijpers，2009)得出结论，网络治疗对于抑郁的改善也有巨大潜力。他们发现，网络心理干预组效果要显著高于控制组。另一项元分析也表明使用电子设备对有情绪困扰患者进行的治疗，其效果可以与传统面对面治疗效果相媲美，甚至更优(Cuijpers et al.，2009)。

(五)网络心理咨询与面询效果的比较

格利科夫(Gluekauf)等人比较了以视频和面询两种不同方式进行家庭心理咨询的效果。这些家庭都有癫痫病孩子，效果指标包括问题的严重程度、频率以及对治疗的坚持性。结果发现两种治疗方式均有效，治疗方式并不影响治疗效果(Gluekauf et al.，2002)。这说明通过网络将有问题或存在危机的家庭，从偏远的地方连接到治疗环境下进行网络治疗是有效的。那么有其他问题的群体通过网络与有类似问题的人群沟通，必然也能够从中获益。

面询、视频会议和双向音频交流 3 种治疗模式的比较研究表明其差异很小（Day & Schneider，2002）。比较的指标包括亲密度量表、功能性评估、对结果的抱怨水平和满意度评估等。其中只有一项过程变量有显著差异，即求助者的参与水平。在面询的情况下，求助者的参与水平比另外两种情况的任何一种都低。研究者在结论中指出 3 种治疗方式的相同之处大于不同之处。

网络心理咨询和传统面对面咨询的比较研究说明网络咨询是有效的。研究发现，通过网络进行咨询也能够和面对面咨询一样建立治疗联盟（Cook & Doyle，2002；Sucala et al.，2012），在网络咨询中也发现治疗联盟和治疗效果存在一定关系（Sucala et al.，2012）。网络咨询和面对面咨询一个潜在可能的差异来自面询中治疗联盟对治疗效果有更强的作用。

(六)网络心理咨询疗效的元分析

有研究发现，网络在线干预（认知行为治疗、心理教育和行为策略）的效应量大约为 0.53（中等效应量），并得出结论网络干预治疗和面询具有相同或相似的效果（Barak et al.，2008）。这意味着基于网络进行的心理治疗能够有效产生积极的健康改变。此外，这项元分析还发现了一些起到调节作用的因素，包括来访者咨询的问题类型和临床医生采用的理论方法。

网络心理咨询和自我指导的在线治疗干预能够有效地减轻躯体症状和心理痛苦。研究结果显示，网络咨询对于治疗心理问题的效果要好于治疗躯体症状。如果将排除对于躯体症状的治疗，那么在线干预将达到更高的效应量。这表明存在一些情况下使用在线治疗比其他方式更加适合。最大的积极改变，即能产生最大效应量的干预，是对创伤后应激障碍（PTSD）患者实施的网络在线治疗。

在线心理咨询最常用的治疗方法就是认知行为治疗（CBT）（Dowling & Rickwood，2014），其次是心理教育和行为策略。有人研究发现 CBT 是对于网络心理咨询最有效的方法，而行为策略是有效性最低的方法（Barak et al，2008）。这一发现再次证实并支持网络环境中更适合解决心理问题症状而不是躯体症状的观点。

元分析还显示自我指导的网络在线干预和网络咨询在效应量上并没有统计学上的显著差异（Barak et al，2008）。导致两者差异的关键可能在于网络在线干预模块是否是与来访者发生互动的。静态的网页所产生的效果要显著小于那些要求使用者与信息之间发生互动的网页。一个潜在的混淆因素就是互动式的模块更像是由 CBT 的原则所建构的，而静态网页本质上更像是心理教育。

越来越多的研究关注比较面询和网络咨询结合的方法，对于减轻年轻人抑郁和焦虑症状的效果研究（Sethi et al.，2010）。有人将实验被试随机分配到四种条件：面对面咨询、有治疗师支持的在线 CBT、在线和面对面咨询相结合以及控制组。结果显示，对于存在焦虑和/或抑郁症状的被试，在线和面询结合的方式能产生最积极的治疗效果（Sethi et al.，2010）。这意味着使用网络心理干预有利于辅助增强面询治疗的效果。

就网络心理咨询本身来说，有人研究发现治疗效果同步性不显著，但是有意思的是他们发现网络心理治疗存在沟通媒介效应——语音治疗对治疗结果表现出最大效应量，然后是即时消息和电子邮件效应量相近，最后是视频会话和网络论坛，两者效应量相似也是其中最小的（Barak et al.，2008）。目前对于语音治疗效果优于视频会话的原因以及视频会话和网络论坛的相似之处，还不清楚。研究者指出对于同时性和沟通媒介的研究已经存在，但存在样本量比较小的问题。因此今后需要进行更广泛的基于大样本的研究来进一步确认。

总而言之，网络心理干预治疗的有效性随着来访者问题类型，治疗方法和治疗活动与求助者相互作用的多少而不同，在线心理干预的效果能够保持到治疗结束以后（Barak et al.，2008）。这项元分析发现治疗结束时的效果和一个月到一年后的追踪的结果不存在统计学上的显著差异。因此，证明了在线心理干预积极的治疗效果是持久的，并不随着治疗过程的结束而减少。基于这项研究我们更加确信网络心理干预是可以被有效用于治疗广泛的心理问题。

二、网络心理咨询效果的影响因素

网络心理咨询在国内发展迅速，已对面谈心理咨询造成巨大冲击。在网络心理咨询中，咨访双方通过特定的网络地址在虚拟的网络空间中交流，来访者与咨询师之间的互动过程，以及过程变量对咨询效果的影响应有其独特之处，值得深入研究。下面我们从网络咨询模式的人口学特征和适宜群体的外部特征、适宜网络心理咨询的心理问题类型、治疗关系的建立和责任、来访者的身份确认与保密四个方面对咨询效果的影响因素进行分析。

（一）人口学特征和适宜人群的外部特征

1. 使用网络心理咨询的人口学特征

基于已有研究，网络心理咨询在实际的实施过程中，在性别、年龄、教育程度、职业等方面表现出来一定的群体特征。

研究者在一项被调查者对不同类型咨询形式态度的研究中发现，相对于网络心理咨询，他们更喜欢面对面咨询，同时还发现男性比女性更倾向于选择网络心理咨询。这一结论也被另外的研究证实。由此结论可推知，网络心理咨询对于情感表达相对含蓄的中国人，尤其是男性求助者也许更为适合。

台北市生命线协会（2002）对电子邮件服务的个案统计结果显示，来访者年龄层分布中 20～29 岁占比例最大。张德聪、黄正旭（2001）的调查发现，19～30 岁年龄层的个案占网络实时咨询或电子邮件辅导人数的六成左右。

另外两项研究发现，网络心理咨询群体中，教育程度以大学程度所占的比例最高（38.3%）；实时网络咨询中，来访者专科以上学历个案占72%；电子邮件辅导中，专科以上学历个案占 59%。

研究结果显示，网络心理咨询群体中，职业分布以学生为主，占43.1%。而一项对大学生网络心理咨询干预研究结果显示，大多数有心理困惑或问题的学生会担心熟人或朋友知道自己求助心理咨询，而网络恰好可以解决这个问题，其突破时空限制的便利性能够让学生更加轻松地求助，同时也能更加开放地谈论自己的人际关系。大学生更偏好向非正式的社会网络寻求帮助，而非专业健康医疗机构服务。另有研究表明57.6%的大学生愿意接受网络心理咨询。

2. 网络心理咨询适宜群体的外部特征

尽管网络心理咨询存在很多潜在危险，但同时也为那些地理位置偏僻、社交焦虑、身体残疾或担心因寻求帮助、信息或支持而被当作异类的人们提供服务等方面有着难以置信的潜力。

使用网络心理咨询人群的外部特征主要包括身体残疾或生病不方便行动者、因地理位置限制交通不便利者、习惯于通过书写方式表达自己情感者、偏好网络资源并能熟练运用网络者、不容易被主流价值观接纳的边缘性群体、对面对面咨询有排斥或恐惧的群体等。

以上只是根据以往的经验和研究，以及客观原因限制进行的大体分类总结。在具体接待某一个案时，求助者自身的网络水平，以往网络咨询经历以及对网络咨询的态度，对于网络心理咨询的设置、优劣的理解和态度以及有不好的网络心理咨询经历的来访者可能更容易利用网络咨询的匿名和隐蔽性造成一些与实际体验不一致的假象，因此在咨询中需加注意。

(二)适宜网络心理咨询的心理问题类型

适合网络心理咨询的有：关注个人成长和自我实现者，酗酒或物质滥用环境下长大的青少年，进食障碍和躯体形象困扰的来访者，受情绪问题困扰的来访者，广场恐惧症、社交恐惧症以及高离别性焦虑障碍者，有某类特殊物体恐惧和创伤后应激障碍的来访者。

1. 关注个人成长和自我实现者

贾晓明研究团队的研究结果显示(2012)，使用即时文字网络心理咨询的来访者，他们的问题多为个人成长和自我实现。他们在人际关系、学业发展、情感发展方面遇到一些困扰，但没有临床症状，他们希望通过对这些困扰的探讨，促进更多的自我了解和更好的自我发展。而实际的网络咨询服务也较好地能够达成这一咨询目标。

有研究者在探讨网络咨询的优势与不足时提到，网络可能是那些具有非临床显著性问题的人获得帮助的一个很好的途径，这些人的问题往往在正常范围内，能从面对面咨询中获益，却由于社会舆论、经济压力以及不方便寻求专业帮助而无法从传统的心理卫生体系中获得帮助，网络可以为这些人提供一个方便、私密的方式去寻求心理咨询帮助。

2. 酗酒或物质滥用环境下长大的青少年

从小生长在酒精或其他物质滥用家庭里的青少年自小就需要发展出一套策略适应当时的环境，但这些策略在他们长大成人的过程中却成为阻碍他们成长的、功能不良的策略，因此在他们成长过程中往往有着很多的情绪、心理和社会等方面的问题。如缺乏信任感、低自尊、不断寻求别人的认可、不切实际的高标准、完美主义倾向、不良的自我意象、过度负责或不负责任、难以发展正常的人际关系、不必要的撒谎、冲动行为、表达情感困难、缺乏对正常生活的了解等。而往往一些不合理的信念和规条是导致其适应不良行为难以自愈的根本原因。

目前，对于这类群体的治疗有行为疗法或认知行为疗法，网上也有很多自主资源。这些都可以充分发挥网络心理咨询本身所具有的隐匿、便利，以重复阅读、浏览的特点，一方面降低来访者对于求助的防御和恐惧，另外，由于具有相对明确的可以工作的地方，咨询师可以有条不紊地在其商讨制定的架构下工作，书写的方式可以将来访者与咨询师的互动和建议外化，从而有助于来访者反复阅读以将健康积极的态度和方式内化。

3. 进食障碍和躯体形象困扰的来访者

通过网络咨询对于这类问题求助者的不合理信念进行的干预，具有同面对面咨询同样的效果。一些网上调查研究以及与肥胖有关的自助论坛可以在即时文字网络咨询过程中提供给求助者，这也许在时间上更能够与来访者内在的变化进行契合，来访者在咨询师的陪伴下会更有耐心地浏览这些信息，并在接受信息的过程中即时地将自己的困惑和感受与咨询师进行探讨，即时得到反馈，起到更好的作用。

当然对于躯体形象有困扰者（肥胖、进食障碍），面对面咨询也会增加他们的羞耻感，会阻碍他们寻求帮助，而网络咨询可以使他们避免因见面带来进一步自我躯体想象的困扰，不用考虑咨询师如何看待他们的躯体形象，而更专注于咨询本身。

4. 受情绪问题困扰的来访者

这类求助者往往在情绪、情感的口头表达方面存在一定的困难，他们大多通过付诸行动的方式来表达自己愤怒、脆弱等情绪，网络咨询则将他们付诸行动的对象"移走"，客观上避免了自伤和伤人的可能性。而且，如果他们喜欢网络的话，则更容易让他们直接表达自己内在的感受，促进自我暴露，有助于咨询关系的建立。

5. 广场恐惧症、社交恐惧症以及高离别性焦虑障碍者

有研究表明，相对于面对面咨询，在线聊天咨询方式对于降低来访者自身以及其对评估和咨询师的焦虑具有明显作用。网络咨询在客观上给患有焦虑障碍的来访者提供一定的便利，能避免面对面咨询带来的强

烈不适的感受。

　　一项对恐惧症的研究显示，尽管有证据显示对于这类障碍的治疗很有效，但只有 25% 的人去寻找某种形式的治疗。出于地理位置、经济方面的客观原因是影响人们去求助的因素。网络咨询可以从客观上避免这类情况的出现。而治疗效果方面，有研究者对恐惧症的研究表明，网络自主程序配合邮件咨询对于这类障碍的治疗效果与面询一样。

　　6. 有某类特殊物体恐惧和创伤后应激障碍的来访者

　　对患有特殊物体恐惧和创伤后应激障碍的来访者来说，害怕某类物体以及头脑中反复闪现某个图像、场景往往是他们的症状。而针对这类症状的来访者，通过网络咨询可以更好地将脱敏指导语书面化、具体化以供他们反复阅读和练习。同时可以将一些网站或论坛信息以邮件形式即时传递给来访者，用以辅助治疗。

　　7. 不适宜群体

　　有些来访者不适合网络心理咨询，必须要进行面询。例如，有自杀或他杀念头的来访者，生命处于危险的来访者，有受虐或暴力倾向历史的来访者，具有思维障碍、出现幻觉的来访者以及有药物或酒精滥用的来访者等。此外具有较少的计算机和网络经验、知识的个体也不适宜网络心理咨询。

(三)治疗关系的建立和责任

　　心理治疗努力的核心就是相信一段满意并负有责任的治疗关系，会让来访者产生认知、情感和行为的改变(Holmes & Lisndley，1989)。面对面咨询中已经表明，早期治疗性的联盟没有建立或建立失败，非常有可能预示整个治疗的失败(Gelso & Hayes，1998)。很多研究已经证明，在面询中工作联盟或治疗同盟的建立对于治疗取得成功非常重要。因此对于网络心理咨询一个重要的挑战就是通过 CMC 创造同面对面咨询一样有意义的关系。

　　网络心理咨询中非言语线索的缺乏并不会影响良好咨访关系的建立。研究表明深层的感情沟通并不一定要面对面，当传统的非言语情感线索被剥夺的时候，人们会创造一些代用物，通过一些独特的人物造型和表情，来传递身体的接触或面部表情，如微笑、皱眉、拥抱等。一些研究者认为通过语言的强度、即时反应和内容方面的变化，或通过词汇的变化也

可传递感情等信息，并不一定要通过面对面的接触（Bradac，Bowers，&
Courtright，1979）。即使不能看到对方，但是通过人们使用的词汇和打
字方式，完全可以感觉到他们当时的感受和想法。在聊天室，颜色、笑
脸、字母的重复、字形、字体、标点、间距等，都能用来帮助传达对方
的感觉、个性及背景等信息。实际上非言语线索对沟通的影响有时是积
极的，有时会是一种干扰。外貌、姿势、语音和语调以及目光的接触可
能为咨询师提供有用的线索，也可能产生误导、混淆、分心、胁迫或加
重负担等消极作用。咨询师的非言语行为对求助者也会产生同样的作用。
特别是对一些特殊来访者或有些特殊问题，面询中非言语行为的积极意
义很小。网络咨询师完全可以将不能面对面带来的弊端转化为咨询的有
利条件。据一些来访者表示，与面对面的交谈相比，网络咨询时他们自
我意识减弱、拘谨的感觉减轻，能更好地表达自己。咨询师也表明网络
沟通时他们更能集中注意力，而且在对来访者进行反应前有时间去思考，
回应更有效（Hamilton，1999）。

　　一些研究者认为网络会破坏人际的亲密感，但是当来访者有足够的
时间，通过 CMC 也可以建立良好的人际关系，并不比面对面沟通缺乏
人性化（Walther，1996）。CMC 和面对面沟通进行比较的研究发现，两
者主要的不同之处是建立关系的速度，这种不同影响到 CMC 和面对面
沟通中印象形成过程的不同。但是随着时间的推移，CMC 形成的人际
关系强度逐渐和面对面沟通一样。已经证明有时 CMC 形成的人际关系
强度确实超过面对面沟通形成的人际关系强度，被称为"超人沟通"。一
些来访者表示他们会在头脑中创造了一个可以帮助他们的理想的咨询师
形象，而且网络使人放松，不拘束，容易敞开心扉。这种机制使得网络
咨询有很多的不同，但是并不影响治疗效果。在富有创造力的咨询师手
中，通过网络可以进行更有效的咨询，或至少与面对面咨询效果是一
样的。

　　另外，一些使传统咨询师不喜欢网络咨询的原因是，除了要学习新
的词汇系统外，他们认为网络来访者很容易控制这些沟通的技巧，听不
到声音、看不到人影，所以对方很容易撒谎，也极易导致误解。但是对
于一个自愿付费的、急于治愈的来访者，有何理由要撒谎？而恰恰相反，
将自我暴露和诚实的控制权交给来访者，往往使对方能有充足的时间思
考，并且他会努力使每一条信息都能准确地表达自己的想法。不可避免

误解的澄清也是具有治疗功能的。

通过以上分析，我们可以得到这样的结论：没有面对面线索的帮助，通过 CMC 也能够建立真诚、尊重和共情的咨访关系。

（四）来访者身份确认与保密

网络沟通匿名性的特点使得网络沟通更直接、更放松，因此也特别适合于那些不善于坦露个人隐私或敏感性问题的来访者。但是实际治疗过程中需要确认来访者的身份（Kraus，2004）。其原因有两个，一是安全性的考虑。在治疗过程中治疗师有责任保护来访者不受到伤害，有时需要联系来访者的家属、医院等机构，所以他必须与来访者建立真实的联系方式。二是身份的确认可以避免双重关系。因为双重咨访关系会影响治疗效果。

来访者年龄和身份的确认需要咨询师很细心。但是如果来访者不想向你透露，你又该怎么处理？电脑方便寻求帮助，也便于撒谎。一些咨询师要求来访者亲自来诊所，确认身份，并且签署知情同意书。确认身份是很实际的，但是也可能因此将一些来访者拒之门外。在有关规定出台之前，咨询师必须在帮助来访者和保护自己之间寻找平衡点。

同面对面咨询一样，保密原则在网络咨询中也是相当重要的。加密是强有力的网络保密工具。信息发送者在信息发送前用一个软件将其打包。接受者只有用同样的软件和密码才能打开进行阅读。尽管任何一台电脑或服务器都有可能被攻击，但是对于每天 21 亿封电子邮件来讲，如果咨访双方都用了加密，这种被泄露的可能性是微乎其微的，与在办公室被窃听或文件被盗的可能性差不多。电脑安全问题在网络咨询出现前就已经得到很好的解决。不管治疗传递的方式如何，对于一个很正规的心理健康服务机构来讲，来访者的资料会很安全地存放在电脑服务器上（Alleman，2001）。像加密这样的安全技术是免费的，但是很多人还是认为它不方便，这样可以使用化名的方式。对网络从业者来讲声明网络心理咨询的局限性和书面的不承担责任的声明是很重要的。保密问题最终取决于从业者在多大程度上能让来访者了解保密原则和自主选择保密方式。让来访者知道如何保证其资料的安全，以及让他知道不应该在他人的电脑上接受私密治疗，都是很重要的，可以避免一些麻烦的发生。有关保密的另一个问题是不对等性，保密对咨询师来讲是必需的，但是对来访者来讲却没有相应的限制。咨询师的话可能出现在任何地方，诉讼材料上、出版物上。所以，从业者也应当考虑与来访者讨论互相保密的问题。

第四节　网络心理咨询的伦理问题

一、网络心理咨询伦理的建设

伴随着心理咨询行业的发展，伦理问题的研究显得越来越重要。心理咨询师在面临伦理困难时能否做出正确的决策，不仅直接影响对来访者权益的保护，而且也关系到心理咨询与治疗事业的健康发展。进入21世纪以来，网络心理咨询中的伦理问题成为国外心理咨询与治疗伦理研究领域新兴的热点。由于网络心理咨询是伴随网络繁荣而出现的新型咨询途径，所以涉及的伦理问题研究还相对较少（高娟，赵静波，2009）。

所谓网络心理咨询的伦理，是指网络心理咨询师应该遵守的道德规范和行为准则（崔丽霞，郑日昌，滕秀杰等，2007）。网络心理咨询伦理一方面可以维护来访者的权益，另一方面使网络咨询师在遇到两难情境时有据可依，同时还可以规范网络咨询师的行为。

随着互联网的高速发展，网络已悄然渗透到心理咨询的专业领域，网络心理咨询的发展给心理咨询行业带来新的契机的同时，也迫使心理咨询从业者和研究者不得不应对网络心理咨询事务中逐渐暴露出来潜在的各种问题。因此，网络心理咨询伦理建设就显得尤为重要。

第一，当前的伦理规范大多是宏观的指导原则，很少有专门针对网络心理咨询中的特殊问题而提出具体的行动依据。

第二，对于网络心理咨询中存在的特殊分类，没有做出更加细致的划分。网络心理咨询的形式多种多样，可以从图文声像等多个角度进行。然而当前的所有伦理规范只是泛指网络心理咨询，没有专门针对文字或视频网络咨询的不同特点分别做出更为细致的规定（安芹，贾晓明，郝燕，2012）。

第三，目前我国网络心理咨询的实践还处于专业化起步阶段，存在专业界定模糊，咨询师专业素质良莠不齐和缺乏实践研究等问题。

基于以上问题，开展网络心理咨询伦理建设具有非常重要的意义。首先，制定具体的指导原则和规范，可以在保障来访者最大权益的同时促进咨询师的专业发展，提高网络心理咨询师的职业认同感和责任感。其次，规范网络心理咨询实务中的特殊问题，有助于规范网络咨询关系，使咨询师在遇到特殊情境时有据可依，从而提供更加专业的服务。最后，对网络心理咨询的专业属性、咨询师的从业资格等进行严格规定，有利于促进网络心理咨询行业的专业化发展。

二、网络心理咨询的伦理要求

纵观国内外文献，结合网络心理咨询的实践研究，在美国全国注册咨询师委员会(NBCC)制定的网络心理咨询伦理 13 条守则的基础上，从我国发展现状出发，总结出以下伦理要求。

(一)咨询的优势与局限性需要告知来访者

网络心理咨询与面对面的心理咨询相比，具有匿名性和便捷性等特点。首先，网络心理咨询可以帮助来访者摆脱时空的限制，随时随地与身处异地的咨询师取得联系，寻求帮助。其次，一定程度上减少了来访者的旅途费用，降低了咨询成本。同时，对一部分不便于采用面对面咨询的来访者(年迈的来访者、残疾人等)提供了帮助。最后，网络心理咨询的匿名性，对于一部分来访者来说减少了自我暴露中的阻抗，可以更好地剖析自己，有利于心理问题的解决。

网络心理咨询同样存在着一定的风险，并不是所有人都适合进行网络心理咨询。例如，有自杀或他杀念头的来访者，生命处于危险的来访者，有自杀、受虐或暴力倾向历史的来访者，出现幻觉的来访者以及有物质或酒精滥用的来访者等。此外，对计算机知识了解相对较少的来访者也不适合进行网络心理咨询。一旦咨询师发现来访者的问题类型不适宜进行网络心理咨询，或者是来访者的问题超出了咨询师的服务范围和能力范畴的时候，要及时做好转介工作。

网络心理咨询中，签署《知情同意书》同样是必要的环节。在初次咨询前，网络心理咨询师有责任向来访者进行自我介绍以及咨询设置的介绍，并澄清来访者与咨询有关的问题，并在此基础上签署《知情同意书》。在《知情同意书》中必须明确网络心理咨询的保密性以及例外情况。《知情同意书》应包括以下两点。①网络咨询可能的优势和劣势，包括易于安排、时间管理方面和不会产生交通费等优势，以及缺少试听线索和经由技术而带来的保密限制等劣势。②对于保密与科技问题，加密（加密的使用事项以及因更改时间和取消治疗而使用的非加密方法），咨询师作为咨询记录的所有者（包括文本、笔记和电子邮件和聊天记录），文件储存程序（告知来访者咨询记录的存储方式和时间期限，所有的步骤要遵守相关法律和专业团体的要求），隐私保护政策。

(二)身份的确认

网络心理咨询是一种非面对面的咨询方式。从专业要求来讲，咨询师必须以真实身份出现，而来访者也必须提供必要的真实信息，这是网络心理咨询发生效果的关键因素。

匿名性是网络心理咨询的一大优势，尤其是对于不愿暴露个人隐私的来访者来说，隐藏个人信息的交流可以增强其自我表达的安全性，使沟通过程更加轻松顺畅。尽管如此，在网络心理咨询过程中仍然需要确认来访者的身份(Kraus，2004)。双方身份的确定可以更好地保护来访者的安全，特别是对于来访者是未成年人或处于危机状况时，咨询师可以及时联系来访者的家属和医院等机构。此外，网络心理咨询的效果不仅依靠咨询师的专业水平，更是取决于来访者是否真实、全面地提供了求助信息，如果来访者对一些基本信息进行了隐瞒，将会影响到咨询师进行整体的评估和诊断，从而影响咨询的有效性。

尽管是在虚拟的网络中进行咨询服务，但是站在来访者的角度上，明确感受到自己在与一个真实的个体建立咨询关系是非常重要的。因此，咨询机构可以在相关的网络平台上，提供咨询师的个人信息、教育背景、培训经验和相关资格证书等信息，方便来访者查询咨询师的从业资格。具体需要在网站上呈现的信息有以下几个方面。

第一，危机干预信息。来访者可能会通过网站搜索寻求即时的帮助，所以咨询师在网站上要显示危机干预信息。

第二，咨询师的联系方式。电子邮件、通讯地址和电话号码等。不建议咨询师采用家庭住址和私人电话。同时咨询师需要向来访者说明等待电子邮件或语音回复的可能时间长度，最好是两个工作日以内进行回复。

第三，咨询师教育信息、资格证书和学历信息。咨询师应该列出学位证书、职业资格证书以及相关证书的编号，如果专业协会有相关的证书查询网站也应该在网站上列出查询链接。咨询师也可以考虑列出其他与心理健康相关的信息。

第四，咨询师最好把《知情同意书》的全部或部分条款以网页或可以下载的文件的形式在网站上提供。

第五，治疗和付费信息以加密的方式发送，向来访者解释网站上的邮件和聊天程序是嵌入在网站中的还是使用第三方平台，同时也要明确说明付费方式。

(三)关于保密性原则

网络没有绝对的秘密可言，这对于在保密性和安全性方面有特别要求的网络心理咨询来说是一个无法回避的难题。作为网络咨询师，出于保护来访者利益的需要，对网络中保密性的考虑应该永远放在第一位。

来访者个人资料的保密与安全是网络心理咨询伦理建设面临的困难之一。由于咨询是通过网络展开的，来访者的资料都储存在计算机上，因此黑客和电脑病毒的入侵可能会导致资料的破坏或遗失，一旦资料泄露，这会对来访者造成很大的影响。为了最大限度地减少信息泄露，咨询师应该尽量选择安全性高的咨询网站和加密软件，并对计算机设置密码。咨询师同时还有责任提醒来访者注意隐私保护，包括密码设定和资料加密等。具体可做的有以下几种。①加密。咨询师需要了解如何获得加密服务来存储记录和沟通。记录可以存储在第三方的安全服务器上或者是加密文件的硬盘上。②资料备份。咨询师应该把储存在硬盘上的资料备份在外部硬盘上。③密码加护。设定二级或三级密码，密码最好使用中英文文字和符号混合，不宜太过简单。④防火墙和杀毒软件的使用应谨慎。

咨询师有伦理上的责任确保来访者的信息不泄露给非权威机构，在确实需要与其他网络咨询机构分享来访者的相关资料时，必须遵循符合专业伦理的信息透露程序，同时必须采取必要的措施以保障资料的安全。

与面对面咨询相似，网络心理咨询也存在着保密例外。当来访者是未成年人时，咨询师有明确的义务通知其父母、法定监护人或其他责任人，征得其同意才可以进行咨询服务。此外，当咨询师意识到来访者有自我伤害或伤害他人的意图时，应当在尽量完整的收集资料以及对危机进行评估的基础上，第一时间与相关组织进行联系，尽最大努力阻止危险的发生。

(四)明确来访者的知情同意权

网络心理咨询师应该公开一个有关知情同意政策信息的网页，使来访者随时可以获得有关知情同意的信息。这意味着来访者首次咨询都需要阅读并认可这些规定，或者给每个新的来访者自动发送一封同样内容的电子邮件。即使不是每页都有，至少在主页上应该有一个可以看到有关信息的链接。重要的知情同意大致包括以下内容。（崔丽霞，郑日昌，滕秀杰，谭晟，2007）。①明确该网络咨询师服务的性质是心理治疗还是心理教育，以免误导来访者。②承认网上治疗试验性的本质。③公示咨询师的学位和执业资格，指导来访者查看咨询师证件。④来访者需要提供身份和住址证明。⑤警示保密性和私密性方面的局限和例外，提出提高安全性的建议。⑥告知来访者咨询师回复邮件的期限以及来访者返回邮件的期限，同时要告知来访者如果一定的时限内得不到回复该如何处理。⑦应该提供适当的政府、协会以及部门办公室的电话号码和住址，供来访者随时投诉未达到管理机构要求的心理服务。⑧规定除了咨询师以外，哪些人在什么情况下可以阅读来访者的电子邮件，或给来访者发邮件。

其他的知情同意问题有如下内容。①网络中断时如何进展：告知来访者如果咨询中断下一步应该怎么做。②紧急联系方式：咨询师要提供特殊信息，包括危机状况下与谁联系，对咨询师可能不知情、不能参与的情况下的危机电子邮件要设定特殊规定。咨询师要调查收集来访者当地的资源(紧急求助、报警电话等)作为危机的支持性资源。③可能影响治疗的文化特点：咨询师要讨论可能会影响咨询服务的文化差异等。④双重关系：

咨询师要与来访者讨论建立网络咨询关系预期的界限和期望。为保护咨询关系的单一性和咨询的保密性，咨询师要告知来访者任何形式的友谊，生意往来以及社交网站中的回复要求都会被忽略。如果咨询师收到这样的要求之前没有告知来访者这些界限，咨询师也要忽略这些要求，并在随后与来访者的咨询中进行解释。

(五)网络心理咨询师应该具备专业能力和技能

首先，具备专业能力是心理咨询师最基本、最重要的伦理责任，这一点对于网络心理咨询师也不例外。

网络心理咨询机构应当对其咨询师的职业资格和能力进行严格的把关，同时网络咨询师应该完成相应的培训和资格认证。虽然说网络心理咨询的本质还是心理咨询，但是沟通方式的改变体现了网络心理咨询的独特性，即使是具有丰富经验的咨询师，从事网络咨询也未必能做到游刃有余，因为网络咨询需要咨询师使用与面对面咨询不同的方法和技术，因此咨询师在从事网络心理咨询之前需要通过一定的专业培训和基础知识的学习。①参加正规培训：咨询师可以通过大学或专门的培训机构寻求正规培训，参加过的正规培训应该呈现在咨询师的网站上。②非正规培训：寻求继续教育、专业发展、参加研讨会等。③书籍：阅读专业书籍也是提升自身专业素质的一个途径。④阅读经同行评议的最新理论和文献。⑤临床或同行督导：咨询师不能独立实践时，要寻求临床督导，所有通过技术提供服务的咨询师都可以寻求临床或同行的督导，督导可以通过面对面的方式，也可以通过加密的方式进行。

不同于普通心理咨询的咨访关系，网络心理咨询师与来访者是建立在虚拟网络的基础上，在缺乏语言和肢体交流，素未谋面的基础上建立的咨访关系，这种咨访关系是否能够等同于面对面的咨询，如何牢固这种关系，都需要咨询师使用特殊的方法和技巧，如语音语调、语气词、文字表情符号的使用等。同时咨询师还需要学习应对网络咨询关系中发生的一些特殊问题，因为网络咨询中移情和反移情更为突出，而且复杂多变。

其次，网络心理咨询是以电脑为载体的心理咨询，因此咨询师应该掌握足够的计算机和网络使用技术，才能保证咨询过程的顺畅。咨询师应该具备一定的键盘操作能力和文字输入能力。具有一定的文字输入能力在在线咨询中尤为重要，错别字的出现，不能进行及时反馈等问题都会造成不必要的误会和猜疑，从而引发来访者的负性情绪。网络心理咨询师应该掌握一定的计算机知识和技能，包括软件的使用和简单故障的处理等。同时，出于计算机和网络安全问题，咨询师还要保证防火墙和杀毒软件的更新，以防止木马入侵。具体来讲，包括硬件、软件和第三方服务。硬件：咨询师应该熟悉工作使用的计算机基本运行平台，与软件系统是否匹配等。软件：咨询师需要了解基本的软件下载与升级维护等。第三方服务：咨询师提供使用电话和住址的第三方服务，作为其他的与来访者的联系方式。

最后，网络心理咨询师要有敬业意识。敬业是指咨询师将来访者的需求视为首位，并倾尽全力帮助来访者。要求咨询师在咨询过程中保持高度专注，以来访者利益为中心，不断提高自己的专业素质，如果发现自己的能力不足以胜任，应该及时做好转介工作。

(六)咨询师接案和评估

接案和筛查工作在与潜在来访者的最初接触时就开始了，咨询师要对来访者进行正式和非正式的测量，以审核来访者是否适合通过网络接受心理咨询。

咨询师需要在开始时通过提问评估来访者使用网络的技能水平，提出的问题不仅限于对来访者网络使用经验方面，如电子邮件、聊天程序、社交网络，网上支付、网络电话等，还必须确保来访者的网络平台与治疗所用的平台和程序兼容。

在与来访者最初联系中，咨询师还要通过交谈来评估来访者的语言技能，还要评估语言障碍、阅读和理解技能、文化差异等。

咨询师还要通过评估确保来访者呈现的问题在咨询师的胜任能力和资格范围之内。通过正式的问卷和初次交流还要对来访者自杀、杀人的危机进行筛查。

咨询师通过询问来访者的个人信息来确认身份，来访者一定不能是匿名的，必须提供作为紧急联系的最低限度的信息，包括真实姓名、家庭住址和电话号码。未成年人必须通过父母的同意来确认身份。

要特别说明有关精神稳定的一些问题。例如，来访者目前是否有幻觉、妄想或者主动使用酒精、药物等。此外，有些医疗或身体问题可能阻碍心理干预而需要使用其他治疗方式。例如，损害打字能力的残疾使得基于文本的网络聊天交流不可行。

(七)网络心理咨询的广告与收费

与面对面咨询一样，网络心理咨询在广告与收费方面同样要遵守伦理中的相关准则。

广告必须真实、准确，咨询师必须考虑普通人是如何理解广告信息的。对于咨询师的介绍，应该真实而准确，避免不实宣传，咨询师的经验介绍也要尽量具体化，应当使用标准化量表施测。

在收费方面应该提前告知来访者收费标准，同时考虑来访者的经济能力，禁止收取转介费用。

═══ 拓展阅读 ═══

美国全国注册咨询师委员会制定的网络心理咨询伦理守则

1. 在实施网络咨询与督导时，应审阅现有的法律规定和伦理守则以避免违犯。

2. 应告知网络当事人有关网络使用的安全措施，以确保当事人/咨询师/督导间沟通的安全性。

3. 应知会当事人有关每一次咨询的资料会被如何保存、保存多久的信息。

4. 网络咨询师或网络当事人不易确认对方身份时，应采取必要措施以避免冒名顶替的状况，如使用暗语、数字或图形等以利辨识。

5. 当在网络上咨询未成年人时，父母/监护人的同意是有必要的，应对父母/监护人的身份加以确认。

6. 在与其他电子资源(网络机构)分享网络当事人的有关资料时，应遵循适当的资讯透露程序。(因为在正式或非正式的转介过程中，网络上资料信息的传送极为方便，咨询师应采取必要措施与程序以确保咨询资料的安全）。

7. 网络咨询师对网络当事人的自我表露应谨慎，揭露应有适当程度。（网络咨询师亦应有自我保护的概念）。

8. 应与适合的咨询师资格鉴定团体和执照委员会的网站有所联结，以保护消费者的权益。（应作链接，以供网络当事人查询咨询师资格和提出服务不当和伦理的申诉之用，以确保当事人权益）。

9. 应联系全国心理咨询师委员会（NBCC/CEE）或者网络当事人所居住的州或省的执照委员会，以获得在网络当事人所住的地区中至少一位可联系到的咨询员的名字。（咨询师应联系当事人邻近地区的咨询师，以取得其同意担任必要时当事人就近求援的对象，同时亦应提供给网络当事人其邻近地区危机处理电话热线的号码）。

10. 应与网络当事人讨论当网络咨询师不在线上时，如何联络。

11. 网络咨询师应在网站上提醒当事人何种问题是不适宜于使用网络咨询的。（性虐待、暴力关系、饮食失常及已有现实扭曲症状的精神疾病等）。

12. 应对当事人解释由于网络技术的缘故而造成误差的可能性。（双方所处的时区不同，因网络的传输而造成传送与回复资料的时间延迟等）。

13. 应对当事人说明由于缺乏视觉信息，而造成网络咨询师或当事人彼此间产生误解的可能性及其应对之道。

第十六章

网络与消费

批判性思考

1. 人们为什么从线下走向线上进行购物，面对虚拟的网络世界，你认为是哪些心理因素促成了当今网络购物的流行？电子商户要吸引消费者，又可以使用哪些"高招"？

2. 从购物环境来看，传统环境下的营销信息（广告、名人等）在互联网环境下日渐式微，而消费者之间的影响力则不断增强。那么，在网络环境下消费者又是如何受到其他消费者影响的呢？

3. 网络购物会给消费者带来哪些价值？为什么生活中那么多人喜欢网络购物，甚至有些人沉迷其中不能自拔，出现了强迫性网络购物？

关键术语

网络购物，人际影响，口碑效应，跟随效应，消费者价值感知，感知利得，感知利失，交易界面，网络促销策略

随着互联网科技的普及，各种形式电子商务日益繁多，订餐馆、入住酒店、买电影票以及网购日常用品等，消费者在逐渐通过网络养成消费的习惯。电子商务（electronic commerce）是随着计算机和互联网技术的发展而出现的一种新经济模式，其因交易双方的性质不同又分为三种模式：B2B 电子商务（Business to Business，企业面向企业）、B2C 电子商务（Business to Customer，企业面向消费者）、C2C 电子商务（Consumer to Consumer，消费者面向消费者）。对消费者来说通常意义的电子商务就是网上购物，即通过网络购买商品或享受服务。

1998 年 3 月，我国第一笔网上交易成功，标志着电子商务的开始。

CNNIC 在 2012 年的报告显示，近年来网络消费数额越来越大，网络购物交易规模从 2007 年开始呈现稳步快速增长趋势，年均增长 70.8%（相关数据如下：2007 年 462.6 亿元，2008 年 893.5 亿元，2009 年 1978.5 亿元，2010 年 3839 亿元，2011 年 6719 亿元）。随着我国互联网的普及、农村市场的开拓必将推动网络购物的迅猛发展，网络购物对我国消费者的影响力也会进一步加强，所以非常有必要研究网络购物的消费心理。

第一节　网络购物概述

一、传统购物与网络购物的联系与区别

传统消费行为学研究常将消费者作为一个问题解决者，首先意识到消费问题的存在，然后通过各种渠道搜集相关产品信息，在此基础上对各种商业信息进行评价、比较和筛选，最后做出购买决策。传统研究也是以消费者店铺购买作为假设的，消费行为的影响因素涵盖了社会文化、参照群体、人格特征等各个方面。由于消费者是作为社会系统的一分子而存在，其消费行为也必然会受到所处社会文化环境的制约，同时也会受到来自个人心理因素等的影响（王希希，2001）。

随着生活媒介的变化，消费者作为不断发展着的社会系统的一分子，其消费行为也在发生变化，越来越多消费者从传统环境开始走向网络环境进行购物。网络购物方式是对传统购物方式的发展和补充，影响消费者购买的因素，两者也存在着许多相似之处。

但是相对于传统的购物方式，网络消费决策有其自身的特点。消费者在整个购物过程中所面临的环境是虚拟的，网络购物对消费者来说是一种全新的购物体验。网络购物不仅仅是一种购买行为，而且代表着一种全新的生活模式，只需要一台智能手机或一台电脑，随便上网浏览一下，便可以下单获得自己渴望的产品。这种购物方式与传统购物方式相比有了一些改变。

第一，从购物经验来看。由于网络购物是一种崭新的商业模式，与传统的商业模式相比尚不够成熟和完善。从消费者个人角度来看，消费者进行传统购物时更多受其品牌经验或偏好的影响，而网络购物却更多

地受网络和计算机操作经验的影响，因为网上支付系统、安全保障等技术支持系统不仅复杂而且相对不易操作。

第二，从商家选择来看。在传统购物方式下，消费者对零售商家的选择，通常考虑自己的居住地、交通状况，以及该零售商的信誉、服务等因素。而在网络购物环境下，消费者对零售商家的选择主要体现在对商业网站的选择上，包括网站知名度、电商信誉，以及支付方式安全性、隐私风险等。

二、网络购物行为的发生机制

行为意愿是预测行为最重要的心理指标。行为意愿对行为有极为重要的预测作用，它对消费者网络购物形成机制的分析和解释十分重要。那么，网络购物行为的发生机制是什么呢？弗希贝恩（Fishbein）和阿基征（Ajzen）于 1975 年提出了理性行为理论（Theory of Reasoned Action，TRA）可以很好地解释。理性行为理论的核心变量是行为意愿，行为意愿是指个体行为执行的倾向性，是行为发生的前置变量。同时，行为意愿又会受态度和主观规范的影响。态度是个体对执行某种行为所持有的评价（正面或负面）；主观规范则是指执行某种行为时感知到的社会压力，这种压力主要来自于对重要他人（家人、朋友等）的感知。理性行为理论基本假设是人是理性的，在做出某一行为前会综合各种信息来做出正确消费决策，以该理论为基础，有关网络购物行为研究衍生出了计划行为理论和技术接受模型。

(一)感知行为控制的影响作用

在现实生活中，大多数行为的执行往往受制于所需机会或资源等因素制约，所有的这些制约因素代表了人们对行为的实际控制感，它会阻碍行为的发生。只有当个体拥有的机会和资源到达某种程度，自我控制感增强后，这时他如果有行为意愿，那他就能够很成功地实现该行为，这便有了知觉到的行为控制（perceived behavioral control）。当个人认为自己所掌握的资源与机会越多、所预期的阻碍越少，则对行为的知觉行为控制就越强。阿基征等人在原模型中引入了知觉到的行为控制这一变量，发展为计划行为理论（Theory of Planned Behavior，TPB）（图 16-1）。

相对于理性行为理论，计划行为理论由于加入了感知行为控制这一个变量，其解释力变得更加强大。计划行为理论比理性行为理论对网络

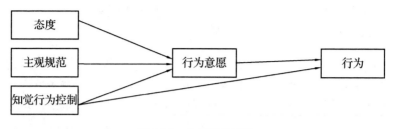

图 16-1　计划行为理论

购物的解释力更强，研究者通过对丹麦 1222 名和瑞典 1038 名消费者的网络购买意愿调查发现，相对于理性行为模型，计划行为理论更好地解释了购买意愿，即验证了个体所感知到的对行为的控制，对意愿具有直接的正向作用(Torben, Jan, & HansStubbe, 2004)。然而，计划行为理论的有效性还受到一些变量的影响，如性别。研究发现，和女性使用新软件技术相比，男性更多地受到了他对于这项新技术态度的影响，而女性更多地受主观规范与感知到的行为控制的影响(Viswanath, 2000)。此外，计划行为理论对网络购物的解释并不是固定不变的，往往是增加一些因素之后的扩展模型，如研究者在计划行为理论基础上增加了网络购物的不确定性和满意度，更好地预测了网络购物行为(Hsua et al.，2006)。

(二)网络技术认知的影响作用

　　戴维斯(1986)以理性行为理论为基础，发展了技术接受模型(Technology Acceptance Model，TAM)。该理论舍弃理性行为理论的社会群体因素，在个人认知中加入感知有用性和感知易用性两个信念，分别衡量技术对工作表现的效用程度和认识技术的容易程度。这便是网络技术信念。感知有用性和感知易用性会影响使用技术的态度，进而影响行为。另外，感知易用性同时也会影响感知有用性。技术接受模型提供了外部因素影响内部因素的途径，并描述了易用认知、有用认知、态度和行为意图之间的内在逻辑结构(图 16-2)。具体理论介绍可以参见第二章内容。

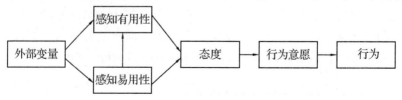

图 16-2　扩展的技术接受模型

网络购物作为一种新的消费模式，必然会涉及网络技术采用问题，所以，消费者对网络技术的信念必然会影响到网络购物行为。许多研究者研究证明，技术接受模型在网络购物过程中具有重要的价值。研究者发现，消费者对网络零售的态度和行为受到感知易用性和感知有用性两个因素的影响（Aron & Tino，2003），其他研究者也发现，感知有用性和感知易用性是决定网络购物态度的两个重要因素，并且感知易用性还可以通过感知有用性起作用（Hung-Pin，2004）。随着研究深入，技术接受模型不断引入各种变量并形成了更加系统的模型体系。研究者探讨了一些外部影响因素，结果发现，电商在线特征（系统品质、信息品质和服务品质）对易用性和有用性有积极作用，而电商离线特征（产品品质和邮递服务）对有用性有积极影响（Tony，Seewon，& Ingoo，2004）。还有研究者结合技术接受模型研究了在线品牌体验模式，在这个模型中，情感方面的品牌关系补充了技术接受，从而到达一个更完整的在线品牌消费体验。结果表明，品牌信任和感知有用性正向影响网络品牌体验，积极的品牌体验影响满意度与行为意愿，进而导致在线品牌关系的形成。有趣的是，品牌声誉是品牌信任、感知易用的重要影响变量（Morgan-Thomas & Veloutsou，2013）。

综上所述，有关网络购物行为的发生机制，计划行为理论和技术接受模型都给出了很好的阐释，但随着研究的进一步深入，研究者开始尝试将两个理论结合起来。计划行为理论关注社会因素，能够很好地揭示周围群体网络购物行为对个体的影响；而技术接受模型则更多是从个体因素展开的，尤其是消费者对网络技术的感知。这两个理论各有侧重点，然而随着研究的深入，研究者也开始尝试将计划行为理论与技术接受模型的整合（Meng & Chao，2004）。

第二节　消费者与消费者的关系

在互联网环境下，消费者会积极寻求产品相关信息以降低购物的不确定性，而互联网的发展使消费者之间的人际交流和互动也变得更加便捷，消费者可以通过更多渠道进行产品推介或购物经验分享，从而使网络购物人际影响的发生变得更加容易。总之，网络购物过程中，广告影响力已经变得微乎其微，而消费者之间的人际影响力则是越来越大。

一、网络购物的人际影响及其表现形式

在个体水平上，人际影响既可能是基于信息加工的口碑效应，也可能是基于简单盲从的跟随效应。前者是个体以概念、判断等思维形式活动的结果，后者则是个体对其他消费者行为模仿的结果。这便有了网络购物的口碑效应和跟随效应。

(一)网络购物的口碑效应

网络口碑或称电子口碑(Electronic Word of Mouth，eWOM)是指消费者在互联网上发布的关于企业、产品或服务的正性或负性评价(王财玉、雷雳，2013)。相比于线下口碑只发生在朋友、亲人或同事间等有限的社会网络关系中，网络口碑具有更强大的营销力量和商业价值。以国产品牌"小米"为例，小米几乎没有采用任何传统广告传播方式(央视广告、明星等)，但短短五年却成为中国国产手机第一大品牌，其背后关键就是互联网时代的口碑传播，而不是广告宣传。

网络口碑可以反映商家的信誉，以产品评价、信息反馈等形式出现的网络口碑可以弥补消费者与商家之间的信息不对称。不同类型的网络口碑其影响效果也是不一样的。第一，网络口碑效价。负性网络口碑比正性网络口碑的影响力更大，消费者表现出对负性评价的偏好(Cui, Lui, & Guo, 2012)。根据前景理论，在收益和损失同等数量情况下，人们往往对损失更加敏感，所以，消费者往往认为负面网络口碑更有参考价值，而当接收到正面网络口碑时，消费者并不会据此认为该产品性价比高。第二，网络口碑质量。在线评论者发布的产品评价虽然可以帮助消费者决策，但要受制于网络口碑信息质量的影响，高质量的网络口碑往往是详细、客观的产品介绍，而低质量的网络口碑则是简单的描述或推荐。网络口碑信息质量均是影响说服效果的重要因素(Racherla et al.，2012)，比如，研究发现在线评论的深度影响网络口碑信息有用性感知(Mudambi & Schuff，2010)，而且还发现评论字数的多少也影响消费者对网络口碑信息效用的知觉，因为消费者可以通过这些因素推测评论者是否认真或真诚。

(二)网络购物的跟随效应

面对信息模糊、不明确的网络情境，个人的知识或经验不足以支撑独立决策时，行为跟随作为一种简单、快速的决策规则可以有效地帮助个体，如软件下载量、在线视频点击量都会影响网络用户的后续行为。网络购物环境的虚拟性使购物决策变得更复杂，消费者往往根据前人的消费行为来推断产品或服务的质量，由此产生跟随效应。已购人数(订单数量)对消费者购买意愿具有显著的正向影响，已购人数越多说明产品的流行度越高，而消费者习惯于通过产品流行度推断产品的内在品质。研究者探讨了影响消费者网络购物跟随行为的影响因素，结果发现，"盲从"和"交互"对消费者购买意向影响最大。所以，企业应充分利用订单数量影响以增强市场效益，如动态显示订单数量实时变化的程度。

但跟随效应产生也受到一些因素的影响，有研究者以团购网站为例(Coulter & Roggeveen，2012)，通过搜集购物网站的真实数据，研究了已参与的顾客人数、限制购买的数量和设定的时间期限三者之间交互作用对网络购物意愿的影响，结果发现，参与顾客人数对网络购物决策有正面的助推作用，限制购买数量可以增强这一效应，而延迟时间期限则会削弱这种效应。此外，还有研究者以"每日一团形式"网站为研究对象(Liu & Stanton，2012)，研究了该网站500多个产品在每小时内订单数量的变化轨迹，结果发现，消费者每小时内参团时间与新订单数量之间的关系呈倒U形曲线，而且订单数量对新订单数量的助推作用只发生在一天中的前半段时间内。这些结果说明，跟随效应会受到市场刺激、购物环境等因素的影响。

二、网络购物口碑效应的发生机制

目前对网络口碑的研究侧重在影响效果上，对其作用机理探讨还不够深入。网络口碑相关研究主要参照传统口碑"面对面""一对一"的结构关系展开，即"传播者—信息—接受者"，但互联网环境下消费者间交互影响变得多样化，已不再局限于这种简单模式。根据社会交互范围，我们认为，可将网络口碑影响力的发生机理分为人际水平、群体水平，其中群体水平进一步划分虚拟社区水平(小群体)与在线社会网络水平(大群体)。

　　在人际水平上网络口碑传播遵循着"一对一"传播模式，消费者口碑信息搜寻动机明确，其目的是为线下消费决策提供信息参照。虚拟社区水平、在线社会网络水平上则是"多对一"或"多对多"传播模式，虽然两者社会交互范围相同，但内部机理却存在重大差异。虚拟社区水平上网络口碑传播发生在相对熟悉的社区成员之间，彼此可以进行社会互动与情感交流，是先有社会关系而后有口碑传播，社区成员间关系信任的作用比较重；而在线社会网络水平则发生在由陌生人组成的社会网络之间，该社会网络是在网络口碑传播基础上形成的暂时性社会关系（网络集群），是先有网络口碑传播后有社会关系，在该水平上情绪化的体验口碑像病毒一样在社会网络上迅速扩散，而知识性强的认知口碑则不断沉没。在这三个水平上表现为认知性因素影响减少而情绪性因素影响逐渐增多的趋势。

（一）人际水平上的信息传播机制

　　归纳现有研究，人际水平上的网络口碑影响力的发生主要受信息源特性、接收者特性和信息本身特性三个方面因素的影响（Cheung & Thadani，2012），见图 16-3。这些研究主要是参照了传统口碑"一对一"结构关系展开的。

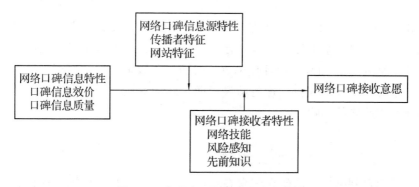

图 16-3　人际水平上的信息传播机制

1. 网络口碑信息源特性

信息源特性主要涉及传播者特征和网站特征。

　　首先，传播者特征。从传播者特征来看，影响传播者说服效力的因素主要包括传播者身份的公开程度，传播者专业性，传播者声誉。传播者身份的公开程度可以提升消费者信任水平，研究者发现，评论者背景信息

（照片、姓名、年龄、性别、地理位置）的呈现将会促进信息接收，因为在网络环境下信息搜寻者通过寻求社会线索可以降低不确定感（Forman，Ghose，& Goldfarb，2008；Racherla & Friske，2012）。传播者专业性可以显著增强信息的可信度与说服效力（Belch & Belch，2011），专业性传播者由于拥有较多品牌知识，能够在互联网（博客）上对特定产品进行专业性评论，口碑推荐也更具效力（Li & Du，2011）。传播者信誉度表现为被其他人的认同程度，研究者以 Yelp.com 网站为例发现，传播者在互联网上的朋友数量将影响其他消费者对网络口碑的接受（Racherla & Friske，2012）。

其次，网站特征。网站特征直接影响网络口碑接受度（Lee & Youn，2009）。信息来源网站可以分为商业网站、非商业性质网站。企业主导的商业网站发布的口碑，往往只有正面信息而缺乏负面信息，其背后的商业动机使消费者对其客观性评价不高，进而削弱其口碑说服效力（Fred & Robert，2010）。在线论坛属于非商业性质网站，其传播动机是增强人际交往、信息分享（购物经验）、自我展示等，能够更客观地反映产品信息，更易为受众所接受。但有研究则发现，对于自我卷入水平较低的产品，如书籍、CD，商业性网站网络口碑也具有较好的说服效果，而对于高卷入产品，如数码相机，则只有非商业性网站才具有较好的效果（Gu，Park，& Konana，2012）。

2. 网络口碑信息特性

网络口碑信息特性主要涉及口碑信息效价和口碑信息质量。

首先，口碑信息效价。口碑信息的效价包括正性与负性，其中负性口碑比正性口碑的影响力更大，消费者表现出对负性评价的偏好（Cui，Lui，& Guo，2012）。根据前景理论，在收益和损失同等数量情况下，人们对损失更敏感，所以，负面网络口碑信息往往被消费者认为更有参考价值，而当接收到正性网络口碑时，消费者并不会因此认为产品性价比高。例如，研究发现，五星级评论能够显著提高网络图书销量，一星级评论会显著降低销量，且一星级评论对销量影响效果要大于五星级（Chevalier & Mayzlin，2006）。而有研究者以电子游戏产品为例也发现负面评价具有更大的影响力（Yang & Mai，2010）。

其次，口碑信息质量。高质量信息是较详细、客观的产品功能或使用经验介绍，低质量信息是简单的推荐或模糊陈述，无论是线下还是线上信息质量均是影响传播效果的重要因素（Racherla et al.，2012）。研究者发现，在线评论者发布的产品评价能够帮助消费者实施消费决策，但要受制于网络口碑信息内容评价的无偏见性、深度以及强度，而这些因素均影响网络口碑信息质量（Mudambi & Schuff，2010），此外，还发现评价字数也影响接受者对网络口碑信息效用的知觉，因为接受者通过评论字数可以间接推测评论者的真诚。然而，由于缺乏有效的监管和控制手段，很多在线评论存在着文本直接复制、评论垃圾等情况（Chen & Tseng，2011），并且相关利益群体也可利用这一网络平台发布大量虚假评论，从而降低了网络口碑信息质量。

3. 网络口碑接收者特性

接收者特性主要涉及接收者的网络技能、风险感知和先前知识。

首先，网络技能。受众网络技能主要包括技术能力、搜寻能力以及信息加工能力（Robert，Rodney，& Elias，2007）。其中，技术能力指使用网络技术的熟练度。网络技术越纯熟，消费者越倾向于使用网络口碑作为决策参考工具。搜寻能力是指如何搜索、在哪里搜索，它与消费者互联网使用经验紧密相关。搜索能力越强对网络口碑的依赖性越强，并且搜索成本的降低可以提升口碑影响力（Zhu & Zhang，2010）。而信息加工能力与口碑影响力关系最为紧密，它反映了消费者信息诊断力，信息诊断力越强对口碑信息的信任度越低。因为他们知道在互联网上信息质量差异性较大、任何人都可以传递信息。

其次，风险感知。风险感知是消费者对损失的心理预期，包括决策结果的不确定性以及决策错误的后果严重性。消费者风险感知程度越高网络口碑搜索动机越强。目前网络购物越来越流行，由于网络虚拟性，消费者对商品信息真实性、货币支付安全性、隐私信息保护等方面的信任较差，因而网上购物比传统购物有着更大的风险感知（Hossein，Rezaei，Mojtaba，Amir，& Reza，2012），所以，网络口碑对网络购物具有极大影响力，无论是对商家还是对消费者。目前购物网站都建立了网络口碑评价机制，要求网购消费者对电子产品、网络经销商的信誉度等进行等级评价，这既降低了消费者风险感知，也提升了网络商店的销售业绩。

最后，先前知识。消费者知识越少越依赖于网络口碑，反之，消费者专业知识越多则越依赖内部知识来做出消费决策，其主动搜索口碑信息的努力程度也会减弱。消费者知识多寡对网络口碑的加工方式选择也有影响(Sussman & Siegal，2003)，专业知识较多时会采用中心路径加工，专业知识较少时则倾向于采用边缘路径，在线评论的数量常被知识较少消费者作为一种启发式策略(边缘路径)用来评价产品质量。此外，专业知识较多的消费者面对网络口碑信息，还要对口碑信息与已有信息进行一致性评估(Cheung，Luo，Sia，& Sia，2009)，当接收到的口碑信息与已有信息一致时，消费者对口碑信息的信任会增强，也更倾向于将其作为后续消费决策的参照标准，反之，当观点不一致时其影响力将会削弱。

(二)虚拟社区水平上的关系信任机制

虚拟社区是一群通过互联网相互沟通的人，彼此之间有着一定的认识，如对待友人般分享着各种知识与经验，并拥有共同的目标、规范、价值观与兴趣。从论坛、校友录、博客、个人空间，到社区旅游、社区创业、社区投资，各种形式的虚拟社区不断涌现，产生了巨大的商业价值，越来越被营销者重视。

1.虚拟社区影响信任的路径

社区成员间的信任会使消费者更愿意去接受其他成员的口碑推荐，虚拟社区对消费者口碑信任的影响路径包括信息性影响和规范性影响(Dwyer，2007)。

第一，信息性影响，是指消费者对产品信息不确定，需要从他人那里获取关于产品的功能性信息(功能、质量、式样、包装、性价比等)以及产品使用的体验性信息(主观感受、产品评价等)。

第二，规范性影响，是指个体希望做出为社会接受与期望的行为，消费者共同活跃在一个社区，接收者在这种较强联结的关系中存在着寻求社会支持与情感慰藉的需要，也有获得群体认同和社会归属的需求(Cheung，Luo，Sia，& Sia，2009)。当口碑信息内容真实性让社区成员感觉到网络口碑信息可靠时，基于信息影响的信任路径就产生，而当社区成员间所形成的社会关系使消费者产生信任时，规范性影响就形成，详见图16-4。

2. 调节变量

相关调节变量主要包括接收者信任倾向、社区成员相似性、社区成员间熟悉度和社区成员联结强度（图 16-4）。

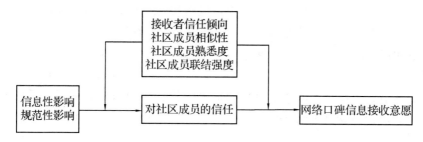

图 16-4　虚拟社区水平上的关系信任机制

第一，接收者信任倾向。信任倾向是一种较稳定的人格特征，如外倾、开放的个体会拥有较高的信任倾向，它会影响网络环境下的消费者信任。有研究者探讨了网络环境下信任倾向对消费者接受意向的影响，发现，认知信任和情感信任倾向影响消费者对产品推荐的接受（Komiak，2003）。消费者对网络口碑的信任倾向也存在性别差异（Sher & Lee，2009），女性相对于男性来说对网络口碑的信任倾向更高，并且这种信任倾向对口碑传播的影响效果也存在差异，男性更倾向于口碑传播，而女性则倾向于对这些口碑信息做出应答性反应（Awad & Ragowsky，2008）。

第二，社区成员相似性。社区成员相似性会提高接受者对口碑信息的信任度（Ziegler & Golbeck，2007），虚拟社区往往是基于互联网用户共同的目标、兴趣、爱好等组建起来的，社区内部成员间同质性较强，所了解事物比较相似，彼此之间信息重叠性高，也具有较强的心理认同感，所以，也就更容易接受其他社区成员相关产品的在线评论，而相对来说网络口碑信息对社区外成员的影响力就要小一些。

第三，社区成员熟悉度。社区成员熟悉度是指彼此之间的社会互动程度。熟悉度会增加彼此的好感进而影响信任机制的建立，社区成员间熟悉度的建立依赖于线上交流的频率。例如，通过研究旅游社区成员与管理者之间的互动对信任的影响。研究者发现社区成员与管理者之间的互动频率越高，社区成员就越信任社区管理者（Wu & Chang，2005）。研究者通过研究 C2C 电子商务中的信任机制，发现 C2C 社区内成员的熟悉度会影响对口碑信息的信任，这种信任是基于对方能力、真诚与仁慈的判断。

第四，社区成员联结强度。社区成员熟悉度的建立通过线上交流即可，但要增加社区成员内部的凝聚力、联结强度则还需要线下沟通。虚拟社区成员不仅可以在网上聊天交流，而且也可能在线下一起喝咖啡、集体出游，甚至参加各种社会公益活动，虚拟社区线下沟通既满足了成员的社会认同需求，也使社区成员间的关系变得更加稳固，所以，能够提高口碑传播动机与说服力，其中所蕴含的经济价值已被企业关注。于是，越来越多企业通过建立品牌社区引导消费者积极参与社区活动，如"吉普车社区"开展的一些越野、爬山等线下户外活动(王财玉，2013)，加强了品牌社区成员间的联结强度，从而实现通过虚拟品牌社区影响口碑传播的目的。

(三)在线社会网络水平上的病毒感染机制

互联网的出现使口碑的传播可以在更大社会网络水平上展开，即在线社会网络。如上所述，虚拟社区水平上的成员关系具有相对比较牢固的情感基础，彼此之间相互依存性也较强，其口碑传播是在既定关系基础上发生的，而在线社会网络水平上的关系则是一种短期、脆弱、容易断开的社会关系，是由口碑信息传播而集结起来的暂时性社会关系(图16-5)。

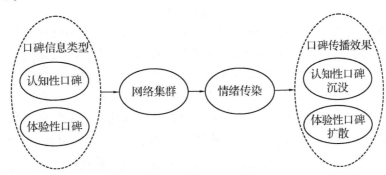

图 16-5　在线社会网络水平上的病毒感染机制

在口碑传播网络体系中，每一个个体可以被视为这个网络体系中的一个节点，作为节点的消费者之间可能具有某种强或弱关系，但只要节点之间存在联系，即使其中关系比较脆弱，也能够导致口碑传播的发生。所以，在线社会网络水平上口碑传播覆盖面更广、影响力更大。它是在互联网环境下通过利用公众的积极性和社会网络，让口碑信息(关于产品使用体验，或企业社会慈善行为、环保行为以及爱国行为等)在互联网上像病毒(并非真正意义上的病毒，而是特指其感染性)一样传播和扩散，营销信息被快速复制传向数以万计、百万计的受众，进而影响消费者偏好，这就是所谓的病毒式营销，在互联网环境下已被越来越多企业重视。

1. 认知性口碑与体验性口碑

认知性口碑主要是指对产品或服务客观特征的描述，如产品的性质、性能、品质等，注重信息的真实性、可用性，认知性口碑属于目标导向、工具性的，它是传播者理性分析的结果，主要以告知为目的(Cheung & Thadani，2012)。体验性口碑与产品或服务的享乐属性、象征属性紧密相关，它不仅来源于消费者个人的消费体验，也产生于的消费者兴趣及个性特征，如"这个品牌是我喜欢的或我不喜欢的""这个品牌适合我或不适合我"等。

根据双加工理论(the dual-process theory)，受众在加工口碑过程中会采用两种方式，系统性加工与启发式加工(Cheung & Thadani，2012)，认知性口碑与体验性口碑的加工分属于系统性加工和启发式加工。系统性加工反映了对信息的全面、仔细、深思熟虑的分析与加工，需要较高的认知能力和动机水平才能进行；启发式加工则仅仅凭经验的方法、而非仔细分析做出的判断(Cheung & Thadani，2012)。体验性口碑的加工属于直觉思维加工，常与体验深刻的消费经历相关，包含大量的价值表达、情绪体验以及审美享受等主观特征，更注重感官反应与情绪愉悦，如梦幻地、有趣地、兴奋地、幻想地，甚至还包括对企业社会形象的感知(企业的社会责任感)。虽然体验性口碑是模糊的甚至可能是不很正确的判断，但体验性口碑的影响效果却是巨大的，根据认知努力最小原则，消费者会更加倾向于关注不需要太多认知努力的体验性口碑，而非耗费较多认知资源的认知性口碑。

2. 网络集群

网络集群是指一定数量的、相对无组织的消费者针对某一共同影响，而集结起来的网络群体性行为。网络口碑网络集群发生的前提是产品信息具有极大的情绪色彩(Cheung & Thadani，2012)，如吸引力、趣味性，不需要消费者投入较多的认知资源，却能引起个体极大关注。当消费者看到一则有趣的动画、音乐或影视产品，他的第一反应或许就是将该信息转发给好友、同事，而好友或同事也会再继续这样做，参与转发的人便呈几何倍数增长，一传十、十传百，随着网络集群的数量增加，最终汇成口碑传播大群体，从而导致网络口碑的网络集群，在这里他们既是口碑接受者又是口碑发送者。所以，体验性口碑信息促成了网络集群，而网络集群的匿名性又加速了体验性口碑传播的速度及广度。

3. 情绪传染

个体在社会互动过程中，会自动模仿他人的面部表情、声音、姿势、动作等，并善于捕捉他人的情绪，使得彼此情绪聚合、统一，这一过程被称为情绪传染（杜建刚，范秀成，2009）。在网络集群匿名性下，由于传播者可以毫无顾忌地畅所欲言，所以，倾向于使用高度情绪化信息对产品进行评论，并影响其他消费者评价（Magnus & Sara，2007）。而在网络口碑中，尽管口碑受众没有直接接触传播者，但传播者书写内容时仍能通过激烈措辞、网络表情表现其内心情绪，从而对其他潜在消费者的情绪产生影响。网上产品评论并不是消费者独立做出的判断，它会受到其他消费者评价的影响（Moe & Trusov，2011），尤其是消费者负面评价会强化后续产品评价的负面趋向。当传播者表现出强烈的情绪体验时会传染给其他消费者，并且这种情绪化的口碑信息（体验性口碑）更具影响力，如研究发现，在交流过程中来自于体验性信息的快乐情绪对其他人的感染比较强烈。而在交流过程中，受众也更愿了解、谈论令人惊讶事件，在线评论内容的趣味性、情绪化会影响受众的点击浏览、回复意愿，以及向朋友推荐和转寄的再传播意愿。

总之，在社会网络水平上，基于最小认知努力原则，消费者更倾向于加工体验性口碑，体验性口碑的趣味性、诱惑力促使越来越多的成员加入到口碑传播过程中，从而形成网络口碑的网络集群，网络集群匿名性使传播者都倾向于夸张体验性口碑中的情绪因素，并且由于情绪的传染性，消费者更愿意接受体验性口碑信息，所以，体验性口碑在（在线）社会网络水平上像病毒一样迅速扩散，而认知性口碑影响则不断沉没。

三、网络购物跟随效应的发生机制

影响消费者购买的因素可以被区分为近因与本因（Griskevicius & Kenrick，2013），近因与本因是相互补充的，两者可以从不同的角度对同一行为进行更全面的解释（Saad，2013）。本因反映了人类进化的心理影响，近因则反映了现实性因素的影响。从近因来看，主要包括如下视角：社会影响机制阐述了人际影响是如何影响跟随效应产生的；认知加工机制则阐述了消费者信息加工特点是如何导致跟随效应的。从对网络购物跟随效应影响的心理距离来看，行为模仿策略是人类早期积淀结果，属于远端机制；认知加工机制则属于消费者内部心理机制，属于近端机制，而社会影响机制介于远端与近端之间，所以被称为中端机制。

(一)行为模仿策略

跟随效应的本质在于个体对他人行为决策的模仿。在进化心理学的范式下，所有的心理机制都是围绕着基因的生存与繁衍这个目标而设计的，获得收益和避免伤害是其中最显著的两类自我保护机制，而模仿策略可以降低由不确定情境带来的各种风险，使有机体避免受到心理或身体伤害。因此，模仿策略有利于个体更好地适应环境，具有重要的进化意义(蒋多，徐富明，陈雪玲，刘腾飞，张军伟，2010)，这种模仿策略作为自然选择的结果会被保留下来，遗传给子孙后代。

此外，神经科学中镜像神经元的研究也表明，模仿是人的天性，是自发的、无意识的行为，因为模仿他人是最省时省力的，所需耗费的认知资源也最小(Frith & Frith，2008)。经过漫长的自然选择，这种模仿策略便会散布到现存所有个体之中，并渗透到生活的各个领域，这自然也包括消费者行为。当特定的消费情境激发了进化需求，就会唤醒消费者的自我保护系统，网络购物作为一种典型的不确定情境，将驱动个体采用模仿策略降低不确定情境对自我的威胁。他人推荐和评论是目前网络购物中产生信任的主导策略(Metzger，Flanagin，& Medders，2010)，消费者为了获取更高的价值或者更好地规避风险而相互模仿，由此产生了网络购物跟随效应。

(二)社会影响机制

社会影响理论 (social influence theory)认为，个体的观点或行为会受到社会中他人观点或行为的影响，主要包括规范影响和信息影响。规范影响是指个体为了获得奖赏或者避免惩罚而遵从他人的观念或行为，但这并不能反映个体真实态度，当存在明显的外在规范压力时，人们在公开场合比私下更趋向于遵循群体规范。由于网络购物是一种私下消费决

策，所以，规范性影响相对较小。信息影响是指个体在不确定情境下为
了规避风险，通过参考或采纳他人的观点或行为以求做出正确决策。个
体之间的相似性越强，规范影响可能性就越高，然而，在互联网环境下
个体身份信息是匿名的，没有明显的群体规范约束，而网络虚拟性又强
化了个体对他人评价或行为的依赖，一般来说，网络购物情境下信息影
响的作用要大于规范影响。

所以，网络购物跟随效应往往是个体在信息不确定情境下规避风险
的一种策略，信息串联在其中起到巨大作用。然而，网络购物情境下规
范性影响也在一定程度上存在着(Kuan, Zhong, & Chau, 2014)。比如，
通过对他人行为选择来推测当前社会流行风尚，以保持与潮流的一致。
不难推测，网络购物情境下，相对于购买私下使用产品，购买公开使用
产品会使消费者感受到更强的规范影响。

(三)认知加工机制

由于信息不对称性，网络购物环境存在着许多的不确定性，由于注
意资源的有限性，消费者会节约自身在决策过程中投入的认知资源(认知
吝啬原则)，采取启发式策略(人际线索)，从而对其他消费者产生基于认
知判断的信任，导致网络购物跟随效应的产生。认知加工机制的流程图
可见图 16-6。

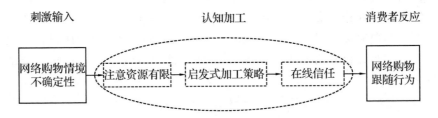

图 16-6　网络购物跟随效应的认知加工机制

首先，从认知吝啬原则来看，面对复杂的网络信息环境，由于注意
资源的有限性，消费者会在自身的认知能力范围内，按照认知吝啬原则，
选择一种经济简单的方式运行，以降低网络购物决策时付出的认知资源。
虽然互联网技术降低了有关购物信息的搜索成本，增强了消费者产品信
息的可获得性，但消费者信息处理能力毕竟是有限的，消费者只会选择
性地处理一些网络购物信息，在"认知努力"和"决策精度"之间进行权衡，

从而制定最优的购买决策。所以，注意资源的有限性使个体倾向于采用认知吝啬原则加工网络购物的相关信息。

其次，从启发式加工策略来看，由于注意资源有限和认知吝啬原则，个体采用简单的启发式策略进行决策，能够帮助个体以最简单快捷的方式完成对信息的加工和处理（蒋多，徐富明，陈雪玲，刘腾飞，张军伟，2010）。网络购物环境下，当消费者缺少与任务相关的知识，且认知资源又有限的时候，通过观察其他消费者的行为或评价，将其作为一种可靠的信息来源是一种经济有效的方法，符合满意决策的基本要求。如果消费者观察到网络购物平台中某一产品被多数人购买或者较高一致好评，那么，他们往往会认为这些人掌握着某些重要信息（Metzger，Flanagin，& Medders，2010），通过产品流行度推测其质量，从而产生信任判断（Metzger，Flanagin，& Medders，2010）。

最后，从在线信任来看，在线信任是产生网络购物行为的重要因素，会影响购买愿望（Darley，Blankson，& Luethge，2010）。消费者面对不确定的网络购物情境，会产生一定的焦虑和恐惧，为了规避这种焦虑和恐惧，消费者往往会利用启发式加工所获得的信息，形成一些信任判断。这种信任不是盲目的，而是基于认知判断的结果。此时，人际线索就成为其产生信任的重要途径，即相信许多人在评论或购买产品是有价值的、可靠的，并将其视为产品质量可观测的指标。有研究者发现，消费者在线评论是商店信任判断的重要线索，其重要性高于在线商店整体声誉和商家保证（Utz，Kerkhof，& van den Bos，2012）。所以，对大多数人购买评价和行为的在线信任最终促进成了网络购物跟随效应的发生。

第三节　消费者与电商的关系

网络购物的基本动机是价值寻求与损失规避（尤其是风险因素），相对应的是网络购物过程中感知利得与感知利失，这两者之间的关系构成了消费者价值。传统环境下的价值感知理论为网络购物情境下消费者价值感知提供了基础性研究。那么，消费者在网购情境下感知利得和感知利失包括哪些？电商又如何提升消费者感知利得，同时有效降低消费者感知利失呢？

一、消费者的价值感知

　　菲利普·科特勒（Philip Kotler）提出了消费者让渡价值理论，他认为，消费者将从那些他们认为提供最高价值的公司购买产品，遵循最大满意原则。消费者是价值最大化的追求者，在购买产品时，总希望用最低的成本获得最高的收益，以实现其最大满意原则。所谓消费者让渡价值是指总消费者价值与总消费者成本之差：总消费者价值包括服务价值、产品价值、人员价值和形象价值等；消费者总成本包括时间成本、货币成本、精神成本和体力成本。虽然研究者对于消费者价值的看法不尽相同，各有定义，但消费者感知价值的核心是感知利得与感知利失之间的权衡。所以，消费者价值感知是消费者在交易过程中对购买结果的主观感知，是消费者对其感知利得与感知利失之间的比较、权衡结果。所以，提升消费者价值就可以通过增加感知利得或减少感知利失来实现，公式表示如下：消费者的价值感知＝感知利得/感知利失。

　　如果把消费者感知价值操作化为感知利得与感知利失间的比率，那么消费者对感知价值的评价、判断就是一个信息加工过程。信息加工理论把人看作是信息加工系统，将信息分为一系列阶段，它对输入的信息进行操作，这一系列阶段和操作产物便是行为反应（图 16-7）：刺激输入—信息加工—反应输出，即 S—O—R 模型。我们在图中也标示了消费者的信息加工过程。消费者感知价值的加工过程也基本上遵循这种信息加工模式。首先，产品信息（感知利得和感知利失）作为刺激输入到信息加工器。其次，消费者的信息加工器对两者间的关系进行信息评价，人们在对比率进行评价和判断的时候，消费者并非以一致的方式对待比率中的分子和分母，消费者具有风险规避倾向：人们往往对分子赋予更高的权重，而对分母赋予过低的比重。最后，行为反应，如消费者购买或者消费者放弃等。消费者价值是消费者对产品或服务的一种感知结果，产品和服务是输入的刺激，消费者价值是信息加工的结果，而信息加工主体必然受到各种心理因素的影响。消费者价值感知具有主观性，从产品属性到预期效果之间的差距是基于消费者个人主观判断的，同样的产品或服务不同的消费者价值感知也是不一样的。消费者价值感知不仅受到产品服务、包装、价格、商店环境等客观因素的影响，同时也受到消费者价值观念、需求、偏好影响。

由于信息加工的特性，消费者价值感知具有有限理性特征，是介于完全理性和非理性之间的一种有限理性：购前，消费者价值感知要受消费者心理因素的影响，如价值观，有些人购物时偏好享乐体验，而有些人则更偏向购物的便捷；购买时，消费者并不试图找出所有可能的购买方案，而是试图通过一定的信息加工策略，找到自己认为满意的购买方案即可（他人评论、月销量）；购买后，消费者感知价值不仅仅受到使用效用的影响还受到周围群体评价的影响。所以，消费者感知价值的过程是有限理性的。

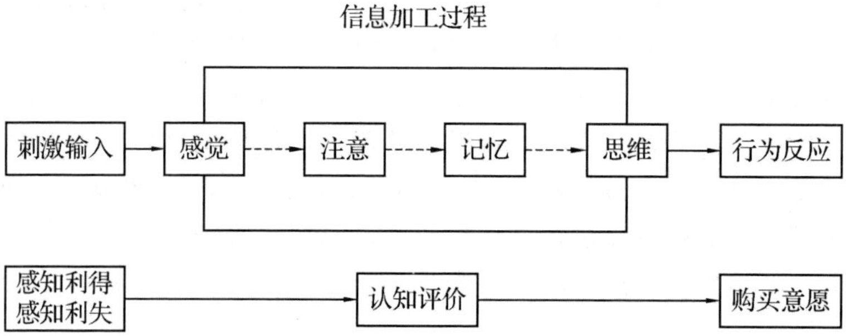

信息加工过程

图 16-7　消费者价值感知的信息加工过程

传统环境下的价值感知理论为网络环境下消费者价值感知提供了基础性研究。网购环境下消费决策是在存在大量不确定性因素的情况下展开的，消费者知识经验、习惯以及价值偏好等往往会无意地影响到消费者价值感知模式，而网络环境的虚拟性会进一步强化消费者价值感知的有限理性。消费者价值感知有限理性模型可以帮助电商判断消费者购买心理，帮助电商去了解消费者需要什么样的价值。那么，网络购物中消费者价值感知内容是什么？消费者价值感知的有限理性对于电商又有哪些启发？

二、网络购物中的感知利得

网络购物价值可以划分为功利价值和享乐价值两个维度，这两个方面的价值可以满足消费者的不同需求。

网络购物的功利价值是指消费者对所获得产品的功能性评价，是一种实现个体目标的手段，可以赋予消费者一种效能感。那么，网络购物可以满足消费者哪些功利价值呢？首先，网络购物可以满足消费者的求廉心理。网络购物模式作为一种新兴模式与传统的购物模式有很大的差别，但价格优势是网络购物最大的吸引力之一。与实体店铺相比，网络购物在运营成本上有着更大的优势，网络商店只需要较低的启动成本、运营成本，使得网络商品具有明显的价格优势。网络购物环境下，商品选择范围不再受地理区域的限制，消费者可以轻松地货比多家，从而在网络上购买到质量相同而价格却相对较低廉的产品。其次，网络购物可以满足消费者的求便心理。网络购物环境下，消费者可以借助搜索引擎对所需产品进行一键式搜索，选择余地大，可以大大节省产品搜索的成本。此外，网络购物程序快捷，消费者可以通过网络支付的方式轻松付账节约时间成本，还可享受送货上门，足不出户便可到世界采购货物，避免了交通拥挤带来的问题，这些网络购物属性都满足了消费者求便心理。

另一方面，随着生活水平的提高，消费者的情绪、情感越来越影响消费者价值感知，体验消费也开始越来越流行。享乐价值比功能价值具有更强的主观性和个人色彩，在产品购买过程中，可以给消费者情感、美感或其他感官上带来积极的心理体验。网络购物环境中，为了满足多种感官娱乐的需求，在购买商品的时候消费者会考虑产品的舒适性和美学方面性能，这些可以满足消费者的享乐价值。例如，淘宝网几乎囊括了所有产品的范畴，琳琅满目的商品信息给消费者带来新鲜和刺激的感受，大大满足了消费者的购物欲望。研究者发现，享乐价值与消费者购物的沉醉感、商店浏览行为正向相关(Arnold & Reynolds，2003)，享乐主义者在浏览页面过程中会花更多时间查看有关产品的各类信息，通过无直接购买目的搜索可以获得各类商品信息，以满足感觉寻求需要(Wendy & Moe，2003)。研究还显示，即使消费者之前已经购买了该商品，也会浏览最新产品信息以寻求心理上的满足(Eastman et al.，2009)。但是在产品浏览过程中，如果信息接入、页面跳转需要时间较长，将会削弱网络购物的享乐属性(liu & Xiao，2008)。研究也显示，网络购物系统安全性和易用性对享乐价值具有正性的影响作用，但对于功利性购物价值并不产生影响作用(Changsu et al.，2012)。

甚至由于网络购物的享乐属性，使消费者的瘾性购物从传统渠道转向到了网络渠道。网络瘾性购物可以获得琳琅满目的商品，满足物质欲望。但它又可以像网络游戏、色情一样享受购物过程的精神快感，"幻想"或"想象"在网络瘾性购物中具有重要作用(贺和平，2013)：在网络购物过程中消费者不能直接接触产品，通过查看产品图片、文字描述以及口碑信息等以了解商品信息，消费者主要通过想象来构建对产品的认知，这个过程在一定程度上增加了消费者的想象空间；而所购产品的延时性满足又也进一步增加了消费者的想象时间。研究者研究过幻想在网络服装购物体验中的作用，更证实了"白日梦"会影响消费者对网站的态度及再次访问的意愿。所以，网络瘾性购物是物质满足与精神体验的综合体。相比实体商店环境，互联网使消费者可以独自购物避免社会交互，频繁购买而不被觉察，可以有效避免强迫性购物所带来的羞耻感。所以，在网络环境下，瘾性购物得到进一步强化。

三、网络购物的感知利失

与感知利得相对应，消费者对利失的感知是由多方面因素综合而成的。感知利失是消费者对损失的心理预期，包括决策结果的不确定性以及决策错误的后果严重性，所以又被称为风险感知，主要包括心理风险、财务风险、性能风险、身体风险、社会风险 5 个维度。

网络本身的虚拟性，网络交易主体和交易对象的不可感知性，以及交易过程不同步性都将加深消费者在网购过程中的风险感知，因而网络购物比传统购物有着更大的风险感知（Hossein，Rezaei，Mojtaba，Amir，& Reza，2012）。这将影响网络购物的消费数量(Akther，2012)，所以，网购情境下消费者感知利失也更强。有研究者(Forsythe & Shi，2003)验证了四种风险类型(财务、产品、心理、时间/方便损失)对网上购物行为的影响。并且网络购物的风险感知还受到消费者因素的影响，如性别。女性相对于男性来说，网络购物感知利失更强，网络口碑对女性的影响更高，并且男性倾向于进行网络口碑传播，而女性则倾向于对这些口碑信息做出应答性反应(Awad & Ragowsky，2008)。在对中国网上购物消费者的研究中，孙祥、张硕阳、尤丹蓉、陈毅文和王二平(2005)在研究中发现对消费者风险感知有显著影响的来源要素有"真实保障的风险、买卖方交互作用的风险、网上交易界面的风险、信息搜索的风险、自主性的风险以及产品相关的风险"，而这些风险主要是来源于电子商务的虚拟性。

不同类型产品其风险感知也不同。首先，网络购物的风险感知受到产品类型的影响。根据消费者对产品属性的了解程度，可将产品分为搜索类产品和体验类产品。搜索类产品是指消费者在购前可以获得有关产品质量属性的认知；而体验类产品则是指消费者购买前无法了解产品的主要属性，如香水。由于在购买前无法获得有关体验产品的属性信息，消费者对体验类产品的感知风险更高。研究发现，与体验类产品相比，消费者更倾向于在网上购买搜索类产品（Moon，Chadee，& Tikoo，2008）。因为体验类产品的风险感知更强。其次，网络购物的风险感知受到产品卷入水平的影响。产品卷入是指产品与自我的关联程度，当消费者认为某产品对自我来说比较重要时（符合自我价值观），或者产品具有较高的购买价格，这时便意味着产品卷入度较高。产品卷入影响消费者的风险感知，这进一步影响消费者对电子口碑信息的搜寻，研究发现，对于具有较低卷入水平的产品，如书籍、CD等，商业性网站的电子口碑信息也具有较好说服效果；而对于高卷入产品则只有非商业性网站才具有较好的传播效果，因为在非商业性网站消费者对普通消费者的评价会更为信任（Gu，Park，& Konana，2012）。

══ 拓展阅读 ══

看看网络购物时的"大脑"

在神经科学渗透下，消费行为学领域已经产生了一个全新的方向，即神经营销学（Ariely & Berns，2010）。神经营销学作为一个新兴领域，着眼于消费者行为和内在神经活动之间的对应关系，并由此衍生相应的营销技术。有关跟随效应的消费行为学研究，尚无法确定跟随效应的发生仅仅是行为的改变（这可能并不反映真实的态度转变），还是由于内心感觉到了与他人不一致而产生的不舒服感，为了消除负性情绪体验而导致态度改变？最近发展的脑成像技术，如fMRI（功能核磁共振成像）和ERP（事件相关电位），为我们精确记录许多高级认知过程的脑活动提供了便捷。已有研究成果主要包括以下两个方面内容。

第一，跟随效应是否可以缓解个体的心理冲突？消费者趋向于做出冲突最小决策，基于模仿策略的购买决策消费者面临较小冲突，而做出违反人际线索决策的行为，则会面临巨大的心理冲突（Chen et al.，2010）。为了检验这些猜测，研究者以在线购书为例，采用 ERP 探索了消费者跟随行为神经机制（Chen et al.，2010），研究发现，反跟随行为诱发了明显的反映冲突的晚期负成分 N400，而跟随行为决策诱发出的则是明显的晚期正成分 LPP。反跟随行为则意味着与多数人不同，对于做出反跟随行为的个体来说，可能面临两方面冲突：当被试得知自己决策偏好与大多数人的决策不同时，会感觉到与他人不一致的冲突；此外，做出反跟随行为也意味着较高的风险，被试可能会怀疑自己决策的正确性，从而产生焦虑（Chen et al.，2010）。然而，对一个做出了与他人一致决策的被试来说则不存在这些心理冲突，所以跟随决策产生的是晚期正成分（LPP），而不是反映冲突的 N400 负成分。利用 fMRI 也对此做了更为深入的研究。在实验中研究者让被试选择了自己最喜欢的音乐作为实验材料（Berns，Capra，Moore，& Noussair，2010），在正式试验中首先要求被试对音乐进行喜好度评价，这个阶段被试的纹状体被激活，然后呈现产品的流行度，最后再让被试对音乐再进行评价，再评价阶段由于需要调整自我偏好与参照群体关系，这导致了脑岛、前扣带区域的兴奋，而这两个区域与负性情绪有关。这说明产品流行度对消费行为具有重要影响，流行度是通过由自我和参照群体之间差异引发的焦虑进而影响消费者决策的，与参照群体不一致会导致个体体验到更大的焦虑，而焦虑会驱动被试朝着与群体一致的方向做出消费决策（Berns & Moore，2010），这便有了跟随效应的产生。

第二，信息影响与规范影响是如何影响跟随效应中的心理冲突？有研究者采用 ERP 技术对此进行了探讨（Kuan，Zhong，& Chau，2014）。脑电波根据频次可以分作五类：delta（低于 4Hz），theta（4～8Hz），alpha（8～12Hz），beta（12～30Hz）和 gamma（30～100Hz）。其中 Beta 与 alpha 对于决策具有重要影响，高频次波（beta）与大脑复杂加工有关，如认知加工，而低频次波（alpha）则与大脑简单活动有关，如情绪加工。在相关研究中，控制组只呈现产品信息，实验组 1（"buy"）包括了消费者购买数量，提升版的实验组 2（"Like"）不仅包括了购买数量还包括消费者对该产品的喜欢信息（Kuan，Zhong，& Chau，2014）。研究者发现，相对于只呈现产品信息的控制组，包括了购买数量的实验组 1 alpha 在 F3 和 F4 活动更强（F3 和 F4 一般用来检测 alpha），其中对（10～12 Hz）的 alpha 进一步分析发现 F4 电极位置不显著，但 F3 位置显著，F3 位置(10～12 Hz)的 alpha 一般和负性情绪加工有关(Allen & Kline，2004)。相对于只呈现产品信息的控制组，包括了购买数量和喜欢信息的实验组 2alpha 在 F3 和 F4 活动更强，对(10～12Hz)的 alpha 进一步分析发现 F3 位置不显著，F4 电极位置显著，F4 位置(10～12 Hz)的 alpha 一般和正性情绪加工有关。研究者认为，购买数量信息对消费者影响是信息性影响，是基于正确原则的驱动(Kuan，Zhong，& Chau，2014)，信息影响与负性情绪加工紧密相关，由于决策需要与周围参照群体相一致，这种冲突会导致认知失调，解决这种认知失调会体验到情绪压力。但是喜欢信息则是规范性影响，为渴望被别人喜欢的动机所驱动，为了被周围群体认可，个体倾向于购买周围群体喜欢的产品，而这个过程伴随着正性情绪体验。网络购物研究中为什么会出现规范性影响呢？这是因为身份启动的结果。在一定情境中，当个人意识到自己特定的身份时，这个身份就会限定他对该情境的知觉，即使在网络环境下，只要自我的身份信息被启动，规范影响就会发生，上述研究中就是以大学生作为被试，参照群体则是脸谱网朋友圈对该产品的喜欢信息，所以才出现了网络购物情境下的规范影响(Kuan，Zhong，& Chau，2014)。

四、电商的应对策略

电商应对策略的直接目标是顾客满意度，因为顾客满意度是顾客忠诚的前置变量，而影响顾客满意度的核心因素则是消费者价值感知。所以，企业实践的基本策略就是努力提高顾客满意度，从而增加消费者购买行为。这主要包括两个方面：一方面要以提高消费者满意度为核心，提升消费者感知利得；另一方面要以降低消费者不满意度为目标，降低消费者感知利失。网络的匿名性、非面对面的接触、沟通成本低等特征会促使消费者更强烈地表达自己的不满和怨恨，消费者更容易感知利失，这对企业会产生负面影响。

那么，如何提升消费者价值感知呢？首先，网络购物平台在信誉、交易界面等方面需要给消费者安全感和舒适感，这是基础性因素。在此基础上，可以实施两种营销策略：网络促销策略重在让消费者直接感知到产品价值；社会化营销策略目标则在于将消费者感知到的价值在消费者社会网络关系中传播，从而更大范围地影响消费者群体。网络购物平台的改善，网络促销策略的实施，可以让消费者直接体验到购物的价值所在，但如果仅止于此，并不能产生更强的商业价值，唯有通过社会化营销策略，让消费者所感知到的价值在消费者之间不断传播，才能为商家创造更大价值。图 16-8 是我们勾勒的一个综合应对策略。

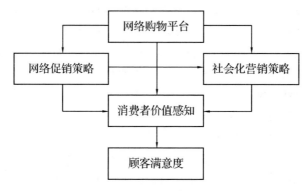

图 16-8　电商应对策略

(一) 网络购物平台

消费者接受他人的信息影响并不能说明是非理性的，而是个体在信息有限的条件下对现实做出的一种策略判断，良好的电商信誉以及流畅的交易界面则是提升消费者价值感知的基础性因素，为消费者购买行为提供了适宜的市场环境。

首先，从电商信誉来看，消费者信任是商业交易的先决条件，信任更是网络购物行为产生的重要因素（Darley，Blankson，& Luethge，2010）。电商如何增强消费者信任呢？电商信誉机制包括三种（管益杰，陶慧杰，王洲兰，宋艳，2011）。第一，第三方担保。它是指在网页上用来证明所有交易是受到第三方担保的，从而让消费者在网络购物中感到更安全。第三方是指独立于交易双方的第三方且具备一定实力和信誉（淘宝网、亚马逊、当当网等），它能调解买家与卖家之间的交易冲突，以保护交易在网络环境下正常进行。第二，消费者评价系统。它是对卖家交易表现通过不同等级的星级，以表示该卖家在相对应的标准上（如产品描述、服务）表现如何，是高于还是低于平均水平。第三，商家保证。目前，网购商店商家都在使用自我报告的方式来担保自己符合商业标准，包括 7 天无理由退货政策、隐私保护政策等信息。这三类机制可以提升对网络卖家的信任，是影响消费者价值感知的先决条件之一。

　　其次，从交易界面来看，电子商务是依托互联网及其他信息技术在虚拟环境下展开的，个体与虚拟交易界面的交互对购买决策具有重要影响。购物网站比传统渠道显得更无形，这是因为它无法用手触摸、无法用鼻子嗅闻，仅仅只能通过眼睛获得一些视觉信息。交易界面特征可以分为计算机因素和人的因素。计算机因素主要是任务性的，这些因素主要包括技术方面、导航和信息内容(Liang & Lai, 2001)，此外，商品搜索工具作为决策支持系统的一个部分，能够帮助消费者筛选信息，从而影响顾客满意度。人的因素则是那些快乐或享受的元素，与任务相关性较低，但可以增加消费者购物体验。相对于传统购物，网络购物缺点是人的因素相对缺乏尤其是人际互动因素，但商家可以通过媒介技术(音频和动画媒介)提高购物过程的生动性，从而改善用户交互界面。总之，计算机因素和人的因素提高可以增强购物的临场感，满足消费的感官体验、娱乐等需求，增强消费者信任(Dholakia & Zhao, 2009)，从而形成网购过程中的沉醉感。所以，交易界面特征也是提升消费者价值感知的先决因素之一。

(二)网购促销策略

　　促销是指企业通过各种暂时性刺激策略，直接影响消费者对产品的价值感知，从而诱导消费者做出即时购买行动的一种营销活动。促销所形成的消费氛围会对消费者产生社会影响，但最直接的是对消费者价值感知的影响：人们在购买决策时会权衡，从交易中所能获得的效益是否大于成本；只有当效益大于成本时，人们才会去选择购买，促销策略如大降价、抽奖等可以让消费者感知到较大的收益，从而促进他们及时做出购买决策(殷晨，2013)。殷晨(2013)在赵丽和罗亚(2008)研究的基础上，总结出了八种代表性的促销方式。

　　第一，特价商品。特价促销是指销售者在促销期内以明显低于商品平时零售价的价格销售商品。在网络购物过程中，这种促销方式可以很容易吸引到消费者注意力，从而促使消费者点击、转发商品信息以及购买。第二，打折促销。它是指电商按照商品正常零售价的一定比例(如7.8折)对产品进行重新定价的一种促销活动。这种在网络促销中较为普遍，通过网络购物界面对商品贴上原价以及打折价标签，让消费者在两者对比中体验到获利程度。第三，抽奖。在网络购物中，这种方式比线下商场更容易操作，对消费者来说也不需要排队等待，消费者只需点击鼠标就可实现抽奖。第四，电子优惠券。它是由电商提供给消费者的一种优惠凭证，消费者在网络购买过程中在规定的商店内使用它就可以减免一定的金额。第五，量多优惠。它是指当消费者购买商品满足一定数量或者达到一定消费金额时，电商会在价格上提供一定的优惠促销策略，正所谓薄利多销。第六，包邮。它是指网络商家给予网购消费者送货优惠的一种促销策略。网络购物不同于传统购物，大部分情况下零售商和消费者位于不同城市，消费者在支付产品本身价格的同时，也要承担快递运输费用。网络购物中，邮费是产品基本价格以外的附加费用，改变了消费者的价格构成，研究发现，当消费者支付的价格由多个价格部分构成时，相对于重要的价格部分（如产品本身的价格），消费者对不太重要的价格部分（如邮费）会更加敏感（Hamilton & Srivastava，2008）。第七，限时抢购。它是指电商在特定日期或特定时刻将商品以相对优惠的价格进行出售的促销策略，如"双十一"，又如"聚划算"商品打折幅度往往在一定时间内有效。第八，赠品促销。赠品促销是指电商为购买某些特定商品的消费者提供额外的商品，如购买一罐奶粉送玩具一个，这些额外商品一般都是以免费的方式提供给消费者（殷晨，2013）。

以上八种促销方式总体上可分为两种：货币型促销（特价促销、折扣促销）和非货币型促销（抽奖、赠品促销）。货币型促销信息可以与产品的价格直接比较，而非货币型的促销信息则无法与之比较，因此消费者会将货币型促销放入减少损失的框架中，而将非货币型促销置于"额外的获得"框架中（施卓敏，李璐璐，吴路芳，2013）。以上促销策略其效果并不一定都会带来利润，还受到购物情境、消费者因素的影响。比如，研究发现，相比当价格促销与远期购买情境相匹配赠品促销与近期购买情境相匹配时，消费者选择该产品的可能性更高以及价值感知也更高（刘红艳，李爱梅，王海忠，卫海英，2012）。施卓敏、李璐璐和吴路芳（2013）还通过实验研究发现相对于赠品促销而言，包邮更能促进具有防御型定向特质的消费者的网络购物意愿；对于低价产品而言，包邮比赠品更能促进消费者的购买意愿，而对于高价产品，两者不存在显著相关。

(三)社会化营销策略

社会化营销策略目标是消费者"口口相传"（网络口碑），而传播的内容便是产品或服务的价值。营销学界的研究逐渐从交易取向转向关系取向，日益重视消费者的社会关系、所属群体在营销中的作用，也就是通过与消费者建立良好的情感关系而非纯粹的交易关系，从而让消费者进一步去影响其他消费者。因此，口碑传播体系开始融入消费者的社会网络关系。在关系取向中，消费者被作为价值与意义联合创造者，其主动的口碑传播被认为是独特地、富有创造性并具有持续影响力（Kozinets et al.，2010）。关系取向模型主要有两大特点：第一，营销者通过一些新的营销策略积极、主动地营销目标消费者或者意见领袖，即一对一的播种，如邀请意见领袖进行新产品体验；第二，市场信息流向不是单向的，而是社会网络中消费者之间的彼此交流。网络环境下，消费者价值（如享乐价值、功能价值）传播变得更加容易、便捷，那么，如何促进消费者之间的传播呢？

第一，电子口碑推荐奖励计划。它是指企业通过提供各种形式奖励驱动现有消费者在互联网上向其他消费者推荐企业产品的营销策略。比如，在给予物质奖励或虚拟货币前提下，要求消费者发送链接邀请好友注册或购买，或者在论坛以及其他网站发布产品信息吸引新消费者，并要承诺一定的浏览量、一定的回复数等。目前电子口碑推荐奖励计划研究主要集中在企业如何选择和管理口碑发送者以及如何优化奖励方案等方面的研究（Kumar，Petersen，& Leone，2010；Kornish & Li，2010）。

第二，网络意见领袖挖掘。网络意见领袖通常在虚拟社区中拥有较高威望，其产品信息评论能够有效传达给社区内的其他成员，并在一定程度上能影响该社区成员的消费决策。对企业来说，发掘意见领袖，并邀请他们体验产品，通过他们的社会影响力可以扩大销售业绩。利用意见挖掘技术，建立了一个评论挖掘模型用以评估在线评论者的影响力，并借此模型去搜寻有影响力的评论者（Li & Lin，2010）。而有研究者则把博客作为研究对象，利用信息检索技术，通过对博客内容、创作者、浏览者，以及他们间关系的检索从而识别出有影响力的意见领袖，继之跟踪并影响这些意见领袖及其博客（Li et al.，2011）。

第三，在线评论情感分析技术。情感分析是指通过分析产品评论的文本内容，挖掘消费者对产品的褒贬态度。生产商和经销商可以利用对互联网上产品评论信息的挖掘与分析，了解消费者对其产品或服务的信息反馈，以及消费者对自己与竞争对手的差异性评价，从而改进产品质量、提升服务体系，赢得竞争优势，获得经济价值，例如，亚马逊网站鼓励消费者在给出文字评论的同时，用星号数目表示对该商品的评价等级（Chung & Tseng，2012）。目前，借鉴信息检索、自然语言处理、文本挖掘、统计处理等方面的技术和方法，针对在线情感评论的挖掘日益受到重视，然而相关研究尚处在探索阶段。

PART 6

第六编

健康上网

第十七章

网络成瘾

批判性思考

1. 网络成瘾在一些人看来是洪水猛兽，它是一种新的行为问题吗？网络成瘾到底是可以被理解为一种新的临床疾病还是常见的问题行为？有没有某种标准或者体系能够对其进行明确区分？
2. 有不少研究者用"病理性互联网使用""强迫性网络使用"或者"网络依赖行为"来命名网络成瘾。在这些不同名称的背后，其真正的差异是什么？我们应该如何看待这些差异？
3. 研究者基于不同流派或理论模型，提出了网络成瘾的预防和干预模式，你认为哪一种更靠谱一点呢？整合的预防和干预效果是否一定好于单一模式？

关键术语

网络成瘾，强迫性网络使用，病理性互联网使用，网络依赖，病理性赌博，网络关系成瘾，网络信息成瘾，ACE模型，满足补偿理论

网络作为继报刊、广播、电视之后出现的第四大媒体，其发展速度之快史无前例。同时，由于网络本身所具备的匿名性、方便性、空间穿越、时序弹性等多个独特特征，更是吸引了大量的年轻人沉迷其中，并导致网络成瘾。从1995年网络成瘾概念提出至今，该领域的研究非常丰富，是网络心理学领域研究最多、最获关注的亚领域。本章分别从界定和测量、发生机制、影响因素、干预和预防4个方面进行梳理，以期能为读者提供关于该领域的系统概观。

第一节　网络成瘾的界定与测量

一、网络成瘾的界定

网络成瘾(Internet Addiction Disorder，IAD)的概念是由纽约市的一名精神病医生高德博格(Goldberg)于 1995 年首先提出。它是指在无成瘾物质条件下的上网行为冲动失控现象，主要表现为由于过度和不当地使用互联网而导致个体明显的社会、心理功能损害现象。美国心理学会(APA)于 1997 年正式承认网络成瘾研究的学术价值。随后网络成瘾很快引起了临床心理学家(King，1996；Orzack，1998；Young，1998)和医学界(OReilly，1999)的关注。

格里菲斯(Griffiths)于 1996 年在《自然》(*Nature*)杂志上提出成瘾的 6 个共同的核心特点：①凸显性；②心境改变；③耐受性；④戒断症状；⑤冲突性；⑥复发性。他认为包括网络成瘾在内的任何成瘾都可以把这几个特点作为操作定义(Griffiths，1999)。

之后，坎德尔(Kandell)则把网络成瘾定义为"一种对互联网的心理依赖，而不考虑使用者登录到网络上做什么"。周倩(1999)将世界卫生组织对于网络成瘾的定义加以修改，将网络成瘾定义为"由重复地对于网络的使用所导致的一种慢性或周期性的着迷状态，并带来难以抗拒的再度使用之欲望，同时并会产生想要增加使用时间的张力与耐受性、克制、退隐等现象，对于上网所带来的快感会一直有心理和生理上的依赖"。欧居湖(2004)定义网络成瘾为"是指以网络为中介，以网络中储存的交互式经验、信息等虚拟物质、信息为成瘾物所引起的个体在网络使用中，沉醉于虚拟的交互性经验、信息中不能自主，长期和现实社会脱离，从而引发生理机能和社会、心理功能受损的行为"。

然而，网络成瘾的概念受到了不少学者的质疑，并认为网络用户对网络的着迷不同于化学物质的依赖。基于此，戴维斯(Davis)主张以病理性网络使用(PIU)来取代网络成瘾的提法，认为网络成瘾是一个精神科术语，不能扩展到每个人都可能过度使用的一种行为。霍尔(Hall)和帕森斯

(Parsons)提出了网络行为依赖(Internet Behavior Dependence,IBD)的概念,认为网络行为依赖的并发症包括意志消沉、冲动控制障碍和低自尊。他们认为网络的过度使用是生活中的一个良性问题,它弥补了在生活其他方面缺少的满意感,是普通人生活中都有可能遇到、并需要克服的问题。IBD仅仅是一种适应不良的认知应付风格,可以通过基本的认知行为干预加以矫正。

时至今日,尽管学术界对其被称为"成瘾"还是"问题行为"存在一定的争论,但研究者一致认为这一概念至少包括两个方面的内涵:一是个体的网络使用行为无法控制;二是个体的日常功能因此而受损(Ko et al.,2009;Kim,2010;刘勤学,方晓义,周楠,2011)。在2012年APA发布的DSM-V初稿中,将其界定为网络使用障碍(Internet use disorder,IUD),并归入物质使用和成瘾障碍亚类(Section Ⅲ of substance Use and Addictive Disorder)。但是在2013年出版的正式定稿中,只将网络游戏成瘾(internet gaming disorder)放在第三章"新出现的测量方法与模型"(emerging measures and models)中"有待更多研究的情况"(conditions for further study)这一部分。这也就意味着,网络成瘾的性质界定仍需更进一步的研究。

二、网络成瘾的测量

目前网络成瘾的主要测量方法是问卷调查法。不同的研究者根据不同的理论基础、概念架构以及成瘾标准来源而发展出了多个测量工具。根据测量工具编制的理论基础和项目来源,目前的网络成瘾测量工具主要有以下几类。

(一)基于 DSM-IV 的成瘾标准

有研究者倾向于将网络过度使用定义为一种行为成瘾,因此其筛选标准主要参考 DSM-IV 中的强迫性成瘾的标准或者其他成瘾标准,如病理性赌博成瘾等。

目前被广泛使用的杨(Young,1999)编制的网络成瘾测评(Internet Addiction Test,IAT)就是根据 DSM-IV 中病理性赌博的 10 项标准,确定了网络成瘾的 8 项标准。该测评一共 8 个项目,5 个以上项目回答"是",就被诊断为网络成瘾。这一测评结构简单,方便易行,得到国内外研究的广泛运用(Chou, Condron, & Belland , 2005)。但就像杨本人所指出的那样，该量表的结构效度和临床应用还需进一步研究。因此，在 8 个项目的 IAT 量表的基础上，杨进行了修订，编制网络成瘾损伤量表(Internet Addiction Impairment Index，IAII)，包含 20 个题目，5 级评分。0～30 分，属于正常范围；31～49 分为轻度成瘾；50～79 分为中度成瘾；80～100 分为重度成瘾。

布伦纳(Brenner，1997)也基于 DSM-IV 的物质滥用标准编制了互联网相关成瘾行为量表(Internet-Related Addictive Behavior Inventory，IR-ABI)，共 32 个项目。后经过修订(Chou, 2000)的中文版量表第二版(C-IRABI-II)共有 37 个项目，内部一致性系数达到 0.93，与杨的量表之间的皮尔逊相关系数为正相关(r=0.643，p<0.01)。这在客观上证实了杨的量表与其他量表可能会存在一致性。

同样，研究者(Nichols & Nicki，2004)基于 DSM-IV 中 7 条物质依赖标准以及 2 条成瘾标准编制了网络成瘾量表(Internet Addiction Scale，IAS)，共 31 题，采用 5 点计分(1＝从不，2＝很少，3＝有时，4＝经常，5＝总是)，分数越高代表网络成瘾越严重，该量表的内部一致性系数为 0.95。

近年来，有研究者(Meerkerk et al.，2009)同时参考了 DSM-IV 中关于物质依赖的 7 个标准、病理性赌博的 10 个标准以及格里菲斯提出的关于行为成瘾的 6 个标准，编制了强迫性网络使用量表(Compulsive Internet Use Scale , CIUS)。该量表包括 5 个维度：失去控制、沉浸、戒断症状、冲突、应对或情绪改变，共 14 个项目，5 点评分，分别为：0＝从不，1＝很少，2＝有时侯，3＝经常，4＝很频繁，得分越高代表强迫性程度越高。该量表的克伦巴赫系数为 0.89。

国内也有研究者采用类似的标准来编制网络成瘾的测量工具。钱铭怡等人参考了 DSM-IV 中酒精依赖诊断标准编制了大学生网络关系依赖倾向量表(IRDI)，该量表有 4 个因素，29 个项目。4 个因素分别是：依赖性、交流获益、关系卷入和健康网络使用。总量表的内部一致性信度系数为 0.87，4 个因素的信度系数分别为 0.84，0.76，0.74，0.70，5 周的重测信度为 0.619(p<0.01)(钱铭怡等，2006)。

(二)基于前人理论建构及网络成瘾本身特征的成瘾标准

有研究者是根据对网络过度使用的定义、理论模型来制定成瘾的标准。戴维斯 2001 年提出了病理性互联网使用(PIU)的认知行为理论。戴维斯认为 PIU 有两种不同的形式:特定的和一般性的病理性互联网使用。PIU 的认知行为模型认为,不合理的认知对一般的 PIU 行为发展很关键,并提供了关于一般的 PIU 认知和行为症状,以及导致的消极结果。认知层面包括关于网络的强迫性想法、低控制上网冲动、对在线使用网络内疚、与不上网相比上网时有更多积极的感受和体验等,行为层面包括强迫性网络使用导致个体在工作/学校或人际关系上体验到消极结果、对网络使用的情况否认或撒谎、使用网络来逃避个人的问题(如抑郁、孤独),消极结果层面包括降低的自我价值感、增加的社交退缩。

戴维斯在 PIU 认知行为模型的基础上编制了戴维斯在线认知量表(Davis Online Cognition Scale,DOCS),包含 36 个项目,4 个维度:孤独/抑郁、低冲动控制、社会舒适感、分心,使用 7 点量表(Davis,2002)。该量表的改进在于:①量表的名称"戴维斯在线认知量表"未明确告诉被试量表要测的内容,具有较高的表面效度;②题目不是对网络成瘾病态症状的简单罗列,所要测量的是被试的思维过程(认知)而非行为表现。因此,该量表具有一定的预测性。

卡普兰(Caplan)根据戴维斯的理论编制了一般化的病理性互联网使用量表(Generalized Problematic Internet Use Scale,GPIUS),测量了 PIU 的认知、行为和结果三个方面,其中认知和行为包括 6 个因素,结果包括 1 个因素,分别是:情绪改变、社交利益、消极结果、强迫性使用、过多上网时间、社交控制、戒断反应。该量表的维度和戴维斯的三个维度有所出入,但是从具体维度上来看,情绪改变、强迫性使用和过多上网时间属于行为层面,知觉到的社交利益、知觉到的社交控制和戒断属于认知层面。该量表被翻译成中文后,7 个子量表的内部一致性为 0.70~0.91,但是探索性因素发现只有 6 个因素,和原量表的结构有所出入(李欢欢,王力,王嘉琦,2008)。

雷雳和杨洋根据 PIU 的界定和维度构想,并结合其他量表、访谈、专家教师意见,编制了青少年病理性互联网使用量表(APIUS)。该量表采用 5 点评分，共 38 个题项，包含 6 个因素：凸显性、耐受性、强迫性上网/戒断症状、心境改变、社交抚慰和消极后果。量表的内部一致性为 0.948，重测信度为 0.857。同时 APIUS 与杨的 8 项标准以及 CIAS 的相关分别为 0.622 和 0.773，应该说具有良好的聚敛效度，同时其区分效度也在可接受范围内（雷雳，杨洋，2007）。目前该量表在国内青少年网络成瘾领域的应用十分广泛。

陈侠、黄希庭（2007）根据对网络成瘾的界定，从"类型—成瘾倾向"的角度把网络成瘾构想为一个包含两个层次、三个维度的理论体系。第一层次是网络成瘾的类型，包括网络关系成瘾、网络娱乐成瘾和信息收集成瘾；第二层次是网络成瘾倾向所表现的维度，包括认知依赖、情绪依赖和行为依赖，并据此编制了大学生网络成瘾倾向问卷（IUS）。该问卷包括三个分量表，其中 R 量表包括 16 个题项；E 量表包括 13 个题项；I 量表包括 12 个题项。加上 6 个测谎题项，正式问卷一共包含 47 个题项。采用李克特自评式 5 点量表记分，"完全不符"记 1 分，"比较不符"记 2 分，"难以确定"记 3 分，"比较符合"记 4 分，"完全符合"记 5 分，在某一维度得分高说明具有较高的成瘾倾向。

周治金等人则是根据网络成瘾的症状和特征而编制了网络成瘾类型问卷，该问卷为 5 点量表，20 个题项，包括三个类型：网络游戏成瘾、网络人际关系成瘾和网络信息成瘾。总问卷及各分问卷的同质性信度、分半信度及重测信度分别为 0.80～0.92、0.79～0.90 和 0.81～0.91（周治金，杨文娇，2006）。

我国台湾学者陈淑惠等人（2003）以大学生为样本，根据网络成瘾的特征编制了中文网络成瘾量表（CIAS），包括网络成瘾核心症状和网络成瘾相关问题两个方面，共 26 个题项，4 点量表，包含 5 个因素：强迫性上网行为，戒断行为与退瘾反应，网络成瘾耐受性，时间管理问题，人际及健康问题。总分代表个人网络成瘾的程度，分数越高表示网络成瘾倾向越高。初步研究表明该量表具有良好的信度和效度，再测信度为 0.83，各因素量表内部一致性系数为 0.70～0.82，全量表内部一致性系数为 0.92。研究者白羽和樊富珉（2005）对 CIAS 进行了修订，编制了中文网络成瘾量表修订版（CIAS-R），CIAS-R 有 19 个项目，量表及其分量表与效标之间的相关关系总体所在区间为 $0.65 < r < 0.85$。

(三)基于前人已有测量工具的成瘾标准

有研究者在关于计算机/网络使用和成瘾的已有文献和调查的元分析基础之上，结合专家的意见编制了计算机/网络成瘾量表，该量表共有74个项目，4个因素，分别是：因过度使用网络或网络成瘾而产生的社交孤独和忘记吃饭、约会迟到或爽约等现实错误，计算机技术及网络技术的利用和有效性，使用网络来获得性满足以及没有意识到已经处于问题使用阶段（Pratarelli，et al.，1999）。但是该问卷还缺乏相关实证研究的支持。

有研究者（Huang，Wang，Qian，Zhong，& Tao，2007）编制的中国网络成瘾量表（CIAI）和病理性互联网使用问卷（PIUQ）（Demetrovics，Szeredi，& Rózsa，2008）中皆参考了杨的 IAT。

而杨晓峰等人（2006）编制的大学生网络成瘾量表则是以在中国广泛使用的陈淑惠编制的 CIAS 提出的架构为主，并参考杨、布伦纳等人的观点，结合开放式问卷资料和个别访谈的结果编制而成。该量表包括6个因子：耐受性，人际、健康和学业问题，强迫性，戒断性，凸显性，时间管理问题，共30个项目，采用5点计分（1＝完全不符合，2＝不太符合，3＝一般，4＝比较符合，5＝完全符合）。量表总的克伦巴赫系数为0.949，分半信度分别为0.898和0.915，各个因素克伦巴赫系数为0.773～0.861，5周的重测信度为0.810，显示其信度较好。

综合来看，目前在世界范围内应用最为广泛的仍是杨的 IAT，并且有不少研究对其信效度和区分标准进行了验证。在中国，陈淑惠的 CIAS 和雷雳的 APIUS 是使用最多的两个测量工具。但值得注意的是，研究者在使用不同测量工具进行筛查时，需要关注不同测量工具、不同标准带来的成瘾率的差异。有研究者（Thatcher & Goolam，2005a）在一项研究中比较了杨（Young，1996，1998）、彼尔德和沃尔夫（Beard & Wolf，2001）以及撒切尔和古拉姆（Thatcher & Goolam，2005b）三种标准下网络成瘾的比率，证实了标准的选择对网络成瘾率的影响。研究发现，使用撒切尔和古拉姆量表测得的网络成瘾率为1.67％；使用彼尔德和沃尔夫的标准，网络成瘾率为1.84％；使用杨的标准，其比例为5.29％。所有符合彼尔德和沃尔夫严格标准的人都符合杨的标准，但是符合杨的标准的人只有 35% 符合彼尔德和沃尔夫的标准。使用撒切尔和古拉姆量表符合标准的人，分别有 80% 和 40% 也被杨，彼尔德和沃尔夫的标准判定为网络成瘾。因此研究者认为，使用更为宽松的标准会导致明显更高的网络成瘾率(Thatcher et al.，2005a)。相对而言，研究者认为杨关于网络成瘾的标准较为宽松，可能会高估网络成瘾的状况(Morahan-Martin，2013)。因此，研究者建议，"为了测定出有重大临床意义的网络成瘾的准确流行情况，我们需要在诊断标准上达成一致，并使用临床上有效的结构性访谈对一个大型的代表性样本进行研究"(Aboujaoude et al.，2006)。

第二节 网络成瘾的发生机制

目前有研究者从不同的视角，提出了不同的理论模型来解释网络成瘾的发生机制。我们从网络本身的特征、互动取向、发展取向以及内在需求满足方面进行了梳理。

一、基于网络本身特征

(一)ACE 模型
杨认为是网络本身的特征导致用户成瘾，这些特征包括匿名性(Anonymity)、便利性(Convenience)和逃避现实(Escape)，因此简称为 ACE 模型。匿名性是指人们在网络里可以隐藏自己的真实身份，因此，用户在网络里可以做任何自己想做的事，说自己想说的话，不用担心谁会对自己造成伤害。便利性是指网络用户足不出户，动动手指就可以做自己想做的事情，如网上色情、网络游戏、网上购物、网上交友都非常方便。逃避现实是指当碰到倒霉的一天，用户可能通过上网找到安慰。因为在网上，他们可以做任何事，可以是任何人，这种自由而无限的心理感觉引诱个体逃避现实生活而进入网络的世界。杨的 ACE 模型最初用来解释网络色情成瘾，后被扩大到整个网络成瘾领域(陈侠，黄希庭，白纲，2003)。

(二)社会线索减少理论

社会线索减少理论认为，CMC 环境下在有限的网络交流中，有限的网络带宽导致了交流过程中社会线索(环境线索与个人线索)的减少。这使得个体在互动情境中对判断互动目标、语气和内容能力的降低。而且，由于网络匿名性和不完善的规范，导致网络空间中个体对自我和他人感知的变化，从而使得受约束行为的阈限降低，并由此产生了反规范与摆脱控制的行为(Kiesler et al.，1984)。这些均有可能进一步导致网络使用行为不可控，并进而形成网络成瘾。

二、基于互动取向

(一)认知—行为模型

戴维斯提出认知—行为模型，试图解释病理性互联网使用(PIU)的发展和维持(Davis，2001)。该模型将影响 PIU 的因素分为近端的因素和远端的因素。该模型认为 PIU 受到不良倾向(个体的易患素质)和生活事件(压力源)的影响，它们位于 PIU 病因链远端，是 PIU 形成的必要条件。个体易患素质指当个体具有抑郁、社会焦虑和物质依赖等素质，则更容易发展出病态网络使用的行为。压力源(紧张性刺激)指不断发展的互联网技术。模型的中心因素是适应不良的认知，它位于 PIU 病因链近端，是 PIU 发生的充分条件。戴维斯认为 PIU 的认知症状先于情感或行为症状出现，并且导致了后两者。有 PIU 症状的个体在某些特定方面有明显的认知障碍，从而加剧个体网络成瘾的症状。该模型还对特殊的PIU 和一般性 PIU 做了区分。

(二)富者更富模型

克劳德等人经过追踪研究发现，网络在对人们生活的影响上有矛盾之处(Kraut et al.，1998)。他们对美国宾夕法尼亚州的 93 户 256 名居民进行了追踪研究，了解在开始上网的一到两年时间内，网络对于他们的社交水平和心理健康的影响。最后有 73 户的 169 个居民完成了追踪调查。在研究的这个人群中，网络被广泛地应用于交流。然而研究发现，网络使用得越多，人们与家人的交流就越少，社交的圈子也越小，而且抑郁和孤独增加。

这个结果的发表引起很多争议，有的人指出这个研究没有设置控制组进行比较，外部的事件或者统计回归也有可能导致被试社会交往和心理健康的下降。

为了厘清真相，研究者在原有研究的基础上又进行了 3 年的追踪性研究(Kraut et al.，2002)，这次他们的研究结论似乎更加合理。他们对原来参与过研究的 208 名居民继续进行追踪，结果发现以前的负面效应消失了。他们还重新找了一群被试进行追踪研究，并且设有控制组，即让刚上网的人与刚买电视的人比较，这样就可以抵消时间效应。这个样本对于网络在交流、社会参与和心理健康程度上整体表现出积极的效应，然而并非人人如此。研究的结果证实了富者更富模型，即对于外向的人和有较多社会支持的人来说，使用网络会产生较好的结果，而对于那些内向和较少社会支持的人来说，使用网络反而使结果更糟糕。该研究表明，心理行为发展具有连续性，互联网使用所产生的积极或消极影响可能是原有心理行为发展水平的一个反映。

(三)游戏成瘾的沉醉感理论

沉醉感(flow experience)的概念最早由奇克森特米哈耶于 20 世纪 60 年代提出，也被称为最佳体验(optimal experience)，指的是人们对某一活动或事物表现出浓厚的兴趣，并能推动个体完全投入某项活动或事物的一种情绪体验(任俊，施静，马甜语，2009；Massimini & Carli, 1988)。奇克森特米哈耶之后系统地提出了沉醉感理论模型(Novak & Hoffman，1997)，他认为个体所感知到的自己已有的技能水平与外在活动的挑战性相符合是引发沉醉体验的关键，即只有技能和挑战性呈平衡状态时，个体才可能完全融入活动，并从中获得沉醉体验。后来，斯维彻和威斯(Sweetser & Wyeth, 2005)在奇克森特米哈耶提出的沉醉感理论的基础上提出了有关网络游戏的沉醉理论。该理论认为网络游戏的以下 8 个特征可以令玩家在玩游戏的时候产生沉醉体验。这 8 个特征是集中注意、匹配挑战、玩家技能、控制感好、目标清晰、提供反馈、沉浸如醉和社会互动。后来不少研究者的实证研究结果也证实了沉醉体验对游戏成瘾的作用(魏华，周宗奎，田媛，鲍娜，2012)。

三、基于发展取向

发展在这里包含两层含义，一是指网络成瘾行为本身的发展过程和阶段,二是指个体的毕生发展过程。分别有研究者认为网络成瘾和其本身行为发展过程有关,也和个体的毕生发展阶段和任务有关。

(一)阶段模型

格若霍提出了阶段模型,认为所谓网络成瘾只是一种阶段性的行为。该模型认为网络用户大致要经历三个阶段。第一阶段:网络新手被互联网迷住,或者有经验的网络用户被新的应用软件迷住;第二阶段:用户开始避开导致自己上瘾的网络活动;第三阶段:用户的网络活动和其他活动达成了平衡。格若霍认为所有的人最后都会到达第三个阶段,但不同的个体需要花不同的时间。那些被认为是网络成瘾的用户,只是在第一阶段被困住,需要帮助才能跨越。

(二)自我认同发展问题理论

一些发展学理论家(Greenfield,2004;Lloyd,2002;Subrahmanyan et al.,2006)一致认为,像网络攻击性和网络成瘾这样的青少年网络行为是和发展需求相关的。格林菲尔德(Greenfield)认为,青少年面临的主要任务是建构和发展出个体自我认同,这有可能会有两个结果,一个是适应的,是成功的,而另一个可能则是非适应的,是失败的。有证据显示,没有成功解决自我认同危机可能会导致青少年在面临挫折时的言语或行为攻击,在建构自我认同时出现迷茫困扰。研究者发现,在青少年的网络交往中存在着较高水平的攻击性,如在聊天室里使用种族侮辱和露骨的性语言(Subrahmanyan et al.,2006)。他们认为,这样的攻击性是由于青少年在发展自我认同危机中的失败带来了高水平的焦虑,从而在一个限制性相对较低的环境(网络)中产生了一些不受欢迎的行为。而这样的自我探索的迷茫困扰、高水平焦虑均会增加个体网络成瘾的可能性。

四、基于内在需求满足

(一)用且满足理论

莫里斯(Morris)和欧根(Ogan)借用大众沟通的游戏理论(play theory in mass communication)和用且满足理论来解释网络成瘾现象。用且满足理论有两个重要假设:①个体选择媒介是以某种需要和满足为基础的,个体希望从各种媒介资源中获得满意感或接受信息;②媒介是通过使用

者的意图或动机而发挥作用的，它将焦点从媒介的直接作用中得到需求
的"被动参与者"转向媒介使用中的"积极参与者"，强调了个体的使用和
选择。研究者（McQuail，Blumler，& Brown，1972）证明媒介满足了个
体的以下需求：解闷和娱乐（逃离日常事务的限制，逃离问题带来的负担
和情绪释放）；人际关系（陪伴和社交）；个体认同（个人自我认同，对现
实的探索，以及价值感的增强）。

苏文列尔（Surveillance）等人指出所有的媒介使用者本质上都有五类
相同的需要：一是认知需要，即增加信息、知识和理解力有关的需要；
二是情感需要，即与增强美感、愉悦和情绪经验有关的需要；三是个体
整合需要，即与增强可信度、自信、稳定性和地位有关的需要，是认知
和情感因素的整合；四是社交整合功能，即与增强和家庭、朋友和世界
的联系有关的需要；五是与逃离或释放紧张有关的需要。另有研究者从
专门针对互联网的满足感的概念中提取了 7 个网络满足感因素：虚拟交
际、信息查找、美丽界面、货币代偿、注意转移、个人身份和关系维持，
并且认为这 7 个因素都有可能增加用户网络成瘾倾向（Song et al.，
2004）。

（二）心理需求的网络满足补偿模型

不少研究者将马斯洛的需要层次理论运用到网络行为的解释中，认
为网络能够满足个体的基本心理需求（Suler，1999；才源源，崔丽娟，李
昕，2007）。万晶晶（2007）通过实证研究，在大学生网络成瘾群体上发现
了心理需求的补偿满足效应。该研究发现，心理需求的现实缺失完全通
过网络满足补偿影响大学生网络成瘾。心理需求现实缺失越多，则网络
满足优势越大，从而导致大学生网络成瘾趋势更为严重。方晓义和万晶
晶等人（2010）进一步发现，个体具有 8 个与网络有关的心理需求，相对
于现实满足途径来说，网络具有满足优势，而网络满足优势能够直接预
测大学生的网络成瘾倾向。研究者（Liu，Fang，Wan，& Zhou，2016）
进一步通过实证研究并总结提炼，提出了心理需求的网络满足补偿理论。
该理论认为，个体在进行心理需求满足的时候，会无意识地将现实满足
途径和网络满足途径进行比较，而一旦发现了网络在需求满足上的优势，
那么个体就会倾向于越来越多地选择网络来进行需求满足，从而发展成
网络成瘾。在这个理论中，还提出了不同网络行为可能会对应不同的需

求满足优势(Liu，Fang，Wan，& Zhou，2016)。

(三)失补偿理论

　　高文斌、陈祉妍(2006)在临床案例和实证研究的基础上，参考网络成瘾既有理论，基于个体发展过程提出了网络成瘾的失补偿假说。失补偿假说将个体发展过程解释为三个阶段。①个体顺利发展的正常状态。②在内因和外因作用下发展受到影响，此时为发展受阻状态。在发展受阻状态下，可以通过建设性补偿激活心理自修复过程，恢复常态发展。如果采取病理性补偿则不能自修复，最终发展为失补偿，导致发展偏差或中断。③如不能改善则最终导致发展终断。失补偿假说对于网络成瘾的基本解释为：网络使用是青少年心理发展过程中受阻时的补偿表现。如进行"建设性"补偿，则可以恢复常态发展，完成补偿，即正常的上网行为；如形成"病理性"补偿，则引起失补偿、导致发展偏差或中断，即产生网络成瘾行为。

第三节　网络成瘾的影响因素

　　目前，关于网络成瘾影响的研究大体上可以分为三类：第一类主要研究互联网的特点，第二类主要研究外因及环境的影响，第三类主要从上网者的个人因素(人格、认知和行为以及动机等)方面探讨病理性互联网使用的心理机制。

一、互联网使用的特点

　　杨认为互联网本身没有成瘾性，但特殊的网络应用在病理性互联网使用形成中起重要作用。网络依赖者主要使用网络的双向交流功能，即 CMC，如聊天室、QQ，MUD，新闻组或电子邮件等，这些以计算机为中介的交流具有交互性、隐藏性、范围广、语言书面化、多对多等特点。网民上网时感到亲密、失去控制、时间丧失及自我失控感等体验。

　　在网络的虚拟社会中，网络身份是虚拟的、想象的、多样的和随意的，现实生活中的道德准则和社会规范的约束力下降或失效，网络的特点从而使有异于现实社会中的行为成为可能。在网上可以获得社会支持；通过访问色情网站、性幻想、虚拟性爱等方式满足性欲；创造虚拟人物角色，获得权力和认同感，使某些被压制或潜意识的个性释放。正是因为网民的心理、社会需要产生对网络的期待，需要得到满足和产生愉快的体验，导致了不同的网络暴露模式（王立皓，2004）。

研究者（Widyanto，2007）通过个案访谈和问卷调查的方式，也发现对网络用户而言，网络的去抑制性、匿名性、对信息的掌控感等都是他们在网上自我感觉良好并可能导致成瘾的因素。

二、环境因素

（一）家庭因素

家庭因素的探讨主要集中于父母教养方式、家庭功能和家庭关系、亲子沟通等方面。目前，关于父母教养方式和网络成瘾关系研究结果基本一致，研究均表明不良的父母教养方式和青少年的网络成瘾倾向有关，但是其相关显著的维度上存在着一些差异。具体来说，网络成瘾组的惩罚严厉、过分干涉、过分保护、拒绝否认、父母教养方式得分显著高于非成瘾组（何传才，2008；王鹏，刘璐，李德欣等，2007；杨丑牛，袁斯雅，冯锦清等，2008；苏梅蕾，洪军，薛湘等，2008；李冬霞，2007；杨春，2010），但在父母的教养方式和青少年网络成瘾显著相关的维度上存在不一致，母亲惩罚严厉（陶然，黄秀琴，张慧敏等，2008）、父亲的过度干涉、过分保护（郎艳，李恒芬，贾福军，2007；彭阳，周世杰，2007）、母亲的偏爱（李冬霞，2007）等维度上的差异是否显著在不同的研究中存在不一致的结果。同时也有研究发现，父母的情感温暖与青少年网络成瘾相关不显著（赵艳丽，2008），而另有结果却发现成瘾组的母亲情感温暖得分显著低于非成瘾组（王新友，李恒芬，肖伟霞，2009）。以上研究的结果差异部分来源于研究使用的教养方式测查量表不一致。大部分的研究均采用岳冬梅修订的父母教养方式评定量表（EMBU），少部分采用根特教养方式量表（GPBS）。同时有研究进一步发现，成瘾群体在监控上显著低于非成瘾群体，而在约束、严厉惩罚、忽视三个维度上则高于非成瘾组；父母的监控可以负向预测男女生的网络成瘾，而约束则是正向预测男女生的网络成瘾，父母的忽视和物质奖励可以正向预测女生的网络成瘾(李彩娜，周俊，2009)。但在区分父亲和母亲进行预测时，则得到了不尽一致的结果。有研究发现，母亲的拒绝及否认、过度干涉和保护、偏爱维度以及父亲惩罚严厉等因子进入回归方程(杨丑牛，袁斯雅，冯锦清等，2008)，但是针对中专生的研究却发现只有父亲的惩罚、严厉和过度保护可以正向预测被试的网络成瘾(王鹏，刘璐，李德欣等，2007)。以上结果的不一致一方面来源于被试群体的差异，另一方面，可能也意味着，在家庭因素中，可能还存在着和青少年网络成瘾相关更近端的因素，需要进一步的探索。

在家庭功能方面，目前主要采用家庭功能评定量表(FAD)来进行研究。结果发现，成瘾组与非成瘾组在家庭功能上差异显著。成瘾青少年家庭在问题解决、家庭沟通、角色、情感反应、情感介入、行为控制及总的功能几个方面均差于非成瘾青少年的家庭(范方，苏林雁，曹枫林等，2006；樊励方，2006；李海彤，杜亚松，江文庆，2006；蔡佩仪，2007)。

有关家庭关系与青少年网络成瘾的相关关系探讨，大多数研究采用了家庭环境量表(FES)来测查青少年的家庭关系。有研究发现网络成瘾组高中生在亲密度、情感表达、独立性、知识性、道德宗教观、组织性6个因子上的得分显著低于非成瘾组高中生，而在矛盾性和控制性两个因子上的得分显著高于非成瘾组高中生(程绍珍，杨明，师莹，2007)。但罗辉萍、彭阳(2008)的研究同样使用家庭环境量表，在结果上却有所出入，他们发现网络成瘾组只在家庭矛盾性上得分显著高于非成瘾组。但在依恋关系上，成瘾组的母爱缺失、父爱缺失、父亲拒绝、母亲消极纠缠、父亲消极纠缠、对母亲愤怒、对父亲愤怒得分均高于非成瘾组。也有研究者使用家庭亲密度量表测查家庭关系，发现过度使用网络青少年的家庭亲密度和适应性低于正常家庭(梁凌燕，唐登华，陶然，2007)，而使用家庭依恋量表的研究发现，家庭依恋中的焦虑性因素能正向预测青少年的网络成瘾(楼高行，王慧君，2009)。近年来，研究者也进一步综合考察了亲子依恋可能起作用的中介因素，研究发现，亲子依恋通过越轨同伴交往的中介作用间接影响网络成瘾，同时该间接效应受到意志控制的调节(陈武，李董平，鲍振宙，闫昱文，周宗奎，2015)。

总体上来看，目前针对家庭因素的研究还停留在家庭环境、父母教养方式等较为上位的概念。有发展心理病理学家曾提出，亲子关系是造成儿童发展问题和心理病理问题最有影响力的因素（Masten & Garmezy，1985）。而亲子沟通和亲子关系也已被国外相关研究证明是网络成瘾的重要保护因素（Park，Kim，& Cho，2008；Kim & Kim，2003）。因此，在中国环境下，探讨亲子关系和亲子沟通等因素对青少年网络成瘾的影响，并且揭示其影响机制，是可以深入的方向。刘勤学等人（刘勤学，方晓义，邓林园，张锦涛，2012；Liu，Fang，Zhou，Zhang，& Deng，2013）系统地探讨了亲子关系、亲子沟通和父母的网络行为和态度对青少年网络成瘾的影响。研究发现，关系层面，父子关系而不是母子关系，是青少年网络成瘾最大的保护性因子；父母行为层面，母亲的网络使用行为能正向预测男孩和女孩的网络成瘾，父亲的网络使用行为只对女孩的网络成瘾有正向预测作用。研究结果表明，父亲和母亲对不同性别的青少年的网络成瘾可能存在不同的影响路径。同时，在控制了年龄、性别、家庭收入、父母教育水平的影响之后，父母网络使用和网络使用行为规则均正向预测青少年网络成瘾行为，而亲子沟通则能负向预测。进一步探讨当父母行为与其制定的规则不一致时，对青少年网络成瘾的作用机制是否存在不同。结果发现，当父母制定的规则和父母行为一致时，规则能负向预测青少年的网络使用行为，而当两者不一致时，则父母行为能显著预测，亲子沟通在两种情况下均能显著预测。

(二)同伴和社会支持因素

青少年总体的社会支持（包括家庭支持）也受到了研究者的重视。研究者主要从在线和离线、主观和客观两个方面对社会支持与网络成瘾的关系进行了探讨。

汤明（2000）发现网络依赖性与在线孤独感、社会支持之间呈显著负相关，但与离线孤独感、在线社会支持之间呈显著正相关，这可能表明网络依赖性或者互联网带给用户消极影响的主要原因是，用户缺少离线生活中的社会支持，而更多从网络中寻求暂时的满足。具体以同伴卷入来看，雷雳和李宏利（2004）发现，父母卷入与同伴卷入对青少年网络成瘾具有明显的预防作用，即这两个因素对青少年的网络成瘾具有较好的负向预测作用，但是"现在定向占优个体仅通过同伴卷入进而更多感知到互联网的消极影响，而未来定向占优个体主要通过父母卷入导致网络成瘾"这两条不同路径说明不同时间定向占优个体，通过不同的人际卷入变量预测网络成瘾。

何传才（2008）的研究发现，成瘾组的社会支持总分、主观支持、客观支持和支持利用度均低于非成瘾组，但王立皓等人（2003）和蔡佩仪（2007）的研究发现，网络成瘾者在社会支持量表的总分和主观支持上显著低于非成瘾者，在客观支持和支持的利用度上没有差异，综合来看，高成瘾倾向的初中生获得更少的社会支持和感受到更少的社会支持，在对网络成瘾的影响上，主观体验到的支持可能比实际的支持更为重要。正因为如此，与非成瘾学生相比，成瘾学生的自制能力较差，成瘾学生可能更经常体验到孤独、焦虑和不满，并且在生活中较容易出现适应不良现象（庞海波等，2010；杨春，2010）。而且，钱铭怡等人（2006）发现，寻求社会赞许需求较高的人、社交焦虑比较严重的人在上网时容易成瘾；网络成瘾青少年在交往焦虑、自我和谐量表总分、经验不和分量表、自我刻板性分量表上的得分显著高于非网络成瘾者（王立皓等，2003）。

研究者采用青少年病理性互联网使用量表和自尊量表对北京的七年级三个班学生进行为期一年半的 6 次追踪调查，并用班级环境问卷中的同学关系分量表考察他们的同学关系。研究表明，进入初中后学生的病理性互联网使用倾向有增长趋势，自尊能够有效预防初中生的病理性互联网使用，但好的同学关系反而可能削弱自尊对病理性互联网使用的保护性作用（张国华，戴必兵，雷雳，2013）。

三、个体因素

个体因素中，研究者主要从个体的人格特征、心理动力、认知因素以及生理因素方面进行了探讨。

（一）人格特征

多数研究都发现，网络成瘾者往往具有某些特殊的人格特征，如忧郁性、焦虑性、自律性、孤独倾向。庞海波（2010）以"卡特尔十四种人格问卷"为工具的研究结果表明：网瘾组学生在忧虑性、适应性与焦虑性得分显著高于非成瘾组，自律性得分显著低于非成瘾组；在孤独倾向、身体症状、冲动倾向等因子的得分亦显著高于非成瘾学生。雷雳、杨洋等人（2006，2007）的研究发现神经质人格与互联网社交、娱乐和信息服务偏好存在显著的交互作用：对于低宜人性人格的青少年来说，互联网社交服务偏好不易导致其成瘾，而对高宜人性人格的青少年而言，则相反。此外，外向性、神经质也会影响青少年的网络使用偏好（雷雳，柳铭心，2005）。同时，个体的自恋性人格特征（Kim，Namkoong，Ku，& Kim，2008）

个体的自尊特质被认为是稳定地影响网络成瘾的因素，低自尊个体更有可能网络成瘾（Armstrong，Phillips，& Saling，2000；Yen，Yen，Chen，Chen，& Ko，2007；Young & Rogers，1998）。同时，自尊也可能通过调节或者影响其他变量进一步影响个体的网络成瘾倾向（Kim & Davis，2009；LaRose et al.，2003；Stinson et al.，2008；Tangney et al.，2004）。

感觉寻求也被认为与成瘾行为相关，但是目前关于感觉寻求和网络成瘾间关系的研究结果尚不一致。有研究发现，高感觉寻求个体不太可能是严重网络成瘾者（Armstrong et al.，2000），网络成瘾者的感觉寻求得分也低于非成瘾者（Lavin et al.，1999）。但是，有研究（Lin & Tsai，2002）却发现有网络依赖的青少年在感觉寻求总分上更高，同时感觉寻求高的个体更可能和同伴和家庭疏离，也更有可能在网络上访问网站和发布攻击性语言信息（Slater，2003）。我国石庆馨等人（2005）采用感觉寻求量表，对北京市两所普通中学的307名中学生的调查研究发现，感觉寻求的不甘寂寞分量表与网络成瘾的正相关显著。这和其他研究者（Kim & Davis，2009）发现感觉寻求通过个体对网络活动的积极评价来正向影响网络成瘾的结果较为一致。但总体上而言，目前的结果表明，关于感觉寻求对网络成瘾的作用机制可能更加复杂，需要进一步的探讨。

（二）心理动力

苏勒（Suler）通过对在线社区进行的研究提出，在线互动满足了马斯洛的需要层次论。他认为人们之所以会网络成瘾，是因为网络满足了人们的基本需要：①性的需要；②改变感知体验的需要；③成就和控制的需要；④归属的需要；⑤人际交往需要；⑥自我实现和自我超越的需要（Suler，1999）。才源源等人（2007）在质性研究及理论分析基础上，发现青少年网络游戏行为的心理需求主要由现实情感的补偿与发泄、人际交往与团队归属需要以及成就体验三个因素构成，且青少年对网络游戏的心理需求程度与其对网络游戏的使用程度显著相关。而李菁(2009)的调查研究则进一步从某种程度上支持了关于网络心理需求与马斯洛需求层次相匹配的论述。

在台湾大学生的网络使用研究中(Chou，Chou，& Tyan，1998)，也发现网络成瘾与逃避、人际关系、整体沟通需要正相关，而且网络成瘾学生比非网络成瘾者主要花更多的时间在论坛和网聊中。万晶晶等人(2007，2011)进一步发现了网络成瘾大学生中存在心理需求的网络满足补偿效应，其心理需求在现实中没有得到满足，而在网络上得到了较好的满足。心理需求现实缺失越多，则网络满足优势越大，从而导致大学生网络成瘾趋势越严重。基于小学生群体的调查也显示，儿童在网络中的心理需求得到的满足越多，其在线行为和相关积极情绪均会更多(Shen，Liu，& Wang，2013)。刘勤学等人(2015)也进一步验证了网络在心理需求满足过程中的优势作用，且该网络优势能够完全中介个体的需求缺失对网络成瘾的影响。

(三)认知因素

研究者在互联网使用研究中引入了社会—认知理论为理论框架(Eastin，2001；LaRose，Mastro，& Eastin，2001)。社会—认知理论强调行为、环境以及个人决定物(自我调节、预期、自我反应与反省等)三者之间的交互作用。拉洛斯(LaRose)认为个体能够利用已经形成的自我调节能力制订计划、设置目标、预期可能结果、利用经验与自我反省。重要的是，个体可以通过自我反省来帮助自己，理解所处的环境以及环境的要求。在社会—认知理论框架内，互联网使用被概念化为一种社会认知过程，积极的结果预期、互联网自我效能、感知到互联网成瘾与互联网使用(以前上网经验、父母与朋友的互联网使用等)之间是正相关，相反，否定的结果预期、自我贬损及自我短视与互联网使用之间是负相关(Eastin，2001)。这反映了互联网使用可能是自我调节能力的一种反映。班杜拉(Bandura，2001)认为现代社会中信息、社会以及技术(信息技术)的迅速变化促进了个体自我效能感与自我调节，并且较好的自我调节者可以扩展他们的知识与能力，较差的自我调节者可能落后。

因此，互联网使用过程中成瘾行为可以概念化为自我调节的缺失(LaRose et al.，2001)。研究者认为，失误的自我监控、失败的与媒体行为标准比较、不能产生自我反应性的刺激可能是互联网成瘾的心理机制，其具体表现为，用户意识到上网时间过多，并且具有破坏性，但是却难以与理想的行为标准相比较（LaRose et al.，2001）。杨（Young，1998）、林绚辉与阎巩固（2001）把互联网成瘾定义为上网行为冲动失控，这与拉洛斯等人的观点有重合的地方。这似乎说明了互联网带给用户的消极影响的主要机制是自我调节能力的缺失。此外，汤明（2000）发现网络依赖性与在线孤独感和社会支持之间是显著负相关，但与离线孤独感和在线社会支持之间是显著正相关。这可能表明了网络依赖性或者互联网带给用户的消极影响的主要原因是用户缺少离线生活中的自我调节能力。

（四）生理因素

研究者也关注了网瘾者可能存在的一些生理特点。王晔和高文斌（2008）发现心率变异性可以作为评估青少年是否网络成瘾的重要参考指标。同时，网络成瘾者在不接触网络时脑电的复杂性较低；而在使用网络之后，他们脑电的复杂性也明显增加到与非成瘾者相当的水平（郁洪强，赵欣，詹启生，刘海婴，李宁，王明时，2008；赵欣，2007）。成瘾者还表现出明显的 Nd170 的左脑区优势（赵仑，高文斌，2007）。另外，网络成瘾者的注意功能有所下降，并存在一定的注意偏向。网络成瘾者在前注意阶段就存在对网络图片的优先自动探测和注意朝向，以保证网络信息优先进入过滤器进行随后的认知加工（贺金波，洪伟琦，鲍远纯，雷玉菊，2012；张智君，赵均榜，张锋，杜凯利，袁旦，2009），并有可能存在感觉功能的易化（贺金波，郭永玉，柯善玉，赵仑，2008；赵欣，2007）。

研究者进一步探讨了网络成瘾的脑机制。研究发现以下结果。①不同网络使用线索对不同类型网络成瘾者上网动机的诱发作用不同（张峰等，2007）。②与非网络游戏成瘾的大学生相比，网络游戏线索能够有效诱发网络游戏成瘾的大学生某些脑区，如扣带回、眶额皮层、左枕叶的楔叶、左背外侧前额叶、海马旁回、内侧额叶、中央后回、楔前叶等脑区的活动；与中性控制线索相比，网络游戏线索能够有效诱发病理性网络游戏使用大学生某些脑区，如左额下回、左海马旁回、颞叶、丘脑、右侧伏隔核、右侧尾状核和小脑等脑区的活动水平（Han et al.，2010a，2010b；Ko et al.，2009）；而且，这些 ROI 的激活水平与自我报告的游戏渴求之间存显著正相关（Han et al., 2010a；Ko et al., 2009）。③安非拉酮（Bupropion）可以有效降低网络游戏成瘾者对网络游戏的渴求、使用网络游戏的总时间，以及某些脑区，如背外侧前额叶的激活水平（Han et al., 2010b）；即使控制使用网络游戏的时间，网络成瘾大学生对网络游戏的渴求仍然与右内侧额叶和右海马旁回的激活水平呈正相关（Han et al., 2011）。④采用和非成瘾组相比较的方法，基于以往物质成瘾和赌博成瘾的研究结果，网络成瘾在丘脑、海马旁回、左侧背外侧前额的激活前两者类似（Ham et al., 2011）；同样基于非成瘾被试的对比研究发现，网络成瘾者的奖惩机制也存在差异（Dong，Huang，& Du，2011）；更进一步的研究也采用了线索诱发范式，比较了网络成瘾和尼古丁依赖的混合组与正常组，发现游戏渴求和吸烟渴求均能使混合组被试在双侧海马旁回上有更高的激活（Ko，Liu，& Yen，2013），但是该研究由于只使用混合组，更无法对物质和行为成瘾的渴求机制进行区分。

贺金波等人总结了前人相关研究，认为网络成瘾者的大脑主要存在4个方面的异常。①额叶和扣带回多部位存在结构性萎缩和功能退化，导致其对上网行为的冲动控制出现障碍。②海马功能障碍，导致其认知功能特别是工作记忆能力下降。③奖赏中枢功能代偿性增强，可能与其多巴胺系统的功能异常有关。④内囊后肢的神经纤维结构较密、活性较高，可能与其长时间兴奋性操作键盘、鼠标或游戏手柄有关（贺金波，洪伟琦，鲍远纯，雷玉菊，2013）。

目前的研究结果至少说明，网络成瘾者的大脑存在一些功能性的、与物质成瘾者类似的异常，但这些异常是否由网络成瘾导致，以及这些异常是结构性的，还是持久性的，则还需要进一步的研究来证实。

拓展阅读

"物质成瘾"与"行为成瘾"有何关系？

成瘾的概念源自临床医学中病人对药物依赖的现象，如成瘾者对酒精、尼古丁、阿片类药物或者处方类药物的依赖，后扩展到毒品滥用和成瘾以及相关的物质依赖（咖啡），并被称为药物成瘾或物质成瘾。这些药物成瘾，都具有相应的生化机制和明显的生物学效果。世界卫生组织（WHO）20世纪50年代将药物成瘾定义为因反复使用某种依赖性或成瘾性药物而引起的周期性或慢性中毒，其主要症状包括：①强迫性用药并不择手段地去获得药物；②出现耐受性，即药量有加大趋势；③对药效产生依赖性，停止用药则会有生理上的不良反应。目前，物质成瘾在全球范围内都是一个非常严重的问题，并且呈现出低龄化趋势(Neger & Prinz，2015)。

　　生理生化研究发现，成瘾物质首先破坏了身体的正常生理平衡。人体内本身就有一种类似阿片类物质的存在，当从外部大量摄入阿片类物质时，外来的阿片类物质逐渐取代了内在的阿片类物质，抑制了原来人体内正常阿片类物质的形成和释放，从而破坏了人体内的平衡，形成人体在生理和心理上的依赖。只有不断地递增这种外来阿片类物质摄入，才能使人感到愉快。若突然停止使用，补偿机制就会失衡从而导致停药反应。就这样，机体的正常运行机制逐渐产生需要补偿这种外来物质的现象，即产生了身体对该外来物质的依赖性。由于这些物质都是通过中枢神经系统起作用，某些神经递质会使人产生一种愉悦感，这种愉悦感从心理上强化了个体对该物质的依赖。成瘾严重的个体很难顾及一个正常社会人的各种责任和义务，使家庭和工作都受到严重损害，为得到该种物质不惜使用任何手段，甚至做出违法犯罪行为。

　　随着研究的发展，基于药物摄入的成瘾定义已经受到了挑战。人们发现在一部分人身上存在着过度沉迷于某种事物或活动的行为，而在这些行为中并不像酗酒和吸烟那样包括药物的摄入。因此，对应于药物成瘾，行为科学提出了行为成瘾概念，常见的有：赌博成瘾、色情成瘾、游戏成瘾等。这些成瘾行为，可能并不涉及任何具有直接生物效应的物质，而是以某些有强烈心理和行为效应的现象为基础。现在，以行为定义为基础的成瘾概念被广泛接受。根据这种观点，行为成瘾是指一种异乎寻常的行为方式，由于反复从事这些活动，给个体带来痛苦或明显影响其生理、心理健康，并带来一定的日常功能受损。具体包括7个方面，具备其中的三条以上即可认为个体已经有成瘾倾向，5条以上可以被认为是成瘾：①容易产生耐受性；②出现戒断症状；③行为的不可预估性，即行为的时间、频率和强度都大大超过预期；④多次试图戒除或控制而没有成功；⑤花大量的时间准备/从事这一行为，或从其后果中恢复过来；⑥影响正常的社会交往、职业或娱乐活动；⑦明知这一行为已经产生生理或心理方面的不良后果，但仍然坚持这一行为。

可见，新成瘾概念的核心更关注对个体造成的心理、社会功能的损害，关注行为的不可控性。不管是吸毒还是赌博，如果个体强迫性地重复某种行为，导致个体的日常功能、社会活动受损害，那他就已经对这种物质或行为"上瘾"。这样，成瘾研究范围就由最初的物质成瘾，扩大到行为层面，成瘾不再单纯指物质依赖，而被分为物质成瘾和行为成瘾。

2013 年，美国新修订的 DSM-V 将行为成瘾增加为一种新的精神疾病类别，并且认为行为成瘾与传统的药物依赖临床表现相似、作用于共同的奖赏环路、遗传学易感性类似，理应合并成为一种疾病类别。同时 DSM-V 将"病态赌博"改为"赌博障碍"是因为"病态"一词冗长且含有贬义。在诊断标准中，DSM-V 工作组剔除了 DSM-IV 中关于违法犯罪的条目（曾有过违法行为，如伪造、诈骗、盗窃、挪用资金赌博），原因是患者回答此条目的阳性率非常低，会使病理性赌博的诊断阈提高，而在 DSM-V 中只需要满足 9 项诊断标准中的 4 项或以上（而不是在 DSM-IV 提出的 5 项或以上）就可以明确诊断。由此推测，如果采用新的诊断标准，行为成瘾障碍的诊断率会大大增加。

第四节　网络成瘾的干预与预防

一、个体干预

在网络成瘾的个体治疗领域里面，认知疗法是应用较为广泛的治疗方法。杨、戴维斯和霍尔等人分别提出了自己的认知行为疗法的理念。

杨认为，考虑到网络的社会性功能，很难对网络成瘾采用传统的节制式干预模式。根据其他成瘾症的研究结果和他人对网络成瘾的治疗，杨提出了自己的治疗方法：反向实践、外部阻止物、限制时间、制定任务优先权、提醒卡、个人目录、支持小组、家庭治疗。这是从时间控制、认知重组和集体帮助的角度提出的不同方法，强调治疗应该帮助患者建立有效的应付策略，通过适当的帮助体系改变患者上网成瘾的行为。杨采用认知行为疗法（CBT）对 114 名网络成瘾患者进行干预，共进行 12 次在线咨询，并追踪 6 个月，结果发现网络成瘾患者通过咨询后在改变的动机、网络时间管理、社会孤立、性功能和问题上网行为的戒除上都有明显改善。

戴维斯提出了"病态互联网使用的认知—行为模型"，并在这个模型基础上提出了互联网成瘾的认知行为疗法。他把治疗过程分为 7 个阶段，依次是：定向、规则、等级、认知重组、离线社会化、整合、总结报告。整个治疗过程需要 11 个周完成，从第 5 周开始给患者布置家庭作业。这种疗法强调弄清患者上网的认知成分，让患者暴露于他们最敏感的刺激面前，挑战他们的不适应性认知，逐步训练他们上网的正确思考方式和行为。

霍尔和帕森斯（Hall & Parsons，2001）认为认知疗法很适合那些有上网问题的人。他们的具体方法：诊断与评估，当前的问题和社会功能，成长史，认知的情况（自动化思维、核心信念、规则等），将认知情况与成长史进行整合和概念化，制定治疗的目标。他认为多数咨询师都多少知道一些认知疗法，因此较为适合用来干预网络行为依赖。

上述研究者都提出了各自的治疗方法，但是大多为理论建构，其效果还有待进一步的验证。目前我国针对网络成瘾青少年的个体干预主要集中在医疗系统，即面向前来医院就诊的个体。治疗方式分别是认知行为治疗的咨询干预、住院式的综合治疗等方式。

有研究者（杨容等，2005）报告了由临床心理咨询师采用认知行为治疗对住院青少年进行的干预研究，根据来访者人格特质、成瘾程度、进展情况不同分 6～8 次，每周进行一次，每次 1～2 小时。整个干预过程由诊断、治疗、结束三个阶段组成，诊断阶段以药物治疗为主，治疗、结束阶段据进展情况逐渐加入认知行为的心理治疗。成瘾中学生治疗后，总成瘾程度及各因子评分均较治疗前明显下降，治疗前后差异显著，且治疗后总体焦虑分数有显著降低。而同样以认知行为治疗作为咨询干预理论，针对网络成瘾门诊青少年的研究报告也发现实验组的成瘾得分较治疗前明显下降，且治疗后实验组成瘾得分低于对照组；显效率为 59.1%（26 例），总有效率达 88.6%（39 例）（李庚，截秀英，2009）。

除了认知行为治疗之外，也有研究者尝试用音乐治疗的方法来帮助成瘾青少年。一个案例报告显示，经过每周 1 次，每次 1.5 小时，共 3.5 个月的咨询后，来访者精神恢复到以前状态，与父母可以互相理解，消极情绪减少，日常学习和生活比较正常(姚聪燕，2010)。

以上研究报告都显示了一定的治疗效果，但是，由于面询干预模式的有效性很大程度取决于咨访关系的质量以及咨询师的个体特质，因此，很难去评估在针对网络成瘾青少年的咨询中的独特的有效性因素，从而也给有效的干预模式的形成造成了一定的阻碍。

二、团体干预

团体干预是治疗成瘾行为的主流模式，因此也被大量引入网络成瘾的治疗，以下将从团体干预采用的不同理论基础来进行阐述。

(一)认知行为疗法

杨彦平(2004)采用认知行为治疗方法对 15 名网络成瘾的中学生进行为期 3 个月的团体干预(共计 17 次，每周 1 次，每次 1 小时)。通过团体心理辅导后，成瘾者在自我灵活性、人性哲学和网络依赖等方面得到了显著改进，但是追踪研究发现部分学生有成瘾反复。

白羽和樊富珉(2005)也提出了采用团体辅导的方式对网络依赖者进行干预。他们编制了《大学生网络依赖团体辅导技术手册》，以认知行为疗法以及个人中心疗法为理论依据，对 24 名网络依赖大学生进行为期 1 个月共 8 次的团体辅导，并在团体辅导开始时、团体辅导结束时、团体辅导结束后一个半月时进行前测、后测及追踪测试。数据分析的结果显示，团体辅导前实验组与对照组网络成瘾得分无显著差异，在辅导结束及结束后 6 周，实验组网络成瘾得分显著低于对照组；实验组内干预前、后及 6 周追踪测试 CIAS-R 得分有显著差异，对照组内三个时间段网络成瘾得分无显著差异(白羽，樊富珉，2007)。

曹枫林(2008)采用认知取向的团体治疗对长沙市的网络成瘾中学生进行干预，其中实验组为 29 名，对照组 35 名。实验组进行每周 1 次共计 8 次的团体治疗，对照组则接受学校常规的心理健康教育。研究结果发现实验组的学生治疗后显效 15 例，有效 5 例，无效 6 例；对照组则分别为 2 例、7 例、22 例，两组显效率及无效率差异显著。同时实验组学生治疗前后的儿童焦虑性情绪障碍量表得分差异显著，但是在长处和困难问卷得分中只有情绪症状分量表评分显著低于干预前，而多动注意障碍和品行问题则没有改善。

(二)现实疗法

有研究者(Kim，2008)采用基于现实疗法的 WDEP 模型，对大学生进行准实验前测—后测控制组设计的团体干预(共计 10 次，每周 2 次，每次时长 60～90 分钟)。研究发现，实验组与控制组在其自编的测查网络成瘾程度的 K-IAS 量表的 7 个子量表上都差异显著，实验组的即时后测自尊分数显著高于前测，甚至高于控制组。国内学者(徐广荣，2008)也用现实疗法的理念对大学生进行了 10 次的团体辅导，但是并没有报告其实际的干预效果。

除了以上提及的以认知行为疗法和现实疗法为理论基础的团体干预之外，还有研究者对青岛市麦岛精神病院就诊的网络成瘾的中学生 15 人进行为期 3 个月、共 12 次的团体心理干预，并选择无网络成瘾的学生 15 人为对照组。团体心理干预后网络成瘾青少年生活无序感、心理防御方式和人际关系评分均较干预前降低(于衍治，2005)。杜亚松等人(2006)采用多种干预手段，包括心理辅导老师每周安排固定时间以"网络兴趣小组"的形式开展对网络过度使用学生、网络过度使用倾向学生的干预；班主任以发展性的班会课形式对网络正常使用学生予以指导，而心理辅导老师也会介入班主任的工作中，事先予以资料分析与说明；医生则负责家长群体，协商时间每两周进行一次干预，在学校的家长会或者家访时先对之予以专门介绍。但是这个研究采用的方法过于复杂，难以推广，其次只是对干预的过程进行研究，没有用量化指标来考察干预的效果。

以上研究都显示出了团体辅导在治疗网络成瘾，尤其是学生的网络成瘾方面具有一定的优势，同时由于团体的结构化特征，使得有可能形成实际可操作可推广的团体干预方案。

但是，以上团体干预研究除少数两个研究(曹枫林，2008；白羽，樊富珉，2007)外，都没有直接报告网络成瘾行为的改善效果，而只是报告了相关因素的前后测差异，这在一定程度上影响了对该方案的有效性评估。同时，目前针对青少年的团体干预，都只是采用了单一的实验组和对照组的方法，而没有将基于不同理论基础的团体干预方案进行对照，这是目前的干预研究中的局限。同时，青少年网络成瘾是一个庞大的群体，团体治疗的研究报告都少有形成可操作性的治疗手册可供推广，也是一大遗憾。这些在以后的干预研究中，都需要研究者进一步的努力和完善。

三、家庭治疗

(一)单个的家庭治疗

杨提出家庭治疗是针对网络成瘾的五种有效方法之一，我国学者也多次提出并论述家庭治疗在网络成瘾治疗中的有效性(郭斯萍，余仙平，2005；张凤宁，张怿萍，邹锦山，2006；徐桂珍，王远玉，苏颖，2007)，但是实证的干预研究并不多，家庭治疗目前还处于探索阶段。

卓彩琴和招锦华(2008)采用家庭治疗理论对三个不同类型家庭的网络成瘾青少年进行了治疗，取得了良好的效果。杨放如和郝伟(2005)采用焦点解决短期疗法为主并与家庭治疗结合的方法，对 52 例网络成瘾青少年进行心理社会综合干预，疗程为 3 月。治疗显效率和总有效率分别为 61.54%(32 例)、86.54%(45 例)，无效 7 例。但是在治疗过程中，因为结合了多种方法，因此无法说明家庭治疗所起到的具体作用。

徐桂珍等人(2007)将对父母的家庭教育纳入住院网络成瘾青少年的治疗当中，要求至少父母一方陪同孩子参与治疗，结果发现父母参与组与对照组之间的疗效差异显著。

高文斌等人(2006)在失补偿假说的指导下，结合临床研究结果，制订了"系统补偿综合心理治疗"方案。通过筛选与匹配有 65 人/家庭进入研究范围，其中 38 人/家庭接受了完整的"系统补偿综合心理治疗"，并进行为期半年以上的追踪。在接受心理治疗前，对每个参加者进行入组评估与基线心理测量，治疗结束后 1 个月、3 个月、6 个月后分别进行阶段性追踪回访。结果发现，38 人中 34 人(89.5%)在各方面有明显改善，同时也还存在 4 人(10.5%)未明显改善。但是该疗法并没有采用家庭治疗的理念和方法，只是简单地把患者的家庭纳入治疗范围。因此严格说来，这只是一次把家庭纳入干预体系的尝试，而不是真正意义上的家庭治疗。

由以上研究可以看出，家庭治疗是一种网络成瘾的干预方法，但是到目前为止，还处于尝试和探索阶段，还有待探索更加有效和结构化的治疗方案和推广方式。

(二)家庭团体治疗

家庭团体干预是家庭治疗和团体辅导的结合形式，在国外不同的研究中有不同的呈现方式，其中包括父母团体和青少年团体平行设置的多家庭讨论团体(Lemmens et al.，2007)，父母和孩子在干预过程中的部分治疗环节共同参加而一部分开进行的多家庭团体(Anderson et al.，1986)，以及家庭成员和孩子一起参与的心理教育性质的团体(McFarlane，2003)。家庭团体干预最初多被应用于较为严重的精神类疾病，如精神分裂和躁狂—抑郁双向障碍，麦克法兰(McFarlane)在2002年出版的书(*Multiple family groups in the treatment of severe psychiatric disorders*)中正式提出家庭团体治疗的治疗形式和研究范式，提出将病人家属纳入治疗过程，并建立支持性的团体以帮助病人应对病症能够得到更好的治疗效果(McFarlane，2002)。家庭团体模式与常规的团体治疗相比，加入了家庭的单位元素，团体过程中不仅要注意激发大团体的动力，同时家庭作为一个小团体也会有其独特的动力系统，因此，这样一个家庭团体在设置上会更加复杂，同时也会更加有互动性。

雷蒙斯(Lemmens)认为，对于家庭团体来说，团体本身是一个重要的治疗工具，家庭的存在可以重组团体内的结构，使得一个人看待自己不是作为一个单个的个体而是家庭或者夫妻系统的一部分(Lemmens et al.，2007)。因此，个人的问题也就能自动地转变成夫妻或者家庭的问题。相对于单个的夫妻来说，团体呈现出一种永远不去打断他人的趋势，同时，治疗者的角色也会被团体本身的组织所影响，他/她只是团体的一部分而永远不会完全控制治疗的进程。此外，团体也作为一个治疗性的社会网络发挥着功能。团体内部家庭之间的适当社交互动可能会在家庭内外促进更多的正常行为和沟通。来自不同家庭的经历使得家庭认为他们在与困难做斗争的时候不是孤独的，同时也会认识到他们的反应、情感以及遇到的困难是正常的，从而能减少因为问题而带来的被歧视感

（Asen & Schuff，2006；Lemmens et al.，2003b）。

雷蒙斯等人（Lemmens et al.，2007）用多元家庭团体的方法治疗住院的抑郁病人，要求夫妻一起参加，结果发现，夫妻一起参加的团体能很好地把个体的抑郁症状转化成夫妻的关系问题，并能够促进个体抑郁的康复和疗效的持久性。另有研究者（Kratochwill et al.，2009）在针对孩子危险性行为的家庭学校一体化方案（Families and Schools Together program，FAST）的研究中，将父母和孩子一起纳入治疗作为实验组，对照组采用同样的方式但是由老师给予危险行为的相关信息教育，分别对其进行前测、后测和一年后的追踪测试。结果发现，后测的实验组效果显著好于对照组，并且这种差异在一年后的测试中仍然存在，有力地证明了家庭团体的生态化和持续性效果。

我国的刘勤学和方晓义等研究者（Liu，Fang，Yan，Zhou，Yuan，Lan，& Liu，2015）首次将家庭团体治疗模式引入网络成瘾的干预中，采用父母和孩子作为一个家庭单位，共同进入团体。其实证研究包括 46 个家庭，分为实验组和对照组，并进行了 3 个月后的追踪测查，研究发现，通过 6 次的家庭团体干预，将青少年和父母（一方）都纳入干预系统中来，对于青少年网络成瘾行为的改善具有显著的效果。对青少年网络使用行为的干预前后测对比分析发现，其成瘾程度显著降低，同时整体脱瘾率达到了 95.2％。3 个月后的追踪测试发现只有 2 个被试恢复到了成瘾程度，整体的干预有效率为 88.9％。这在一定程度上说明家庭团体干预能有效改善青少年的网络成瘾，同时在一定时间之内能够保持效果的持续性。

第十八章

网络与幸福

批判性思考

1. 互联网的出现到底给我们的生活带来了什么样的影响，是让我们感觉更幸福还是给我们的生活带来了无尽的烦恼？新技术的产生让我们人类付出了怎样的代价？

2. 科技是一把双刃剑，带来好处的同时也会有坏处，互联网也如此。我们该如何把握互联网的使用，在方便我们生活的同时又不会对我们的健康造成影响，我们该如何健康上网？

3. 社交媒介方便了我们与好友的沟通交流，也为我们表露自己提供了一个平台，但是社交媒介真的会拉近我们与好友之间的距离吗？社交媒介中会有真感情吗？

关键术语

网络使用，身体健康，社交媒介，网络保健，移动保健，幸福感，孤独感，抑郁，消极情绪

幸福是一个古老而永恒的话题，所有人都在不懈地追寻。可是，幸福到底在哪里，幸福到底是什么呢？随着社会的发展，科学技术的进步，我们的物质生活和精神生活都日益丰富，我们感到越来越幸福了吗？互联网的出现，网络技术的发展，让我们能够很便捷地与世界联通。我们可以从网络中获得大量的信息资源，我们也可以在网络中打发无聊的时光，我们还可以在网络中进行人际交往，我们可以在网络中做很多的事情。那么，我们真的感到越来越幸福了吗？网络会给使用者带来幸福吗？在这一章中，我们尝试着来解答这个问题。在本章中我们将从网络与身体健康、网络与幸福感、网络与消极情绪的关系这三个方面来论述网络与幸福。

第一节　网络与身体健康

美国天文学家柯蒂斯说，"幸福的首要条件在于健康"，而洛克也认为"健全的精神寓于健康的身体"，所以身体健康对于人们感知到的幸福来说非常重要。大量的实证研究（Fararouei et al.，2013；王彤，黄希庭，毕翠华，2014)也已表明，身体健康状况与幸福感之间存在着紧密的联系，有规律的体育锻炼、大量地食用水果蔬菜和闲暇时陪伴家人等健康的行为不仅让人们变得更健康，也会让人们感到更加幸福。所以，在论述网络与幸福之前，我们先来看看网络与身体健康。

一、网络使用与身体健康

（一）网络使用对眼睛的影响

互联网的接入和使用变得无处不在，对许多人来说，互联网是日常生活中必不可少的一部分。互联网的使用会对我们的身体健康产生怎样的影响呢？研究者在普通网民中针对眼干燥症进行了一项基于互联网的现场实验，结果发现，在 980 名一般网民中有大约 355（36.2%）名被试报告有五个或更多的眼干燥症状（Kawashima et al.，2013）。由此可见，网络的使用会对我们的眼睛产生一定的影响。而对发展中国家 6～18 岁的在校学生的研究（Bener et al.，2010)也发现，过度使用互联网、看电视和不良的生活习惯会导致视力降低。该研究共调查了 2467 名学生，其中12.6% 的学生视力低下，他们大部分处在 6～10 岁的群体，来自中产家庭。这些视力低下的孩子，大部分每天上网超过 3 小时，他们不喜欢运动却热衷于快餐。由此，我们就不难发现，过度的网络使用会伤害我们的视力，再加上一些不良的生活习惯，则对我们的视力伤害更大。

（二）网络使用对睡眠的影响

睡眠是健康的重要指标，较短的睡眠时间对个人和社会都有相当大的不良后果，包括对使用者的心理和生理健康产生负面的影响。对韩国青少年的研究就发现，较短的睡眠时间和过度的网络使用会导致不良的健康状况(Do，Shin，Bautista，& Foo，2013)。过度使用网络不仅会有直接的不良健康后果，而且还会通过睡眠剥夺而间接地对健康产生负面影响。而在卧室的网络访问能够预测就寝和起床的时间，在卧室如果没有网络或电视，则会增加睡眠时间，减少疲劳(Custers & van den Bulck，2012)。所以，养成一个良好的睡眠习惯至关重要，睡前尽量少使用网络和看电视，会对我们的睡眠有帮助。中国青少年问题网络使用、躯体症状、心理症状和差的睡眠质量的发生率分别为 11.7%、24.9%、19.8% 和 26.7%(An et al.，2014)。睡眠质量差是生理和心理症状的一个独立危险因素。由此，我们不难看出，网络的过度使用势必会占用我们大量的睡眠时间，而睡眠时间的减少，睡眠质量的下降会损害我们的生理和心理健康。

(三)网络使用对特殊人群的影响

过度的网络使用在当今社会非常普遍，那么过度的网络使用又会有什么后果呢？有研究(Berkey，Rockett，& Colditz，2008)考察了过度的娱乐上网、睡眠不足、经常喝咖啡或酒精饮料是否会促进体重增加。结果发现，上网时间越多，更多的酒精和更少的睡眠都与身体质量指数的增加有关。18 岁以上的女性，每天睡眠少于 5 小时，每周喝两次酒，也会变得更胖。众所周知，肥胖会对健康产生负面的影响。但是，对于有电子邮件、脸谱网和推特账户的血液透析患者来说，与没有这些账户的患者相比，会更年轻，有更少的抑郁，有更好的生活质量，有较高的认知功能和受教育程度(Afsar，2013)。在健康护理专业人员监督下的网络使用将会改善患者的临床疗效、生活质量、睡眠质量和抑郁。可见，正常的网络使用不会给使用者的健康带来大的伤害，甚至会给一些特殊人群的健康带来帮助。

但是，过度使用网络，就像过度使用酒精、烟草一样，会给使用者的身体带来伤害，甚至危及生命。近年来常有由于上网时间过长，通宵打游戏等导致猝死的事件发生。过度网络使用打乱了使用者的作息时间，黑白颠倒，睡眠不足。长此下去，势必会影响到身体健康。对中国大学生的研究就发现，网络成瘾对健康的影响包括日间嗜睡及较低的自评健康状况(Lau，2011)。所以，健康上网一直会是值得我们关注的问题。

二、网络信息与身体健康

在日常生活中，人们使用互联网来搜索和共享信息，阅读新闻，查看天气，找寻方向，跟踪约会，平衡自己的支票，支付账单，与家人和朋友交流，以及做各种其他的事情（Fuchs，2008）。所以，互联网也成为健康信息的重要来源和手段。关于健康相关的网络使用的大部分研究主要集中在健康信息寻求，而健康状况不佳或遇到医疗问题是人们在线搜索健康信息的主要原因。一些研究者发现健康的个体更容易在线搜索健康信息（Cotten & Gupta，2004），而其他的研究人员则认为，健康状况不佳的人更容易在网上搜索信息（Goldner，2006）。这也说明，网络是一个大宝藏，任何人都可以在这里找到他需要的信息，为他的健康提供帮助。

人口调查和对病人的调查发现，网上健康信息寻求已成为在过去的十余年中一个越来越普遍的行为。在一般和特殊的临床背景中，研究发现了相当大比率的在线健康信息寻求行为，特别是在年轻人和受过高等教育、有较高的社会经济地位和更多的计算机经验的患者中（Or & Karsh，2009）。那么，网络的健康信息是否会给使用者的健康带来有益的影响呢？我们用两个研究来回答这个问题。一项对血液病患者的研究发现，在线健康信息搜索对患者的健康既有积极的方面，也有消极方面。在线健康信息搜索在某方面可能会增加患者的焦虑，但是又会刺激患者在其他方面的适应。在线健康信息还会影响患者对健康的认识和医患关系（Rider，Malik，& Chevassut，2014）。对法国年轻人的研究（Beck et al.，2014）发现，互联网是传播健康信息和预防活动的一个有用工具，尤其是针对年轻的成年人。年轻的成年人相信网上的信息，并且把互联网作为一种有效的健康建议的来源。在调查的所有被试中，三分之一（157/474）的被试报告，因为在线搜索，他们改变了自己的健康行为（医疗咨询的频率、照顾自己健康的方式等）。

随着社会经济的发展，越来越多的老年人成为网络使用者。一方面，是网络接入环境日益普及、媒体宣传范围广泛，增加了中老年群体接触互联网的机会；另一方面是人口的老龄化加大了老年网络使用群体。在一般情况下，老年人有更多的健康问题，因此需要更多的健康信息。通过网络为老年人提供健康信息可以使他们能够更好地控制自己的健康，鼓励老年人出现更好的健康行为（Sheng & Simpson，2012）。

随着网络技术的发展，越来越多的人开始在网络当中搜索健康信息，移动社交媒介的出现，也让很多人被大量的健康信息包围。人们会在不知不觉中被看到的健康信息影响，从而改变自己的行为方式。但是，网络中看到的健康信息都是正确的吗？它适合每一个人吗？这就给我们的网络监管部门提出了一个难题，监管部门该采取怎样的措施净化网络，让网民在网络中得到的关于健康的信息都是正确的，让特殊疾病的患者能得到相对专业的建议，这还有很长的路要走。

三、社交媒介与身体健康

社交媒介是现在非常流行的一种互动方式，在虚拟的社区和网络中人们创造、分享和交换信息。社交媒介让参与者成为网络内容的开发者和消费者，然后讨论、修改和共享这些内容。社交媒介的平台是多样化和不断变化的，它包括社交网站、网络论坛、博客、微博、即时通信、虚拟的游戏和社交世界等（Wong，Merchant，& Moreno，2014）。在社交媒介中人们可以搜索到各种不同的信息资源。社交媒介提高了查找到想要的知识、事实和证据的机会，而且还能为那些有着较差健康状况的人提供社会支持和可能的恢复。社交媒介是学习健康行为和寻求支持的工具，年轻成年人报告说他们会利用社交媒介来向社交网络内的人寻求健康相关的社会支持（Oh，Lauckner，Boehmer，Fewins-Bliss，& Li，2013）。

（一）社交媒介对普通人的影响

与非互动式的媒介（电视、电影和音乐等）相比，社交媒介的互动性会对使用者的健康行为产生不同的影响。社交互动可以影响年轻人食物的选择和分享（McFerran，Dahl，Fitzsimons，& Morales，2010）。在社交场合食物消费的实验研究结果显示，所有年轻的成年被试都会比自己前面的消费者拿的食物多，但是与跟在胖消费者背后的被试相比，跟在瘦消费者背后的被试拿的食物更少（McFerran et al.，2010）。这也许是因为，社交媒介像电视一样，在食物摄取时分散了注意力，但社交媒介的互动性，与健康行为有着独特的关系。使用者在社交媒介上表现的是他们的期望自我，并不是他们的实际自我，但是这可能会影响到他们发布与健康行为相关的内容（我想让人觉得我喜欢锻炼和饮食健康，在脸谱网上我就会喜欢运动和营养的主页）。而对青少年母亲的研究也发现，她们花大量的时间在网上搜索健康信息，社交媒介和互联网是可行的和可以接受的向青少年母亲提供健康干预的工具(Logsdon et al.，2014)。

(二)社交媒介对病人的影响

社交媒介的使用和在线健康信息还会促进个体使用在线健康服务，而在线健康服务的使用能够在个体水平提高健康素养和健康的自我管理，在提供医疗服务的制度层面提高效率(Mano，2014)。对于特殊的人群，社交媒介对他们健康的帮助也许会更大。病人在线分享他们的个人健康信息，社交媒介正在建设更多的社交群体，让病人共享治疗的信息。社交媒介为在线寻求帮助的病人提供了强大的社会支持，信息支持和情感支持被确定为是在线健康保健中的两个主要的社会支持维度(Bugshan et al.，2014)。对糖尿病人、癌症病人的研究就发现，社交媒介的使用对他们的医患关系、疾病的恢复等都有很大的帮助，社交媒介上的互动交流可以解决和减轻患者的疾病和恢复过程中的问题与情绪困扰(Oh & Lee，2012；Grimsbø，Ruland，& Finset，2012)。网络与健康之间存在着复杂而紧密的联系，过度的网络使用会对网民的视力、睡眠产生影响，从而会影响到其他方面的健康。但是，网络当中的健康信息、网络提供的社会支持也会对网民的健康产生益处。所以，网络对身体健康的好坏关键在于网民如何来使用网络。任何科学技术的进步都会是一把双刃剑，关键在于我们如何去使用它。

四、网络保健和移动保健

(一)网络保健

网络保健(E-health)的定义在不断演化，它被定义为使消费者、患者和非正式照顾者用来收集信息，做出卫生保健决策，以及与卫生保健提供者沟通、管理慢性病、参与健康相关活动的工具(Lefebvre，Tada，Hilfiker，& Baur，2010)。而国内也有学者把 E-health 翻译为"电子健康"，并把它定义为：为满足公众日益增长的健康需求，改善人类的健康水平，提高医疗保健的效率，有效利用和整合包括信息、资金在内的各类健康资源，集成现代医疗技术和信息与通信技术，建立相应的基础设施，通过政策制定者、医疗保健用户、医疗保健机构、健康服务提供者等社会行动者的互动和协同，实现从预防、诊断、治疗和健康监测与管理以及卫生保健的全方位健康服务的一种新型的医疗保健模式(孙启贵，宋伟，2012)。世界卫生组织把网络保健定义为"健康资源和卫生保健电子手段的传递"(Fokkenrood et al.，2012)。

随着互联网的日益普及，在线健康保健信息和建议的需求以及与健康相关的网站数量持续增加，互联网已经成为一种常用的健康信息和建议的中介(Fisher et al.，2008)。网民通过这些网站来寻求获得关于症状的意见、获得一个诊断或准备约见医生的在线健康信息，而这就是一种网络保健。

网络保健应用的领域主要包括电子健康记录、远程医疗、消费者健康信息学、健康知识管理、虚拟医疗保健团队、移动通信健康服务和运用电子健康的医疗研究(孙启贵，宋伟，2012)。不同类型的人，因为不同的目的，都可以从网络保健中受益，网络保健的应用范围特别广泛。例如，对于非裔美国人来说，来自基于网络的健康信息对他们可能有着特殊的价值，因为它可能潜在地减少了交往的不公平。在非裔美国人的网络使用者中，网络保健的信息搜索行为存在着显著的差异，这些差异大多与个人和家庭的健康问题和经验有关(Chisolm & Sarkar，2014)。网络保健还被用在减少婴儿出生的死亡率(Mackert，Guadagno，Donovan，& Whitten，2015)、治疗严重的心理疾病(Rotondi et al.，2015)以及各种生理疾病和情绪障碍的干预上。

(二)移动保健

移动保健(M-health)是指在卫生保健系统中使用移动通信技术和网络技术(Istepanian，Laxminarayan，& Pattichis，2006)。它实际上是网络保健的一部分，是网络保健的发展和延续。而我国有学者把移动保健定义为在移动通信技术上，使用手机、个人掌上电脑等可移动电子设备，提供公共卫生、医疗保健等卫生服务，管理患者个人相关信息(陶婧婧，乔韵，严惟力，2015)。

新的移动无线计算机技术和使用 Web 2.0 平台的社交媒介应用程序越来越受到人们的关注，这些人主要工作在把健康促进作为一种很有前途的新方法，来达到在群体水平预防疾病和促进健康行为的目标。随着信息技术的发展，移动保健在保健行业中的应用已成为中国和其他一些国家的一个研究热点(Zhang et al.，2014)，逐渐形成了一个新的研究领域。目前，由于移动设备的普及和发展，极大地推动了网络保健的发展，而移动保健潜在的好处主要包括更高效的医疗服务，提供远程医疗监控和咨询，降低成本等。

目前，移动保健的应用还处在起步和探索期，这方面也获得了一些研究成果。有研究发现，便利条件、态度和主观规范是移动保健采取意向的显著预测指标，此外，与女性相比，男性有着更高水平的移动保健采用意向(Zhang et al.，2014)。患有遗传性疾病的病人家属对移动保健技术显示出了积极的态度，把发布的建议翻译成移动保健应用程序，可以提高依从性(Tozzi, Carloni, Stat, Gesualdo, Russo, & Raponi, 2015)。还有研究者(Naslund, Aschbrenner, Barre, & Bartels, 2015)采用活动跟踪的方式在有严重心理疾病的超重和肥胖的人之间，评估流行的移动保健技术的可行性和可接受性，结果发现，被试的满意度高，认为设备很容易使用，有助于制定目标、动机，有利于自我监督。有的被试喜欢设备的社交连接功能，他们可以在智能手机的应用程序上看到彼此的进步，认为友好的竞争可以增加参加更多体育活动的动力。由此，我们可以看出，移动保健满足了人们的一些生理需要和心理需求，得到了人们的认可和接受，在将来一定会有更广阔的应用前景。

通过网络保健和移动保健，我们也看到了网络对身体健康有着全方位的影响，网络可以为身体健康提供很多的帮助。它不仅可以为我们提供大量的健康信息，还可以监督我们，为我们的健康提供各种便利和帮助，为我们的健康保驾护航。所以，网络与健康的关系也不仅仅是我们看到的表面情况，两者之间还有着深层的关系，而且随着网络通信技术的发展，两者的关系会更加紧密。

第二节　网络与幸福感

一、网络使用与幸福感

近年来，幸福感的研究越来越受到关注，不仅是在学术文献中，而且还在新闻报道和政治辩论或政府报告中。那么，什么是幸福或幸福感呢？有学者(罗扬眉，2014)认为，幸福感是对生活的总体满意感，幸福的个体拥有较多的积极情感体验和较少的消极情感体验。那么，互联网的出现，网络的使用会对我们的幸福感带来什么样的影响呢？

一项对老年人的研究(Berkowsky，2015)发现，使用互联网的老年人比不使用者有着更好的心理健康水平和更高的幸福感，而社会整合和社会支持在网络使用和心理健康(幸福感)之间起着中介作用。也就是说，互联网的使用让老年人得到了更多的社会支持和社会整合，从而让他们心理更健康，感觉更幸福。有研究者(Chen，2012)把大学生分成高心理幸福感组、正常组、较低组和非常低组四类，结果发现，心理幸福感与在线娱乐、性别无关，较高的问题互联网使用会增加较低心理幸福感的可能性，减少高心理幸福感的可能性。而在高心理幸福感组的被试更可能有较高的以社交为目的的网络资源的使用，低幸福感组则不会。而对中国大学生的研究(Li，Shi，& Dang，2014)也发现，网络交往满足了心理需要，可以促进个体的社会自我效能感，让个体体验到更高的主观幸福感。同时，心理需求满足的在线交流也会影响个体的"羞怯"状态，这将降低他们的社会自我效能感，从而导致更低的主观幸福感。而中国女大学生从心理需要满足的网络交往中获得的社会自我效能感更低，所以与男生相比，她们的主观幸福感更低。还有研究(Kang，2007；Shaw & Gant，2002；Kraut et al.，2002)发现，网络聊天会减少孤独感和抑郁，增加幸福感，以及提高社会支持和自尊。而更多的互联网使用会导致更好的沟通和更多的社会参与，从而增强幸福感。

互联网不再是只有少数人使用的一种先进技术，它已经成为用户从专业程序员到休闲冲浪者和儿童的一个普遍工具。一般的调查数据都是关于互联网使用的广泛模式，而对互联网的具体使用、个体人格维度、情绪变量或社交互动之间的关系却知道得很少。有研究(Mitchell et al.，2011)就发现，互联网使用的具体类型，包括游戏和娱乐使用，能够预测知觉到的社会支持、内向和幸福感，恶作剧相关活动的互联网使用(不付款下载、欺诈、窥探等)与低水平的幸福感和社会支持相关。而申琦、廖圣清和秦悦(2014)对上海大学生的网络使用、社会支持和主观幸福感的研究也发现，不同的网络使用行为对大学生的主观幸福感产生复杂的影响。其中，电脑上网获取信息正向预测大学生主观幸福感；电脑上网娱乐负向预测大学生主观幸福感；手机上网交友正向预测主观幸福感；而网络使用（电脑网络和手机网络使用的时间、频次）对大学生的主观幸福感没有预测作用。

但是，李桂颖、周宗奎和平凡（2012）的研究结果则与此不同，他们发现：网络幸福感和网络使用偏好类型存在显著正相关，其中与休闲娱乐偏好的相关最高；休闲娱乐偏好对网络幸福感有正向预测作用，游戏偏好对网络幸福感中的便利感、活力感、自由感因子有预测作用。

结果不同的原因有很多，其中之一也许是因为"主观幸福感"与"网络幸福感"虽然都是幸福感的一种，但是其内涵有很大的区别，所以与网络使用的关系是完全不一样的。但是，更主要的原因也许在于，网络使用与幸福感的关系特别复杂，我们不能简单地说网络使用正向或负向影响幸福感，两者之间可能存在着很多的中介或调解变量，还需要以后更多的研究来加以验证。

=== **拓展阅读** ===

到底什么是幸福？

到底什么是幸福？在心理学中有两个关于幸福的概念：主观幸福感和心理幸福感。两者有什么区别呢？主观幸福感是衡量人们生活质量的一个重要的心理指标，是指个体根据自定的标准对其生活质量的整体性评估，具有主观性、稳定性和整体性三个特点，包括生活满意程度、积极情绪和消极情绪三个方面。

心理幸福感强调个人潜能的实现，是一种不仅仅获得快乐，还包含通过充分发挥自身潜能而达到完美的体验，是努力表现完美的真实的潜力。研究者（Ryff et al.，1995）提出自主性、环境控制、个人成长、生活目标、与他人的积极关系和自我接纳六个维度，作为心理幸福感的指标。

主观幸福感和心理幸福感有着不同的哲学基础，主观幸福感的哲学基础是快乐论，心理幸福感的哲学基础是实现论。因此，对幸福感理解存在分歧，从主观幸福感来看，快乐就是幸福，而实现论者更为关注自我实现与人生意义。主观幸福感把快乐定义为幸福，具体来说就是拥有较多的积极情绪，较少的消极情绪和更高的生活满意。而心理幸福感研究者认为，幸福不能等同于快乐，应该从人的发展、自我实现与人生意义角度进行理解，幸福感是人们与真实的自我协调一致，是努力表现完美的真实的潜力，是自主、能力、关系需要的满足。

此外，两者的研究模式，即对幸福感的评价指标、评价标准和研究起点等也存在着差异。就评价指标而言，主观幸福感包括三个经典的评价指标，即积极情感、消极情感和总体的生活满意感；心理幸福感的指标体系则涉及自我接受、个人成长、生活目的、良好关系、情境把握、独立自主、自我实现等一系列维度。在评价标准方面，主观幸福感以个人主观的标准来评定其幸福状态，包括自我的情感体验及个人对其生活质量的整体评估；心理幸福感则基于心理学家的价值体系，以客观的标准来评定个人的幸福。研究起点方面，主观幸福感从经验研究出发，注重实证经验和操作研究；心理幸福感则重视理论依据与理论架构，从理论出发探索幸福，因此其理论指导性更强。

二、社交媒介与幸福感

(一)青少年社交媒介使用与幸福感

幸福感可以被看作是一个抽象的、完全个性化的概念，其含义似乎在不断变化。因此，很难来操作化和测量幸福感。但无论如何测量，社交媒介和幸福感之间似乎都有着密切的联系。

研究者(Wang & Wang, 2011)对网络交往与青少年的主观幸福感进行了研究，发现网络交往与主观幸福感之间存在显著正相关，而且男生从网络交往中获得的益处要比女生多。还有研究者(Apaolaza，Hartmann，Medina，Barrutia，& Echebarria，2013)研究了西班牙青少年使用西班牙社交网站 Tuenti 对心理幸福感的影响，并探讨了自尊和孤独感的作用。结果发现，青少年使用 Tuenti 的强度与社交网站上的社交程度呈正相关，而在 Tuenti 上的社交与青少年感知到的幸福感显著正相关。这种关系不是直接的，而是通过自尊、孤独感这两个中介变量来间接实现的。而对社交网站(Friendster、我的空间)与青少年的幸福感和社会自尊的研究(Valkenburg et al.，2006)也发现，青少年使用这些网站的频率对社会自尊、幸福感有着间接的影响。社交网站的朋友数量、青少年收到的关于他们个人资料反馈的频率和语气（积极或消极）都会影响幸福感。对资料积极的反馈会增强青少年的社会自尊和幸福感，消极的反馈则会减少社会自尊和幸福感。

由此可见，社交媒介的使用与青少年的幸福感之间有着紧密的关系，而且两者的关系会受到很多因素的影响。

(二)大学生社交媒介使用与幸福感

大学生是社交媒介使用非常频繁的一个群体，社交媒介的使用又会给这个群体造成什么样的影响呢？对在日本的中国留学生进行的研究就发现，社交网站的使用强度无法预测个体感知的社会资本和心理幸福感（Guo, Li, & Ito, 2014）。社交网站使用的影响会根据它的服务功能而不同。社交网站被用于社交和信息功能，会提高个体感知弥合社会资本和感知生活满意度的水平，而社交网站被用于娱乐休闲功能，则无法预测感知的社会资本，但会增加个体孤独感的水平。所以，该研究认为个体用社交网站来随时获得信息和联系，有益于他们社交网络的构建和心理幸福感。

但是，对在美国的韩国留学生和中国留学生的研究却发现，与其他被试相比，使用脸谱网的学生表现出较低程度的文化适应压力和更高程度的心理幸福感。而传统社交网站的使用则与文化适应压力正相关。但其中个体差异，如人格、在美国的时间长短、学业成就压力和英语能力等，都具有一定的解释力（Park, Song, & Lee, 2014）。

而杨洋（2012）则考察了大学生校园社交网站使用与主观幸福感的关系，结果发现，校园社交网站使用与幸福感水平呈正相关，可以通过一定程度上提高社交网站的使用程度、扩大网络人际圈、增加自我信息暴露来增强个体的幸福感水平。

(三)普通网民社交媒介使用与幸福感

对普通网民的研究发现，孤独感会对幸福感产生直接的负面影响，但对自我表露却有着积极的影响（Lee, Noh, & Koo, 2013）。社会支持正向影响幸福感，社会支持在自我表露和幸福感之间起着完全中介作用。该结果意味着，即使孤独的人幸福感很差，他们的幸福感也可以通过使用社交网站而提高，包括自我表现和来自朋友的社会支持。研究者（Nabi, Prestin, & So，2013）还认为人际社会支持会影响压力水平，进而影响躯体疾病的程度和心理幸福感。他们的研究也发现，脸谱网的好友数量会让用户知觉到更强的社会支持，从而会减轻压力，并与较少的躯体疾病和更大的幸福感相关。梁栋青（2011）也发现，网络社会支持是主观幸福感的一个重要的影响因素。对社交媒介使用、面对面沟通、社交孤立、连通性和主观幸福感之间的关系进行的研究（Ahn & Shin，2013）表明，连通性，在社交媒介使用对主观幸福感的影响中起中介作用。另一方面，连通性和避免社交孤立在面对面沟通对主观幸福感的影响中也起中介作用。网络真实性对主观幸福感的三个指标（生活满意度、积极情绪和消极情绪）会产生积极的纵向影响。社交网站使用的有益影响并不是所有用户都能平等获得，幸福感水平低的被试更不太可能感受到社交网站上的真实性，并从真实性中受益（Reinecke & Trepte，2014）。

但是，也有一批研究者认为缺乏非语言线索和身体接触是网络交往中的潜在问题。这些研究者认为，在线互动无法提供足够的与个人有关的深度或情感支持，导致幸福感的整体减少（Green et al.，2005）。研究者（Best, Manktelow, & Taylor，2014）对以往的研究进行总结后发现，使用社交媒介的好处主要是增加自尊、社会支持、社会资本、安全自我认同和更多的自我表露机会，有害的影响主要是增加了伤害曝光、社会孤立、抑郁和网络欺凌。但是，大多数研究认为在线社交技术对青少年的幸福感有混合影响或无影响。而基于 2010 年发表在瑞典日报网上的文章进行的研究（Garcia & Sikström，2013），比较了包含"幸福"这个词的文章和不包含这个词的文章，哪些词最常见。结果发现，让人们感到幸福的东西不是物质的，而是人与人的关系。

综上所述，我们可以看到社交媒介的使用与幸福感之间是积极的、正向的关系，适度的使用社交媒介会提高使用者的幸福感。当然，社交媒介的使用与幸福感之间的关系也是复杂的，还会受到很多因素的影响，而这些也需要进一步研究。

三、网络成瘾与幸福感

互联网是一个技术工具，使我们的生活更方便。互联网已经成为我们生活中不可缺少的一部分，其用户数量每天都有较快的增长。随着网络的普及和网络技术的飞速发展，网络成瘾或过度的网络使用也引起了社会各界的广泛关注。过度的网络使用又会对使用者的幸福感带来什么样的影响呢？

研究（刘文俐，周世杰，2014）发现，网络过度使用大学生比正常大学生表现出更消极的生理后果、行为后果、经济后果、心理—社会后果，对生活更不满意、更容易感受消极情感，其幸福感更低。网络成瘾与总体幸福感呈负相关，即网络成瘾越严重总体幸福感就会越低，成瘾者总体幸福感低于非成瘾者（宋建根等，2014）。而过度的网络使用也会对面对面交流产生负面影响，它减少了花在与朋友和家庭成员在一起的时间，从而减少了心理幸福感（Kraut et al.，1998）。还有研究者（Akin，2012）发现，网络成瘾能够负向预测主观生命力和主观幸福感，而主观生命力在网络成瘾和主观幸福感之间起着中介作用。对大学生的研究（Çardak，2013）也发现，学生的网络成瘾水平越高心理幸福感越低，网络成瘾负向影响心理幸福感。

对高社交焦虑的个体进行的研究发现，与社交焦虑较低的个体相比，社交焦虑高的个体报告当他们进行网络社交时有更高的舒适感和自我表露。但是，频繁进行网络交往的个体，他们的社交焦虑与低生活质量和高抑郁呈正相关。也就是说，社交焦虑的个体使用网络交往代替面对面的交往，但是，频繁的网络交往使他们的幸福感更低（Weidman et al.，2012）。这也就告诉我们，无论是什么人，也无论是哪种网络使用，只要是过度的使用都会令用户的幸福感降低。

第三节　网络与消极情绪

一、网络与孤独感

孤独感是心理健康发展的一个重要标志。在幼年时的孤独感被认为是以后的低生活健康状况的预测指标。一些理论认为，互联网的使用与更低的孤独感和幸福感有关，而其他理论则认为互联网的使用会增加孤独感。一方面，互联网提供了充足的机会与同学、家人或有共同兴趣的陌生人联系。此外，匿名性和不同步沟通的可能性也会导致沟通的控制感，进而可能促进亲密关系的发展（Valkenburg & Peter，2011）。另一方面，互联网的使用也可能减少线下的互动，而网络当中发展的都是一些肤浅的关系和弱的社会联系（Subrahmanyan & Lin，2007）。取代假设认为，网络交往会影响到青少年现实生活中的交往，青少年有可能会用网络中的友谊代替现实社会中的友谊，他们用网络中形成的弱人际联结取代了真实生活中的强人际联结。网络交往使他们逃避现实，不去与现实中的人交往，而一味地沉迷于网络。这也是青少年网络成瘾的原因之一。

(一)网络使用与儿童、青少年的孤独感

儿童、青少年网络使用非常普遍，而他们的网络使用是否会对孤独感造成影响呢？

沈彩霞、刘儒德和王丹（2013）研究发现，网上信息获取活动能够显著预测儿童孤独感的降低，而在网上社会交往及休闲娱乐活动对儿童孤独感的影响中，人格特征起到了调节作用。具体来说就是，高神经质的儿童，社会交往活动的参与程度显著地负向预测孤独感，而低外向性（内向）的儿童，休闲娱乐活动的参与程度显著地正向预测孤独感。研究者（Appel，Holtz，Stiglbauer，& Batinic，2012）还检验了青少年知觉到的父母—青少年的交往关系质量对互联网使用与孤独感之间关系的影响。回归分析表明互联网相关的交往质量决定了更广泛的互联网使用，与更多的孤独感相关。

还有研究者（Gentzler，Oberhauser，Westerman，& Nadorff，2011）研究了大学生亲子之间的网络交往与孤独感、依恋和关系质量的关系，结果发现，与父母更频繁地电话交谈的学生报告有更满意、亲密和支持的父母关系，但那些使用社交网站与家长沟通的学生则报告有更高水平的孤独感、焦虑依恋以及亲子关系冲突。而黎亚军、高燕和王耘（2013）则考察了青少年网络交往与孤独感之间的关系，结果发现，交往对象是否熟悉在网络交往与孤独感的关系中起到调节作用，对于交往对象主要是陌生人的青少年，网络交往与孤独感相关不显著；而对于交往对象主要是熟悉人的青少年，网络交往对孤独感具有显著的负向预测作用，进一步分析表明网络交往通过同伴关系的完全中介作用影响孤独感。这也就是说，网络交往会影响到同伴关系，而通过同伴关系又会影响到孤独感。

但也有研究者(Bonetti, Campbell, & Gilmore, 2010)发现，青少年与儿童的孤独感、社会焦虑与网络交往存在显著相关，孤独的青少年和儿童比不孤独的青少年和儿童会在网络中更频繁地谈论个人和亲密的话题，在遇见陌生人时，前者被驱动更频繁地使用网络交往来补偿他们弱的社会技巧。由此可见，网络的使用会影响到儿童、青少年的孤独感，反过来孤独的儿童、青少年，他们的网络使用也会更频繁。

(二)脸谱网使用与孤独感

脸谱网是目前非常流行的一个社交网站，在全球使用它的人数非常多。研究者(Jin, 2013)对孤独的人如何使用和感知脸谱网进行了探讨，结果发现，孤独感高的人脸谱网上的朋友更少，脸谱网好友和离线好友的重叠更少。孤独感与沟通行为呈负相关，但与表露行为相关并不显著。孤独的人往往较少参与积极的自我表露，而消极的自我表露更多。虽然孤独的人认为脸谱网有利于自我表露和社会联系，但是与其他人相比，他们脸谱网使用的满意度更低。研究者(Morahan-Martin & Schumacher, 2003)还发现，与其他人相比，孤独的人使用互联网和电子邮件更多，更有可能利用互联网获得情感支持。孤独个体的社交行为在网上被加强，而孤独的个体更可能报告交到网友，并提高了与网友的满意度。孤独的人更可能使用互联网来调节负面情绪，并报告说，互联网的使用干扰了他们的日常工作。

那么，脸谱网的使用会对孤独感产生什么样的影响呢？研究者(groBe Deters & Mehl, 2013)采用实验法对在脸谱网上发布状态更新与孤独感的关系进行了研究，结果发现，用实验诱导增加状态更新行为会减少孤独感，而孤独感的减少是由于被试感觉每天与朋友的联系更多了，而发帖对孤独感的影响与朋友直接的社交反馈(响应)相独立。还有研究者(Lou, Yan, Nickerson, & McMorris, 2012)研究了大一新生脸谱网使用和孤独感之间的相互关系，结果发现，脸谱网的使用强度对孤独感产生积极的影响，但脸谱网的使用动机没有对孤独感产生任何影响，然而孤独感既不影响脸谱网的强度也不影响脸谱网的使用动机。

有一项对脸谱网的使用与孤独感之间关系的元分析研究(Song et al., 2014)，这项研究涉及两个主要问题：①使用脸谱网是否增加或减少了孤独感？②谁是因谁是果，是脸谱网让它的用户孤独(或更少孤独)，还是孤独的人(或更少孤独的人)使用脸谱网?首先,研究人员在使用脸谱网和孤独感之间的正相关关系中观察到显著总体平均效应,也就是说,脸谱网和孤独感之间确实存在着正相关关系,即脸谱网使用越多孤独感越强。在因果研究中,结果显示,害羞和缺乏社会支持导致孤独感,这反过来又导致了脸谱网的使用。孤独的人可能会从互联网社交应用,如脸谱网上获益。然而,还需要更多的研究来考察使用脸谱网的实际影响。

(三)其他网络使用与孤独感

研究(Visser,Antheunis,& Schouten,2013)发现,玩网络游戏"魔兽世界"与青少年的社交能力和孤独感没有直接的关系,但是有间接的关系,玩网络游戏会变换很多不同的交往对象,这样会导致他们社交能力的提高和孤独感较低。研究者(Garden & Rettew,2006)对网络聊天室的使用与生活满意度、孤独感进行了研究,结果也发现,花在聊天室的时间与孤独感呈正相关,但与生活满意度只有微弱的负相关。马利艳和雷雳(2008)对初中生生活事件、即时通信和孤独感之间的关系进行了考察,结果发现生活事件带来的主观压力能够显著正向预测孤独感,即时通信能够显著负向预测孤独感,但是客观压力不能够预测孤独感,可它能够通过即时通信间接地影响个体的孤独感水平。

总之,网络与孤独感的关系非常复杂,一个人孤独感的强弱会影响到他网络的选择和使用情况,但是反过来,网络的使用也会对网民的孤独感产生影响,两者之间是一个互相影响的关系。网络与孤独感关系复杂的地方还在于,网络对孤独感的影响,不同的研究也会有不同的结果,以上研究就证明了这一点。这也许和研究中所使用的研究工具、数据的收集方式等有关,但更重要的一点是,在网络使用和孤独感之间可能还有很多的变量需要我们在以后的研究中考虑,这些变量也许会改变两者之间的关系。

二、 网络与抑郁

(一)网络使用与抑郁

抑郁是一种易发的情感障碍,而且抑郁对人的影响非常大。那么,网络的使用与抑郁之间又有着怎样的关系呢?

对老年人的研究(Cotton，Ford，Ford，& Hale，2012；Cotton，Ford，Ford，& Hale，2014)发现，互联网的使用增加了老年人的社会支持、社会接触、社会联系以及由于联系而产生的更大的满意度。互联网的使用让退休的老年人心理幸福感提高，并且减少了抑郁。尤其是对那些独居的老年人，网络的使用对他们抑郁的减少作用更大。

而对于大一新生来说，尚未形成高品质的校园友谊而与远方的朋友进行网络交往可以起到代偿作用。网络交往不仅可以减少有低质量现实友谊的学生的抑郁和焦虑，而且当抑郁的时候，现实友谊较差的学生会更频繁地通过电脑与远方的朋友交流。因此，在大学的最初几个月一个重要的任务可能是，学习如何利用计算机和其他在线技术获取关系支持，而脱离关系可能会损害心理健康和高校适应(Ranney & Troop-Gordon，2012)。网络使用与抑郁之间存在着复杂的关系，会受到很多变量的影响，主要体现在以下几个方面。

首先，从使用时间和动机方面来看。有研究者(Pantic et al.，2012)认为，在脸谱网和其他社交平台上花的时间与抑郁症状呈正相关。其原因也许是在个体之间，社交网站上的人际联系与传统的面对面的交往相比，缺少必要的质量。另一方面是因为网络使用者常常感觉到他们社交网站上的好友更加的幸福和成功。在网络交往中，尤其是在社交网站背景中，人们倾向于夸大他们的个人、专业和其他素质的同时掩盖其潜在的错误或缺点。所以，经常查看社交网站上好友近况的网民，更加容易感到自卑、抑郁。

研究者(Wright et al.，2013)还探讨了社交网站脸谱网和面对面的支持网络对大学生抑郁症的影响。研究者使用"关系健康沟通能力模型"作为研究沟通能力对社会支持网络的满意度和抑郁症影响的框架。此外，他们还考察了人际和社会一体化的动机作为外生变量的影响。结果显示，人际动机增加了面对面和计算机为中介沟通的能力，增加了面对面和脸谱网支持的社会支持满意度，并降低了抑郁的分数。还有研究者(Jelenchick et al.，2013)采用经验抽样法来研究社交媒介的使用是否会导致青少年抑郁，即一种被称为"脸谱抑郁"的状态，结果显示，在年龄较大的青少年样本中，社交网站的使用与临床抑郁之间并没有相关。由此可见，使用时间和动机会影响到网络使用和抑郁两者之间的关系。

其次，从网络使用的目的来看。根据不同的网络活动，研究者（Selfhout et al.，2009）把网络使用分为以交往为目的的网络使用和以非交往为目的的网络使用，不同的网络行为类型对幸福感、抑郁的影响也不同。网络冲浪就是在互联网上浏览网站以非交往为目的，而即时通信是指发信息给别人，邀请别人在线交谈，就是一个以交往为目的的网络使用。一些研究者认为，在工业化国家，随着在个体和家人、同伴之间个性化和物理距离的增加，与同伴的正常的面对面互动越来越少，即时通信提供了一个很好的跨越距离的桥梁（Wolak et al.，2003）。因此，即时通信成为青少年与他人交流的媒介，它也因此与更少的抑郁和社交焦虑的发展有关。对大一新生的研究也发现，增加即时通信的时间与更少的抑郁有关，而增加上网冲浪的时间则会导致更多的抑郁（Morgan & Cotten，2003）。对于那些感知到低友谊质量的青少年来说，以沟通为目的的互联网使用能够预测更少的抑郁，而以非交往为目的互联网使用则预测更多抑郁和社交焦虑（Selfhout et al.，2009）。所以，我们会看到，网络使用与抑郁之间的关系非常复杂，它还和我们的使用目的、动机有关，不同的使用动机会使我们产生不同的情绪体验。

(二) 网络成瘾与抑郁

近几年，有大量的学者开始关注网络成瘾与抑郁之间的关系。有学者就发现，抑郁对网络成瘾有显著的预测作用，而网络成瘾对抑郁也具有显著的预测作用，对于青少年来说，网络成瘾和抑郁之间存在显著的双向而非单向预测关系（荀寿温等，2013）。如果网络的使用是为了提高社会支持（使用脸谱网是为了和远距离的家人交流）也许会对心理健康有益。相反，过度的网络交往或网络成瘾行为，会减少传统的面对面互动的时间，可能是网民抑郁的重要原因之一（Banjanin，Banjanin，Dimitrijevic，& Pantic，2015）。

首先，我们来看一下网络成瘾和抑郁之间的关系。张林等人（2009）对中学生的研究就发现，网络成瘾与抑郁之间存在显著正相关，成瘾组与未成瘾组抑郁因子得分差异显著。而赵笑颜等人（2012）对兰州大学生的研究也得到了类似的结果，他们发现，在上网目的多为游戏的学生中抑郁检出率最高，网络成瘾对大学生的抑郁情况有不良的影响。由此，我们不难看出，在我国的大学生、中学生中，网络成瘾与抑郁之间存在着紧密的关系，网络成瘾会对学生的抑郁产生不良的影响。而在网络成瘾的青少年中抑郁和自杀意念得分也是最高，也就是说网络成瘾的青少年更容易抑郁和自杀(Kim et al.，2006)。

其次，我们来看一下网络成瘾和抑郁之间的关系会受到哪些因素的影响。有研究者(Yang et al.，2014)发现，生活事件在网络成瘾和青少年抑郁之间起着完全的中介作用。网络成瘾的青少年会体验到更多的来自现实世界的学习、同伴和家庭的生活事件的压力。而这些生活事件带来的压力让青少年感觉更加的抑郁。这些研究结果也告诉我们，网络成瘾和抑郁之间存在着复杂的关系，而且两者之间的关系还会受到很多中介和调节变量的影响，如生活事件。我们的研究还处在对两者之间关系探讨的初级阶段，接下来我们要做的是，如何进行干预。例如，根据相关研究(Yang et al.，2014)的研究结果，我们可以通过减少青少年的应激生活事件、为他们提供更多的社会支持、多关心他们等方式来减少青少年的抑郁。还有研究者(Chang et al.，2015)发现，知觉到较低的父母依恋水平的青少年更容易上网成瘾、网络欺凌、吸烟和抑郁，而报告有较高水平的父母限制调解的青少年则更少可能体验到网络成瘾或从事网络欺负，网络成瘾与网络欺负、抑郁存在着显著的相关。

通过对文献的梳理，我们能够看到网络成瘾和抑郁之间存在着紧密的联系。但是，到底是网络成瘾导致网民抑郁，还是抑郁的网民更容易网络成瘾还需要更多的研究来证明。研究者(Banjanin，Banjanin，Dimitrijevic，& Pantic，2015)指出，他们的研究只是证明了网络使用和抑郁之间相关的存在和强度，但不能证明因果关系。他们也认为，网络使用会导致抑郁，而抑郁的个体也会花更多的时间上网。这个观点与学者的观点不谋而合。也许两者互为因果，这也为我们对网络成瘾和抑郁的心理干预提出了一个新的思路，但同时也提出了更高的要求。

三、网络与其他消极情绪

除了孤独感、抑郁之外，消极情绪还包括很多，如焦虑、无聊感和痛苦等。与第一代的数码土著相比，第二代数码土著的网络识别和网络焦虑得分更低(Joiner et al.，2013)，网络识别和网络焦虑都与网络使用显著相关(Joiner et al.，2012)。而问题网络使用与孤独感、约会焦虑的三个方面(交往焦虑、不受欢迎焦虑和生理症状)都存在着显著相关(Odaci &

Kalkan，2010)。在不同情境中，网络与消极情绪的关系也会不同。

首先，在正常社交情境中。研究者(Sagioglou & Greitemeyer，2014)采用社会心理学的方法探讨了使用脸谱网对情绪的直接影响。他们进行了三个研究，结果发现，脸谱网上的活动会对人的情绪状态产生消极影响，在脸谱网上活动的时间越长，之后消极情绪就会越多。与控制组相比，脸谱网上的活动会导致情绪恶化，进一步研究表明，这种影响是由于使用者感觉没有做任何有意义的事情为中介的。问题是，使用脸谱网有这样多的消极结果，为什么还有这么多的人每天继续使用脸谱网？研究者认为，这可能是因为人们犯了情感预测错误，他们希望使用脸谱网之后会感觉更好，而事实是，他们感觉更糟。

其次，在急性厌恶情境中。研究者(Gross，2009)采用实验法研究了与一个不认识的同龄人进行网络交往是否有利于从急性厌恶的社会排斥影响中恢复，并检查与年轻的成年人相比，这样做的好处是否可能对青少年更大。结果发现，与陌生的同伴即时通信比孤独地打游戏能更大地恢复自尊，先前被排斥的青少年和年轻的成年人都能感知到关系的价值。网络交往还能使青少年更大地减少负面影响，但是年轻的成年人不会。青少年使用即时通信作为缓解情绪的一种手段，对于青少年，即时通信是一种合法的、可用的并且可自由选择的工具，用于与同龄人沟通来疏导负面情绪，并得到社会支持和建议。对处于忧伤情绪状态的青少年的研究(Dolev-Cohen & Barak，2013)发现，通过即时通信工具进行沟通能够显著提高忧伤青少年的幸福感。而被试的内、外向水平调节他们感知到的情绪缓解的程度，性格内向的被试从即时通信中获得的益处要多于外向的被试。

最后，在网络欺凌情境中。社交媒介在给用户带来益处的同时，它带来的黑暗面也引起了研究者的关注，其中网络欺凌是一个热点的问题。有研究者(Brown，Demaray，& Secord，2014)调查了网络受害与社会情绪结果之间的关系，发现网络伤害和社会情绪结果之间的关系随性别而不同，女孩体验到的痛苦远远多于男孩。研究者(Bevan et al.，2012)也对脸谱网上被解除好友关系与消极情绪和认知反应进行了研究，结果发现，当被试知道谁与他们解除好友关系时，当他们以为他们被解除好友关系是与脸谱网有关的原因，而脸谱网的好友请求又是被试发起时，被试会有更大的反思和消极情绪。

　　总之，网络与使用者的消极情绪之间存在着紧密的关系，但是两者的关系会受到很多因素的影响，包括所处情境、人格等因素。所以，网络对使用者消极情绪的影响存在着复杂性和多元性，还需要很多实证的研究来进行深入的探讨。

第十九章

健康上网与网络安全

批判性思考

1. 我们时常会听说一些人因为上网成瘾而导致种种不良后果，怠于工作学习、疏离亲朋好友、健康每况愈下。我们对互联网的使用到底应该把握什么样的度呢？有什么方面值得注意呢？

2. 人们经常上网除了因为工作学习的必要，有时候似乎只是在网上随便逛逛，而且乐此不疲。这背后的原因是什么？是因为上网可以满足人们的某些需要吗？上网与人们的一些基本需要到底有何关系呢？

3. 很多人可能都经历过或者听说过上网设备遭遇病毒的情况，病毒也许导致了系统崩溃、文件被毁、信息失窃的问题，处理这些问题既耗时耗力，会导致心情不爽。那么，为了免去这些麻烦苦恼，不去上网是否是最佳选择呢？

关键术语

健康上网，成瘾，需要满足，健康时限，网络安全，网络钓鱼，网络欺诈，恶意软件，网络跟踪，在线捕食

第一节　健康上网

什么是健康上网呢？这个问题源于现实生活的需要。研究者（郑思明，雷雳，2006）在调查青少年健康上网的公众观时，有些人直言不讳地说，"你要是调查青少年使用互联网的坏处，我可以说一堆给你听""健康

上网是什么样的，乍一想，脑子里真没想法，没有思考过"。在访谈教师时，有的教师说，"我亲眼看见过好些孩子由于沉迷互联网荒废学业不算，以后都完了，我希望尽可能地让孩子避免使用互联网"。但又有许多公众提到了"不久的将来，学校、社区、社会广泛地使用互联网这个现代化工具是个必然趋势"。可见，在势不可挡的网络时代带来强烈的冲击面前，健康上网的问题无法回避。

一、健康上网的影响因素

心理学家（Suler，1999）认为，心理的健康是需要的动态表达、满足和实现，即欲望的自然起落。在心理健康的状态下，需要的有意识实现和满足会导致一个更为稳固的整合的自我感。在病态和成瘾状态下，自我会变得空洞苍白和支离破碎。一个人对互联网的热情是健康积极的、病态成瘾的，还是介于两者之间，受到诸多因素的影响，其中有八个因素是关键所在。

第一，激发需要的量与质。需要可以是生理的、内在的、人际的和精神的。互联网激发的需要越多，其让人滞留网络空间的抓力就越强。

第二，潜在需要的剥夺度。潜在需要受挫折、被否认或被忽视越多，个人想方设法需求满足的倾向就越强。因为网络空间是一个相当丰富多彩、引人注目且容易进入的环境，所以它成了饥渴者的目标，尤其是在个人生活处于剥夺状态时。

第三，网络活动的类型。互联网的使用形形色色，一些活动是非社会性的，如游戏、软件编程以及收集信息、文献和图片。有一些人际背景的设计围绕着游戏和竞争展开，另一些则是纯粹社会性的。环境可能涉及同步与非同步（聊天与电子邮件）或者纯文本与视频/音频沟通。网络活动的不同类型对不同需要的影响千差万别，综合各种特征的环境可以引起广泛的需要，因而更具有吸引力。比如，涉及游戏、社交、聊天、电子邮件，或者视频和文本沟通的社区，可能在很多水平上都具有吸引力。

第四，网络活动对个人功能的影响。健康和保健、工作成功以及与同伴、朋友和家人关系圆满，都是适应性功能的重要特征。这些特征有多少会被网络使用干扰，就显示了病态的深度。

第五，情绪痛苦的主观感受。抑郁、挫折、幻灭、疏离、内疚和愤怒的增加，可能是病理性互联网使用警示信号。个人可能会把这些感受与网络空间或实际生活联系起来。它们往往源于肤浅地激发或恶化个人需要的网络活动。

第六，对需要的有意识知晓。当人们理解自己的动机时，就能够很好地抗拒会导致冲动性网络使用的无意识的"东西"。在网络空间中放任被压抑的需要和愿望只是一种宣泄，它最终会导致无休无止的重复。解决潜在需要意味着通过有意识地理解哪些需要可以得到怎样的满足，个人会解决与之有关的冲突或剥夺。同时，高调否认反映的是成瘾行为和缺乏对自己潜在需要的深入认识，而承认自己深陷网络空间可能是走向康复的一步。

第七，经验和卷入的阶段。新用户可能会着迷于网络空间提供的令人目眩的机会。当互联网的新鲜劲儿过去，以及现实世界的职责唤起，成瘾阶段最后会渐渐消退。很多情况下，对在线生活的高期望会戛然而止，需要未得到满足及所导致的失望会让人回到"真实的"世界来。

第八，真实生活和网络生活的平衡与整合。在理想的状态下，对在线活动和同伴的承诺程度与对离线活动、朋友和家人的承诺应该是平衡的。两个世界也应该整合为一，个人可以把在线活动带入"真实"世界，当面满足在线同伴，与真实的朋友和家人讨论离线生活，通过网络与某些现实中的同伴建立联系。病理性互联网使用常常导致在线生活与个人的实际生活完全隔离，甚至防止来自"真实"世界的介入。

二、健康上网与需要满足

网络空间中的活动可以激发人们各种各样的需要，它们彼此之间又相互重叠、交互作用。心理学家（Suler，1999）认为，理解这些关系就可以让我们理解健康上网或病态上网。

(一)性与其相关因素

网络中的性是媒体中一个普遍的话题，因为性是最基本的、需要注意的动机之一。虽然有一部分人上网是为了满足其性驱力，但是大多数人并不是由此驱动。在人们着迷于在线性活动时，有两个基本的原因，一是它满足了生理需要，二是激发了形形色色纯粹的心理和社会性需要。

有些人在互联网上的性追求并非社会性的，且不与任何人交流，如收集色情图片和故事。对于"正常人"来说，这样的追求会随着性欲望自然的生理波动而起起落落。对这种孤独的性活动的病态强迫性反映了对亲密感的焦虑。强迫性关注源自对各种色情资料不断增加的需要。互联网可以让用户轻易、匿名地获得色情资料，所以这种专注的动力是无止境的。

另一方面，互联网中的性活动大多数是社会性的。对人际化程度更强的性邂逅者而言，潜在的情绪需要往往比生理驱动力更有影响。虽然网络的性会导致成瘾可能是因为它是一种易接触、匿名且医学上安全的满足本能驱力的方式，但也不能忽视它的心理维度。网络上的性只能提供视觉和听觉的刺激，这表明主要是心理的需要得到满足。

（二）意识状态的改变

人生来有改变意识的需要，即从不同视角体验现实。我们通过各种活动追寻这种需要：冥想、药物、竞技、性、艺术。梦是在夜晚实现这种需要的内在必要机制。它允许无意识的表达，这种思维的基本加工方式提供了对现实的不同视角。

网络空间对改变意识是一种崭新且重要的补充。批评者通常抱怨计算机和网络空间成了生活的替代品。对一些人来说可能确实如此，但我们也要考虑到网络空间可能是"现实"生活的一种适应性补充。通过提供一种新的、虚构的方法与世界上其他人、事相互作用，也是一种改变意识的可行办法。人们对时间、空间和个人自我认同的感觉在网络上会改变。对一些人来说，通过打字进行交流就像自己与他人的意识进行了混合。网络空间可以成为梦一般的意识状态，特别是在网络游戏和充满想象力视觉场景的多媒体环境中，你可以斗转星移、和他人心灵感应、违反物理定律等。

人们会被虚拟环境吸引，如梦通过鼓励无意识来满足对现实不同观点的需要。梦也使无意识幻想和冲动得到表达，这也可以解释部分性欲、攻击和网络上的角色扮演。以此类推，我们可以认为网络空间"上瘾"是对意识形态改变的上瘾，这种体验与清醒的梦相似，即人知道他正在做梦并且能够知道结果。计算机用户可能是想通过网络空间尝试返回到更早的时候，试图建立和指导反复出现的、清醒的梦。

我们能控制程序，但不能控制占有梦的人，所以控制梦是受到限制的。虚拟世界不是一场控制的游戏，它们与现实世界一样，有着人际的胜利与竞争。一些用户承认并接受了这个事实，当他们体验到焦虑或噩梦时会选择关掉电脑，而那些觉得可以用某种方式掌控梦的人很难知道什么时候停止。

(三)成就和征服

每个人都有学习、成就、征服环境的基本需要。心理学理论认为当小成就迅速增长时学习是最有效的，而网络成瘾的原因一般是它们将学习做成高效有回报的。当你面对一个问题或陌生的电脑功能时，可以通过调查、尝试解决方案，最后弄清楚。电脑可以让你体验到之前未做过的事：挑战、实验、征服、成功。这是一个激励的循环，你想学习得更多、做得更多。

网络空间的很多环境包括了技术、社会性或两者兼备，人们体验和学习的限制很少。一些新用户往往很高兴掌握软件的各种技术；而对于那些不被技术方面吸引的人来说，学习这种文化——发现人们的规范、社会结构、历史、传说，并参与其未来的塑造是一个有挑战的过程。探索、掌握技术和社会复杂环境可以永无止境地满足好奇心和自尊的需要。网络的新技术和社会功能日新月异，为掌握新技术，你必须像条鲨鱼，随时保持移动。很多在线社区的长期会员能够成为主人、主持人、精灵、神，或者操纵谁可以拥有权力，实现在民众中地位的提升，而得到这样的地位的野心使得用户花更多的时间上网。

在技术或社会性领域上获得成就的需要是非常正常、健康的，但痴迷于网络空间的成就、技术或社会会成为一种永不满足、永无止境的追求，特别是成就没有达到上限，基本需要没有实现的时候。成为互联网的精通者意味着拥有这个世界，整个宇宙的信息都在你的指尖激荡。对于有些人来说这是无所不能、无所不知的会上瘾、如上帝般的感觉，为了实现就必须保持前进，保证自己在技术和信息的顶端。

(四)归属

每个人都需要人际交往、社会认可和归属感。人类会本能地想去每个人都认识自己的地方，因为自我意识建立在他人的肯定和承认之上。网络空间提供了数量庞大的群体，它可以满足几乎所有人归属到志同道合的特定群体中的需要。仅仅是成为一个特别项目的用户也能够瞬间激发友情和归属感。假如用户正进入一个全新的环境，兄弟的感觉会更加强烈，觉得大家像一起安排新领地、建立新世界的开拓者。这种过程是非常容易上瘾的。

当群体蓬勃发展的时候就会出现新用户大量涌现的问题。社区开始迅速改变，这种变化远超过现实世界。在如洪水般增长的人群中，如果想要维持与社区的联系、如果想让人知道自己的名字，你就必须一直回来。上网的时间越多，越多的人会知道你，你会越被认为是自己人。假如一段时间没有回来，你可能会感觉自己脱离了组织，已经被遗忘。因为你不想要这些关系变淡，或者身份在社区中淡出，所以你觉得有必要回去重新建立你的存在。这种对于抛弃和分离的无意识恐惧会促使一些用户强迫性地参与到网络空间。

铁杆用户间经常开玩笑网络"成瘾"，这会增加友情和归属感。这可能是有共同承诺的健康认同，也可能有助于缓解过分参与的焦虑。

(五)关系

网络空间中几乎所有的活动都表明了人类最基本的需求——与他人互动。互联网不仅仅是一个信息高速公路，更是一个强大的社会领域。社交机会是最大的影响，而不是互联网的过度使用。

对一些人来说，网络空间使人际关系变得丰富、有教育性。他们尝试新的方式来表达自己和新关系的类型。在多媒体的世界里，他们享受现实社会中不存在的创造性的交流工具，如心灵感应和化身转变。理想情况下，人们会渐渐发现网络关系的局限性和陷阱，学会与现实社会的联系平衡。强迫性互联网使用的发生是由于人们不能看到这些问题。

匿名纯文本聊天和电子邮件的交流会产生强大的移情反应。人们觉得自己与网络中的另一人产生了感情，但感知的关系的很大一部分是过去关系问题的无意识残留。爱、恨、竞争、敬佩、依赖、恐惧不只是简单地指向网络上的其他人，也是与内心世界的挣扎。网络空间关系的关注会成为强迫另一个人符合自己的无意识期望和愿望或满足自己无意识需要的尝试。本质上，人会变得对他或她存在于网络上的无意识动力"上瘾"。

移情反应也会通过缺乏反应而被放大。互联网并非一直是交互式的，存在着时序弹性。个人邮箱没有收到答复或新闻组成员无法回复留言、聊天伙伴的忽视，这种反应的缺乏可以放大一个人对别人如何看待自己的焦虑幻想。很多有经验的用户不往心里去，可是狂热但经验不足的用户有时会不明白，在没有答复时，他们可能不适当地产生焦虑幻想，通过夸大他们的行为来获得回复。在忽视他们的网络群体中，他们可能大大增加他们的参与以获得注意。其实即使在好的条件下，电子邮件或新闻组也只能偶尔收到回复。从他人那里得到偶尔的反应可以作为一种间接性的强化，导致增加甚至是过度的网络参与。

(六)自我实现和自我超越

马斯洛需要层次理论的最高需要是自我实现。这种需要涵盖了低层次需要的很多部分：人际关系、自我表达、知识和艺术。自我实现正努力朝着将个人作为独立的个体而发展，它是实现和培养一个人内在潜能，让"真正"自我开花的过程。

网络空间中可以自我实现吗？有人觉得他们通过互联网的技术和社会方面可以表现自己创造的潜能，发现自己实现了内在兴趣、态度和个性中隐藏的部分；有人觉得他们通过新的存在感来发展与他人的关系；有人觉得他们在网络空间更加真实。很难说这是真的自我实现还是互联网使用的无意识防御和病理性动机的自我欺骗。

自我实现的另一个重要方面是精神发展。对于一些用户来说，网络空间确实存在一些关于意识、现实和自我的神秘感。我在网络空间中移动，我的思想在哪里，我在哪里？我真的只存在身体中，还是我的本体之外有其他意识的交融，与互联网上的意识融合？这种意识不及我在现实生活中体验到的真实，或是更加真实？假如你将互联网作为世界思想和世界自我进化成的一个通用的整体，你就是这个整体中的一部分。你已经成功地超越了自己渺小、尘封的身体，参加到了一个比你的自我大得多的整体。通过互联网实现自我超越可能是一种对个人冲突和焦虑的病理性防御。然而，在某些情况下，渴望沉浸在网络空间也可能是真正的精神。

三、青少年健康上网的表现

迄今为止，关于整体网络用户的健康上网的研究极少见到，同时，青少年作为网络用户中的一个主要构成部分，且身心发展处于关键阶段，青少年的健康上网是一个引人注目的问题，研究者对青少年健康上网行为概念进行了分析（郑思明，雷雳，2007），在此就对研究的发现进行阐述。

该研究路线是自下而上的归纳路线，经过开放编码——主轴编码的反复比较、分析归类，抽象概括出类别，进行编码信度分析后初始形成的编码结果及含义分别如下，反映了青少年"健康上网"概念的大体内容。

抵制不良：不登录黄色、暴力等网站，限制浏览不良网页及信息等。

不可沉迷：尤其是不沉迷游戏、不依赖、不成瘾等。

不扰常规：不影响正常学习生活，不带来消极影响，或最起码不要有害。

控制时间：由家长帮忙限制、控制上网的时间。

健康时限：制定一个健康上网的"健康"时间限度，自觉控制自己。

放松身心：愉快身心、释放压力、调节自己。

辅助学习：利用互联网，大部分用在学习上，帮助学习、拓展知识等。

长远获益：从长期来看有积极影响，给学习、生活和身心带来积极的影响，有益发展。

研究采用质性方法，依据扎根理论，在经过严密分析判断开放编码和主轴编码得到的概念类别及其之间的关联之后，最后的选择编码抽取出两项核心类别，即"控制因素"和"有益因素"，形成了关于青少年健康上网行为的概念理论：青少年的健康上网行为指的是，青少年对互联网的使用从外控到内控，形成有节制的上网行为，从而获得对学习、生活和身心发展有益的结果。

然后，研究者试图提出青少年健康上网行为的标准，对访谈资料的进一步主轴编码分析中，根据类别之间的关联性进行分析、比较、归纳，将最初的八个类别归为六个类别，它们是："抵制不良""不可沉迷""控制时间"和"放松身心""辅助学习""影响适度"。之后，根据发展核心类别的原则来选择编码，将前三个归到"控制因素"，后三个归到"有益因素"。也就是说，青少年的健康上网行为包括了以上六项内容（表 19-1）。

表 19-1 青少年健康上网行为概念的核心类别

核心类别	次级类别
控制因素	抵制不良、不可沉迷、控制时间
有益因素	放松身心、辅助学习、影响适度

为了全面探讨青少年的健康上网行为，就健康上网行为的内容形成一个可判定的标准，在以上的六条中，在数量上满足五条或五条以上的行为可称为青少年的健康上网行为。其依据可以从"右四分点"的角度来看。在很多心理行为进行的评估中，某种现象的出现达到或超过 75%，就可以被认为或者被认定为一个质变。也就是说，在涉及青少年上网的六个次级类别上，数量上满足五条或五条以上的行为与五条以下的互联网使用行为有着质的差别。

此外，青少年提出的"健康时限"是健康上网行为中的重要类别之一，为了使它明确化，研究者利用量化的调查手段，得出了表 19-2 的具体数据。根据数据统计，可以认为，对于青少年而言，健康上网的总平均时间为每周 9.30 ± 0.62 小时，每天 1.40 ± 0.11 小时。因此，我们建议，青少年健康上网行为的健康时间限度为周中每天不超过 1 小时、周末每天不超过 2 小时、每周不超过 10 小时。不过，随着网络在学习任务中的作用日益突出，可以把这部分完成学习任务的时间排除在外。

表 19-2 青少年健康上网行为的健康时限

	访谈组中学生	访谈组大学生	调查组中学生	调查组大学生
平均年龄 （M±SD）（岁）	15.65 ± 1.60	19.23 ± 0.86	15.09 ± 2.07	19.56 ± 1.82
平均网龄 （M±SD）（月）	52.27 ± 24.47	61.64 ± 24.16	41.98 ± 26.23	56.93 ± 25.33

	访谈组中学生	访谈组大学生	调查组中学生	调查组大学生
每天健康时限（小时）	1.26±0.84	1.38±0.45	1.52±0.84	1.44±0.91
每周健康时限（小时）	8.62±4.06	10.10±4.10	9.38±4.03	9.11±4.92

四、青少年健康上网的形态

结合以上概念，我们构想按照控制的内—外方向和个体寻求有益影响的现实—虚拟倾向，以形成青少年健康上网行为结构的两个维度（图19-1）。第一个维度可以命名为"控制性"维度，其正向是由内部控制的行为特征，命名为"内控型"；其负向为受外部控制的行为特征，命名为"外控型"。第二个维度可以命名为"有益度"维度，其正向含义包括利用资源、拓展知识、获得对学习、生活、身心发展有益的结果，命名为"现实型"；其负向为"虚拟型"，包括代偿满足、追求虚拟生活。

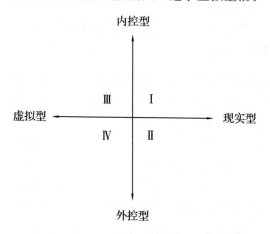

图 19-1　青少年健康上网行为的四分型结构

进一步，由这两个维度构成的二维空间可以把青少年的健康上网行为分在四个象限（所谓"四分型"）。

在第Ⅰ象限（控制性维度和有益度维度皆为正向），行为具有主动控制、自我要求、积极寻求、利用等特征。

在第Ⅱ象限（控制性维度为负向，有益度维度为正向），行为具有寻求发展、获得有益的结果、受外界影响等特征。

在第Ⅲ象限（控制性维度为正向，有益度维度为负向），行为具有自己控制、约束自己、代偿愿望、无不良结果等特征。

在第Ⅳ象限（控制性维度和有益度维度皆为负向），行为具有受外界影响、抵制不良较弱、虚拟满足、无不良结果等特征。

进一步分析比较，我们认为可以把健康上网行为的四个象限予以命名，即Ⅰ、Ⅱ、Ⅲ、Ⅳ象限分别为"健康型""成长型""满足型"和"边缘型"。

这四种类型可以从个案分析中找到验证其合理性的证据，证实青少年健康上网行为四分型的结构。从对个案的分析中也可以归纳出每个典型个案的关键特点，具体是：健康型的突出特点是能自觉控制自己、利用互联网学习和主动寻求有益发展；成长型的突出特点是能够有效利用互联网帮助学习、寻求发展、自我的约束能力稍弱，而这种情况可能跟成长有关；满足型的突出特点是利用互联网代偿需求、心情愉快、自我控制、利用互联网帮助现实（学习）少、无不良影响；边缘型的突出特点是追求虚拟生活、利用互联网帮助现实（学习）少、自觉性较差、无不良影响。

综合来看，这四种类型既是不同的，但又有两两相似的特点，它们之间会互相转化。也就是说，对个体而言，他有可能同时具有两种有相似性类型的健康上网行为，如健康型和满足型都具有自我控制性，健康型和成长型都具有寻求现实发展的积极性。

===== **拓展阅读** =====

青少年会因为上网而被贴上污名标签吗？

"污名"一词最早源于古希腊，是希腊人用画在身体上的标志来表明道德上异常的或者坏的东西，如奴隶、罪犯或叛徒等，是一种身体标记。带有这个标记的人是要受到谴责的，需要回避和远离，后来扩展为包含所有知觉或推断偏离规范情况的标记或符号（张宝山，俞国良，2007）。后来研究者（Goffman，1963）将污名引入心理学的研究领域，认为污名是个体所具有的一种不受欢迎的特质，与特殊的外貌、行为或者群体的身份相关联，并且存在于特殊的场合和情境中，如吸毒者等。污名化个体拥有或被相信拥有某种属性或特质，这些属性所传达的信息或群体的社会身份在社会情境中是不受欢迎的（Crocker & Park，2004）。我国学者管健（2007）总结称，污名是某些个体或群体的贬低性、侮辱性的标签，它使个体拥有了或被相信拥有某些被贬低的属性和特质，这些属性或特质使被污名者产生自我贬损心理，同时也导致外群体对其自身的歧视。

另一方面，在互联网迅猛发展的信息时代，互联网对青少年的负面影响不断增强。例如，网络的过度使用会造成青少年价值观的迷失、道德失范、人际交往障碍、角色认知失调等，严重者网络成瘾。这些现象使教师、家长和社会逐渐形成一个关于上网行为消极的刻板印象，认为上网是"不好的""消极的"。有些学校甚至出台措施来处置上网学生，家长也采取各种措施限制孩子上网，社会上也出现了歧视上网青少年的现象，青少年之间也因为网络行为的不同而逐步分离出几个群体。

那么，青少年会因为上网而被贴上污名标签吗？

研究者考察了青少年上网行为污名化的结构与特点（雷雳，冯丹，檀杏，2012），结果发现，青少年上网行为在污名知觉均分(1.69)和内化污名均分(1.69)均显著低于理论值均值(2.5)，表明目前社会对上网青少年的污名化程度较轻，上网青少年的社会文化环境相对较为宽松。此外，研究发现，青少年污名感受程度最深的是歧视体验，最低的是刻板印象，污名知觉程度依次是：歧视体验(1.79)＞身份受损(1.71)＞标签(1.71)＞社交孤立(1.67)＞刻板印象(1.65)＞内化污名(1.51)。在青少年上网污名化各维度中"歧视体验"平均得分最高，这是污名的核心内涵决定的，同时也提示我们，歧视体验是最直接、最容易体会到的污名。

总体上看，可以认为青少年对于上网的污名知觉状况较为良好，可以说当下社会对上网青少年的公众污名程度较轻。针对处于生理和心理发展定型期的青少年这一特殊群体，家长、学校、社会对其持有较为宽容的态度，青少年的发展尚有改正和矫正的空间，从有利于其成长的角度出发，期待其向好的方面转化。从心理资源的角度讲，青少年当前学业压力普遍较大，青少年群体对污名的关注度不高，将主要精力投入学业中，其人际关系相对简单，很大程度上基于人际交往的污名知觉的感知程度也相应较低。

第二节　网络安全

网络安全(internet safety)或在线安全(online safety)指的是用以尽量保护用户的个人安全，以及减少隐私信息和与使用互联网相联系的财产的安全风险的知识，是指一般意义上保护自己免受计算机犯罪侵害。随着全球网络用户的不断增加，无论是对儿童还是成人，网络安全日益成为关注的焦点。涉及网络安全的关注点一般包括恶意用户(垃圾邮件、网络欺诈、网络欺凌、网络跟踪等)、恶意网站和软件(恶意软件、计算机病毒等)，以及五花八门的淫秽内容或令人愤怒的内容。某些犯罪行为可以在互联网上实施，如跟踪、身份窃取等。大多数的社交网络和聊天网站都会谈到安全问题。大量的团体、政府和组织也表达了对使用互联网的儿童的安全的关注。

一、网络安全的范畴

(一)信息安全

诸如个人信息和身份、密码等敏感信息通常是与个人财产(如银行账号)和隐私联系在一起的，如果泄漏，则可能带来安全隐患。未经允许接触和使用隐私信息可能导致身份失窃以及财产失窃这样的后果。导致信息安全出问题的通常原因包括以下几点。

一是网络钓鱼。网络钓鱼是指钓鱼者通过互联网虚构一个值得信任的来源，以图获取如密码和信用卡信息这样的隐私信息来进行的一种欺诈。网络钓鱼通常通过电子邮件和即时消息来进行，也可能通过指引用户在其中输入隐私信息的网站链接来获取。这些虚假的网站常常设计得看起来和真实合法的网站一样，以免引起用户的怀疑。

二是网络欺诈。网络欺诈指的是通过形形色色的方式来试图欺骗用户，并加以利用。网络欺诈通常的目的是通过虚假的许诺、骗取信任来直接骗取受害者的个人财产，而不是个人信息。

三是恶意软件。恶意软件，尤其是间谍软件指的是恶意地伪装成合法软件的那些软件，旨在未经用户同意或在用户不知情的情况下收集和传播隐私信息（如密码）。它们通常通过电子邮件、软件和非官方来源的文件进行发布。恶意软件是最为常见的安全问题之一，因为即使在考虑到一个文件的来源时，人们也经常难以确定一个文件是否被感染了。

（二）个人安全

互联网的发展为人们通过网络连接提供了很多重要的服务，这当中一个重要的就是数字化交流。尽管这种服务让我们可以通过互联网彼此进行交流，但是它也使得恶意的用户有了机会。尽管恶意用户通常使用互联网为个人牟利，但是并非仅仅局限于经济利益或物质利益方面。当孩子成为这些恶意用户的目标时，这一点是父母和孩子尤其关心的问题。与个人安全相联系的威胁通常包括以下几点。

一是网络跟踪。网络跟踪指的是使用互联网或其他的电子手段来跟踪或骚扰一个人，一个群体或组织。它可以是诬告、捏造事实（诽谤）、监控、发出威胁、身份窃取、破坏数据或设备、引诱未成年人发生性关系、收集可以用来骚扰人的信息。

二是网络欺凌。网络欺凌通常是线下欺凌的扩展，其形式也是五花八门。比如，恶意用户可能会未经同意而发布别人的照片。因为网络欺凌常常源自现实生活中的欺凌，所以它大体上是一种社会关注，而非网络安全。网络欺凌比现实生活中的欺凌更经常发生，因为网络提供了作恶者在欺凌时保持匿名和隐藏的方式，可以免遭反击。

三是在线捕食。在线捕食指的是通过互联网使得未成年人涉入不当性关系的行动。在线捕食者可能通过聊天室或网络论坛引诱未成年人涉入这种关系。至于在线捕食者是否真的是对网络安全的威胁，尚有争议，因为很多案例表明这种关系的发展需要很长时间。因此，在线捕食者的目标可能会把这种关系看成是一种合法的恋爱意图。

四是淫秽内容或令人愤怒的内容。各色各样的网站包含的一些资料在某些人看来是令人愤怒的、令人反胃的或过于暴露的，这可能并非是用户喜欢的东西。这样的网站可能包含网络色情、重口味网站、仇恨言论或者煽动性的内容。这些内容可能以很多种的形式来呈现，如弹出广告和令人意外的链接。

二、关于网络安全的神话和真相

关于孩子上网遇到的问题，各种说法满天飞，如果你都信以为真，那么你可能会认为恋童癖和网络欺凌在互联网上无处不在。的确，互联网上是藏污纳垢，但是，上面也有很多好东西，所以，一些专家认为有些做法是太不必要了。卡罗琳·科诺（Caroline Knorr）认为，我们的底线是，如果搞清楚事实真相，我们就能够保障孩子的安全。科诺总结了关于网络安全最为流行的五个神话，并澄清了让人们不必担心的真相。

神话一，社交媒体会让孩子卷入网络欺凌。真相是，一个孩子之所以会进行网络欺凌，原因多种多样，而社交媒体仅仅是干这些坏事的一个便捷方式。事实上，卷入这种行为的孩子很典型地也有其他物体迫使他们行为出格。他们可能在家里、学校或社交中，都有麻烦。他们也可能会面对面地欺凌他人，或者他们的共情感发展水平不足。意识到网络欺凌的环境（并非通过行为）有助于父母和教育者认识到相应的警示信号，并在事态恶化之前进行必要的干预。

神话二，告诉孩子不要和陌生人说话是保障他们在线安全的最佳方法。真相是，教孩子识别捕食行为有助于他们避开不受欢迎的示好。在当今世界，孩子甚至是七八岁就开始在网上与人互动，他们需要知道恰当的交谈与不恰当的交谈之间的界线。所以不仅是要避开"陌生人危险"，还要教他们什么样的问题不能谈。比如，这些问题就不行："你是男孩还是女孩""你住在哪儿""你穿的是什么衣服""你想私聊一会儿吗"。并且，教孩子不要在网上找刺激。危险的在线关系更经常衍生于青少年试图进行性话题交谈的聊天室。

神话三，孩子在网上行为不端。真相是，大多数的孩子说他们的同伴在网上对彼此都和睦友善。根据皮尤互联网研究计划的调查，大多数孩子在网上都想找到乐趣、随便逛逛、正常社交。比如，使用社交媒体的青少年中，65％说他们在社交网站上自我感觉良好，58％说他们因为社交网站的经验而觉得与人更为亲近了，80％说他们的确看到过社交网站上针对某个朋友的卑劣残忍的行为。

神话四，在网上贴自己孩子的照片很危险。真相是，如果你有隐私设置，限定观众，并且不要注明孩子的身份，那么就很安全。有两种类型的父母，一是喜欢贴自己孩子照片的，一是觉得这会带来麻烦的。尽管在互联网上贴任何东西都可能会带来风险，但是也有一些办法可以让你聪明地处理这些问题以控制风险。比如，使用隐私设置，确保只有最为亲近的人才能够看到你贴的东西；限定观众，只把你贴的东西分享给亲密的家人和朋友，或者使用需要登录才可以看到的照片分享网站；不要让孩子懵懵懂懂地进入社交媒体，不要让 13 岁以下的孩子使用社交媒体，同时，如果你已经上传了他们的照片，不要表明他们的身份。

神话五，父母的控制是监管孩子在线活动的最佳方式。真相是，只关注一种网络安全的方法会使你麻痹，形成一种错误的安全感。要想保障孩子的网络安全，培养他们成为有责任感的、令人尊敬的数字公民，需要做的不只是安装父母监控。要一直和孩子讨论有责任感的、令人尊敬的在线行为，设定规矩和错误行为的后果，训练孩子的自我管理。

三、一般网络安全指南

互联网在人们的生活中已经是司空见惯的，互联网上充满了令人惊奇的东西，同时风险也是无处不在。在线理财、购物和社交都可能关乎个人信息，要想保障网络安全，就必须有所作为。

(一)保护身份信息

1. 要选择牢靠的密码

密码就像是进入自己账号的钥匙，只有有钥匙的人才能进去。在选择密码时，应该确保选择一个独特、牢靠且不易被陌生人或接近你的人猜中的。密码可以使用字母、数字、小写字母、大写字母及字符。

选择"password"或者"1234"作为密码就太懒惰了，而且容易被猜中。选择接近你的人或你自己的生日作为密码也可能不安全。密码越长，越难被猜中。也可以试试看不用字母，或者用数字替代字母。试用仅对你而言重要的短语或东西作为密码(如你儿时宠物的名字)。确保选择的密码容易被记住，或者写下来，但不要放在显而易见的地方。

对于不同的账号绝对不要使用相同的密码，如果你怕记不清，可以使用一个基本密码，然后针对不同的账号做一些逻辑修改。比如，当当网的密码在基本密码(jbmm94)后面加上 dd(jbmm94dd)，淘宝网的密码加上 tb(jbmm94tb)。另外，每隔几个月更换一次密码也是不错的做法。

2. 同意使用条款时要留心

在你注册订阅、安装程序或者同意什么时，要仔细阅读。如果你不想收到垃圾邮件之类的，就看一下页面底部的询问小对话框。很多网站可能会在你的计算机上安装广告软件，以追踪你的行动和浏览习惯，遇到这种网站时要警惕。

一些网站会要求你提供所有的信息才给你提供产品。只填写那些带有星号的必填项目。如果信息框没有星号，就是选项，那就不要填。

3. 不要把个人的信息资料给陌生人

不要把自己的全名、地址或电话号码给网上你不信任或不认识的人，在聊天室中谈判工作或者交易时，这一点尤为重要。在网上结交朋友时也要小心，固然社交媒体上能够产生友谊，但是很多人在这里却是伪装欺骗。进行在线约会时要倍加小心，只使用自己的昵称，不管对方看起来有多好，绝不要告知特殊的个人细节。不要给在网上认识的人钱。当你最终决定见面时，选择人多的公共场合(如餐馆或咖啡馆)，同时让别人知道你要去的地方，绝不要让约会者来接你或送你回家。

给陌生人个人资料不仅仅是威胁你的账号和身份，而且可能威胁到身体安全，必须意识到有人利用聊天室、社交媒体和其他网站来收集信息结果导致在工作地点或家里受到伤害的可能性。

购物时一定要检查网站的合法性，如果网站的设计令人讨厌或有弹出广告，它可能是非法的。小心那些不让你使用 PayPal、支付宝或者信用卡来付费的网站。

4. 不要落入网络钓鱼的欺诈

网络钓鱼邮件假装来自合法的公司(如你的开户银行或者你购物过的商店)，向你提供虚假网站要你填写个人信息。要看看电子邮件的地址，很多欺诈邮件的发送者并没有与其声称的公司匹配的地址。或者那些地址做了一点点修改，可能不会引起有心人的注意。这些邮件可能会通知你说你的账号或者密码有问题，并让你点击一个链接。这种情况下，不要点击。把可疑的邮件转发给其所声称的公司，他们会确定真假。邮件系统程序绝不会找你要密码。

5. 小心在线欺诈

在线欺诈现在是无处不有。这些欺诈可能会在电子邮件、微博等各种地方蹦出来。不要点击那些看起来像真实地址的链接，或者包含很多字母看起来像胡言乱语的链接。绝不要点击声称你赢得了百万大奖的弹出链接或邮件链接，这都是欺诈。不要理会邀请你玩境外抽奖的邮件，还要注意讲了一个冗长的悲惨故事后，要求你帮助什么人从他的国家转移大笔资金或遗产的邮件。

6. 限制在社交媒体上分享的信息

各种社交媒体已经成了人们日常生活的一部分。在社交网站上人们可能会贴出自己的乳名、父母的名字、自己的生日、孩子的生日、家乡、具体地址、电话号码，以及五花八门的个人信息。这会让任何拥有计算机的人都可以知道关于你的每一条关键信息。要限制你在网上分享的东西，以便保护自己的身份和隐私。在社交媒体上分享太多细节也可能给你带来实际的威胁。让互联网知道你住在哪里、何时在家可能导致一些人破门而入，尤其是在你的照片上看到新的电视机、计算机和珠宝时。这些信息也会让跟踪者足以对付你。

很多安全的网站（如银行、保险、学校）会要求安全问题，包括"你母亲的乳名""你祖父的名字"或者"你父亲的生日"这些答案可能在某些人的社交网站主页上找到，分享这些信息可能会导致身份失窃。选择安全问题时，不要选在社交媒体容易找到答案的问题，而是选择只有你自己才知道答案的艰难问题。

7. 拥有多个电子邮件账号

最好拥有三个账号。多个电子邮件账号可以帮助你把生活中的不同方面区分开，让你有工作地址和非工作地址，以帮助你减少垃圾邮件和隐私问题。

使用商业电子邮件来进行与工作有关的联系。很多情况下，你的雇主会给你。使用一个主要的个人电子邮件地址，可以用在网上银行、找工作、保险及其他正式的个人联系方面。它也可以给你的亲密朋友和家人。使用一个垃圾电子邮件来注册网上商店、餐馆或者其他你可能不想告知你的主要个人地址的地方。你也可以在社交网站上用它。如果垃圾邮件发到这个邮寄地址，它不会影响你的日常生活。

（二）保护网络连接

1. 使用反病毒程序、反间谍程序及防火墙

在网上冲浪时，没有这些东西就不安全，可能会招来垃圾邮件、黑客和病毒。你的计算机上有了这些安全防护就可以保护你甚至没有意识到威胁的东西。确保它们随时更新。

木马、间谍软件、恶意软件和病毒不仅仅是威胁你的身份失窃和隐私被侵犯，而且也可能明显拖慢你的计算机。反病毒软件和反间谍软件可以保护计算机免受计算机病毒侵害，保持系统健康运行。防火墙可以在你的系统和外部网络之间建立起屏障，只允许某些数据进入。

2. 保障无线路由器安全

很多人家里都有无线网络来连接计算机、移动设备、平板电脑和游戏系统。这很方便，但是也使得设备和信息易受攻击。

改掉路由器的名称，变成你自己知道而别人不易猜出的名字。为路由器设置牢固的密码，它也应该是别人不易猜出的。为路由器选择WPA2 或 WPA 安全选项，它们比 WEP 更为安全。踢出路由器的访客。如果你想让朋友使用你的无线网络，但是不想让他们知道密码，就设置一个独特而牢固的客人密码。

3. 在使用公共无线网络时关闭文件分享和网络查找

这两者都会让你的文件和系统处于被无线网络中的任何人打开的风险中，而不仅仅限于黑客。如果处于无线网络的范围，但是并不需要使用它时，就关闭无线功能。

4. 一定要查看安全交易信息

最好的公司会有很多的安全设施。你可以从网页的底部看到相应的标志，表明是一个安全的网站。在给出任何银行资料或其他信息时，要确保连接是安全的。安全的 URL 是以 https：//开头的，而不是 http：//，这表明它经过了加密。

5. 从值得信任的来源下载文件

在下载文件或软件时，确保其得到值得信任的来源的认证。选择排名靠前的软件下载。小心额外的下载，有时候在你下载免费软件时，如游戏、客户端或浏览器，下载链接会包含工具栏及其他你并不需要的附加东西。这时

候选择"自定义安装"，这样可以让你剔除掉额外的程序。不要选择你不熟悉的网站来下载东西到你的计算机上。如有疑问，通过搜索引擎查看是否遇到了欺诈。不要免费下载版权不合法的东西。

6. 不要打开电子邮件的附件

除非你知道有朋友给你发来 .doc、.pdf 或其他文件，否则不要打开附件。一些垃圾邮件可能包含病毒或间谍软件，会危害你的计算机。这些垃圾邮件也可能会被自动标识为"垃圾"，但是被病毒劫持的邮件则可能成为漏网之鱼。避开附件以 .exe 扩展名命名的邮件。如果你使用的邮件程序是 Outlook 一类的，你可以从程序设置中取消附件预览。

四、孩子网络安全指南

个人、机构和政府都应该重视网络安全的问题。

（一）使用即时通信

即时通信主要用于和朋友聊天，方便快捷，可以通过建立通讯录看到同时在线的朋友，而且同一时间可以和多人进行交谈。

但是，要注意的是，知人知面不知心，要确保通讯录上的人是你认识的现实生活中的人。如果你不认识的人把你加到他们的通讯录中，就使用屏蔽功能阻止他们看到你在线及联系你。如果你在网络上有个人主页，不要放太多个人信息在上面，如联系方式、地址或上学的学校。使用卡通或符号来代替照片。

（二）使用聊天室

聊天室可以让人们彼此联系或结识新人。通常聊天室是基于特定的主题或话题来建立的，你可能对其中的某些特别感兴趣。

但是，要注意的是，互联网的匿名性使得人们可以伪装成不同的样子。所以在聊天室中对于自己要发布的信息要小心。如果你发现有什么可疑的信息，就要报告给你信任的人。试着保留相关资料的备份可能有帮助。如果没有监护人在场，绝不要安排与在聊天室遇到的不认识的人见面。

(三)使用社交网站

诸如 QQ 空间、脸谱网、我的空间这样的社交网站很方便建立个人主页、链接到朋友的主页、发帖及对他人的主页和分享的照片进行评论。

但是,要注意的是,就发布个人信息来说,要记住这些东西任何人都可以看到。一旦你把信息和照片贴到互联网上,别人就可以看到并进行复制,也就是说不受你控制了,人们可以用来做你根本想不到的事儿。所以要做隐私设置来保护自己,限定哪些人可以看你的信息。

接受别人进入你的聊天区要小心,向这些人分享资料时要想一想。至于网络欺凌,要意识到人们可以利用这些网站来进行欺凌和骚扰。他们可能会试图恶意地使用你主页上的资料,贴上令人厌恶的评论等。要注意,追踪在线欺凌是相对容易的,保留证据并让你信任的人注意到。

(四)使用博客

博客可以让你分享自己关于诸多事物的思想和意见。但是,要注意的是,因为博客是在互联网上的,任何人都可以看到,所以对于准备在那儿贴出来让人看到的信息时,要三思而后行。

要注意限制你发布的个人信息的总量,知人知面不知心,有些人可能会通过你的博客收集你的信息,而出于不可告人的目的来和你交友。要注意自己说的东西,尽管对某些东西有看法是很好,但是要意识到你说的东西对他人的影响。在博客上贴出不恰当的评论和图片可能是尤为阴险的一种网络欺凌。一定要三思而后行。

(五)在线游戏

在线游戏是很不错的方式,可以让你在玩游戏时与朋友互动或结交新朋友。很多人很享受挑战他人或与其对抗,或分享他们的游戏经验来改善技能,学习新的方法来击败系统。

但是,要注意的是,不要泄露个人信息。要记住,玩游戏时别人并不需要知道你的真实名字、地址或其他联系信息。要小心打探这些信息的玩家,他们可能另有目的。如果没有父母或监护人陪同,绝对不要安排与通过在线游戏认识的人见面，这样做可能让自己陷入危险中。

(六)点对点分享

点对点分享(P2P Sharing)是一种很不错的分享自己感兴趣的文件(如音乐、电影)给朋友及网上的其他用户的方式。

但是，要注意的是，对于有害的资料，要意识到很多点对点分享系统中文件名常常是假名字，目的是隐藏真实的内容或者甚至是为了引诱别人去打开。和色情资料有关的类型尤其如此，特别是涉及儿童色情的。如果你对某个文件包含的内容有疑问，就不要打开！

使用文件分享软件时可能会使你的隐私和安全受损，让你面临间谍软件的风险。如果你不小心分享的文件超出了你的预想，就可能让你的隐私被破坏。某些情况下这最终使得你的计算机容易感染病毒，被别人远程控制。

至于非法使用的问题，很多文件分享网站上的资料是受到版权保护的。下载和上传侵害版权的资料可能面对法律后果，不要付钱给这些人。这种情况在音乐和电影业判决罚款数千欧元的情况非常多了。

另外，如果发现涉及儿童色情、儿童买卖或奴役儿童，以及煽动仇恨和歧视的资料，这都是非法的，要举报，告诉父母、朋友或值得信任的成年人。

五、父母网络安全指南

保障自己的孩子在使用互联网时的安全，以及信息安全，作为父母应该掌握各种技术和术语。

(一)父母是否应该关心互联网

尽管互联网毫无疑问给孩子带来了难以想象的机会，但是同样需要清楚的是，孩子接触可能有害的资料和人的风险也是接踵而至。随着互联网技术的快速发展，通过移动电话也可以接入互联网，父母应该明白接入互联网已经变得形式多样而且监管也越来越难了。

有一些简便实用的做法有助于限制风险，并给孩子提供清晰的建议。

最好的做法是亲力亲为，并理解孩子如何使用互联网。不断学习技术方面的知识，理解孩子如何使用这些技术在网上和他人交往，会大大帮助你指导和支持孩子，以确保他们以最安全的方式来使用网络。

(二)从哪儿开始

首先是要理解孩子在网上与人交往时使用的技术。很多父母对此望而生畏，但是，对信息技术精通熟练却并非必要，只要有一些基本的理解就有助于鉴别潜在的风险，以确保自己和孩子能够最安全地享受互联网带来的好处。

1. 使用即时通信

即时通信是实时即刻的通信方式，是聊天室、电子邮件和电话的综合体，通过连接互联网的计算机来完成。通讯录上的熟人可以进行私人通讯，他们在线时会有提示，或者也可以在公开环境中使用。即时通信让人们通过网页即时沟通，形式可以是文字、声音、视频和图片。

2. 电子邮件

电子邮件是通过互联网从一台计算机向另一台计算机发送信息的方式，由特定的电子邮件程序来完成。

3. 发送短信

短信服务是众所周知的，在移动电话上用户可以写一条文本信息，然后发给另一个号码，对方会收到文字信息。

4. 图片和视频发送

随着移动电话设备的日益复杂，图片和视频信息发送正在成为流行的通信方式。关键是这些设备可以让用户以文本短信相似的方式来转发图片和视频。

5. 聊天室

因为互联网把计算机联系在一起，所以可以让人们"聊天"。有一些特定的网站有聊天室论坛，让人们"贴出"信息，与他人交谈。

6. 社交网站

社交网站可以帮助朋友们通过博客、主页、内部邮件系统和照片来相互联系。除了一些著名的社交网站，还有一些专门针对年幼儿童的社交网站，如"企鹅俱乐部"等。很多年轻人使用这些网站建立自己的主页，然后链接到朋友的主页。然后他们可以在这些主页上分享照片、创作博客、评论他人的主页和博客。

7. 网上冲浪

大多数网上冲浪的人都是通过浏览器，它可以让人看到网上的东西。最常见的浏览器有 Internet Explorer、Safari 和 Firefox 等。

8. 搜索引擎

搜索引擎在人们网上冲浪时会有帮助，实际上搜索引擎有一个搜索框，可以让用户键入他们需要搜索的信息，然后就会搜索你需要找的网页信息，并呈现合适的网页地址列表。

9. 游戏控制台

游戏控制台是特别设计来让用户玩游戏的娱乐系统。流行的版本包括索尼 PlayStation、任天堂 Wii 和微软的 Xbox。

10. 在线游戏

在线游戏可以让在线玩游戏的用户通过互联网进行交流，游戏对抗时不需要玩家在同一个地点。有些网站会提供建议，以保护玩在线游戏的儿童。

11. 文件分享

文件分享程序可以让用户与互联网上的其他人交换或分享自己计算机上的文件。也有一些商业化的点对点应用可以让用户通过互联网购买音乐和视频内容。

12. 博客

博客的指向是公众，它也可以让读者通过评论进行互动。博客与个人网站的不同在于它们是由一系列的个人粘贴构成的，通常以时间顺序发布。一般而言只有博客管理者有权粘贴信息，而任何联网的人都可以对此发表评论。如果有必要，可以对博客登录进行限制，可以取消评论功能，或者博客管理者可以调整评论。博客在年轻人中非常流行，博客主人通常讨论一个小范围的话题，吸引一部分特别的观众。

(三)父母怎么保护孩子？

首先，父母应该注意以下问题。

一是匿名性。父母应该意识到互联网的这一特点可以让用户保持匿名，尤其是在聊天室和即时通信中。重要的是教孩子明白正在与他们交流的人未必就是看到的那样，对他们与人交流的方式，以及应该表露什么类型的信息要非常小心。

　　二是安全问题。越来越多的年轻人在互联网上放置大量的个人信息，要么是通过社交网站的个人主页，要么是聊天室中的交谈。这些信息的披露可能使他们置于被他人冒用名字进行欺骗性使用的风险。

　　三是网络欺凌。父母应该意识到有人可能会出于诽谤性目的而使用各种网络技术及来自互联网资料的风险。

　　那么，鉴于存在上述潜在的风险，父母如何保护自己的孩子呢？重要的是记住互联网有很多积极的东西，并且最好的方式是先入为主确保孩子以最安全的方式享受互联网的乐趣。

　　一是主动介入。要尽可能多地了解孩子在网上干些什么。因为他们对系统非常熟悉，所以，如果你不知如何使用，可以让他们演示给你看或教你如何操作。

　　二是交谈沟通。向他们解释存在的潜在风险，如果他们在网上与其他用户进行互动时出现问题，鼓励他们和你谈谈。

　　三是设定规矩。就互联网的使用设定规矩，如什么时候可以使用、可以使用多长时间、可以贴出什么类型的信息，鼓励他们对其他用户报以同样的尊重。

　　四是巧用资源。孩子今天使用的很多技术都有可以用来帮助保护他们避免不当内容或色情内容的资源。"过滤""屏蔽""父母控制系统"等都是可用的选项。

　　五是小心盯紧。把计算机放在你看得见的地方，要盯着孩子正在访问网站，确保并无不当。

　　六是进行举报。对任何可疑的在线儿童虐待的情况，都应该进行举报。

参考文献

第一章

Derks, D., Fischer, A., & Bos, A. The role of emotion in computer-mediated communication: a review. *Computers in Human Behavior*, 2008, 24(3):766—785.

Joinson, A. N. Understanding the Psychology of Internet Behavior: Virtual Worlds, Real Lives. Basingstoke, Hampshire, UK: Palgrave Macmillian, 2003.

Piazza, J. & Bering, J. M. Evolutionary cyber-psychology: applying an evolutionary framework to Internet behavior. *Computers in Human Behavior*, 2009, 25(6):1258—1269.

Qian, H. & Scott, C. Anonymity and self-disclosure on weblogs. *Journal of Computer-Mediated Communication*, 2007, 12(4):1428—1451.

Viégas, F. Bloggers' expectations of privacy and accountability: an initial survey. *Journal of Computer-Mediated Communication*, 2005, 10(3):00—00.

Walther, J. B. Selective self-presentation in computer-mediated communication: hyperpersonal dimensions of technology, language, and cognition. *Computers in Human Behavior*, 2007, 23(5):2538—2557.

第二章

陈侠，黄希庭，白纲. 关于网络成瘾的心理学研究. 心理科学进展，2003(3).

高文斌，陈祉妍. 网络成瘾病理心理机制及综合心理干预研究. 心理科学进展，2006(4).

任俊，施静，马甜语. Flow 研究概述. 心理科学进展，2009(1).

吴静，雷雳. 网络社会行为的进化心理学解析. 心理研究，2013(2).

谢天，郑全全. 计算机媒介影响人际交流方式的理论综述. 人类工效学，2009(1).

庾月娥，杨元龙. 使用与满足理论在网上聊天的体现. 当代传播，2007(3).

Anderson, C. A. & Bushman, B. J. Human aggression. *Annual Review of Psychology*, 2002, 53(1):27—51.

Bandura, A. Social-cognitive theory of self-regulation. *Organizational Behavior and Human Decision Processes*, 1991, 50(2):248—287.

Becker, H. J., Stamp, & Glen, H. Impression management in chat rooms: a grounded theory model. *Communication Studies*, 2005, 56(3):243—260.

Buchanan, M. Nexus: Small Worlds and the Groundbreaking Science of Networks. W. W. Norton & Company, 2003.

Cantor, J. Children's Attraction to Violent Television Programming. In J. H. Goldstein(Ed.), Why we watch: The attractions of violent entertainment . Oxford, England: Oxford University Press, 1998:88—115.

Caplan, S. E. Preference for online social interaction: a theory of problematic Internet use and psychosocial well-being. *Communication Research* , 2003, 30(6):625—648.

Carr, A. Positive Psychology: the science of happiness and human strengths. *Psychologist*, 2012, 35(4):355—356.

Carver, C. S. & Scheier, M. F. The blind men and the elephant: selective examination of the public-private literature gives rise to a faulty perception. *Journal of Personality*, 1987, 55(3):525—541.

Chen, H., Wigand, R. T., & Nilan, M. Flow activities on the Web. *Computers in Human Behavior* , 1999, 15(5):585—608.

Collins, R. Interaction Ritual Chains. Princeton, NJ: Princeton University Press, 2004.

Collins, R. Emotional energy as the common denominator of rational action. *Rationality and Society*, 1993, 5(2):203—230.

Csikszentmihalyi, M. Flow: The Psychology of Optimal Experience. NY:Harper Perennial, 1990.

Cummings, J. N., Butler, B., & Kraut, R. The quality of online social relationships. *Communications of The ACM*, 2002, 45(7): 103—108.

Davis, F. D. Perceived usefulness, perceived ease of use, and user acceptance of information technology. *MIS Quarterly*, 1989, 13(3): 319—340.

Davis, R. A. A cognitive-behavioral model of pathological Internet use. *Computers in Human Behavior*, 2001, 17:187—195.

Dietz-Uhler, B. & Bishop-Clark, C. The use of computer-mediated communication to enhance subsequent face-to-face discussions. *Computers in Human Behavior* , 2001, 17(3): 269—283.

Duval, S. & Wicklund, R. A. A theory of Objective Self-Awareness. New York: Academic Press, 1972.

Giddens, A. Living in a Post-Traditional Society. In U. Beck, A. Giddens and S. Lasch, Reflexive Modernization: Politics, Tradition and Aesthetics in the Modern Social Order. Cambridge, Polity, 1994.

Goldstein, J. Why we watch: The attractions of violent entertainment. Oxford, England: Oxford University Press, 1998.

Greenfield, P. M. Mind and Media: the effects of television, video games, and computers. Cambridge, MA: Harvard University Press, 1984.

Greenfield, P. M. & Yan, Z. Children, adolescents, and the internet: a new field of inquiry in developmental psychology. *Developmental Psychology*, 2006, 42(3):391—394.

Gross, E. F. , Juvonen, J. , & Gable, S. L. Internet use and well-being in adolescence. *Journal of Social Issues*, 2002, 58(1):75—90.

Gross, E. F. Adolescent Internet use:what we expect, what teens report. *Journal of Applied Developmental Psychology*, 2004, 25(6):633—649.

Hantula, D. , Kock, N. , D'Arcy, J. , & De Rosa, D. Media Compensation Theory: A darwinian perspective on adaptation to electronic communication and collaboration. In G. Saad (Ed.), Berlin Heidelberg: Springer, 2011.

Harrison, K. & Cantor, J. Tales from the screen: enduring fright reactions to scary media. *Media Psychology*, 1999, 1(2):97—116.

Harré, R. & Langenhove, L. V. Varieties of positioning. *Journal for The Theory of Social Behaviour*, 1991, 21(4): 393—407.

Hermans, H. J. Voicing the self:from information processing to dialogical interchange. *Psychological Bulletin*, 1996, 119(1):31—50.

Hoffman, D. L. & Novak, T. P. Marketing in hypermedia computer-mediated environments: conceptual foundations. *Journal of Marketing*, 1996, 60(3):50—68.

Hoffner, Levine, Cynthia, A. , & Kenneth, J. Enjoyment of mediated fright and violence: a meta-analysis. *Media Psychology*, 2005, 7(2):207—237.

Horton, D. & Wohl, R. Mass communication and para-social interaction: observations on intimacy at a distance. *Psychiatry Interpersonal & Biological Processes*, 1956, 19(3):215—229.

Hrastinski, S. A theory of online learning as online participation. *Computers & Education*, 2009, 52(1):78—82.

Hsu, C. L. & Lu, H. P. Why do people play on-line games? an extended TAM with social influences and flow experience. *Information & Management*, 2004, 41 (7): 853—868.

Jeong, E. J. , Biocca, F. A. , & Bohil, C. J. Sensory realism and mediated aggression in video games. *Computers in Human Behavior*, 2011, 28(5):1840—1848.

Johnson, G. M. & Puplampu, K. P. Internet use during childhood and the ecological techno-subsystem. *University Museum*, 1933, 22(4):390—394.

Johnson, G. M. Internet use and child development: the techno-microsystem. *Australian Journal of Educational & Developmental Psychology*, 2010, 10:32—43.

Joinson, A. N. Self-disclosure in computer-mediated communication:the role of self-awareness and visual anonymity. *European Journal of Social Psychology*, 2001, 31(2):177—192.

Katz, E. , Blumler, J. G. , & Gurevitch, M. Uses and gratifications research. *The Public Opinion Quarterly*, 1973, 37(4):509—523.

Kiesler, S. , Siegel, J. , & McGuire, T. W. Social psychological aspects of computer-mediated communication. *American Psychologist*, 1984, 39(10):1123—1134.

Kock, N. Media richness or media naturalness? the evolution of our biological communication apparatus and its influence on our behavior toward e-communication tools. *IEEE Transactions on Professional Communication*, 2005, 48(2):117—130.

Korgaonkar, P. K. & Wolin, L. D. A multivariate analysis of web usage. *Journal of Advertising Research*, 1999, 39(2):53—68.

Kowalski, R. M. , Giumetti, G. W. , Schroeder, A. N. , & Lattanner, M. R. Bullying in the digital age: a critical review and meta-analysis of cyberbullying research among youth. *Psychological Bulletin*, 2014, 140(4):1073—1137.

Kraut, R. , Kiesler, S. , Boneva, B. , Cummings, J. , Helgeson, V. , & Crwford, A. Internet paradox revisited. *Journal of Social Issues*, 2002, 58(1):49—74.

Kraut, R. , Patterson, M. , Lundmark, V. , Kiesler, S. , Mukophadhyay, T. , & Scherlis, W. Internet paradox: a social technology that reduces social involvement and psychological wellbeing? *American Psychologist*, 1998, 53(9): 1017—1031.

Krcmar, M. , Farrar, K. , & McGloin, R. The effects of video game realism on attention, retention and aggressive outcomes. *Computers in Human Behavior*, 2011, 27(1):432—439.

LaRose, R. & Eastin, M. S. A social cognitive theory of Internet uses and gratifications: toward a new model of media attendance. *Journal of Broadcasting & Electronic Media*, 2004, 48 (3): 358—377.

LaRose, R. , Mastro, D. , & Eastin, M. S. Understanding Internet usage a social-cognitive approach to uses and gratifications. *Social Science Computer Review*, 2001, 19(4):395—413.

如需更多参考文献，请扫描下方二维码免费下载。